高等学校电子信息类专业规划教材
国家一流本科专业建设教材

电磁场与电磁波

主　编◎孙玉发
副主编◎王仲根　朱浩然　汪　青
　　　　李琛璐　樊琼星

Electromagnetic
Fields and Waves

北京师范大学出版集团
BEIJING NORMAL UNIVERSITY PUBLISHING GROUP
安徽大学出版社

图书在版编目(CIP)数据

电磁场与电磁波/孙玉发主编. —合肥:安徽大学出版社,2024.10
高等学校电子信息类专业规划教材
ISBN 978-7-5664-2705-2

Ⅰ. ①电… Ⅱ. ①孙… Ⅲ. ①电磁场—高等学校—教材②电磁波—高等学校—教材 Ⅳ. ①O441.4

中国国家版本馆 CIP 数据核字(2023)第 235979 号

电磁场与电磁波

DIANCICHANG YU DIANCIBO

孙玉发 主编

出版发行:北京师范大学出版集团
安 徽 大 学 出 版 社
(安徽省合肥市肥西路 3 号 邮编 230039)
www.bnupg.com
www.ahupress.com.cn
印 刷:安徽利民印务有限公司
经 销:全国新华书店
开 本:710 mm×1010 mm 1/16
印 张:20
字 数:480 千字
版 次:2024 年 10 月第 1 版
印 次:2024 年 10 月第 1 次印刷
定 价:68.00 元
ISBN 978-7-5664-2705-2

策划编辑:刘中飞 张明举
责任编辑:张明举
责任校对:陈玉婷
装帧设计:李伯骥 孟献辉
美术编辑:李 军
责任印制:赵明炎

前言

FOREWORD

“电磁场与电磁波”课程是电子信息类专业本科学生必修的一门专业基础课，它所涉及的内容是电子信息类专业本科学生知识结构的必要组成部分。学生通过该课程的学习，能够分析电子信息技术中电磁场与电磁波的基本特性，进而培养他们的科学思维方法和创新精神，为以后学习有关专业课程奠定基础。

本书是安徽大学出版社规划的精品课程系列电子信息类教材之一。本书的主要读者为电子信息类专业的本科生，也可供相关科技人员参考。

本书共分 8 章，第 1 章介绍矢量分析的主要概念、公式和定理。第 2—4 章介绍静态场，分别讨论了静电场、恒定电场和恒定磁场的基本方程、基本性质和基本分析方法，其中第 4 章专门讨论了静态场边值问题的基本解法，包括解析法中的镜像法、分离变量法和数值法中的有限差分法。第 5—8 章介绍时变电磁场和电磁波的基本理论、基本性质和基本分析方法，讨论了麦克斯韦方程组和边界条件、平面电磁波在理想介质和导电媒质中的传播特性、平面电磁波在两种不同媒质分界面上的反射与透射特性、均匀导波系统中电磁波的传播特性以及电磁波的辐射特性。每章末尾均附有小结。书末附录给出了一些常用的矢量恒等式、物理量的符号与单位、部分材料的相对介电常数和电导率,以便读者查阅和使用。

本书作为国家一流本科专业建设的重要组成部分之一,按照全国高等学校电磁场教学与教材研究会制定的“电磁场与电磁波”课程教学基本要求编写而成,同时融入了编者长期从事“电磁场与电磁波”课程教学的经验和体会,其中第 1 章和第 6 章由朱浩然编写,第 2 章由李琛璐编写,第 3 章由樊琼星编写,第 4 章由王仲根编写,第 5 章由汪青编写,第 7 章和第 8 章由孙玉发编写,全书由孙玉发负责统稿。

本书的出版得到了安徽大学一流教材项目经费的资助。在本书的编写过程中,得到了许多同志的大力支持与帮助。安徽大学出版社和张明举编辑为本书的出版给予了大力支持和帮助,作者在此表示衷心的感谢。

由于编者水平有限,书中难免存在不足和错误之处,敬请广大读者批评指正。

编　者

2024 年 5 月

目录

CONTENTS

第1章 矢量分析

在电磁场理论中,为准确研究某些物理量(如电位、电场强度、磁场强度等)在空间的分布和变化规律,引入了场的概念。其定义是:物理量在空间中的每一点都有一个确定的值与之对应,则在空间中也就确定了该物理量的场。如果这个物理量是一个确定数值的标量,这种场就叫标量场(scalar field),如温度场、密度场、电位场等。如果这个物理量是一个既有确定数值又有确定方向的矢量,这种场就叫矢量场(vector field),如水流中的速度场、地面的重力场、带电体周围的电场等。

在电路理论中论述的是电压和电流,而在电磁场理论中论述的是电场强度矢量 $\boldsymbol{E}$ 和磁场强度矢量 $\boldsymbol{H}$。研究场理论比路理论更难的原因,主要是电路中研究的电压、电流只存在于导线中,而电场、磁场则存在于三维空间,因此场理论中有数目较多的独立变量。一般的电场和磁场可能是四个独立变量的函数,如三个空间坐标变量和一个时间变量。矢量分析是研究电磁场理论的重要数学工具。因此,本章详细地介绍了这部分内容。本章首先介绍三种常用坐标系的构成,三种常用坐标系的坐标变量、坐标单位矢量之间的关系;然后重点介绍矢量分析中的梯度、散度和旋度;最后简单介绍亥姆霍兹定理和格林定理。

1.1 三种常用的坐标系

为了考察某一物理量在空间的分布和变化规律,必须引入坐标系。

而且,常常根据被研究对象的几何形状而采用不同的坐标系,以便问题的解决。在电磁场理论中,最常用的坐标系是直角坐标系、圆柱坐标系(简称"柱坐标系")和球坐标系。

1.1.1 坐标系的构成

两个曲面相交形成一条交线,三个曲面相交可有一个交点。因此,空间一点的坐标可以用三个坐标来表示,其中每个参数确定一个坐标面。如果在空间的任一点 M 上,三个相交的坐标曲面相互正交,即各曲面在交点上的法线相互正交,这样构成的坐标系,称为正交曲面坐标系。直角坐标系、柱坐标系和球坐标系是常用的三种正交曲面坐标系。

为了矢量分析的需要,在空间任一点,可沿三个坐标曲面的法线方向各取一个单位矢量。它的模等于 1 并以各坐标变量正的增加方向作为正方向。一个正交曲面坐标系的坐标单位矢量相互正交并满足右手螺旋法则。

1. 直角坐标系

如图 1-1 所示,直角坐标系(Cartesian coordinates)中的三个坐标变量是 x,y,z。它们的变化范围是

$$-\infty < x < \infty,\ -\infty < y < \infty,\ -\infty < z < \infty$$

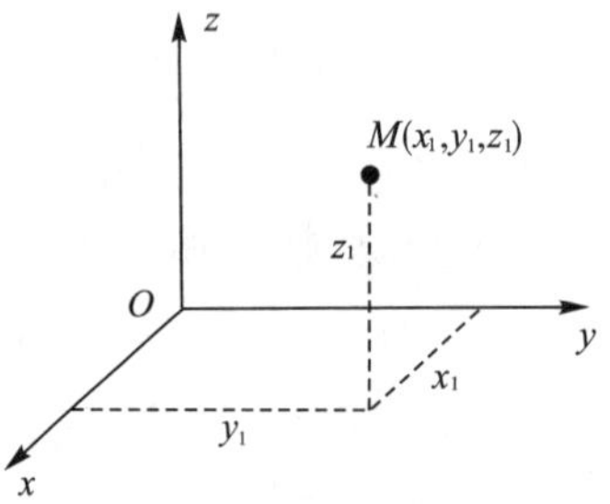

图 1-1 直角坐标系

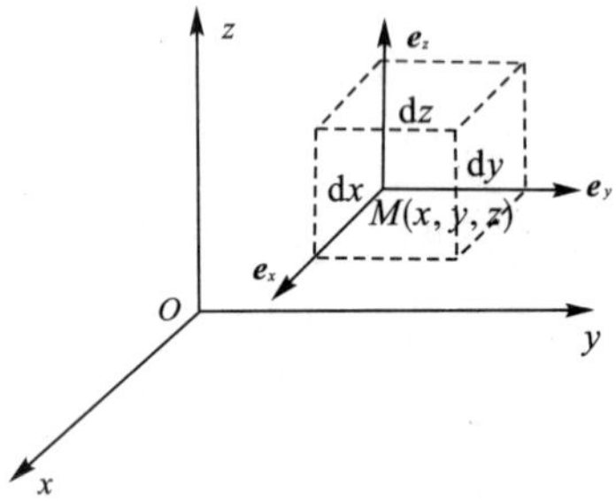

图 1-2 直角坐标系的单位矢量

如图 1-2 所示,过空间任意点 $M(x,y,z)$ 的坐标单位矢量记为 $\boldsymbol{e}_x$, $\boldsymbol{e}_y$, $\boldsymbol{e}_z$。它们相互正交,而且遵循 $\boldsymbol{e}_x \times \boldsymbol{e}_y = \boldsymbol{e}_z$ 的右手螺旋法则。$\boldsymbol{e}_x$, $\boldsymbol{e}_y$, $\boldsymbol{e}_z$ 的方向不随 M 点位置的变化而变化,这是直角坐标系的一个很重要的特征。在直角坐标系内的任一矢量 $\boldsymbol{A}$ 可表示为

$$\boldsymbol{A} = A_x\boldsymbol{e}_x + A_y\boldsymbol{e}_y + A_z\boldsymbol{e}_z \tag{1-1}$$

其中 A_x, A_y, A_z 分别是矢量 $\boldsymbol{A}$ 在 $\boldsymbol{e}_x, \boldsymbol{e}_y, \boldsymbol{e}_z$ 方向上的投影。

由点 $M(x,y,z)$ 沿 $\boldsymbol{e}_x, \boldsymbol{e}_y, \boldsymbol{e}_z$ 方向分别取微分长度元 $\mathrm{d}x, \mathrm{d}y, \mathrm{d}z$。由 $x, x+\mathrm{d}x; y, y+\mathrm{d}y; z, z+\mathrm{d}z$ 这六个面决定一个直角六面体，它的各个面的面积元是

$$\mathrm{d}S_x = \mathrm{d}y\mathrm{d}z\text{（与 } \boldsymbol{e}_x \text{ 垂直）}$$
$$\mathrm{d}S_y = \mathrm{d}x\mathrm{d}z\text{（与 } \boldsymbol{e}_y \text{ 垂直）}$$
$$\mathrm{d}S_z = \mathrm{d}x\mathrm{d}y\text{（与 } \boldsymbol{e}_z \text{ 垂直）}$$

其体积元 $\mathrm{d}V = \mathrm{d}x\mathrm{d}y\mathrm{d}z$。

2. 柱坐标系

如图 1-3 所示，柱坐标系（cylindrical coordinates）中的三个坐标变量是 ρ, φ, z。与直角坐标系相同，也有一个 z 变量。各变量的变化范围是

$$0 \leqslant \rho < \infty, 0 \leqslant \varphi \leqslant 2\pi, -\infty < z < \infty$$

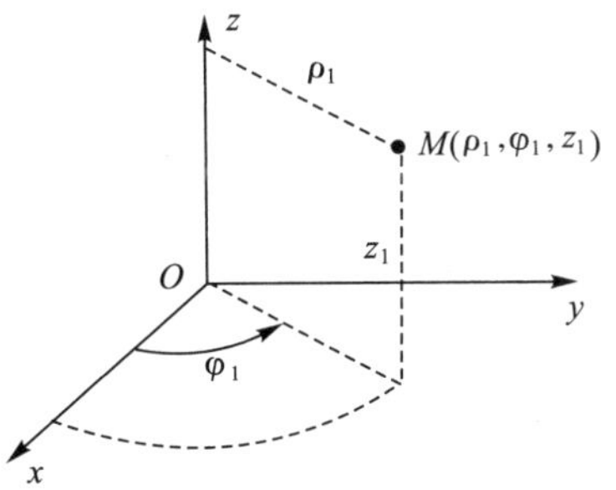

图 1-3 柱坐标系

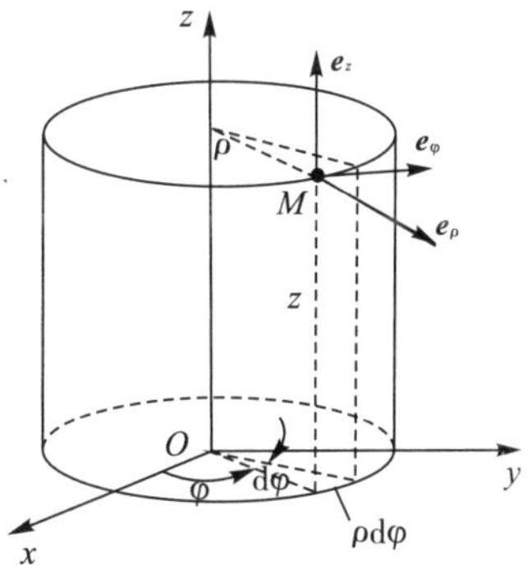

图 1-4 柱坐标系的单位矢量

如图 1-4 所示，过空间任意点 $M(\rho,\varphi,z)$ 的坐标单位矢量为 $\boldsymbol{e}_\rho, \boldsymbol{e}_\varphi, \boldsymbol{e}_z$。它们相互正交，而且遵循 $\boldsymbol{e}_\rho \times \boldsymbol{e}_\varphi = \boldsymbol{e}_z$ 的右手螺旋法则。值得注意的是，除 $\boldsymbol{e}_z$ 外，$\boldsymbol{e}_\rho, \boldsymbol{e}_\varphi$ 的方向都随 M 点位置的变化而变化，但三者之间总是保持上述正交关系。在柱坐标系内的任一矢量 $\boldsymbol{A}$ 可表示为

$$\boldsymbol{A} = A_\rho\boldsymbol{e}_\rho + A_\varphi\boldsymbol{e}_\varphi + A_z\boldsymbol{e}_z \tag{1-2}$$

其中 A_ρ, A_φ, A_z 分别是矢量 $\boldsymbol{A}$ 在 $\boldsymbol{e}_\rho, \boldsymbol{e}_\varphi, \boldsymbol{e}_z$ 方向上的投影。

在点 $M(\rho,\varphi,z)$ 处沿 $\boldsymbol{e}_\rho, \boldsymbol{e}_\varphi, \boldsymbol{e}_z$ 方向的长度元分别是

$$\mathrm{d}l_\rho = \mathrm{d}\rho, \mathrm{d}l_\varphi = \rho\mathrm{d}\varphi, \mathrm{d}l_z = \mathrm{d}z \tag{1-3}$$

由六个坐标曲面决定的六面体上的面积元是

$$\begin{aligned} dS_\rho &= dl_\varphi dl_z = \rho d\varphi dz（与 \boldsymbol{e}_\rho 垂直） \\ dS_\varphi &= dl_\rho dl_z = d\rho dz（与 \boldsymbol{e}_\varphi 垂直） \\ dS_z &= dl_\rho dl_\varphi = \rho d\rho d\varphi（与 \boldsymbol{e}_z 垂直） \end{aligned} \tag{1-4}$$

这个六面体的体积元是

$$dV = dl_\rho dl_\varphi dl_z = \rho d\rho d\varphi dz \tag{1-5}$$

3. 球坐标系

如图 1-5 所示，球坐标系（spherical coordinates）中的三个坐标变量是 r,θ,φ。与柱坐标系相似，也有一个变量 φ。它们的变化范围是

$$0 \leqslant r < \infty, 0 \leqslant \theta \leqslant \pi, 0 \leqslant \varphi \leqslant 2\pi$$

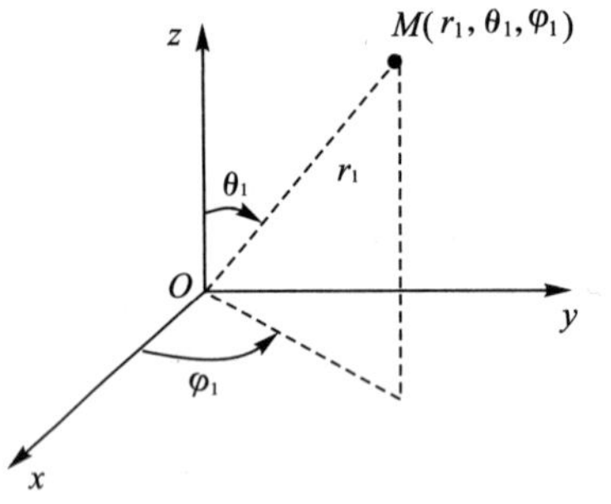

图 1-5　球坐标系

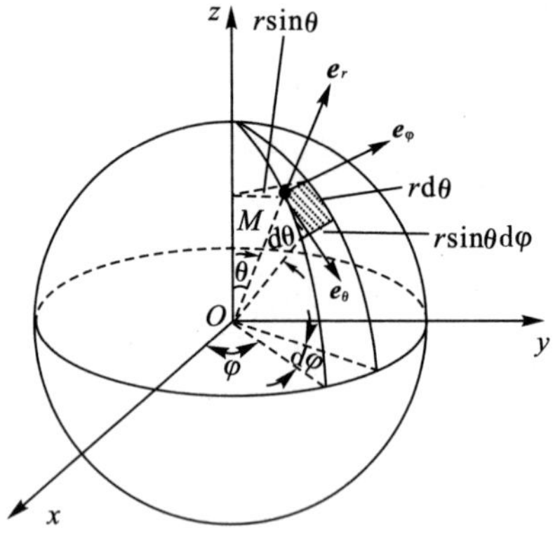

图 1-6　球坐标系的单位矢量

如图 1-6 所示，过空间任意点 $M(r,\theta,\varphi)$ 的坐标单位矢量为 $\boldsymbol{e}_r,\boldsymbol{e}_\theta,\boldsymbol{e}_\varphi$。它们相互正交，而且遵循 $\boldsymbol{e}_r \times \boldsymbol{e}_\theta = \boldsymbol{e}_\varphi$ 的右手螺旋法则。$\boldsymbol{e}_r,\boldsymbol{e}_\theta$ 和 $\boldsymbol{e}_\varphi$ 的方向都因 M 点位置的变化而变化，但三者之间总是保持上述正交关系。在球坐标系内的任一矢量 $\boldsymbol{A}$ 可表示为

$$\boldsymbol{A} = A_r\boldsymbol{e}_r + A_\theta \boldsymbol{e}_\theta + A_\varphi \boldsymbol{e}_\varphi \tag{1-6}$$

其中 A_r,A_θ,A_φ 分别是矢量 $\boldsymbol{A}$ 在 $\boldsymbol{e}_r,\boldsymbol{e}_\theta,\boldsymbol{e}_\varphi$ 方向上的投影。

在点 $M(r,\theta,\varphi)$ 处沿 $\boldsymbol{e}_r,\boldsymbol{e}_\theta,\boldsymbol{e}_\varphi$ 方向的长度元分别是

$$dl_r = dr, dl_\theta = rd\theta, dl_\varphi = r\sin\theta d\varphi \tag{1-7}$$

由六个坐标曲面决定的六面体上的面积元是

$$\begin{aligned} dS_r &= dl_\theta dl_\varphi = r^2\sin\theta d\theta d\varphi(\text{与 } \boldsymbol{e}_r \text{ 垂直}) \\ dS_\theta &= dl_r dl_\varphi = r\sin\theta dr d\varphi(\text{与 } \boldsymbol{e}_\theta \text{ 垂直}) \\ dS_\varphi &= dl_r dl_\theta = r dr d\theta(\text{与 } \boldsymbol{e}_\varphi \text{ 垂直}) \end{aligned} \tag{1-8}$$

这个六面体的体积元是

$$dV = dl_r dl_\theta dl_\varphi = r^2\sin\theta dr d\theta d\varphi \tag{1-9}$$

1.1.2　三种坐标系的坐标变量之间的关系

由图 1-7 所示的几何关系，可直接写出三种坐标系的坐标变量之间的关系。

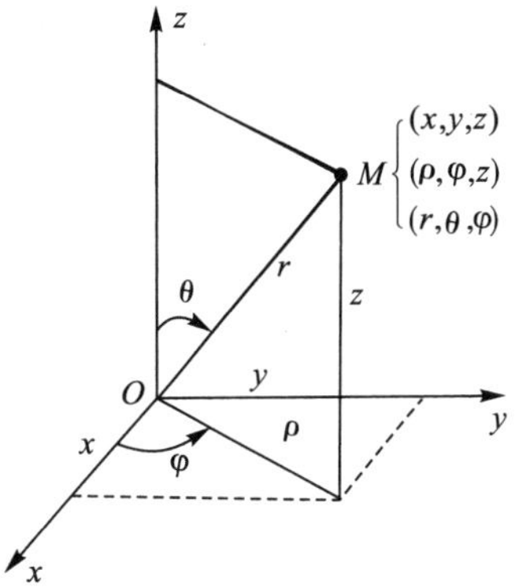

图 1-7　三种坐标系的坐标变量之间的关系

1. 直角坐标系与柱坐标系的关系

$$\begin{cases} x = \rho\cos\varphi \\ y = \rho\sin\varphi \\ z = z \end{cases} \tag{1-10}$$

$$\begin{cases} \rho = \sqrt{x^2 + y^2} \\ \varphi = \arctan\dfrac{y}{x} = \arcsin\dfrac{y}{\sqrt{x^2+y^2}} = \arccos\dfrac{x}{\sqrt{x^2+y^2}} \\ z = z \end{cases} \tag{1-11}$$

2. 直角坐标系与球坐标系的关系

$$\begin{cases} x = r\sin\theta\cos\varphi \\ y = r\sin\theta\sin\varphi \\ z = r\cos\theta \end{cases} \tag{1-12}$$

$$\begin{cases} r = \sqrt{x^2 + y^2 + z^2} \\ \theta = \arccos\dfrac{z}{\sqrt{x^2+y^2+z^2}} = \arcsin\dfrac{\sqrt{x^2+y^2}}{\sqrt{x^2+y^2+z^2}} \\ \varphi = \arctan\dfrac{y}{x} = \arcsin\dfrac{y}{\sqrt{x^2+y^2}} = \arccos\dfrac{x}{\sqrt{x^2+y^2}} \end{cases} \tag{1-13}$$

3. 柱坐标系与球坐标系的关系

$$\begin{cases} \rho = r\sin\theta \\ \varphi = \varphi \\ z = r\cos\theta \end{cases} \tag{1-14}$$

$$\begin{cases} r = \sqrt{\rho^2 + z^2} \\ \theta = \arcsin \dfrac{\rho}{\sqrt{\rho^2 + z^2}} = \arccos \dfrac{z}{\sqrt{\rho^2 + z^2}} \\ \varphi = \varphi \end{cases} \tag{1-15}$$

由上述公式知，三种不同坐标系中单位矢量之间的关系可以总结为如表 1-1、表 1-2、表 1-3 所见。

表 1-1　直角坐标系和柱坐标系中单位矢量之间的关系

	$\boldsymbol{e}_x$	$\boldsymbol{e}_y$	$\boldsymbol{e}_z$
$\boldsymbol{e}_\rho$	$\cos\varphi$	$\sin\varphi$	0
$\boldsymbol{e}_\varphi$	$-\sin\varphi$	$\cos\varphi$	0
$\boldsymbol{e}_z$	0	0	1

表 1-2　柱坐标系和球坐标系中单位矢量之间的关系

	$\boldsymbol{e}_\rho$	$\boldsymbol{e}_\varphi$	$\boldsymbol{e}_z$
$\boldsymbol{e}_r$	$\sin\theta$	0	$\cos\theta$
$\boldsymbol{e}_\theta$	$\cos\theta$	0	$-\sin\theta$
$\boldsymbol{e}_\varphi$	0	1	0

表 1-3　直角坐标系和球坐标系中单位矢量之间的关系

	$\boldsymbol{e}_x$	$\boldsymbol{e}_y$	$\boldsymbol{e}_z$
$\boldsymbol{e}_r$	$\sin\theta\cos\varphi$	$\sin\theta\sin\varphi$	$\cos\theta$
$\boldsymbol{e}_\theta$	$\cos\theta\cos\varphi$	$\cos\theta\sin\varphi$	$-\sin\theta$
$\boldsymbol{e}_\varphi$	$-\sin\varphi$	$\cos\varphi$	0

【例 1-1】 已知点 $P(2,\pi/6,5)$ 的矢量 $\boldsymbol{A}=2\,\boldsymbol{e}_\rho+4\,\boldsymbol{e}_\varphi+5\,\boldsymbol{e}_z$ 和点 $Q(3,\pi/3,3)$ 的矢量 $\boldsymbol{B}=-4\,\boldsymbol{e}_\rho+2\,\boldsymbol{e}_\varphi-\boldsymbol{e}_z$，求点 $M(4,\pi/4,2)$ 的矢量 $\boldsymbol{C}=\boldsymbol{A}+\boldsymbol{B}$。

解：矢量 $\boldsymbol{A}$ 和 $\boldsymbol{B}$ 不是定义在同一个 $\varphi=$常数的平面上，所以在柱坐标系中不能直接用分量求和，应该先变换到直角坐标系。根据表 1-1，点 $P(2,\pi/6,5)$ 的矢量 $\boldsymbol{A}$ 变换后为

$$\begin{bmatrix} A_x \\ A_y \\ A_z \end{bmatrix} = \begin{bmatrix} \sqrt{3}/2 & -1/2 & 0 \\ 1/2 & \sqrt{3}/2 & 0 \\ 0 & 0 & 1 \end{bmatrix} \begin{bmatrix} 2 \\ 4 \\ 5 \end{bmatrix} = \begin{bmatrix} \sqrt{3}-2 \\ 2\sqrt{3}+1 \\ 5 \end{bmatrix}$$

点 $Q(3,\pi/3,3)$ 的矢量 $\boldsymbol{B}$，变换后为

$$\begin{bmatrix} B_x \\ B_y \\ B_z \end{bmatrix} = \begin{bmatrix} 1/2 & -\sqrt{3}/2 & 0 \\ \sqrt{3}/2 & 1/2 & 0 \\ 0 & 0 & 1 \end{bmatrix} \begin{bmatrix} -4 \\ 2 \\ -1 \end{bmatrix} = \begin{bmatrix} -2-\sqrt{3} \\ 1-2\sqrt{3} \\ -1 \end{bmatrix}$$

于是在直角坐标系中得到

$$\boldsymbol{C} = \boldsymbol{A} + \boldsymbol{B} = -4\,\boldsymbol{e}_x + 2\,\boldsymbol{e}_y + 4\,\boldsymbol{e}_z$$

1.2 矢量表示法与矢量函数的微积分

1.2.1 矢量表示法

(1)在三维正交曲面坐标系中的某点，若沿三个相互垂直的坐标单位矢量方向的三个分量都给定，则一个从该点发出的矢量也就确定了。例如，在图 1-8 的直角坐标系中，矢量 $\boldsymbol{A}$ 的三个分量是 A_x,A_y,A_z。矢量 $\boldsymbol{A}$ 可表示为

$$\boldsymbol{A} = A_x\boldsymbol{e}_x + A_y\boldsymbol{e}_y + A_z\boldsymbol{e}_z \tag{1-16}$$

矢量 $\boldsymbol{A}$ 的长度或模值 $|\boldsymbol{A}|$（记为 A）可以从图 1-8 中直接写出

$$A = \sqrt{A_x^2 + A_y^2 + A_z^2} \tag{1-17}$$

如果矢量 $\boldsymbol{A}$ 与坐标轴 Ox,Oy,Oz 正向之间的夹角（方向角）分别是 α,β,γ，则 $\cos\alpha,\cos\beta,\cos\gamma$ 叫作矢量 $\boldsymbol{A}$ 的方向余弦。根据矢量标积的定义，分量 A_x,A_y,A_z 是矢量 $\boldsymbol{A}$ 分别在坐标单位矢量 $\boldsymbol{e}_x,\boldsymbol{e}_y,\boldsymbol{e}_z$ 方向上的投影，即

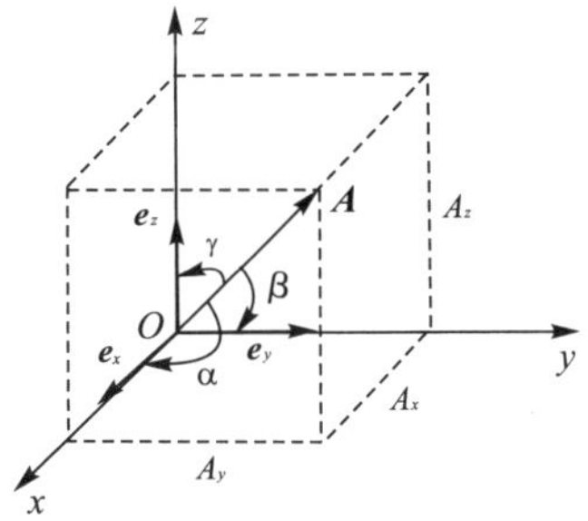

图 1-8　直角坐标系中矢量的分解

$$\begin{cases} A_x = \boldsymbol{A}\cdot\boldsymbol{e}_x = A\cos\alpha \\ A_y = \boldsymbol{A}\cdot\boldsymbol{e}_y = A\cos\beta \\ A_z = \boldsymbol{A}\cdot\boldsymbol{e}_z = A\cos\gamma \end{cases} \tag{1-18}$$

式(1-16)又可写为

$$\boldsymbol{A} = A\cos\alpha\,\boldsymbol{e}_x + A\cos\beta\,\boldsymbol{e}_y + A\cos\gamma\,\boldsymbol{e}_z \tag{1-19}$$

(2)模等于 1 的矢量叫作单位矢量。与任一矢量 $\boldsymbol{A}$ 同方向的单位矢量在本书中规定用$\boldsymbol{e}_A$表示。根据矢量与数量乘积的定义,则有

$$\boldsymbol{A} = |\boldsymbol{A}|\boldsymbol{e}_A = A\boldsymbol{e}_A$$

由式(1-19)知,在直角坐标系中,则有

$$\boldsymbol{e}_A = \frac{\boldsymbol{A}}{A} = \cos\alpha\boldsymbol{e}_x + \cos\beta\boldsymbol{e}_y + \cos\gamma\boldsymbol{e}_z \tag{1-20}$$

(3)在直角坐标系中,以坐标原点 O 为起点,引向空间任一点 $M(x,y,z)$的矢量 $\boldsymbol{r}$,称为点 M 的矢径,如图 1-8 中的 $\boldsymbol{A}$。如果取 $\boldsymbol{A}=\boldsymbol{r}$,则根据式(1-16),式(1-17),式(1-19)和式(1-20),有

$$\boldsymbol{r} = x\boldsymbol{e}_x + y\boldsymbol{e}_y + z\boldsymbol{e}_z \tag{1-21}$$

$$|\boldsymbol{r}| = r = \sqrt{x^2 + y^2 + z^2} \tag{1-22}$$

$$\boldsymbol{e}_r = \frac{\boldsymbol{r}}{r} = \cos\alpha\boldsymbol{e}_x + \cos\beta\boldsymbol{e}_y + \cos\gamma\boldsymbol{e}_z \tag{1-23}$$

从式(1-21)可以看出:空间点的矢径 $\boldsymbol{r}$ 在三个坐标轴上的投影数值恰好分别等于点 M 的坐标值。因此,空间一点 M 对应着一个矢径;反之,每一个矢径 $\boldsymbol{r}$ 对应着空间确定的一个点 M,即矢径的终点。所以 $\boldsymbol{r}$ 又叫作位置矢量。点 $M(x,y,z)$可以表示为 $M(\boldsymbol{r})$。

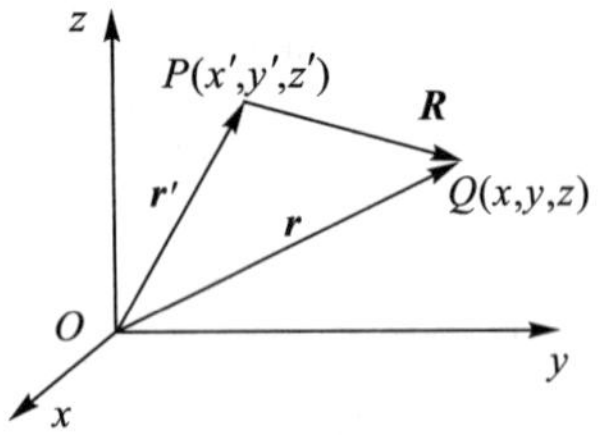

图 1-9 空间矢量表示方法

(4)如果空间任一矢量 $\boldsymbol{R}$ 的起点是 $P(x',y',z')$,终点是 $Q(x,y,z)$,如图 1-9 所示,根据矢径的表示式(1-21)及矢量的加法规则,矢量 $\boldsymbol{R}$ 可表示为

$$\begin{aligned}\boldsymbol{R} &= \boldsymbol{r} - \boldsymbol{r}' \\ &= (x - x')\boldsymbol{e}_x + (y - y')\boldsymbol{e}_y + (z - z')\boldsymbol{e}_z\end{aligned} \tag{1-24}$$

矢量 $\boldsymbol{R}$ 的模值记为 R,就是点 $P(x',y',z')$与点 $Q(x,y,z)$之间的距离,由式(1-24)得

$$R = \sqrt{(x - x')^2 + (y - y')^2 + (z - z')^2} \tag{1-25}$$

矢量 $\boldsymbol{R}$ 的单位矢量

$$\boldsymbol{e}_R = \frac{\boldsymbol{R}}{R} = \frac{(x-x')}{\sqrt{(x-x')^2+(y-y')^2+(z-z')^2}}\boldsymbol{e}_x + \frac{(y-y')}{\sqrt{(x-x')^2+(y-y')^2+(z-z')^2}}\boldsymbol{e}_y + \frac{(z-z')}{\sqrt{(x-x')^2+(y-y')^2+(z-z')^2}}\boldsymbol{e}_z \tag{1-26}$$

式(1-26)中三个分量的系数是矢量 $\boldsymbol{R}$ 的方向余弦。

(5)如果空间有一长度元矢量 $\mathrm{d}\boldsymbol{l}$,它在直角坐标单位矢量 $\boldsymbol{e}_x,\boldsymbol{e}_y,\boldsymbol{e}_z$ 上的投影值分别是 $\mathrm{d}x,\mathrm{d}y,\mathrm{d}z$,则

$$\mathrm{d}\boldsymbol{l} = \mathrm{d}x\,\boldsymbol{e}_x + \mathrm{d}y\,\boldsymbol{e}_y + \mathrm{d}z\,\boldsymbol{e}_z \tag{1-27}$$

$$\mathrm{d}l = \sqrt{(\mathrm{d}x)^2+(\mathrm{d}y)^2+(\mathrm{d}z)^2} \tag{1-28}$$

1.2.2 矢量代数运算

假设两个矢量 $\boldsymbol{A}=A_x\boldsymbol{e}_x+A_y\boldsymbol{e}_y+A_z\boldsymbol{e}_z$,$\boldsymbol{B}=B_x\boldsymbol{e}_x+B_y\boldsymbol{e}_y+B_z\boldsymbol{e}_z$。

1. 矢量的和差

把两个矢量的对应分量相加或相减,就得到它们的和或差,即

$$\boldsymbol{A}\pm\boldsymbol{B} = (A_x\pm B_x)\boldsymbol{e}_x + (A_y\pm B_y)\boldsymbol{e}_y + (A_z\pm B_z)\boldsymbol{e}_z \tag{1-29}$$

2. 矢量的标量积和矢量积

矢量的相乘有两种定义,标量积(点乘)和矢量积(叉乘)。标量积 $\boldsymbol{A}\cdot\boldsymbol{B}$ 是一标量,其大小等于两个矢量模值相乘,再乘以它们夹角 α_{AB}(取小角,即 $\alpha_{AB}<\pi$)的余弦,即

$$\boldsymbol{A}\cdot\boldsymbol{B} = AB\cos\alpha_{AB} \tag{1-30}$$

它是一个矢量的模与另一矢量在该矢量上的投影的乘积,符合交换律

$$\boldsymbol{A}\cdot\boldsymbol{B} = \boldsymbol{B}\cdot\boldsymbol{A} \tag{1-31}$$

并有

$$\boldsymbol{A}\cdot\boldsymbol{B} = A_xB_x + A_yB_y + A_zB_z \tag{1-32}$$

矢量积 $\boldsymbol{A}\times\boldsymbol{B}$ 是一个矢量,其大小等于两个矢量的模值相乘,再乘以它们夹角 α_{AB}(取 $\alpha_{AB}\leqslant\pi$)的正弦,实际就是 $\boldsymbol{A}$ 与 $\boldsymbol{B}$ 所形成的平行四

边形面积，其方向为 $\boldsymbol{A}$、$\boldsymbol{B}$ 所在平面的右手法向 $\boldsymbol{e}_n$。

$$\boldsymbol{A}\times\boldsymbol{B}=AB\sin\alpha_{AB}\boldsymbol{e}_n \tag{1-33}$$

它不符合交换律。由定义知

$$\boldsymbol{A}\times\boldsymbol{B}=-\boldsymbol{B}\times\boldsymbol{A} \tag{1-34}$$

并有

$$\begin{aligned}&\boldsymbol{e}_x\times\boldsymbol{e}_x=\boldsymbol{e}_y\times\boldsymbol{e}_y=\boldsymbol{e}_z\times\boldsymbol{e}_z=0\\&\boldsymbol{e}_x\times\boldsymbol{e}_y=\boldsymbol{e}_z,\ \boldsymbol{e}_y\times\boldsymbol{e}_z=\boldsymbol{e}_x,\ \boldsymbol{e}_z\times\boldsymbol{e}_x=\boldsymbol{e}_y\end{aligned} \tag{1-35}$$

故

$$\begin{aligned}\boldsymbol{A}\times\boldsymbol{B}&=(A_x\boldsymbol{e}_x+A_y\boldsymbol{e}_y+A_z\boldsymbol{e}_z)\times(B_x\boldsymbol{e}_x+B_y\boldsymbol{e}_y+B_z\boldsymbol{e}_z)\\&=(A_yB_z-A_zB_y)\boldsymbol{e}_x+(A_zB_x-A_xB_z)\boldsymbol{e}_y+(A_xB_y-A_yB_x)\boldsymbol{e}_z\end{aligned} \tag{1-36}$$

式(1-36)也可以写成行列式

$$\boldsymbol{A}\times\boldsymbol{B}=\begin{vmatrix}\boldsymbol{e}_x & \boldsymbol{e}_y & \boldsymbol{e}_z\\A_x & A_y & A_z\\B_x & B_y & B_z\end{vmatrix} \tag{1-37}$$

3. 矢量的三重积

矢量的三连乘也有两种。

标量三重积为

$$\boldsymbol{A}\cdot(\boldsymbol{B}\times\boldsymbol{C})=\boldsymbol{B}\cdot(\boldsymbol{C}\times\boldsymbol{A})=\boldsymbol{C}\cdot(\boldsymbol{A}\times\boldsymbol{B}) \tag{1-38}$$

因为 $\boldsymbol{A}\times\boldsymbol{B}$ 的模值就是 $\boldsymbol{A}$ 与 $\boldsymbol{B}$ 所形成的平行四边形面积，因此，$\boldsymbol{C}\cdot(\boldsymbol{A}\times\boldsymbol{B})$就是该平行四边形与 $\boldsymbol{C}$ 所构成的平行六面体的体积。

矢量三重积为

$$\boldsymbol{A}\times(\boldsymbol{B}\times\boldsymbol{C})=\boldsymbol{B}(\boldsymbol{A}\cdot\boldsymbol{C})-\boldsymbol{C}(\boldsymbol{A}\cdot\boldsymbol{B}) \tag{1-39}$$

上式右边为“BAC-CAB”，故称为“Back-Cab”法则，以便记忆。

1.2.3 矢量函数的微积分

1. 矢量函数的概念

模和方向都保持不变的矢量称为常矢量。模和方向或其中之一改变的矢量称为变矢量。表示物理量的矢量一般都是一个或几个变量的函数，叫矢量函数。例如，静电场中的电场强度矢量 $\boldsymbol{E}$，一般是空间坐标变量 x,y,z 的函数，记作 $\boldsymbol{E}(x,y,z)$，它的三个坐标分量一般也是 x,y,z 的函数，即

$$\boldsymbol{E}(x,y,z)=E_x(x,y,z)\boldsymbol{e}_x+E_y(x,y,z)\boldsymbol{e}_y+E_z(x,y,z)\boldsymbol{e}_z \tag{1-40}$$

如果给定矢量场中任一点的坐标，可根据式(1-40)给出该点的一个确定的矢量(电场强度)。

为了书写简单，如果不是特别需要，以后类似式(1-40)中的坐标变量将略去。

2. 矢量函数的导数

在涉及矢量场的许多实际问题中，常常会遇到求矢量函数对空间坐标和时间的变化率的问题，也就是求对空间坐标和时间的导数。

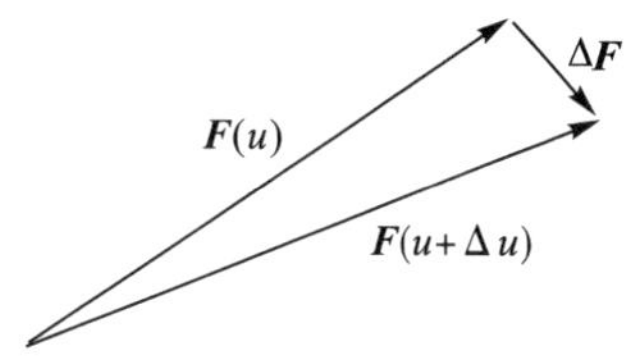

图 1-10　矢量微分示意图

(1)矢量对空间坐标的导数：设 $\boldsymbol{F}(u)$ 是单变量 u 的矢量函数，它对 u 的导数定义是

$$\frac{\mathrm{d}\boldsymbol{F}}{\mathrm{d}u}=\lim_{\Delta u\to 0}\frac{\Delta\boldsymbol{F}}{\Delta u}=\lim_{\Delta u\to 0}\frac{\boldsymbol{F}(u+\Delta u)-\boldsymbol{F}(u)}{\Delta u} \tag{1-41}$$

这里假定此极限存在(即极限是单值的和有限的)。如图 1-10 所示，在一般情况下，矢量的增量 $\Delta\boldsymbol{F}$ 不一定与矢量 $\boldsymbol{F}$ 的方向相同。如果 $\boldsymbol{F}$ 是一个常矢量，则$\frac{\mathrm{d}\boldsymbol{F}}{\mathrm{d}u}$必等于零。一阶导数$\frac{\mathrm{d}\boldsymbol{F}}{\mathrm{d}u}$仍然是一个矢量函数。逐次求导，就可得到 $\boldsymbol{F}$ 的二阶导数$\frac{\mathrm{d}^2\boldsymbol{F}}{\mathrm{d}u^2}$以及更高阶导数。

如果 f 和 $\boldsymbol{F}$ 分别是变量 u 的标量函数和矢量函数，则它们之积的导数由式(1-41)可得

$$\begin{aligned}\frac{\mathrm{d}(f\boldsymbol{F})}{\mathrm{d}u}&=\lim_{\Delta u\to 0}\frac{(f+\Delta f)(\boldsymbol{F}+\Delta\boldsymbol{F})-f\boldsymbol{F}}{\Delta u}\\&=f\lim_{\Delta u\to 0}\frac{\Delta\boldsymbol{F}}{\Delta u}+\boldsymbol{F}\lim_{\Delta u\to 0}\frac{\Delta f}{\Delta u}+\lim_{\Delta u\to 0}\frac{\Delta\boldsymbol{F}}{\Delta u}\Delta f\end{aligned}$$

当 $\Delta u \to 0$ 时，上式右端第三项趋向于零。因此

$$\frac{\mathrm{d}(f\boldsymbol{F})}{\mathrm{d}u} = f\frac{\mathrm{d}\boldsymbol{F}}{\mathrm{d}u} + \boldsymbol{F}\frac{\mathrm{d}f}{\mathrm{d}u} \tag{1-42}$$

可见，f 和 $\boldsymbol{F}$ 之积的导数在形式上与两个标量函数之积的导数运算法则相同。

如果 $\boldsymbol{F}$ 是多变量（如 u_1, u_2, u_3）的函数，则对一个变量 u_1 的偏导数的定义是

$$\frac{\partial \boldsymbol{F}(u_1, u_2, u_3)}{\partial u_1} = \lim_{\Delta u_1 \to 0} \frac{\boldsymbol{F}(u_1 + \Delta u_1, u_2, u_3) - \boldsymbol{F}(u_1, u_2, u_3)}{\Delta u_1} \tag{1-43}$$

对其余变量的偏导数有相同的表达式。由式(1-43)可以证明

$$\frac{\partial(f\boldsymbol{F})}{\partial u_1} = f\frac{\partial \boldsymbol{F}}{\partial u_1} + \boldsymbol{F}\frac{\partial f}{\partial u_1} \tag{1-44}$$

对$\dfrac{\partial \boldsymbol{F}}{\partial u_1}$再次取偏微分又可以得到像$\dfrac{\partial^2 \boldsymbol{F}}{\partial u_1^2}$，$\dfrac{\partial^2 \boldsymbol{F}}{\partial u_1 \partial u_2}$等这样的一些矢量函数。若 $\boldsymbol{F}$ 至少有连续的二阶偏导数，则有

$$\frac{\partial^2 \boldsymbol{F}}{\partial u_1 \partial u_2} = \frac{\partial^2 \boldsymbol{F}}{\partial u_2 \partial u_1}$$

在直角坐标系中，坐标单位矢量$\boldsymbol{e}_x$，$\boldsymbol{e}_y$和$\boldsymbol{e}_z$都是常矢量，其导数为零。利用式(1-44)则有

$$\begin{aligned}
\frac{\partial \boldsymbol{E}}{\partial x} &= \frac{\partial}{\partial x}(E_x\boldsymbol{e}_x + E_y\boldsymbol{e}_y + E_z\boldsymbol{e}_z) \\
&= E_x\frac{\partial \boldsymbol{e}_x}{\partial x} + \frac{\partial E_x}{\partial x}\boldsymbol{e}_x + E_y\frac{\partial \boldsymbol{e}_y}{\partial x} + \frac{\partial E_y}{\partial x}\boldsymbol{e}_y + E_z\frac{\partial \boldsymbol{e}_z}{\partial x} + \frac{\partial E_z}{\partial x}\boldsymbol{e}_z \\
&= \frac{\partial E_x}{\partial x}\boldsymbol{e}_x + \frac{\partial E_y}{\partial x}\boldsymbol{e}_y + \frac{\partial E_z}{\partial x}\boldsymbol{e}_z
\end{aligned}$$

由此可以得出结论：在直角坐标系中，矢量函数对某一坐标变量的偏导数（或导数）仍然是个矢量，它的各个分量等于原矢量函数各分量对该坐标变量的偏导数（或导数）。简单地说，只要把坐标单位矢量提到微分号外就可以了。

在柱坐标和球坐标系中，由于一些坐标单位矢量不是常矢量，在求

导数时，不能把坐标单位矢量提到微分符号之外。在柱坐标系中，各坐标单位矢量对空间坐标变量的偏导数是

$$\frac{\partial \boldsymbol{e}_\rho}{\partial \rho} = \frac{\partial \boldsymbol{e}_\rho}{\partial z} = \frac{\partial \boldsymbol{e}_\varphi}{\partial \rho} = \frac{\partial \boldsymbol{e}_\varphi}{\partial z} = \frac{\partial \boldsymbol{e}_z}{\partial \rho} = \frac{\partial \boldsymbol{e}_z}{\partial \varphi} = \frac{\partial \boldsymbol{e}_z}{\partial z} = 0 \tag{1-45a}$$

$$\frac{\partial \boldsymbol{e}_\rho}{\partial \varphi} = \boldsymbol{e}_\varphi \tag{1-45b}$$

$$\frac{\partial \boldsymbol{e}_\varphi}{\partial \varphi} = -\boldsymbol{e}_\rho \tag{1-45c}$$

从式(1-45)可以看出，在柱坐标系下，$\boldsymbol{e}_z$ 是常矢量，它对任何一个坐标变量求导都为零，$\boldsymbol{e}_\rho$，$\boldsymbol{e}_\varphi$，$\boldsymbol{e}_z$ 都不随 ρ，z 变化而变化，也就是它们对 ρ，z 求导也为零。读者从单位矢量在空间坐标系中随位置的变化情况能够体会到这一点。

在球坐标系中，各坐标单位矢量对空间坐标变量的偏导数是

$$\frac{\partial \boldsymbol{e}_r}{\partial r} = 0,\ \frac{\partial \boldsymbol{e}_r}{\partial \theta} = \boldsymbol{e}_\theta,\ \frac{\partial \boldsymbol{e}_r}{\partial \varphi} = \sin\theta \boldsymbol{e}_\varphi \tag{1-46a}$$

$$\frac{\partial \boldsymbol{e}_\theta}{\partial r} = 0,\ \frac{\partial \boldsymbol{e}_\theta}{\partial \theta} = -\boldsymbol{e}_r,\ \frac{\partial \boldsymbol{e}_\theta}{\partial \varphi} = \cos\theta \boldsymbol{e}_\varphi \tag{1-46b}$$

$$\frac{\partial \boldsymbol{e}_\varphi}{\partial r} = 0,\ \frac{\partial \boldsymbol{e}_\varphi}{\partial \theta} = 0,\ \frac{\partial \boldsymbol{e}_\varphi}{\partial \varphi} = -\cos\theta \boldsymbol{e}_\theta - \sin\theta \boldsymbol{e}_r \tag{1-46c}$$

式(1-45)和(1-46)可用作图法和解析法证明。下面以证明式(1-45b)和式(1-45c)为例来说明解析法的步骤。根据柱坐标系的坐标单位矢量$\boldsymbol{e}_\rho$，$\boldsymbol{e}_\varphi$，$\boldsymbol{e}_z$ 与直角坐标系中的坐标单位矢量 $\boldsymbol{e}_x$，$\boldsymbol{e}_y$，$\boldsymbol{e}_z$ 的关系式，有

$$\boldsymbol{e}_\rho = \cos\varphi \boldsymbol{e}_x + \sin\varphi \boldsymbol{e}_y,\ \boldsymbol{e}_\varphi = -\sin\varphi \boldsymbol{e}_x + \cos\varphi \boldsymbol{e}_y$$

$$\frac{\partial \boldsymbol{e}_\rho}{\partial \varphi} = \frac{\partial}{\partial \varphi}(\cos\varphi \boldsymbol{e}_x + \sin\varphi \boldsymbol{e}_y) = -\sin\varphi \boldsymbol{e}_x + \cos\varphi \boldsymbol{e}_y = \boldsymbol{e}_\varphi$$

同样

$$\frac{\partial \boldsymbol{e}_\varphi}{\partial \varphi} = \frac{\partial}{\partial \varphi}(-\sin\varphi \boldsymbol{e}_x + \cos\varphi \boldsymbol{e}_y) = -\cos\varphi \boldsymbol{e}_x - \sin\varphi \boldsymbol{e}_y = -\boldsymbol{e}_\rho$$

在上述推导中，使用了直角坐标系中的坐标单位矢量是常矢量这一特性。

在柱坐标系和球坐标系中，求矢量函数对坐标变量的偏导数时，必

须考虑式(1-45)和式(1-46)中的各个关系式。例如，在柱坐标系中，矢量函数可表示为

$$\boldsymbol{E}(\rho,\varphi,z)=E_\rho\boldsymbol{e}_\rho+E_\varphi\boldsymbol{e}_\varphi+E_z\boldsymbol{e}_z$$

$\boldsymbol{E}$ 对坐标变量 φ 的偏导数是

$$\frac{\partial\boldsymbol{E}}{\partial\varphi}=\left(\frac{\partial E_\rho}{\partial\varphi}-E_\varphi\right)\boldsymbol{e}_\rho+\left(\frac{\partial E_\varphi}{\partial\varphi}+E_\rho\right)\boldsymbol{e}_\varphi+\frac{\partial E_z}{\partial\varphi}\boldsymbol{e}_z$$

又如在球坐标系中，矢量函数可表示为

$$\boldsymbol{E}(r,\theta,\varphi)=E_r\boldsymbol{e}_r+E_\theta\boldsymbol{e}_\theta+E_\varphi\boldsymbol{e}_\varphi$$

$\boldsymbol{E}$ 对坐标变量 θ 的偏导数是

$$\frac{\partial\boldsymbol{E}}{\partial\theta}=\left(\frac{\partial E_r}{\partial\theta}-E_\theta\right)\boldsymbol{e}_r+\left(\frac{\partial E_\theta}{\partial\theta}+E_r\right)\boldsymbol{e}_\theta+\frac{\partial E_\varphi}{\partial\theta}\boldsymbol{e}_\varphi$$

也就是说，直角坐标系下的坐标单位矢量 $\boldsymbol{e}_x,\boldsymbol{e}_y,\boldsymbol{e}_z$ 不是空间位置的函数，而柱坐标系、球坐标系下的坐标单位矢量 $\boldsymbol{e}_\rho,\boldsymbol{e}_\varphi,\boldsymbol{e}_r,\boldsymbol{e}_\theta$ 都随空间位置变化而变化，是空间位置的函数。

(2)矢量函数对时间的导数：有些矢量场既是空间坐标变量的函数，又是时间变量的函数，如在直角坐标系中的时变电场强度 $\boldsymbol{E}(x,y,z,t)$。由于在各种坐标系中的坐标单位矢量不随时间变化，矢量函数对 t 求偏导数时，都可以把它们作为常矢量提到偏微分符号之外。例如在球坐标系中，

$$\frac{\partial\boldsymbol{E}}{\partial t}=\frac{\partial}{\partial t}(E_r\boldsymbol{e}_r+E_\theta\boldsymbol{e}_\theta+E_\varphi\boldsymbol{e}_\varphi)=\frac{\partial E_r}{\partial t}\boldsymbol{e}_r+\frac{\partial E_\theta}{\partial t}\boldsymbol{e}_\theta+\frac{\partial E_\varphi}{\partial t}\boldsymbol{e}_\varphi$$

从上述分析可以看出，矢量函数对时间和空间坐标变量的导数(或偏导数)仍然是矢量。矢量的方向视具体情况而定。

3. 矢量函数的积分

矢量函数的积分包括不定积分和定积分两种。例如，已知 $\boldsymbol{B}(t)$ 是 $\boldsymbol{A}(t)$ 的一个原函数，则有不定积分

$$\int\boldsymbol{A}(t)\,\mathrm{d}t=\boldsymbol{B}(t)+\boldsymbol{C}\tag{1-47}$$

式(1-47)中，矢量函数 $\boldsymbol{A},\boldsymbol{B},\boldsymbol{C}$ 也可以是多个变量的函数，但 $\boldsymbol{C}$ 不随 t 变化。

由于矢量函数的积分和一般函数的积分在形式上类似，所以，一般函数积分的基本法则对矢量函数积分也都适用。但是，在柱坐标系和球坐标系中求矢量函数的积分时，仍然要注意式(1-45)和式(1-46)中

的关系，不能在任何情况下都将坐标单位矢量提到积分运算符号之外。因为在一般情况下，坐标单位矢量可能是积分变量的函数。例如，在柱坐标系中的积分

$$\int_0^{2\pi} \boldsymbol{e}_\rho \mathrm{d}\varphi \neq \boldsymbol{e}_\rho \int_0^{2\pi} \mathrm{d}\varphi = 2\pi \boldsymbol{e}_\rho$$

而应当根据表1-1中的关系，将 $\boldsymbol{e}_\rho = \cos\varphi \boldsymbol{e}_x + \sin\varphi \boldsymbol{e}_y$ 代入后再进行积分。因 $\boldsymbol{e}_x$，$\boldsymbol{e}_y$ 与坐标变量无关，可以提到积分符号之外，因而得

$$\begin{aligned}\int_0^{2\pi} \boldsymbol{e}_\rho \mathrm{d}\varphi &= \int_0^{2\pi} (\cos\varphi \boldsymbol{e}_x + \sin\varphi \boldsymbol{e}_y) \mathrm{d}\varphi \\ &= \boldsymbol{e}_x \int_0^{2\pi} \cos\varphi \mathrm{d}\varphi + \boldsymbol{e}_y \int_0^{2\pi} \sin\varphi \mathrm{d}\varphi = 0\end{aligned}$$

1.3　标量函数的梯度

为了考察标量场在空间的分布和变化规律，引入等值面、方向导数和梯度的概念。

1.3.1　标量场的等值面

一个标量场可以用一个标量函数来表示。例如，在直角坐标系中，标量函数 u 可表示为

$$u = u(x, y, z) \tag{1-48}$$

或写成 $u = u(\boldsymbol{r})$。在下面的讨论中，假定 $u(x, y, z)$ 都是坐标变量的连续可微函数。方程

$$u(x, y, z) = C (C \text{ 为任意常数}) \tag{1-49}$$

如图1-11所示，随着 C 的取值不同，给出一组曲面。在每一个曲面上的各点，虽然坐标值 x, y, z 不同，但函数值相等，这样的曲面称为标量场 u 的等值面。例如，温度场的等温面，电位场中的等位面等。式(1-49)称为等值面方程。

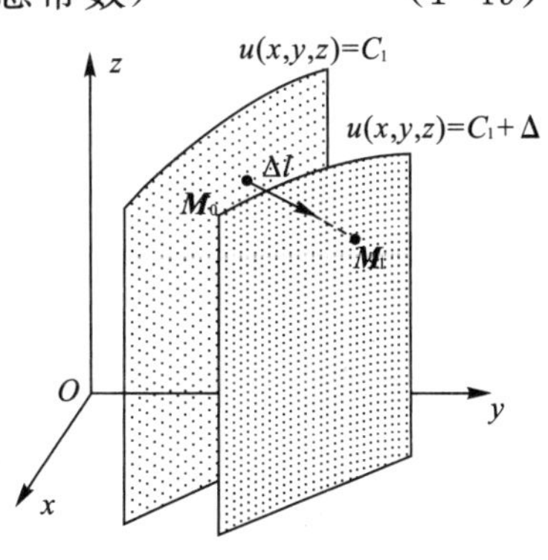

图1-11　等值面示意图

根据标量场的定义，空间上的每一点只对应一个场函数的确定值。因此，整个

标量场所在空间的许许多多等值面互不相交，即场中的一个点只能在一个等值面上。

如果某一标量函数 v 是两个坐标变量的函数，对应的场称为平面标量场。则方程

$$v(x,y)=C(C\text{ 为任意常数}) \tag{1-50}$$

称为等值线方程，它在几何上一般表示一组等值曲线，当然场中的等值线也是互不相交的。

1.3.2 方向导数

标量场的等值面或等值线，可以形象地帮助大家了解物理量在场中总的分布情况，但在研究标量场时，还常常需要了解标量函数 $u(x,y,z)$ 在场中各个点的邻域内沿某一方向的变化情况。为此，引入方向导数。

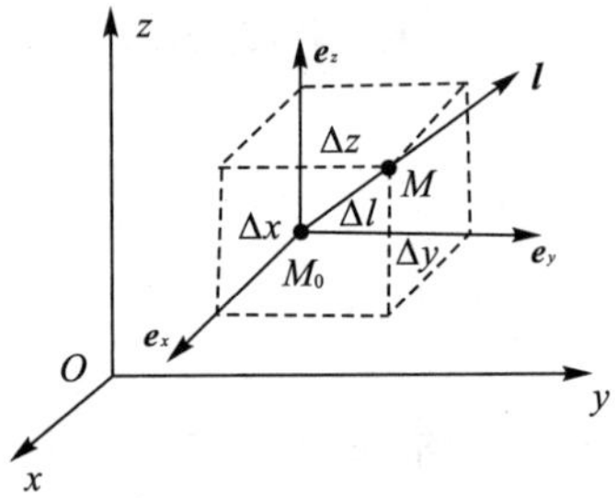

图 1-12 方向导数推导示意图

如图 1-12 所示，设 $M_0(x_0,y_0,z_0)$ 为标量场 $u(x,y,z)$ 中的一点，从点 M_0 出发朝任一方向引一条射线 l 并在该方向上靠近 M_0 点取一动点 $M(x_0+\Delta x,y_0+\Delta y,z_0+\Delta z)$，点 M_0 到点 M 的距离表示为 Δl。根据偏导数定义，可以写出

$$\left.\frac{\partial u}{\partial l}\right|_{M_0}=\lim_{\Delta l\to 0}\frac{u(M)-u(M_0)}{\Delta l} \tag{1-51}$$

$\left.\frac{\partial u}{\partial l}\right|_{M_0}$ 就称为函数 $u(x,y,z)$ 在点 M_0 沿 l 方向的方向导数。$\frac{\partial u}{\partial l}>0$，说明函数 $u(x,y,z)$ 沿 l 方向是增加的；$\frac{\partial u}{\partial l}<0$，说明函数 $u(x,y,z)$ 沿 l 方向是减小的；$\frac{\partial u}{\partial l}=0$，说明函数 $u(x,y,z)$ 沿 l 方向无变化。因此，方向导数是函数 $u(x,y,z)$ 在给定点沿某一方向对距离的变化率。在直角坐标系中，$\frac{\partial u}{\partial x}$，$\frac{\partial u}{\partial y}$，$\frac{\partial u}{\partial z}$就是函数 u 沿三个坐标轴方向的方向导数。

下面推导直角坐标系中方向导数$\frac{\partial u}{\partial l}$的公式。在图 1-12 中

$$\Delta l = \sqrt{(\Delta x)^2 + (\Delta y)^2 + (\Delta z)^2}$$

上式中，$\Delta x = \Delta l\cos\alpha$，$\Delta y = \Delta l\cos\beta$，$\Delta z = \Delta l\cos\gamma$。$\cos\alpha$，$\cos\beta$，$\cos\gamma$ 是 l 的方向余弦。

根据多元函数的全增量和全微分的关系，有

$$\Delta u = u(M) - u(M_0) = \left.\frac{\partial u}{\partial x}\right|_{M_0}\Delta x + \left.\frac{\partial u}{\partial y}\right|_{M_0}\Delta y + \left.\frac{\partial u}{\partial z}\right|_{M_0}\Delta z + \omega\Delta l$$

当 $\Delta l\to 0$ 时，$\omega\to 0$。上式两端除以 Δl，并令 $\Delta l\to 0$，取极限得

$$\lim_{\Delta l\to 0}\frac{u(M)-u(M_0)}{\Delta l} = \left.\frac{\partial u}{\partial x}\right|_{M_0}\cos\alpha + \left.\frac{\partial u}{\partial y}\right|_{M_0}\cos\beta + \left.\frac{\partial u}{\partial z}\right|_{M_0}\cos\gamma$$

略去下标 M_0，由方向导数的定义式(1-51)可得到直角坐标系中任意点沿 l 方向的方向导数的表达式

$$\frac{\partial u}{\partial l} = \frac{\partial u}{\partial x}\cos\alpha + \frac{\partial u}{\partial y}\cos\beta + \frac{\partial u}{\partial z}\cos\gamma \tag{1-52}$$

【例 1-2】 求函数 $u=\sqrt{x^2+y^2+z^2}$ 在点 $M(1,0,1)$ 沿 $\boldsymbol{l}=\boldsymbol{e}_x+2\boldsymbol{e}_y+2\boldsymbol{e}_z$ 方向的方向导数。

解： $\frac{\partial u}{\partial x}=\frac{x}{\sqrt{x^2+y^2+z^2}}$，$\frac{\partial u}{\partial y}=\frac{y}{\sqrt{x^2+y^2+z^2}}$，$\frac{\partial u}{\partial z}=\frac{z}{\sqrt{x^2+y^2+z^2}}$

在点 $M(1,0,1)$ 有

$$\frac{\partial u}{\partial x} = \frac{1}{\sqrt{2}},\ \frac{\partial u}{\partial y} = 0,\ \frac{\partial u}{\partial z} = \frac{1}{\sqrt{2}}$$

$\boldsymbol{l}$ 的方向余弦是

$$\cos\alpha = \frac{1}{\sqrt{1^2+2^2+2^2}} = \frac{1}{3},\ \cos\beta = \frac{2}{3},\ \cos\gamma = \frac{2}{3}$$

由式(1-52)得

$$\left.\frac{\partial u}{\partial l}\right|_M = \frac{1}{\sqrt{2}}\times\frac{1}{3} + 0\times\frac{2}{3} + \frac{1}{\sqrt{2}}\times\frac{2}{3} = \frac{1}{\sqrt{2}}$$

1.3.3 梯度

1. 梯度的定义

方向导数是函数 $u(x,y,z)$ 在给定点沿某个方向对距离的变化率。

但是，从标量场中的给定点出发，有无穷多个方向。函数 $u(x,y,z)$ 究竟沿哪个方向的变化率最大呢？这个最大的变化率又是多少呢？为了解决这些问题，首先分析在直角坐标系中的方向导数公式。根据式(1-52)知，l 方向的单位矢量是

$$\boldsymbol{e}_l = \cos\alpha\boldsymbol{e}_x + \cos\beta\boldsymbol{e}_y + \cos\gamma\boldsymbol{e}_z \tag{1-53}$$

把式(1-52)中 $\frac{\partial u}{\partial x}, \frac{\partial u}{\partial y}, \frac{\partial u}{\partial z}$ 看作一个矢量 $\boldsymbol{G}$ 沿三个坐标方向的分量。矢量 $\boldsymbol{G}$ 表示为

$$\boldsymbol{G} = \frac{\partial u}{\partial x}\boldsymbol{e}_x + \frac{\partial u}{\partial y}\boldsymbol{e}_y + \frac{\partial u}{\partial z}\boldsymbol{e}_z \tag{1-54}$$

很明显，矢量 $\boldsymbol{G}$ 与 $\boldsymbol{e}_l$ 的标量积恰好与式(1-52)右端相等，即

$$\frac{\partial u}{\partial l} = \boldsymbol{G}\cdot\boldsymbol{e}_l = |\boldsymbol{G}|\cos(\boldsymbol{G},\boldsymbol{e}_l) \tag{1-55}$$

式(1-54)确定的矢量 $\boldsymbol{G}$ 在给定点是一个固定矢量，它只与函数 $u(x,y,z)$ 有关。而 $\boldsymbol{e}_l$ 则是在给定点引出的任一方向上的单位矢量，它与函数 $u(x,y,z)$ 无关。

式(1-55)说明，矢量 $\boldsymbol{G}$ 在方向 $\boldsymbol{l}$ 上的投影等于函数 $u(x,y,z)$ 在该方向上的方向导数。当 $\boldsymbol{l}$ 的方向与 $\boldsymbol{G}$ 的方向一致时，$\cos(\boldsymbol{G},\boldsymbol{e}_l)=1$，则方向导数取最大值，即

$$\left.\frac{\partial u}{\partial l}\right|_{\max} = |\boldsymbol{G}| \tag{1-56}$$

因此，矢量 $\boldsymbol{G}$ 的方向就是函数 $u(x,y,z)$ 在给定点变化率最大的方向，矢量 $\boldsymbol{G}$ 的模正好就是它的最大变化率。矢量 $\boldsymbol{G}$ 被称作函数 $u(x,y,z)$ 在给定点的梯度(Gradient)。

定义：标量场 $u(x,y,z)$ 在点 M 处的梯度是一个矢量，记作

$$\mathrm{grad}\, u = \boldsymbol{G} \tag{1-57}$$

它的大小等于场在点 M 所有方向导数中的最大值，它的方向等于取到这个最大值时所沿的那个方向。

利用式(1-55)可以得出在任何坐标系中梯度的公式。式(1-54)就是直角坐标系中的梯度计算公式。

2. 梯度的性质

(1)一个标量函数 u(标量场)的梯度是一个矢量函数。在给定点,梯度的方向就是函数 u 变化率最大的方向,它的模恰好等于函数 u 在该点的最大变化率的数值。又因函数 u 沿梯度方向的方向导数$\left.\frac{\partial u}{\partial l}\right|_{\max}=|\mathrm{grad}\,u|$恒大于零,说明梯度总是指向函数 $u(x,y,z)$增大的方向。

(2)函数 u 在给定点沿任意 $\boldsymbol{l}$ 方向的方向导数等于函数 u 的梯度在 $\boldsymbol{l}$ 方向上的投影。

(3)在任一点 M,标量场 $u(x,y,z)$的梯度垂直于过该点的等值面,也就是垂直于过该点的等值面的切平面。根据解析几何知识,过等值面 M 点切平面的法线矢量是

$$\boldsymbol{e}_n=\left(\frac{\partial u}{\partial x}\boldsymbol{e}_x+\frac{\partial u}{\partial y}\boldsymbol{e}_y+\frac{\partial u}{\partial z}\boldsymbol{e}_z\right)_M \tag{1-58}$$

对照式(1-54)和式(1-57),可见法线矢量$\boldsymbol{e}_n$刚好等于在点 M 函数 $u(x,y,z)$的梯度。因此,在点 M,u 的梯度垂直于过点 M 的等值面。

根据这一性质,曲面 $u(x,y,z)=C$ 上任一点的单位法线矢量$\boldsymbol{e}_n$ 可以用梯度表示,即

$$\boldsymbol{e}_n=\frac{\mathrm{grad}\,u}{|\mathrm{grad}\,u|} \tag{1-59}$$

3. 哈密顿(Hamilton)算子

为了方便,引入一个算子

$$\nabla=\frac{\partial}{\partial x}\boldsymbol{e}_x+\frac{\partial}{\partial y}\boldsymbol{e}_y+\frac{\partial}{\partial z}\boldsymbol{e}_z \tag{1-60}$$

称其为哈密顿算子。函数是把一个定义域中的值映射到值域中的值,而算子是把一个函数映射为另外一个函数。∇读作“del(德尔)”或“nabla(那勃拉)”。“∇”既是一个微分算子,又可以看作一个矢量,所以称它为一个矢性微分算子。

算子∇对标量函数作用产生一个矢量函数。在直角坐标系中,

$$\nabla u=\frac{\partial u}{\partial x}\boldsymbol{e}_x+\frac{\partial u}{\partial y}\boldsymbol{e}_y+\frac{\partial u}{\partial z}\boldsymbol{e}_z \tag{1-61}$$

式(1-61)右边刚好是 grad u，所以用哈密顿算子可将梯度记为

$$\mathrm{grad}\, u = \nabla u \tag{1-62}$$

4. 梯度运算基本公式

$$\nabla C = 0 \ (C\text{ 为常数}) \tag{1-63}$$

$$\nabla (Cu) = C\,\nabla u \ (C\text{ 为常数}) \tag{1-64}$$

$$\nabla (u \pm v) = \nabla u \pm \nabla v \tag{1-65}$$

$$\nabla (uv) = v\,\nabla u \pm u\,\nabla v \tag{1-66}$$

$$\nabla \left(\frac{u}{v}\right) = \frac{1}{v^2}(v\,\nabla u - u\,\nabla v) \tag{1-67}$$

$$\nabla f(u) = f'(u)\,\nabla u \tag{1-68}$$

这些公式与一般函数求导法则类似。以式(1-68)为例，证明如下：

$$\begin{aligned}
\nabla f(u) &= \left(\frac{\partial}{\partial x}\boldsymbol{e}_x + \frac{\partial}{\partial y}\boldsymbol{e}_y + \frac{\partial}{\partial z}\boldsymbol{e}_z\right) f(u) \\
&= \frac{\partial f(u)}{\partial x}\boldsymbol{e}_x + \frac{\partial f(u)}{\partial y}\boldsymbol{e}_y + \frac{\partial f(u)}{\partial z}\boldsymbol{e}_z \\
&= \left[\frac{\partial f(u)}{\partial u}\cdot\frac{\partial u}{\partial x}\right]\boldsymbol{e}_x + \left[\frac{\partial f(u)}{\partial u}\cdot\frac{\partial u}{\partial y}\right]\boldsymbol{e}_y + \left[\frac{\partial f(u)}{\partial u}\cdot\frac{\partial u}{\partial z}\right]\boldsymbol{e}_z \\
&= \frac{\mathrm{d}f(u)}{\mathrm{d}u}\left[\frac{\partial u}{\partial x}\boldsymbol{e}_x + \frac{\partial u}{\partial y}\boldsymbol{e}_y + \frac{\partial u}{\partial z}\boldsymbol{e}_z\right]
\end{aligned}$$

所以 $\nabla f(u) = f'(u)\nabla u$。

【例 1-3】 已知 $\boldsymbol{R} = (x-x')\boldsymbol{e}_x + (y-y')\boldsymbol{e}_y + (z-z')\boldsymbol{e}_z$，$R = |\boldsymbol{R}|$。证明：(1) $\nabla R = \dfrac{\boldsymbol{R}}{R}$；(2) $\nabla \dfrac{1}{R} = -\dfrac{\boldsymbol{R}}{R^3}$；(3) $\nabla f(R) = -\nabla' f(R)$。

其中 $\nabla = \dfrac{\partial}{\partial x}\boldsymbol{e}_x + \dfrac{\partial}{\partial y}\boldsymbol{e}_y + \dfrac{\partial}{\partial z}\boldsymbol{e}_z$ 表示对 x、y、z 的运算，$\nabla' = \dfrac{\partial}{\partial x'}\boldsymbol{e}_x + \dfrac{\partial}{\partial y'}\boldsymbol{e}_y + \dfrac{\partial}{\partial z'}\boldsymbol{e}_z$ 表示对 x'、y'、z' 的运算。

证明：(1) 将 $R = |\boldsymbol{R}| = \sqrt{(x-x')^2 + (y-y')^2 + (z-z')^2}$ 代入式(1-61)，得

$$\begin{aligned}
\nabla R &= \frac{\partial R}{\partial x}\boldsymbol{e}_x + \frac{\partial R}{\partial y}\boldsymbol{e}_y + \frac{\partial R}{\partial z}\boldsymbol{e}_z \\
&= \frac{(x-x')\,\boldsymbol{e}_x + (y-y')\,\boldsymbol{e}_y + (z-z')\,\boldsymbol{e}_z}{\sqrt{(x-x')^2 + (y-y')^2 + (z-z')^2}} = \frac{\boldsymbol{R}}{R}
\end{aligned}$$

(2)将$\frac{1}{R}=\frac{1}{\sqrt{(x-x')^2+(y-y')^2+(z-z')^2}}$代入式(1-61),得

$$\nabla\left(\frac{1}{R}\right)=\frac{\partial}{\partial x}\left(\frac{1}{R}\right)\boldsymbol{e}_x+\frac{\partial}{\partial y}\left(\frac{1}{R}\right)\boldsymbol{e}_y+\frac{\partial}{\partial z}\left(\frac{1}{R}\right)\boldsymbol{e}_z$$

$$=-\frac{(x-x')\boldsymbol{e}_x+(y-y')\boldsymbol{e}_y+(z-z')\boldsymbol{e}_z}{\left[\sqrt{(x-x')^2+(y-y')^2+(z-z')^2}\right]^3}=-\frac{\boldsymbol{R}}{R^3}$$

(3)根据梯度的运算公式(1-61),得

$$\nabla f(R)=\frac{\partial f(R)}{\partial x}\boldsymbol{e}_x+\frac{\partial f(R)}{\partial y}\boldsymbol{e}_y+\frac{\partial f(R)}{\partial z}\boldsymbol{e}_z$$

$$=\frac{\mathrm{d}f(R)}{\mathrm{d}R}\frac{\partial R}{\partial x}\boldsymbol{e}_x+\frac{\mathrm{d}f(R)}{\mathrm{d}R}\frac{\partial R}{\partial y}\boldsymbol{e}_y+\frac{\mathrm{d}f(R)}{\mathrm{d}R}\frac{\partial R}{\partial z}\boldsymbol{e}_z$$

$$=\frac{\mathrm{d}f(R)}{\mathrm{d}R}\nabla R=\frac{\mathrm{d}f(R)}{\mathrm{d}R}\frac{\boldsymbol{R}}{R}$$

同理

$$\nabla' f(R)=\frac{\mathrm{d}f(R)}{\mathrm{d}R}\nabla' R$$

$$=\frac{\mathrm{d}f(R)}{\mathrm{d}R}\frac{-(x-x')\boldsymbol{e}_x-(y-y')\boldsymbol{e}_y-(z-z')\boldsymbol{e}_z}{\sqrt{(x-x')^2+(y-y')^2+(z-z')^2}}$$

$$=-\frac{\mathrm{d}f(R)}{\mathrm{d}R}\frac{\boldsymbol{R}}{R}$$

故得

$$\nabla f(R)=-\nabla' f(R)$$

1.4　矢量函数的散度

为了考察矢量场在空间的分布和变化规律,引入矢量线、通量和散度的概念。

1.4.1　矢量场的矢量线

一个矢量场可以用一个矢量函数来表示。例如,在直角坐标系中,某个矢量函数可表示为

$$\boldsymbol{F}=\boldsymbol{F}(x,y,z) \tag{1-69}$$

或用分量表示为

$$\boldsymbol{F}=\boldsymbol{F}(x,y,z)=F_x(x,y,z)\,\boldsymbol{e}_x+F_y(x,y,z)\,\boldsymbol{e}_y+F_z(x,y,z)\,\boldsymbol{e}_z \tag{1-70}$$

式(1-70)中，$F_x(x,y,z)$、$F_y(x,y,z)$、$F_z(x,y,z)$分别是矢量函数$\boldsymbol{F}(x,y,z)$在三个坐标轴上的投影。假定它们都是坐标变量的单值函数，且都具有连续偏导数。

为了形象地描绘矢量场在空间的分布状况，引入矢量线的概念。矢量线是这样的一些曲线，线上每一点的切线方向都代表该点的矢量场的方向。一般来说，矢量场的每一点均有唯一的一条矢量线通过，所以矢量线充满了整个矢量场所在的空间。电场中的电力线和磁场中的磁力线等，都是矢量线的例子。

为了精确地绘出矢量线，必须求出矢量线方程。根据定义，在矢量线上任一点的切向长度元 $\mathrm{d}\boldsymbol{l}$ 与该点的矢量场 $\boldsymbol{F}$ 的方向平行，即

$$\boldsymbol{F}\times\mathrm{d}\boldsymbol{l}=\boldsymbol{0} \tag{1-71}$$

由式(1-27)

$$\mathrm{d}\boldsymbol{l}=\mathrm{d}x\boldsymbol{e}_x+\mathrm{d}y\boldsymbol{e}_y+\mathrm{d}z\boldsymbol{e}_z$$

再把式(1-70)简写为

$$\boldsymbol{F}=F_x\boldsymbol{e}_x+F_y\boldsymbol{e}_y+F_z\boldsymbol{e}_z$$

则式(1-71)可写为

$$\boldsymbol{F}\times\mathrm{d}\boldsymbol{l}=\begin{vmatrix}\boldsymbol{e}_x & \boldsymbol{e}_y & \boldsymbol{e}_z\\ F_x & F_y & F_z\\ \mathrm{d}x & \mathrm{d}y & \mathrm{d}z\end{vmatrix}=\boldsymbol{0}$$

展开上式，并根据零矢量的三个分量均为零的性质，可得

$$\frac{\mathrm{d}x}{F_x}=\frac{\mathrm{d}y}{F_y}=\frac{\mathrm{d}z}{F_z} \tag{1-72}$$

这就是矢量线的微分方程。求得它的通解就可绘出矢量线。

1.4.2 通量

矢量 $\boldsymbol{F}$ 在场中某一个曲面 S 上的面积分，称为该矢量场通过此曲

面的通量，记作

$$\Phi=\int_S \boldsymbol{F}\cdot \mathrm{d}\boldsymbol{S}=\int_S \boldsymbol{F}\cdot \boldsymbol{e}_n \mathrm{d}S \tag{1-73}$$

如图 1-13 所示，在场中任意曲面 S 上的点 M 的周围取一小面积元 $\mathrm{d}S$，它有两个方向相反的单位法线矢量 $\pm\boldsymbol{e}_n$。对于开曲面上的面元，设这个开曲面是由封闭曲线 C 所围成的，则当选定绕行 C 的方向后，沿绕行方向按右手螺旋的拇指方向就是 $\boldsymbol{e}_n$ 方向，对于封闭曲面上的面元，$\boldsymbol{e}_n$ 取为封闭曲面的外法线方向。则 $\mathrm{d}\Phi=\boldsymbol{F}\cdot\boldsymbol{e}_n=F\cos\theta>0$；反之，则 $\mathrm{d}\Phi<0$。可见，通量是一个代数量，它的正负与面积元法线矢量方向的选取有关。

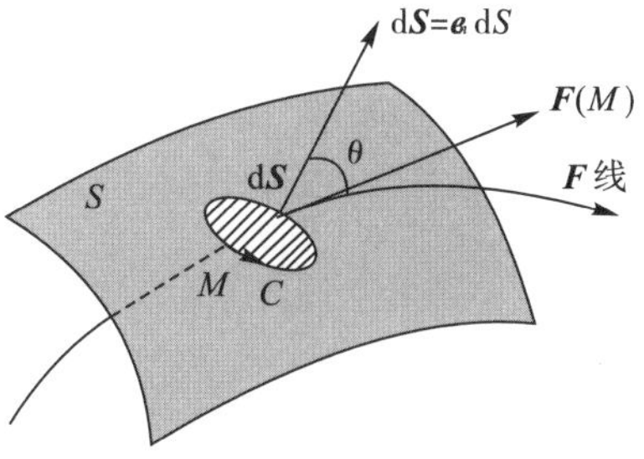

图 1-13　矢量场通量

利用矢量线的概念，通量也可以认为是穿过曲面 S 的矢量线总数。故矢量线也叫作通量线。式(1-73)中的矢量场 $\boldsymbol{F}$ 则被称为通量面密度矢量，它的模 F 就等于在某点与 $\boldsymbol{F}$ 垂直的单位面积上通过的矢量线数目。

如果 S 是限定一定体积的闭合面，则通过闭合面的总通量可表示为

$$\Phi=\oint_S \boldsymbol{F}\cdot \mathrm{d}\boldsymbol{S}=\oint_S \boldsymbol{F}\cdot \boldsymbol{e}_n \mathrm{d}S \tag{1-74}$$

对于闭合面，可以假定面积元的单位法线矢量 $\boldsymbol{e}_n$ 均由面内指向面外。在闭合面 S 的一部分面积上，各点的 $\boldsymbol{F}$ 与 $\boldsymbol{e}_n$ 的夹角 $\theta<90°$，矢量线穿出这部分面积。各点的 $\boldsymbol{F}$ 与 $\boldsymbol{e}_n$ 的夹角 $\theta>90°$，矢量线穿入这部分面积，通量为负值。式(1-74)中的 Φ 则表示从 S 内穿出的正通量与从 S 外穿入的负通量的代数和，称为通过 S 面的净通量。当 $\Phi>0$ 时，穿出闭合面 S 的通量线多于穿入 S 的通量线，这时 S 内必有发出通量线的源，称之为正源。当 $\Phi<0$ 时，穿入多于穿出，这时 S 内必有吸收通量线的沟，称之为负源。当 $\Phi=0$ 时，穿出等于穿入，这时 S 内正源与负源的代数和为零，或者 S 内没有源。如图 1-14 所示。这里说的正源和负源都叫作通量源，对应的场叫作具有通量源的场(简称通量场)。例如，静电场中的正电荷发出电力线，在包围它的任意闭合面上的通量为

正值。负电荷吸收电力线，在包围它的任意闭合面上的通量为负值。闭合面里的电荷电量的代数和为零，或无电荷时，闭合面上的通量等于零。静电场就是具有通量源的场。

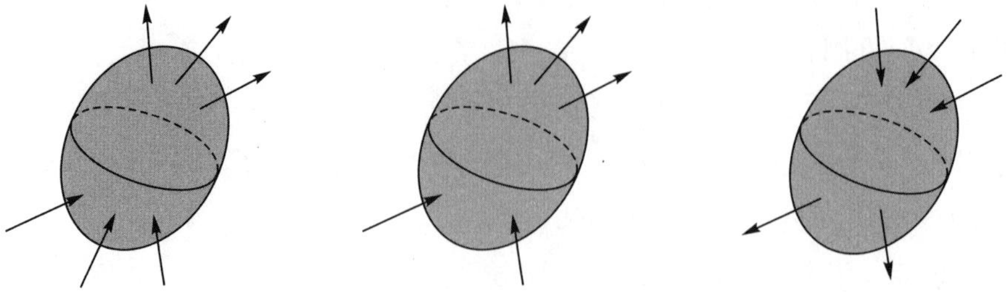

$\Phi=0$
S 内无通量源

$\Phi>0$
S 内有发出通量的源——正源

$\Phi<0$
S 内有收集通量的沟——负源

图 1-14 通量源示意图

如果闭合面 S 上任一点的矢量场

$$\boldsymbol{F}=\boldsymbol{F}_1+\boldsymbol{F}_2+\cdots+\boldsymbol{F}_n=\sum_{i=1}^{n}\boldsymbol{F}_i$$

则通过 S 面的矢量场 $\boldsymbol{F}$ 的通量是

$$\Phi=\oint_S\boldsymbol{F}\cdot\mathrm{d}\boldsymbol{S}=\oint_S\left(\sum_{i=1}^{n}\boldsymbol{F}_i\right)\cdot\mathrm{d}\boldsymbol{S}=\sum_{i=1}^{n}\oint_S\boldsymbol{F}_i\cdot\mathrm{d}\boldsymbol{S}\qquad(1\text{-}75)$$

式(1-75)表明，通量是可以叠加的。

1.4.3 散度

矢量场在闭合面 S 上的通量是由 S 内的通量源决定的。但是，通量只能描绘这种关系的较大范围的情况。通过对矢量场的分析，希望了解场中每一点上的场与源之间的关系。为此，引入矢量场散度的概念。

1. 散度的定义

在连续函数的矢量场 $\boldsymbol{F}$ 中，任一点 M 的邻域内，包围该点作一个任意闭合面 S，并使 S 所限定的体积 ΔV 以任意方式趋于零(即缩至 M 点)。取极限

$$\lim_{\Delta V\to 0}\frac{\oint_S\boldsymbol{F}\cdot\mathrm{d}\boldsymbol{S}}{\Delta V}=\lim_{\Delta V\to 0}\frac{\oint_S\boldsymbol{F}\cdot\boldsymbol{e}_n\mathrm{d}S}{\Delta V}$$

这个极限称为矢量场 $\boldsymbol{F}$ 在点 M 的散度(divergence)，记作 div$\boldsymbol{F}$(读作

散度 $\boldsymbol{F}$)。即

$$\operatorname{div}\boldsymbol{F}=\lim_{\Delta V\to 0}\frac{\oint_S \boldsymbol{F}\cdot\boldsymbol{e}_n \mathrm{d}S}{\Delta V} \tag{1-76}$$

散度的定义与所取坐标系无关。div$\boldsymbol{F}$ 表示在场中任意一点处，通过包围该点单位体积的表面的通量，所以 div$\boldsymbol{F}$ 可称为“通量源密度”。

在点 M 处，若 div$\boldsymbol{F}>0$，则该点有发出通量线的正源，与图 1-14 类似。若 div$\boldsymbol{F}<0$，则该点有吸收通量线的负源。若 div$\boldsymbol{F}=0$，则该点无源。若某一区域内矢量场在所有点上的散度都等于零，则称该区域内的矢量场为无源场。

2. 散度在直角坐标系中的表达式

根据散度定义和高斯公式，可推导出散度在直角坐标系中的表达式为

推导演算

$$\operatorname{div}\boldsymbol{F}=\frac{\partial F_x}{\partial x}+\frac{\partial F_y}{\partial y}+\frac{\partial F_z}{\partial z} \tag{1-77}$$

可以看出，div$\boldsymbol{F}$ 刚好等于哈密顿算子∇与矢量 $\boldsymbol{F}$ 的标积，即

$$\begin{aligned}\nabla\cdot\boldsymbol{F}&=\left(\frac{\partial}{\partial x}\boldsymbol{e}_x+\frac{\partial}{\partial y}\boldsymbol{e}_y+\frac{\partial}{\partial z}\boldsymbol{e}_z\right)\cdot(F_x\boldsymbol{e}_x+F_y\boldsymbol{e}_y+F_z\boldsymbol{e}_z)\\&=\frac{\partial F_x}{\partial x}+\frac{\partial F_y}{\partial y}+\frac{\partial F_z}{\partial z}=\operatorname{div}\boldsymbol{F}\end{aligned} \tag{1-78}$$

可见，一个矢量函数的散度是一个标量函数。在场中任一点，矢量场 $\boldsymbol{F}$ 的散度等于 $\boldsymbol{F}$ 在各坐标轴上的分量对各自坐标变量的偏导数之和。

3. 散度的基本运算公式

$$\nabla\cdot\boldsymbol{C}=0(\boldsymbol{C}\text{ 为常矢量}) \tag{1-79}$$

$$\nabla\cdot(C\boldsymbol{F})=C\,\nabla\cdot\boldsymbol{F}(C\text{ 为常数}) \tag{1-80}$$

$$\nabla\cdot(\boldsymbol{F}\pm\boldsymbol{G})=\nabla\cdot\boldsymbol{F}\pm\nabla\cdot\boldsymbol{G} \tag{1-81}$$

$$\nabla\cdot(u\boldsymbol{F})=u\,\nabla\cdot\boldsymbol{F}+\boldsymbol{F}\cdot\nabla u(u\text{ 为标量函数}) \tag{1-82}$$

以上各式与所取坐标系无关。在直角坐标系中，利用式(1-78)可以很容易地证明以上各式。

1.4.4　高斯(Gauss)散度定理

根据散度的定义，$\nabla\cdot\boldsymbol{F}$ 等于空间某一点从包围该点的单位体积内

穿出的 $\boldsymbol{F}$ 通量。所以从空间任一体积 V 内穿出的 $\boldsymbol{F}$ 通量应等于 $\nabla\cdot\boldsymbol{F}$ 在 V 内的体积分，即

$$\Phi=\int_V \nabla\cdot\boldsymbol{F}\mathrm{d}V$$

这个通量也就是从限定体积的闭合面上穿出的净通量。所以

$$\oint_S \boldsymbol{F}\cdot\mathrm{d}\boldsymbol{S}=\int_V \nabla\cdot\boldsymbol{F}\mathrm{d}V \tag{1-83}$$

这就是高斯散度定理。它的意义是：任意矢量场 $\boldsymbol{F}$ 穿过闭合面的通量等于矢量场 $\boldsymbol{F}$ 的散度在体积 V 内的积分。矢量场中的这种积分变换关系，在电磁场理论中经常会用到。

【例 1-4】 点电荷 q 位于坐标原点，在距其 r 处产生的电通量密度为

$$\boldsymbol{D}=\frac{q}{4\pi r^3}\boldsymbol{r},\quad \boldsymbol{r}=x\boldsymbol{e}_x+y\boldsymbol{e}_y+z\boldsymbol{e}_z$$

求任意点处电通量密度的散度 $\nabla\cdot\boldsymbol{D}$，并求穿出以 r 为半径的球面的电通量 Φ。

解： $\boldsymbol{D}=\dfrac{q}{4\pi}\dfrac{x\boldsymbol{e}_x+y\boldsymbol{e}_y+z\boldsymbol{e}_z}{(x^2+y^2+z^2)^{3/2}}=D_x\boldsymbol{e}_x+D_y\boldsymbol{e}_y+D_z\boldsymbol{e}_z$

$$\begin{aligned}\frac{\partial D_x}{\partial x}&=\frac{q}{4\pi}\frac{\partial}{\partial x}\left[\frac{x}{(x^2+y^2+z^2)^{3/2}}\right]\\&=\frac{q}{4\pi}\left[\frac{1}{(x^2+y^2+z^2)^{3/2}}-\frac{3x^2}{(x^2+y^2+z^2)^{5/2}}\right]\\&=\frac{q}{4\pi}\frac{r^2-3x^2}{r^5}\end{aligned}$$

同理可得

$$\frac{\partial D_y}{\partial y}=\frac{q}{4\pi}\frac{r^2-3y^2}{r^5},\quad \frac{\partial D_z}{\partial z}=\frac{q}{4\pi}\frac{r^2-3z^2}{r^5}$$

所以

$$\nabla\cdot\boldsymbol{D}=\frac{\partial D_x}{\partial x}+\frac{\partial D_y}{\partial y}+\frac{\partial D_z}{\partial z}=\frac{q}{4\pi}\frac{3r^2-3(x^2+y^2+z^2)}{r^5}=0$$

可见，除点电荷所在源点（$r=0$）外，空间各点电通量密度的散度均为 0。

$$\Phi=\oint_S\boldsymbol{D}\cdot\mathrm{d}\boldsymbol{S}=\frac{q}{4\pi r^3}\oint_S\boldsymbol{r}\cdot\boldsymbol{e}_r\mathrm{d}S=\frac{q}{4\pi r^2}\oint_S\mathrm{d}S=\frac{q}{4\pi r^2}4\pi r^2=q$$

结果表明，此球面上所穿过的电通量的源正是点电荷 q。

1.5　矢量函数的旋度

由 1.4 节可知，一个具有通量源的矢量场，可以采用通量与散度来描述场与源之间的关系。而对于具有另一种源（即旋涡源）的矢量场，为了描述场与源之间的关系，必须引入环量和旋度的概念。

1.5.1　环量(circulation)

矢量 $\boldsymbol{F}$ 沿某一闭合曲线（路径）的线积分，称为该矢量沿此闭合曲线的环量。记作

$$\oint_C \boldsymbol{F}\cdot \mathrm{d}\boldsymbol{l}=\oint_C F\cos\theta \mathrm{d}l \tag{1-84}$$

式(1-84)中的 $\boldsymbol{F}$ 是闭合积分路径上任一点的矢量，$\mathrm{d}\boldsymbol{l}$ 是该路径的切向长度元矢量，它的方向取决于该曲线的环绕方向，θ 是 $\boldsymbol{F}$ 与 $\mathrm{d}\boldsymbol{l}$ 的夹角，如图1-15所示。

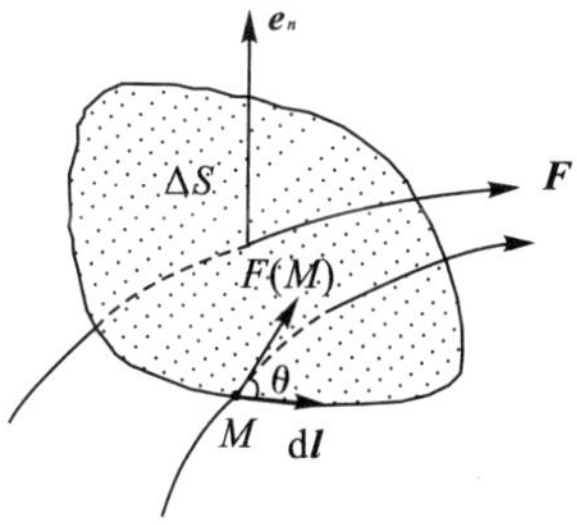

图 1-15　矢量场的环量

从式(1-84)看出，环量是一个代数量，它的大小不仅与矢量场 $\boldsymbol{F}$ 的分布有关，而且与所取的积分环绕方向有关。

如果某一矢量场的环量不等于零，就认为场中必定有产生这种场的旋涡源。例如在磁场中，沿围绕电流闭合路径的环量不等于零，电流就是产生磁场的旋涡源。如果矢量场沿任何闭合路径的环量恒等于零，则在这个场中不可能有旋涡源。这种类型的场称为保守场或无旋场，例如静电场和重力场等。

1.5.2　旋度

矢量场沿某一闭合曲线的环量与矢量场在那个区域的旋涡源分布有关，同时也与闭合曲线的取法有关。环量只能描绘这种关系的较大范围的情况。通过对矢量场的分析，还希望了解场中每点上的场与旋涡源之间的关系。为此，需要引入矢量场旋度的概念。

1. 旋度的定义

如图 1-15 所示，矢量场 $\boldsymbol{F}$ 中，在任意点 M 的邻域内，取任意有向闭合路径 C，限定曲面为 ΔS，取 ΔS 的单位法向矢量为$\boldsymbol{e}_n$，周界 C 的环绕方向与$\boldsymbol{e}_n$方向成右手螺旋关系，如果不论曲面 ΔS 的形状如何，只要 ΔS 无限收缩于 M 点，下列极限存在

$$\lim_{\Delta S \to 0} \frac{\oint_C \boldsymbol{F} \cdot \mathrm{d}\boldsymbol{l}}{\Delta S} \tag{1-85}$$

称此极限为场 $\boldsymbol{F}$ 在点 M 处绕 C 方向的涡量(或称环量密度)。并且，把这些环量密度的最大值以及取到最大值的方向所构成的一个矢量，称为场在点 M 的旋度(curl 或 rotation)，记作 rot$\boldsymbol{F}$ 或 curl$\boldsymbol{F}$，读作旋度 $\boldsymbol{F}$。

从上述定义可以看出，环量面密度是标量，而旋度是矢量。矢量场 $\boldsymbol{F}$ 中点 M 处的旋度，在任一方向$\boldsymbol{e}_n$上的投影等于 M 点以$\boldsymbol{e}_n$为法向的 ΔS 上的环量面密度，即

$$(\mathrm{rot}\boldsymbol{F}) \cdot \boldsymbol{e}_n = \lim_{\Delta S \to 0} \frac{\oint_C \boldsymbol{F} \cdot \mathrm{d}\boldsymbol{l}}{\Delta S}\Bigg|_{\boldsymbol{e}_n} \tag{1-86}$$

旋度的定义与坐标系无关。

2. 旋度在直角坐标系中的表示式

根据旋度定义，可以得到旋度在直角坐标系中的表示式

推导演算

$$\mathrm{rot}\boldsymbol{F} = \left(\frac{\partial F_z}{\partial y} - \frac{\partial F_y}{\partial z}\right)\boldsymbol{e}_x + \left(\frac{\partial F_x}{\partial z} - \frac{\partial F_z}{\partial x}\right)\boldsymbol{e}_y + \left(\frac{\partial F_y}{\partial x} - \frac{\partial F_x}{\partial y}\right)\boldsymbol{e}_z \tag{1-87}$$

由式(1-87)知，rot$\boldsymbol{F}$ 刚好等于哈密顿算子∇与矢量 $\boldsymbol{F}$ 的矢积，即

$$\begin{aligned} \nabla \times \boldsymbol{F} &= \left(\frac{\partial}{\partial x}\boldsymbol{e}_x + \frac{\partial}{\partial y}\boldsymbol{e}_y + \frac{\partial}{\partial z}\boldsymbol{e}_z\right) \times (F_x \boldsymbol{e}_x + F_y \boldsymbol{e}_y + F_z \boldsymbol{e}_z) \\ &= \begin{vmatrix} \boldsymbol{e}_x & \boldsymbol{e}_y & \boldsymbol{e}_z \\ \dfrac{\partial}{\partial x} & \dfrac{\partial}{\partial y} & \dfrac{\partial}{\partial z} \\ F_x & F_y & F_z \end{vmatrix} = \mathrm{rot}\boldsymbol{F} \end{aligned} \tag{1-88}$$

可以看出一个矢量函数的旋度仍然是一个矢量函数，它可以用来

描述场在空间的变化规律。以后讨论磁场时会看到，旋度描述的是空间各点上场与漩涡源的关系。

3. 旋度与散度的区别

(1)一个矢量场的旋度是一个矢量函数；一个矢量场的散度是一个标量函数。

(2)旋度表示场中各点的场与漩涡源的关系。如果在矢量场所存在的全部空间里，场的旋度处处等于零，则这种场不可能有漩涡源，因而称之为无旋场或保守场。散度表示场中各点的场与通量源的关系。如果在矢量场所充满的空间里，场的散度处处为零，则这种场不可能有通量源，因而被称为管形场或无源场。以后将会讲到，静电场是无旋场，而磁场是管形场。

(3)从旋度公式(1-87)知，矢量场 $\boldsymbol{F}$ 的 x 分量 F_x 只对 y，z 求偏导数，F_y 和 F_z 也类似地只对与其垂直方向的坐标变量求偏导数，所以旋度描述的是场分量沿着与它相垂直的方向上的变化规律。而从散度公式(1-77)知，场分量 F_x、F_y、F_z 分别对 x、y、z 求偏导数。所以散度描述的是场分量沿着各自方向上的变化规律。

4. 旋度的基本运算公式

$$\nabla\times\boldsymbol{C}=\boldsymbol{0}\text{（}\boldsymbol{C}\text{ 为常矢量）}\tag{1-89}$$

$$\nabla\times(C\boldsymbol{F})=C\,\nabla\times\boldsymbol{F}\text{（}C\text{ 为常数）}\tag{1-90}$$

$$\nabla\times(\boldsymbol{F}\pm\boldsymbol{G})=\nabla\times\boldsymbol{F}\pm\nabla\times\boldsymbol{G}\tag{1-91}$$

$$\nabla\times(u\boldsymbol{F})=u\,\nabla\times\boldsymbol{F}+\nabla u\times\boldsymbol{F}\text{（}u\text{ 为标量函数）}\tag{1-92}$$

$$\nabla\cdot(\boldsymbol{F}\times\boldsymbol{G})=\boldsymbol{G}\cdot\nabla\times\boldsymbol{F}-\boldsymbol{F}\cdot\nabla\times\boldsymbol{G}\tag{1-93}$$

1.5.3 斯托克斯(Stokes)定理

对于矢量场 $\boldsymbol{F}$ 所在的空间中任一个以 C 为周界的曲面 S，存在以下关系

$$\oint_C\boldsymbol{F}\cdot\mathrm{d}\boldsymbol{l}=\int_S(\nabla\times\boldsymbol{F})\cdot\mathrm{d}\boldsymbol{S}\tag{1-94}$$

这就是斯托克斯定理。它的意义是：任意矢量场 $\boldsymbol{F}$ 沿周界 C 的线积分等于矢量场 $\boldsymbol{F}$ 的旋度沿场中任意一个以 C 为周界的曲面的面积分。即 $\nabla\times\boldsymbol{F}$ 在任意曲面 S 的通量等于 $\boldsymbol{F}$ 沿该曲面的周界 C 的环量。同高

斯散度定理一样,斯托克斯定理表示的积分变换关系在电磁场理论中也经常要用到。

1.6 场函数的微分算子和恒等式

场函数包括标量函数和矢量函数。对标量函数只可作梯度运算,对所得出的梯度矢量还可作散度或旋度运算。矢量函数的散度是标量函数,对它可再作梯度运算。矢量函数的旋度是矢量函数,对它还可作散度或旋度运算。引入一些微分算子可使上述运算简化,并能导出许多在电磁场理论中很有用的矢量恒等式(见附录 A)。

1.6.1 哈密顿一阶微分算子及恒等式

在 1.3 节中已经给出直角坐标系中哈密顿一阶微分算子的定义,即

$$\nabla=\frac{\partial}{\partial x}\boldsymbol{e}_x+\frac{\partial}{\partial y}\boldsymbol{e}_y+\frac{\partial}{\partial z}\boldsymbol{e}_z$$

这个算子既是三个标量微分算子$\frac{\partial}{\partial x},\frac{\partial}{\partial y},\frac{\partial}{\partial z}$的线性组合,又是一个矢量的三个分量,所以算子$\nabla$在计算中具有矢量和微分的双重性质。但必须注意,算子∇必须作用在标量函数或矢量函数上时才有意义,而且这些函数必须具有连续的一阶偏导数。从前面几节的介绍已经发现:算子∇与标量函数 u 相乘得∇u,就是这个标量函数的梯度,算子∇与矢量函数 $\boldsymbol{F}$ 的标积就是这个矢量函数的散度$\nabla\cdot\boldsymbol{F}$,算子$\nabla$与矢量函数 $\boldsymbol{F}$ 的矢积就是这个矢量函数的旋度$\nabla\times\boldsymbol{F}$。

为了方便,补充下面的算子运算公式

$$\begin{aligned}\boldsymbol{A}\cdot\nabla&=(A_x\boldsymbol{e}_x+A_y\boldsymbol{e}_y+A_z\boldsymbol{e}_z)\cdot\left(\frac{\partial}{\partial x}\boldsymbol{e}_x+\frac{\partial}{\partial y}\boldsymbol{e}_y+\frac{\partial}{\partial z}\boldsymbol{e}_z\right)\\&=A_x\frac{\partial}{\partial x}+A_y\frac{\partial}{\partial y}+A_z\frac{\partial}{\partial z}\end{aligned}\tag{1-95}$$

例如$(\boldsymbol{A}\cdot\nabla)\boldsymbol{B}=A_x\frac{\partial\boldsymbol{B}}{\partial x}+A_y\frac{\partial\boldsymbol{B}}{\partial y}+A_z\frac{\partial\boldsymbol{B}}{\partial z}$。

注意 $\boldsymbol{A}\cdot\nabla\neq\nabla\cdot\boldsymbol{A}$。

1.6.2　二阶微分算子及恒等式

对具有连续二阶偏导数的场函数可以作二阶微分运算。一阶算子∇与∇相乘构成多种二阶微分算子，下面只讨论电磁场理论中最常用的几种。

1. $\nabla\times\nabla u\equiv\mathbf{0}$

证明：因为$\nabla u=\dfrac{\partial u}{\partial x}\boldsymbol{e}_x+\dfrac{\partial u}{\partial y}\boldsymbol{e}_y+\dfrac{\partial u}{\partial z}\boldsymbol{e}_z$

所以

$$\nabla\times\nabla u=\begin{vmatrix}\boldsymbol{e}_x & \boldsymbol{e}_y & \boldsymbol{e}_z\\ \dfrac{\partial}{\partial x} & \dfrac{\partial}{\partial y} & \dfrac{\partial}{\partial z}\\ \dfrac{\partial u}{\partial x} & \dfrac{\partial u}{\partial y} & \dfrac{\partial u}{\partial z}\end{vmatrix}$$

$$=\left(\frac{\partial^2 u}{\partial y\partial z}-\frac{\partial^2 u}{\partial z\partial y}\right)\boldsymbol{e}_x+\left(\frac{\partial^2 u}{\partial z\partial x}-\frac{\partial^2 u}{\partial x\partial z}\right)\boldsymbol{e}_y+\left(\frac{\partial^2 u}{\partial x\partial y}-\frac{\partial^2 u}{\partial y\partial x}\right)\boldsymbol{e}_z$$

$$\equiv\mathbf{0}\tag{1-96}$$

结论是标量函数梯度的旋度恒等于零。因为∇u是一矢量函数，所以可得出如下推论。

推论：如果任一矢量函数的旋度恒等于零，则这个矢量函数可以用一个标量函数的梯度来表示。

这也说明：如果仅仅已知一个矢量场$\boldsymbol{F}$的旋度，不可能唯一地确定这个矢量场。因为如果$\boldsymbol{F}_1$是旋度方程的一个解，那么$\boldsymbol{F}_1+\nabla u$也是它的解。

2. $\nabla\cdot(\nabla\times\boldsymbol{F})\equiv 0$

证明：由直角坐标系下的旋度公式可得

$$\nabla\cdot(\nabla\times\boldsymbol{F})=\frac{\partial}{\partial x}\left(\frac{\partial F_z}{\partial y}-\frac{\partial F_y}{\partial z}\right)+\frac{\partial}{\partial y}\left(\frac{\partial F_x}{\partial z}-\frac{\partial F_z}{\partial x}\right)+\frac{\partial}{\partial z}\left(\frac{\partial F_y}{\partial x}-\frac{\partial F_x}{\partial y}\right)$$

$$\equiv 0\tag{1-97}$$

结论是矢量函数旋度的散度恒等于零。因为$\nabla\times\boldsymbol{F}$仍是一矢量函数,同样可以得出如下推论。

推论:任一矢量函数的散度恒等于零,则这个矢量函数可以用另外一个矢量函数的旋度来表示。

这也说明:如果仅仅已知一个矢量场$\boldsymbol{F}$的散度,不可能唯一地确定这个矢量场。因为如果$\boldsymbol{F}_1$是散度方程的一个解,那么$\boldsymbol{F}_1+\nabla\times\boldsymbol{A}$也是它的解。

3. $\nabla\cdot\nabla u\equiv\nabla^2 u$

直角坐标系下

$$\nabla\cdot\nabla u=\left(\frac{\partial}{\partial x}\boldsymbol{e}_x+\frac{\partial}{\partial y}\boldsymbol{e}_y+\frac{\partial}{\partial z}\boldsymbol{e}_z\right)\cdot\left(\frac{\partial u}{\partial x}\boldsymbol{e}_x+\frac{\partial u}{\partial y}\boldsymbol{e}_y+\frac{\partial u}{\partial z}\boldsymbol{e}_z\right)$$

$$=\frac{\partial^2 u}{\partial x^2}+\frac{\partial^2 u}{\partial y^2}+\frac{\partial^2 u}{\partial z^2}\equiv\nabla^2 u \tag{1-98}$$

算子∇^2表示标量函数的梯度的散度,称为拉普拉斯(Laplace)算子。

在矢量运算中,不难看出下列恒等式成立。

$$\boldsymbol{A}\times\boldsymbol{A}u\equiv\boldsymbol{0},\ \boldsymbol{A}\cdot(\boldsymbol{A}\times\boldsymbol{F})\equiv 0,\ \boldsymbol{A}\cdot\boldsymbol{A}u\equiv A^2 u \tag{1-99}$$

如果将式(1-99)中的$\boldsymbol{A}$换成∇算子,则得到上面证明的三个恒等式(1-96)、(1-97)和(1-98)。

4. $\nabla\times(\nabla\times\boldsymbol{F})=\nabla(\nabla\cdot\boldsymbol{F})-\nabla^2\boldsymbol{F}$

证明:由直角坐标系下的旋度公式

$$\nabla\times\boldsymbol{F}=\left(\frac{\partial F_z}{\partial y}-\frac{\partial F_y}{\partial z}\right)\boldsymbol{e}_x+\left(\frac{\partial F_x}{\partial z}-\frac{\partial F_z}{\partial x}\right)\boldsymbol{e}_y+\left(\frac{\partial F_y}{\partial x}-\frac{\partial F_x}{\partial y}\right)\boldsymbol{e}_z$$

得

$$\begin{aligned}\nabla\times\nabla\times\boldsymbol{F}=&\left[\frac{\partial}{\partial y}\left(\frac{\partial F_y}{\partial x}-\frac{\partial F_x}{\partial y}\right)-\frac{\partial}{\partial z}\left(\frac{\partial F_x}{\partial z}-\frac{\partial F_z}{\partial x}\right)\right]\boldsymbol{e}_x\\&+\left[\frac{\partial}{\partial z}\left(\frac{\partial F_z}{\partial y}-\frac{\partial F_y}{\partial z}\right)-\frac{\partial}{\partial x}\left(\frac{\partial F_y}{\partial x}-\frac{\partial F_x}{\partial y}\right)\right]\boldsymbol{e}_y\\&+\left[\frac{\partial}{\partial x}\left(\frac{\partial F_x}{\partial z}-\frac{\partial F_z}{\partial x}\right)-\frac{\partial}{\partial y}\left(\frac{\partial F_z}{\partial y}-\frac{\partial F_y}{\partial z}\right)\right]\boldsymbol{e}_z\end{aligned} \tag{1-100}$$

对上式右端第一项 x 分量展开并整理，得

$$\left(\frac{\partial^2 F_x}{\partial x^2}+\frac{\partial^2 F_y}{\partial y\partial x}+\frac{\partial^2 F_z}{\partial z\partial x}\right)-\left(\frac{\partial^2 F_x}{\partial x^2}+\frac{\partial^2 F_x}{\partial y^2}+\frac{\partial^2 F_x}{\partial z^2}\right)=\frac{\partial}{\partial x}(\nabla\cdot\boldsymbol{F})-\nabla^2 F_x$$

同理，可得右端第二项和第三项分别是 $\frac{\partial}{\partial y}(\nabla\cdot\boldsymbol{F})-\nabla^2 F_y$，$\frac{\partial}{\partial z}(\nabla\cdot\boldsymbol{F})-\nabla^2 F_z$。

将它们代入式(1-100)，得

$$\begin{aligned}\nabla\times\nabla\times\boldsymbol{F}&=\left[\frac{\partial}{\partial x}(\nabla\cdot\boldsymbol{F})\,\boldsymbol{e}_x+\frac{\partial}{\partial y}(\nabla\cdot\boldsymbol{F})\,\boldsymbol{e}_y+\frac{\partial}{\partial z}(\nabla\cdot\boldsymbol{F})\,\boldsymbol{e}_z\right]\\&\quad-\left[\nabla^2 F_x\boldsymbol{e}_x+\nabla^2 F_y\boldsymbol{e}_y+\nabla^2 F_z\boldsymbol{e}_z\right]\\&=\nabla(\nabla\cdot\boldsymbol{F})-\nabla^2\boldsymbol{F}\end{aligned}$$

所以

$$\nabla\times(\nabla\times\boldsymbol{F})=\nabla(\nabla\cdot\boldsymbol{F})-\nabla^2\boldsymbol{F}\tag{1-101}$$

在上面的证明中，利用了直角坐标系中的矢性拉普拉斯算子运算公式

$$\nabla^2\boldsymbol{F}=\nabla^2 F_x\boldsymbol{e}_x+\nabla^2 F_y\boldsymbol{e}_y+\nabla^2 F_z\boldsymbol{e}_z\tag{1-102}$$

算子 ∇^2 作用在标量函数上时，称为标性拉普拉斯算子，表示标量函数梯度的散度。算子 ∇^2 作用在矢量函数上时，称为矢性拉普拉斯算子。特别要指出的是，只有在直角坐标系中，$\nabla^2\boldsymbol{F}$ 才有式(1-102)那样简单的表示式，即与标性拉普拉斯算子具有相同的运算意义。这是因为直角坐标的单位矢量 $\boldsymbol{e}_x$，$\boldsymbol{e}_y$，$\boldsymbol{e}_z$ 都是与坐标变量无关的常矢。在柱坐标系和球坐标系中，$\nabla^2\boldsymbol{F}$ 有非常复杂的表示形式。

最后指出，以上各节和附录 A 中所列的矢量运算恒等式，不仅适用于直角坐标系，而且适用于其他的正交曲线坐标系（如柱坐标系和球坐标系等），但算子 ∇ 和 ∇^2 在不同的坐标系有不同的形式。

1.7　广义正交曲面坐标系

前面主要以直角坐标系为例讨论了矢量分析问题。为了便于研究具有不同几何形状的各类对象，往往需要采用某些特定的正交曲面坐标系，其中最常用的有柱坐标系和球坐标系等。

梯度、散度和旋度在柱坐标系和球坐标系中的表示式，一方面可以

根据它们的定义求得，另一方面也可以根据已经得到的直角坐标系表示式，通过坐标变换求得。但是如果引入广义正交曲面坐标系的概念，则可以使运算过程更加简单，而且用途也更加广泛。

1.7.1 正交曲面坐标系的概念

空间点的位置可用坐标系中的三个坐标量来表示。由 1.1 节知，直角坐标系(x,y,z)中三个单位矢量$(\boldsymbol{e}_x,\boldsymbol{e}_y,\boldsymbol{e}_z)$相互正交，且任何一个坐标量为常量时都代表一个平面，故可称为正交(直角)平面坐标系。柱坐标系(ρ,φ,z)中的单位矢量$(\boldsymbol{e}_\rho,\boldsymbol{e}_\varphi,\boldsymbol{e}_z)$相互正交，但坐标量 ρ 为常量，代表的是一个柱面。球坐标系(r,θ,φ)中的单位矢量$(\boldsymbol{e}_r,\boldsymbol{e}_\theta,\boldsymbol{e}_\varphi)$相互正交，而坐标量 θ 为常量时，代表的是一个锥面。因此，柱、球坐标系都属于正交曲面坐标系。

凡是具有三个坐标变量(q_1,q_2,q_3)，而且其坐标单位矢量$(\boldsymbol{e}_1,\boldsymbol{e}_2,\boldsymbol{e}_3)$相互正交的坐标系，都称为三维广义正交曲面坐标系，如图 1-16 所示。广义正交曲面坐标系中的某一个坐标量变化时动点轨迹可以不是直线，坐标面也可以不是平面。一般可按照坐标面的形状命名为圆柱、椭圆柱、抛物柱、双圆柱等坐标系。直角坐标系是广义正交曲面坐标系中最简单的特例。

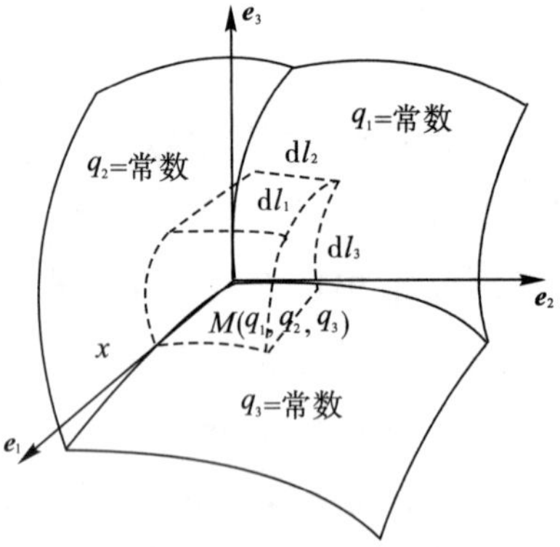

图 1-16 广义正交曲面坐标系

广义正交曲面坐标系的三个坐标面方程是

$$q_1 = C_1,\ q_2 = C_2,\ q_3 = C_3(C_1,C_2,C_3 \text{ 为常数})$$

q_1,q_2,q_3 是三个广义坐标变量，它们可以代表长度，也可以代表角度。三个坐标单位矢量$\boldsymbol{e}_1,\boldsymbol{e}_2,\boldsymbol{e}_3$ 分别指向 q_1,q_2,q_3 增加的方向，而且符合$\boldsymbol{e}_1\times\boldsymbol{e}_2=\boldsymbol{e}_3$的右手螺旋法则。一般来说，这三个坐标单位矢量的方向都随空间点的位置而改变，只有在直角坐标系中，它们才与空间点的位置无关。

将沿坐标轴 q_1 的长度元记为 dl_1，它的长度是由点 q_1 变到 q_1+dq_1 所移动的距离。类似的有 dl_2 和 dl_3。它们与坐标变量改变量的关系是：

$$\left.\begin{aligned} dl_1 &= h_1 dq_1 \\ dl_2 &= h_2 dq_2 \\ dl_3 &= h_3 dq_3 \end{aligned}\right\} \tag{1-103}$$

式中的 h_1, h_2, h_3 称为拉梅系数，它们是坐标 q_1, q_2, q_3 的函数。对应三种常用正交坐标，它们的坐标变量、坐标单位矢量、沿坐标轴方向的长度元以及拉梅系数分别列出如下。

直角坐标系中，

$$\left.\begin{matrix} q_1 = x & q_2 = y & q_3 = z \\ \boldsymbol{e}_1 = \boldsymbol{e}_x & \boldsymbol{e}_2 = \boldsymbol{e}_y & \boldsymbol{e}_3 = \boldsymbol{e}_z \\ dl_1 = dx & dl_2 = dy & dl_3 = dz \\ h_1 = 1 & h_2 = 1 & h_3 = 1 \end{matrix}\right\} \tag{1-104}$$

柱坐标系中，

$$\left.\begin{matrix} q_1 = \rho & q_2 = \varphi & q_3 = z \\ \boldsymbol{e}_1 = \boldsymbol{e}_\rho & \boldsymbol{e}_2 = \boldsymbol{e}_\varphi & \boldsymbol{e}_3 = \boldsymbol{e}_z \\ dl_1 = d\rho & dl_2 = \rho d\varphi & dl_3 = dz \\ h_1 = 1 & h_2 = \rho & h_3 = 1 \end{matrix}\right\} \tag{1-105}$$

球坐标系中，

$$\left.\begin{matrix} q_1 = r & q_2 = \theta & q_3 = \varphi \\ \boldsymbol{e}_1 = \boldsymbol{e}_r & \boldsymbol{e}_2 = \boldsymbol{e}_\theta & \boldsymbol{e}_3 = \boldsymbol{e}_\varphi \\ dl_1 = dr & dl_2 = r d\theta & dl_3 = r\sin\theta d\varphi \\ h_1 = 1 & h_2 = r & h_3 = r\sin\theta \end{matrix}\right\} \tag{1-106}$$

由式(1-104)、式(1-105)、式(1-106)可以看出，当坐标变量 q 代表长度时，拉梅系数 h 都等于 1；当坐标变量 q 代表角度时，拉梅系数 h 都是坐标变量的函数，以保证 hdq 具有长度的量纲。

三维广义正交曲面坐标系中的面积元和体积元分别是

$$\left.\begin{aligned} dS_1 &= dl_2 dl_3 = h_2 h_3 dq_2 dq_3 \quad (\text{与}\boldsymbol{e}_1\text{ 垂直}) \\ dS_2 &= dl_3 dl_1 = h_3 h_1 dq_3 dq_1 \quad (\text{与}\boldsymbol{e}_2\text{ 垂直}) \\ dS_3 &= dl_1 dl_2 = h_1 h_2 dq_1 dq_2 \quad (\text{与}\boldsymbol{e}_3\text{ 垂直}) \end{aligned}\right\} \tag{1-107}$$

$$dV = dl_1 dl_2 dl_3 = h_1 h_2 h_3 dq_1 dq_2 dq_3 \tag{1-108}$$

1.7.2 梯度

从直角坐标系的梯度表示式(1-61)知:标量函数 u 的梯度沿三个坐标轴方向的分量正好等于该函数对各自坐标变量长度元的偏导数。推广到广义正交曲面坐标系,函数的全微分可以表示为

$$\Delta u=\frac{\partial u}{\partial l_1}\Delta l_1+\frac{\partial u}{\partial l_2}\Delta l_2+\frac{\partial u}{\partial l_3}\Delta l_3 \tag{1-109}$$

$$\Delta l=\sqrt{\Delta l_1{}^2+\Delta l_2{}^2+\Delta l_3{}^2} \tag{1-110}$$

将式(1-110)代入式(1-109)取极限,得到

$$\frac{\mathrm{d}u}{\mathrm{d}l}=\frac{\partial u}{\partial l_1}\cos\alpha+\frac{\partial u}{\partial l_2}\cos\beta+\frac{\partial u}{\partial l_3}\cos\gamma \tag{1-111}$$

由梯度的定义就可以得到

$$\nabla u=\frac{\partial u}{\partial l_1}\boldsymbol{e}_1+\frac{\partial u}{\partial l_2}\boldsymbol{e}_2+\frac{\partial u}{\partial l_3}\boldsymbol{e}_3 \tag{1-112}$$

将式(1-103)代入式(1-112)得

$$\nabla u=\frac{1}{h_1}\frac{\partial u}{\partial q_1}\boldsymbol{e}_1+\frac{1}{h_2}\frac{\partial u}{\partial q_2}\boldsymbol{e}_2+\frac{1}{h_3}\frac{\partial u}{\partial q_3}\boldsymbol{e}_3 \tag{1-113}$$

将式(1-105)代入式(1-113)便得到梯度在柱坐标系中的表示式

$$\nabla u=\frac{\partial u}{\partial \rho}\boldsymbol{e}_\rho+\frac{1}{\rho}\frac{\partial u}{\partial \varphi}\boldsymbol{e}_\varphi+\frac{\partial u}{\partial z}\boldsymbol{e}_z \tag{1-114}$$

将式(1-106)代入式(1-113)便得到梯度在球坐标系中的表示式

$$\nabla u=\frac{\partial u}{\partial r}\boldsymbol{e}_r+\frac{1}{r}\frac{\partial u}{\partial \theta}\boldsymbol{e}_\theta+\frac{1}{r\sin\theta}\frac{\partial u}{\partial \varphi}\boldsymbol{e}_\varphi \tag{1-115}$$

1.7.3 散度

同样,可推导出广义正交曲面坐标系下的散度表达式为

$$\begin{aligned}\nabla\cdot\boldsymbol{F}&=\nabla\cdot(F_1\boldsymbol{e}_1+F_2\boldsymbol{e}_2+F_3\boldsymbol{e}_3)\\&=\nabla\cdot(F_1\boldsymbol{e}_1)+\nabla\cdot(F_2\boldsymbol{e}_2)+\nabla\cdot(F_3\boldsymbol{e}_3)\\&=\frac{1}{h_1h_2h_3}\left[\frac{\partial}{\partial q_1}(F_1h_2h_3)+\frac{\partial}{\partial q_2}(F_2h_1h_3)+\frac{\partial}{\partial q_3}(F_3h_1h_2)\right]\end{aligned} \tag{1-116}$$

将柱坐标系、球坐标系的 h 和 q 分别代入上式,便得到相应的散度表示式。在柱坐标系中,

$$\nabla\cdot \boldsymbol{F} = \frac{1}{\rho}\frac{\partial}{\partial \rho}(\rho F_{\rho}) + \frac{1}{\rho}\frac{\partial F_{\varphi}}{\partial \varphi} + \frac{\partial F_z}{\partial z} \tag{1-117}$$

而在球坐标系中，

$$\nabla\cdot \boldsymbol{F} = \frac{1}{r^2\sin\theta}\left[\frac{\partial}{\partial r}(r^2\sin\theta F_r) + \frac{\partial}{\partial \theta}(r\sin\theta F_{\theta}) + \frac{\partial}{\partial \varphi}(rF_{\varphi})\right] \tag{1-118}$$

式(1-116)、式(1-117)和式(1-118)的记忆有一定的困难，但还是有一定规律可循的。式(1-116)的记忆应从散度的定义式出发，$h_1h_2h_3 \rightarrow \Delta V$ 体积元，$F_1h_2h_3 \rightarrow \boldsymbol{F}\cdot \mathrm{d}\boldsymbol{S}\big|_{e_1}$，即$\boldsymbol{e}_1$ 方向的通量元。这样式(1-116)就容易记忆了。然后将拉梅系数代入就可以记住柱、球坐标系下的散度公式。

1.7.4 旋度

旋度在三维广义正交曲面坐标系中的表示式可类似得到，即

$$\begin{aligned}\nabla\times \boldsymbol{F} &= \nabla\times(F_1\boldsymbol{e}_1 + F_2\boldsymbol{e}_2 + F_3\boldsymbol{e}_3)\\ &= \frac{1}{h_2h_3}\left[\frac{\partial(h_3F_3)}{\partial q_2} - \frac{\partial(h_2F_2)}{\partial q_3}\right]\boldsymbol{e}_1 + \frac{1}{h_1h_3}\left[\frac{\partial(h_1F_1)}{\partial q_3} - \frac{\partial(h_3F_3)}{\partial q_1}\right]\boldsymbol{e}_2\\ &\quad + \frac{1}{h_1h_2}\left[\frac{\partial(h_2F_2)}{\partial q_1} - \frac{\partial(h_1F_1)}{\partial q_2}\right]\boldsymbol{e}_3\end{aligned} \tag{1-119}$$

写成行列式

$$\nabla\times \boldsymbol{F} = \frac{1}{h_1h_2h_3}\begin{vmatrix} h_1\boldsymbol{e}_1 & h_2\boldsymbol{e}_2 & h_3\boldsymbol{e}_3 \\ \dfrac{\partial}{\partial q_1} & \dfrac{\partial}{\partial q_2} & \dfrac{\partial}{\partial q_3} \\ h_1F_1 & h_2F_2 & h_3F_3 \end{vmatrix} \tag{1-120}$$

将柱坐标系、球坐标系的 h 和 q 代入上式，便得到相应的旋度表达式。

在柱坐标中

$$\nabla\times \boldsymbol{F} = \frac{1}{\rho}\begin{vmatrix} \boldsymbol{e}_{\rho} & \rho\boldsymbol{e}_{\varphi} & \boldsymbol{e}_z \\ \dfrac{\partial}{\partial \rho} & \dfrac{\partial}{\partial \varphi} & \dfrac{\partial}{\partial z} \\ F_{\rho} & \rho F_{\varphi} & F_z \end{vmatrix} \tag{1-121}$$

在球坐标中

$$\nabla\times \boldsymbol{F} = \frac{1}{r^2\sin\theta}\begin{vmatrix} \boldsymbol{e}_r & r\boldsymbol{e}_{\theta} & r\sin\theta\,\boldsymbol{e}_{\varphi} \\ \dfrac{\partial}{\partial r} & \dfrac{\partial}{\partial \theta} & \dfrac{\partial}{\partial \varphi} \\ F_r & rF_{\theta} & r\sin\theta F_{\varphi} \end{vmatrix} \tag{1-122}$$

1.7.5 拉普拉斯

1. 标量场 u 的拉普拉斯

它的定义是

$$\nabla^2 u = \nabla \cdot \nabla u$$

只要把式(1-113)中的∇u看作一个矢量,再使用式(1-116),便得到

$$\nabla^2 u = \frac{1}{h_1 h_2 h_3}\left[\frac{\partial}{\partial q_1}\left(\frac{h_2 h_3}{h_1}\frac{\partial u}{\partial q_1}\right)+\frac{\partial}{\partial q_2}\left(\frac{h_1 h_3}{h_2}\frac{\partial u}{\partial q_2}\right)+\frac{\partial}{\partial q_3}\left(\frac{h_1 h_2}{h_3}\frac{\partial u}{\partial q_3}\right)\right] \tag{1-123}$$

在柱坐标系中

$$\nabla^2 u = \frac{1}{\rho}\frac{\partial}{\partial \rho}(\rho\frac{\partial u}{\partial \rho}) + \frac{1}{\rho^2}\frac{\partial^2 u}{\partial \varphi^2} + \frac{\partial^2 u}{\partial z^2} \tag{1-124}$$

在球坐标系中

$$\nabla^2 u = \frac{1}{r^2}\frac{\partial}{\partial r}(r^2\frac{\partial u}{\partial r}) + \frac{1}{r^2\sin\theta}\frac{\partial}{\partial \theta}(\sin\theta\frac{\partial u}{\partial \theta}) + \frac{1}{r^2\ \sin^2\theta}\frac{\partial^2 u}{\partial \varphi^2} \tag{1-125}$$

2. 矢量场 $\boldsymbol{F}$ 的拉普拉斯

由式(1-101)可得

$$\nabla^2 \boldsymbol{F} = \nabla(\nabla \cdot \boldsymbol{F}) - \nabla\times(\nabla\times \boldsymbol{F})$$

利用式(1-113)、式(1-116)和式(1-120),便可导出$\nabla^2 \boldsymbol{F}$的复杂表示式。

1.8 亥姆霍兹定理

由前面介绍的散度和旋度知道:一个矢量场 $\boldsymbol{F}$ 的散度唯一地确定场中任一点的通量源密度,场的旋度唯一地确定场中任一点的旋涡源密度。那么,如果仅仅知道矢量场 $\boldsymbol{F}$ 的散度,或仅仅知道矢量场 $\boldsymbol{F}$ 的旋度,或两者都已知道,能否唯一地确定该矢量场呢?亥姆霍兹(Helmholtz)定理回答了这个问题。

亥姆霍兹定理的含义是：在空间有限区域 V 内，任意一个矢量场 $\boldsymbol{F}$，由它的散度、旋度和边界条件（即限定区域 V 的闭合面 S 上的矢量场分布）唯一地确定。

根据亥姆霍兹定理，如果仅仅已知矢量场的散度或旋度，都不能唯一地确定这个矢量场。读者可根据任一矢量函数的旋度的散度恒等于零和标量函数梯度的旋度恒等于零的结论，自行证明。

由前面分析可知，矢量场的散度和旋度代表产生矢量场的源，矢量场的散度对应着产生矢量场的通量源，矢量场的旋度对应着产生矢量场的漩涡源。任何一个物理场都有其产生的源，场是由源的分布确定的。因此，在空间中，散度和旋度均处处为零的场是不存在的，但是散度或者旋度其中一个处处为零的场是存在的。通常，散度处处为零的矢量场称为无散场，旋度处处为零的矢量场称为无旋场。一个无散场（无通量源）的旋度不能处处为零。同样，一个无旋场（无漩涡源）的散度不能处处为零。所以，任意一个矢量场 $\boldsymbol{F}$ 可表示成一个无旋场（$\boldsymbol{F}_1=-\nabla\phi$）和一个无散场（$\boldsymbol{F}_2=\nabla\times\boldsymbol{A}$）之和，即

$$\boldsymbol{F}=\boldsymbol{F}_1+\boldsymbol{F}_2=-\nabla\phi+\nabla\times\boldsymbol{A} \tag{1-126}$$

矢量场的散度 $\nabla\cdot\boldsymbol{F}$ 和旋度 $\nabla\times\boldsymbol{F}$ 只有在矢量函数 $\boldsymbol{F}$ 连续的区域内才有意义。在 $\boldsymbol{F}$ 不连续的表面，不能用 $\nabla\cdot\boldsymbol{F}$ 和 $\nabla\times\boldsymbol{F}$ 分析表面附近的场。只能从 $\boldsymbol{F}$ 的通量和环量方面研究，得到分界面上的边界条件。

因此，研究一个矢量场，可以从 $\nabla\cdot\boldsymbol{F}$ 和旋度 $\nabla\times\boldsymbol{F}$ 方面研究，得到场基本方程的微分形式

$$\nabla\cdot\boldsymbol{F}=?$$

$$\nabla\times\boldsymbol{F}=?$$

也可以从矢量场的通量和环量方面研究，得到场基本方程的积分形式

$$\oint_S\boldsymbol{F}\cdot\mathrm{d}\boldsymbol{S}=?$$

$$\oint_C\boldsymbol{F}\cdot\mathrm{d}\boldsymbol{l}=?$$

后面章节的静电场、恒定磁场和时变电磁场，都要推导出它们的基本方程，进而得到它们的基本性质和分析方法。

1.9 格林定理

格林(Green)定理通常又叫作格林恒等式，是由高斯散度定理推导出的重要数学恒等式。

高斯散度定理表示任一矢量场 $\boldsymbol{F}$ 的散度在场中任一体积中的体积分等于 $\boldsymbol{F}$ 在限定该体积的闭合面上的面积分，即

$$\int_V \nabla\cdot \boldsymbol{F}\mathrm{d}V = \oint_S \boldsymbol{F}\cdot \mathrm{d}\boldsymbol{S} = \oint_S \boldsymbol{F}\cdot \boldsymbol{e}_n \mathrm{d}S$$

设 u 和 v 是体积 V 内具有连续二阶偏导数的两个任意标量函数。令 $\boldsymbol{F}$ 等于一个标量函数 u 和矢量函数 ∇v 的乘积，即 $\boldsymbol{F}=u\,\nabla v$，则

$$\int_V \nabla\cdot (u\,\nabla v)\mathrm{d}V = \oint_S u\,\nabla v\cdot \boldsymbol{e}_n \mathrm{d}S \tag{1-127}$$

式(1-127)中，S 是体积 V 的边界面，$\boldsymbol{e}_n$ 为曲面 S 的外法向单位矢量。由于

$$\nabla\cdot (u\,\nabla v) = u\,\nabla^2 v + \nabla u\cdot \nabla v$$

代入式(1-127)，得到

$$\int_V (u\,\nabla^2 v + \nabla u\cdot \nabla v)\mathrm{d}V = \oint_S u\,\nabla v\cdot \boldsymbol{e}_n \mathrm{d}S \tag{1-128}$$

根据方向导数与梯度的关系，有

$$u\,\nabla v\cdot \boldsymbol{e}_n = u\,\frac{\partial v}{\partial n}$$

其中$\partial v/\partial n$ 是标量函数 v 在闭曲面 S 上的外法向导数。于是式(1-128)又可写成

$$\int_V (u\,\nabla^2 v + \nabla u\cdot \nabla v)\mathrm{d}V = \oint_S u\,\frac{\partial v}{\partial n}\mathrm{d}S \tag{1-129}$$

称为格林第一定理(恒等式)。

将式(1-129)中的 u 与 v 对调，则有

$$\begin{aligned}\int_V (v\,\nabla^2 u + \nabla v\cdot \nabla u)\mathrm{d}V &= \oint_S v\,\nabla u\cdot \boldsymbol{e}_n \mathrm{d}S \\ &= \oint_S v\,\frac{\partial u}{\partial n}\mathrm{d}S \end{aligned} \tag{1-130}$$

由式(1-129)减去式(1-130)，得到

$$\int_V (u\,\nabla^2 v - v\,\nabla^2 u)\mathrm{d}V = \oint_S (u\,\nabla v - v\,\nabla u)\cdot \boldsymbol{e}_n \mathrm{d}S$$

$$= \oint_S \left(u\frac{\partial v}{\partial n} - v\frac{\partial u}{\partial n}\right)\mathrm{d}S \qquad (1\text{-}131)$$

式(1-131)称为格林第二定理(恒等式)。

由以上内容可知，无论哪一种格林定理，都是说明区域 V 中的场与边界 S 上的场之间的关系。因此，利用格林定理可以将区域中场的求解问题转变为边界上场的求解问题。此外，格林定理描述了两个标量场之间满足的关系，如果已知其中一个场的分布，可以利用格林定理求解另一个场的分布。因此，格林定理广泛地应用于矢量分析和电磁场理论。

◇◆◇ 本章小结 ◇◆◇

1. 若物理量既有大小又有方向，则它是一个矢量。在直角坐标系中，矢量 $\boldsymbol{A}$ 可表示为

$$\boldsymbol{A} = A_x\,\boldsymbol{e}_x + A_y\,\boldsymbol{e}_y + A_z\,\boldsymbol{e}_z$$

$\boldsymbol{A}$ 的模为 $A=(A_x^2+A_y^2+A_z^2)^{1/2}$，$\boldsymbol{A}$ 的单位矢量为 $\boldsymbol{A}/A$。

2. 介绍了三种常用坐标系的构成、坐标变量之间的换算关系、坐标单位矢量之间的换算关系。要特别注意的是：在直角坐标系中的坐标单位矢量 $\boldsymbol{e}_x$，$\boldsymbol{e}_y$，$\boldsymbol{e}_z$ 不是空间位置的函数，而柱坐标系、球坐标系下的坐标单位矢量 $\boldsymbol{e}_\rho$，$\boldsymbol{e}_\varphi$，$\boldsymbol{e}_r$，$\boldsymbol{e}_\theta$ 都随空间位置变化而变化，是空间位置的函数。因此，在计算矢量函数微积分时要特别注意。

3. 标量 u 在某点沿 l 方向的变化率 $\partial u/\partial l$，称为 u 沿该方向的方向导数。标量 u 在该点的梯度 ∇u 与方向导数的关系为

$$\frac{\partial u}{\partial l} = \nabla u \cdot \boldsymbol{e}_l$$

标量 u 的梯度是一个矢量，它的大小和方向就是该点最大变化率的大小和方向。在直角坐标系中

$$\nabla u = \frac{\partial u}{\partial x}\boldsymbol{e}_x + \frac{\partial u}{\partial y}\boldsymbol{e}_y + \frac{\partial u}{\partial z}\boldsymbol{e}_z$$

在标量场中,相同 u 值的点构成等值面。在等值面的法线方向上,u 值变化最快。因此,梯度的方向也就是 u 等值面的法线方向。该法线方向单位矢量可表示为$\boldsymbol{e}_n=\dfrac{\nabla u}{|\nabla u|}$。

4. 矢量场 $\boldsymbol{F}$ 的矢量线穿过曲面 S 的通量为$\oint_S \boldsymbol{F}\cdot \mathrm{d}\boldsymbol{S}$。矢量场 $\boldsymbol{F}$ 在某点的散度定义为

$$\mathrm{div}\boldsymbol{F}=\nabla\cdot\boldsymbol{F}=\lim_{\Delta V\to 0}\frac{\oint_S \boldsymbol{F}\cdot\boldsymbol{e}_n\mathrm{d}S}{\Delta V}$$

它是标量,表示从该点散发的通量源密度。它描述该点的通量强度。在直角坐标系中,

$$\nabla\cdot\boldsymbol{F}=\frac{\partial F_x}{\partial x}+\frac{\partial F_y}{\partial y}+\frac{\partial F_z}{\partial z}$$

散度定理为

$$\oint_S \boldsymbol{F}\cdot\mathrm{d}\boldsymbol{S}=\int_V \nabla\cdot\boldsymbol{F}\mathrm{d}V$$

5. 矢量 $\boldsymbol{F}$ 场沿闭曲线 C 的线积分$\oint_C \boldsymbol{F}\cdot\mathrm{d}\boldsymbol{l}$,称为 $\boldsymbol{F}$ 沿该曲线的环量。$\boldsymbol{F}$ 在某点的旋度定义为

$$(\mathrm{rot}\boldsymbol{F})\cdot\boldsymbol{e}_n=\lim_{\Delta S\to 0}\left.\frac{\oint_C \boldsymbol{F}\cdot\mathrm{d}\boldsymbol{l}}{\Delta S}\right|_{\boldsymbol{e}_n}$$

它是矢量,其大小和方向是该点最大环量面密度的大小和此时的面元方向,它描述该点的旋涡源强度。在直角坐标系中,

$$\nabla\times\boldsymbol{F}=\begin{vmatrix}\boldsymbol{e}_x & \boldsymbol{e}_y & \boldsymbol{e}_z\\ \dfrac{\partial}{\partial x} & \dfrac{\partial}{\partial y} & \dfrac{\partial}{\partial z}\\ F_x & F_y & F_z\end{vmatrix}$$

斯托克斯定理为

$$\oint_C \boldsymbol{F}\cdot\mathrm{d}\boldsymbol{l}=\int_S(\nabla\times\boldsymbol{F})\cdot\mathrm{d}\boldsymbol{S}$$

6. 算子∇是一个兼有矢量和微分运算作用的矢量运算符号。$\nabla\cdot\boldsymbol{F}$

可看作两个矢量的标量积。计算时,先按标量积规则展开,再作微分运算。$\nabla\times\boldsymbol{F}$ 可看作两个矢量的矢量积。计算时,先按矢量积规则展开,再作微分运算。∇u 可看作∇和 u 相乘。在直角坐标系(x,y,z)中,

$$\nabla=\frac{\partial}{\partial x}\boldsymbol{e}_x+\frac{\partial}{\partial y}\boldsymbol{e}_y+\frac{\partial}{\partial z}\boldsymbol{e}_z$$

在柱坐标系(ρ,φ,z)中,三个长度元分别为 $\mathrm{d}\rho$、$\rho\mathrm{d}\varphi$、$\mathrm{d}z$,

$$\nabla=\frac{\partial}{\partial\rho}\boldsymbol{e}_\rho+\frac{1}{\rho}\frac{\partial}{\partial\varphi}\boldsymbol{e}_\varphi+\frac{\partial}{\partial z}\boldsymbol{e}_z$$

在球坐标系(r,θ,φ)中,三个长度元分别为 $\mathrm{d}r$,$r\mathrm{d}\theta$,$r\sin\theta\mathrm{d}\varphi$,

$$\nabla=\frac{\partial}{\partial r}\boldsymbol{e}_r+\frac{1}{r}\frac{\partial}{\partial\theta}\boldsymbol{e}_\theta+\frac{1}{r\sin\theta}\frac{\partial}{\partial\varphi}\boldsymbol{e}_\varphi$$

7. 根据算子∇的矢量性和微分性,得到几个基本恒等式:

$$\nabla\times\nabla u\equiv\boldsymbol{0},\ \nabla\cdot(\nabla\times\boldsymbol{F})\equiv 0$$

$$\nabla\cdot\nabla u\equiv\nabla^2 u,\ \nabla\times(\nabla\times\boldsymbol{F})=\nabla(\nabla\cdot\boldsymbol{F})-\nabla^2\boldsymbol{F}$$

8. 算子∇既有微分性质又有矢量性质,因此在计算柱坐标系和球坐标系下的梯度、散度和旋度时,不能与直角坐标系等同。它们分别为

$$\nabla u=\frac{1}{h_1}\frac{\partial u}{\partial q_1}\boldsymbol{e}_1+\frac{1}{h_2}\frac{\partial u}{\partial q_2}\boldsymbol{e}_2+\frac{1}{h_3}\frac{\partial u}{\partial q_3}\boldsymbol{e}_3$$

$$\nabla\cdot\boldsymbol{F}=\frac{1}{h_1h_2h_3}\left[\frac{\partial}{\partial q_1}(F_1h_2h_3)+\frac{\partial}{\partial q_2}(F_2h_1h_3)+\frac{\partial}{\partial q_3}(F_3h_1h_2)\right]$$

$$\nabla\times\boldsymbol{F}=\frac{1}{h_1h_2h_3}\begin{vmatrix}h_1\boldsymbol{e}_1 & h_2\boldsymbol{e}_2 & h_3\boldsymbol{e}_3\\ \dfrac{\partial}{\partial q_1} & \dfrac{\partial}{\partial q_2} & \dfrac{\partial}{\partial q_3}\\ h_1F_1 & h_2F_2 & h_3F_3\end{vmatrix}$$

$h_i(i=1,2,3)$为拉梅系数。

9. 亥姆霍兹定理总结了矢量场的共同性质:矢量场 $\boldsymbol{F}$ 由它的散度 $\nabla\cdot\boldsymbol{F}$ 和旋度$\nabla\times\boldsymbol{F}$ 唯一地确定;矢量的散度和矢量的旋度各对应矢量场的一种源。所以分析矢量场时,总是从研究它的散度和旋度着手。散度方程和旋度方程构成矢量场的基本方程(微分形式)。也可以从矢量穿过封闭面的通量和沿闭曲线的环量去研究矢量场,从而得到积分形式的基本方程。

◇◆◇ 习 题 ◇◆◇

1-1 在球坐标系中，试求点 $M\left(6,\frac{2\pi}{3},\frac{2\pi}{3}\right)$ 与点 $N\left(4,\frac{\pi}{3},0\right)$ 之间的距离。

1-2 证明下列三个矢量在同一平面上。

$\boldsymbol{A}=\frac{11}{3}\boldsymbol{e}_x+3\,\boldsymbol{e}_y+6\,\boldsymbol{e}_z$，$\boldsymbol{B}=\frac{17}{3}\boldsymbol{e}_x+3\,\boldsymbol{e}_y+9\,\boldsymbol{e}_z$，$\boldsymbol{C}=4\,\boldsymbol{e}_x-6\,\boldsymbol{e}_y+5\,\boldsymbol{e}_z$

1-3 设 $\boldsymbol{F}=-\boldsymbol{e}_x a\sin\theta+\boldsymbol{e}_y b\cos\theta+\boldsymbol{e}_z c$，式中 a,b,c 为常数，求积分 $\boldsymbol{S}=\frac{1}{2}\int_0^{2\pi}\left(\boldsymbol{F}\times\frac{\mathrm{d}\boldsymbol{F}}{\mathrm{d}\theta}\right)\mathrm{d}\theta$。

1-4 若 $\boldsymbol{D}=(1+16r^2)\,\boldsymbol{e}_z$，在半径为 2 和 $0\leqslant\theta\leqslant\pi/2$ 的半球面上计算 $\int_S\boldsymbol{D}\cdot\mathrm{d}\boldsymbol{S}$。

1-5 设 $\boldsymbol{r}=\boldsymbol{e}_x x+\boldsymbol{e}_y y+\boldsymbol{e}_z z$，$r=|\boldsymbol{r}|$，$n$ 为整数。试求 ∇r，∇r^n，$\nabla f(r)$。

1-6 矢量 $\boldsymbol{A}$ 的分量是 $A_x=y\frac{\partial f}{\partial z}-z\frac{\partial f}{\partial y}$，$A_y=z\frac{\partial f}{\partial x}-x\frac{\partial f}{\partial z}$，$A_z=x\frac{\partial f}{\partial y}-y\frac{\partial f}{\partial x}$，其中 f 是 x,y,z 的函数，$\boldsymbol{r}=x\,\boldsymbol{e}_x+y\,\boldsymbol{e}_y+z\,\boldsymbol{e}_z$。

证明：$\boldsymbol{A}=\boldsymbol{r}\times\nabla f$，$\boldsymbol{A}\cdot\boldsymbol{r}=0$，$\boldsymbol{A}\cdot\nabla f=0$。

1-7 求函数 $\psi=x^2yz$ 的梯度及 ψ 在点 $M(2,3,1)$ 沿一个指定方向的方向导数，此方向上的单位矢量 $\boldsymbol{e}_l=\frac{3}{\sqrt{50}}\boldsymbol{e}_x+\frac{4}{\sqrt{50}}\boldsymbol{e}_y+\frac{5}{\sqrt{50}}\boldsymbol{e}_z$。

1-8 在球坐标系中，已知 $\phi=\frac{P\cos\theta}{4\pi\varepsilon_0 r^2}$，$P$、$\varepsilon_0$ 为常数，试求矢量场 $\boldsymbol{E}=-\nabla\phi$。

1-9 设 S 是上半球面 $x^2+y^2+z^2=a^2(z\geqslant0)$，它的单位法线矢量 $\boldsymbol{e}_n$ 与 Oz 轴的夹角是锐角，求矢量场 $\boldsymbol{r}=x\,\boldsymbol{e}_x+y\,\boldsymbol{e}_y+z\,\boldsymbol{e}_z$ 向 $\boldsymbol{e}_n$ 所指的一侧穿过 S 的通量。

1-10 求 $\nabla\cdot\boldsymbol{A}$ 在给定点的值：

(1) $\boldsymbol{A}=x^3\,\boldsymbol{e}_x+y^3\,\boldsymbol{e}_y+z^3\,\boldsymbol{e}_z$ 在点 $M(1,0,-1)$；

(2) $\boldsymbol{A}=4x\,\boldsymbol{e}_x-2xy\,\boldsymbol{e}_y+z^2\,\boldsymbol{e}_z$ 在点 $M(1,1,3)$；

(3) $\boldsymbol{A}=xyz\boldsymbol{r}$ 在点 $M(1,3,2)$，式中 $\boldsymbol{r}=x\,\boldsymbol{e}_x+y\,\boldsymbol{e}_y+z\,\boldsymbol{e}_z$。

1-11 已知 $\boldsymbol{r}=x\boldsymbol{e}_x+y\boldsymbol{e}_y+z\boldsymbol{e}_z$，$\boldsymbol{e}_r=\dfrac{\boldsymbol{r}}{r}$，试求：

$\nabla\cdot\boldsymbol{r}$，$\nabla\cdot\boldsymbol{e}_r$，$\nabla\cdot\dfrac{\boldsymbol{e}_r}{r}$，$\nabla\cdot\dfrac{\boldsymbol{e}_r}{r^2}$ 以及 $\nabla\cdot(\boldsymbol{C}r)$（$\boldsymbol{C}$ 为常矢量）。

1-12 在球坐标系中，设矢量场 $\boldsymbol{F}=f(r)\boldsymbol{r}$，试证明：当 $\nabla\cdot\boldsymbol{F}=0$ 时，$f(r)=\dfrac{C}{r^3}$（C 为任意常数）。

1-13 在圆柱 $x^2+y^2=16$ 和 $z=0$ 及 $z=2$ 两平面所包含的区域内，对矢量 $\boldsymbol{F}=x^3\boldsymbol{e}_x+x^2y\boldsymbol{e}_y+x^2z\boldsymbol{e}_z$，验证高斯散度定理。

1-14 求矢量场 $\boldsymbol{A}=xyz(\boldsymbol{e}_x+\boldsymbol{e}_y+\boldsymbol{e}_z)$ 在点 $M(1,3,2)$ 的旋度以及在该点沿方向 $\boldsymbol{e}_x+2\boldsymbol{e}_y+2\boldsymbol{e}_z$ 的环量面密度。

1-15 设 $\boldsymbol{r}=x\boldsymbol{e}_x+y\boldsymbol{e}_y+z\boldsymbol{e}_z$，$r=|\boldsymbol{r}|$，$\boldsymbol{C}$ 为常矢量，求：

(1) $\nabla\times\boldsymbol{r}$；

(2) $\nabla\times[f(r)\boldsymbol{r}]$；

(3) $\nabla\times[f(r)\boldsymbol{C}]$；

(4) $\nabla\cdot[\boldsymbol{r}\times f(r)\boldsymbol{C}]$。

1-16 证明 $\nabla\cdot(\boldsymbol{E}\times\boldsymbol{H})=\boldsymbol{H}\cdot\nabla\times\boldsymbol{E}-\boldsymbol{E}\cdot\nabla\times\boldsymbol{H}$。

1-17 试用斯托克斯定理证明矢量场 ∇f 沿任意闭合路径的线积分恒等于零，即 $\oint_C\nabla f\cdot\mathrm{d}\boldsymbol{l}\equiv 0$。

1-18 如果 $\boldsymbol{F}=3y^2\boldsymbol{e}_x+4z\boldsymbol{e}_y+6y\boldsymbol{e}_z$，对在 $x=0$ 平面上的圆 $z^2+y^2=4$，验证斯托克斯定理。

1-19 如果电场强度 $\boldsymbol{E}=E_0\cos\theta\boldsymbol{e}_r-E_0\sin\theta\boldsymbol{e}_\theta$，求 $\nabla\cdot\boldsymbol{E}$ 和 $\nabla\times\boldsymbol{E}$。

1-20 证明 $\nabla\cdot(\nabla^2\boldsymbol{A})=\nabla^2(\nabla\cdot\boldsymbol{A})$。

1-21 证明 $\int_V\nabla f\mathrm{d}V=\oint_S f\mathrm{d}\boldsymbol{S}$，其中 f 是坐标的函数，S 是限定体积 V 的闭合面。

1-22 证明 $\int_V\nabla\times\boldsymbol{F}\mathrm{d}V=-\oint_S\boldsymbol{F}\times\mathrm{d}\boldsymbol{S}$，$S$ 是限定体积 V 的闭合面。

1-23 证明 $\oint_C u\mathrm{d}\boldsymbol{l}=-\int_S\nabla u\times\mathrm{d}\boldsymbol{S}$，$C$ 是限定曲面 S 的周界。

1-24 设有标量函数 u,v，证明 $\nabla^2(uv)=u\nabla^2v+v\nabla^2u+2(\nabla u)\cdot(\nabla v)$。

1-25 如果 $f=x^2$ 和 $g=y^2$ 是两个标量函数，在中心位于原点的单位立方体区域内，验证格林第一恒等式和第二恒等式。

1-26 试证明：如果仅仅已知一个矢量场 $\boldsymbol{F}$ 的旋度，不可能唯一地确定这个场。

1-27 试证明：如果仅仅已知一个矢量场 $\boldsymbol{F}$ 的散度，不可能唯一地确定这个场。

本章习题答案

第2章 静电场与恒定电场

本章将介绍静止电荷产生的静电场和导电媒质中维持恒定电流分布的恒定电场。静电场是电磁场问题的基础,它是指由静止的、电量不随时间变化的电荷所产生的电场。在导电媒质中,电荷在电场作用下定向运动便形成电流,大小和方向都不随时间变化的电流称为恒定电流。如果一个导体回路中有恒定电流,回路中必然有一个推动电荷流动的电场,这个电场是依靠外源维持的,称其为恒定电场。

对于静电场,本章将从静电学的基本定律——库仑定律出发,推导不同电荷分布形式下的电场强度 $\boldsymbol{E}$ 的表达式;根据静电场的无旋性引入标量电位ϕ;讨论导体和电介质在静电场中的静电表现,其中电介质会产生极化电荷,为了描述电介质极化的程度,引入极化强度 $\boldsymbol{P}$;分别推导真空中的高斯定理(Gauss's theorem)和介质中的高斯定理,引入新的场量——电位移矢量 $\boldsymbol{D}$,静电场的环量和通量构成了静电场基本方程的积分形式;静电场的旋度和散度构成了静电场基本方程的微分形式;通过基本方程的积分形式可以推导不同媒质分界面两侧场量之间的关系;通过基本方程的微分形式,可以推导出泊松方程(Poisson equation)和拉普拉斯方程(Laplace equation);讨论导体系统电容和静电场能量与静电力问题。

对于恒定电场,电场强度 $\boldsymbol{E}$ 和电流密度 $\boldsymbol{J}$ 是其主要场量。本章将针对这两个场量讨论恒定电场的特性。

2.1 库仑定律和电场强度

2.1.1 库仑定律

1785 年法国物理学家库仑通过大量实验总结出了真空中两个静止点电荷之间相互作用力所遵循的规律。如图 2-1 所示，点电荷q_1对q_2的作用力可表示为

$$\boldsymbol{F}_{12}=\frac{q_1q_2}{4\pi\varepsilon_0R^2}\boldsymbol{e}_R=\frac{q_1q_2}{4\pi\varepsilon_0R^3}\boldsymbol{R} \qquad (2\text{-}1)$$

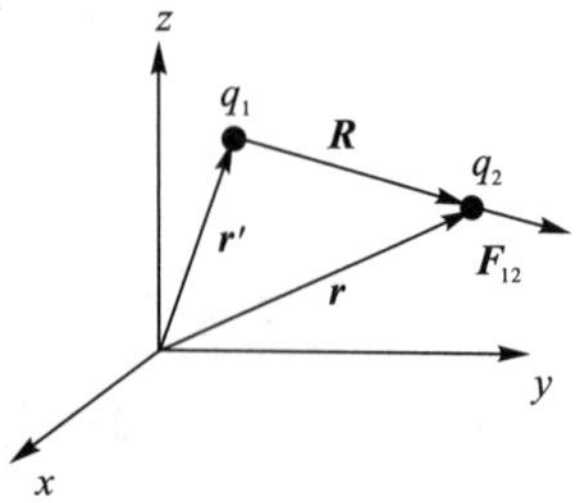

图 2-1 真空中两点电荷之间的作用力

式(2-1)中，$\boldsymbol{R}=\boldsymbol{r}-\boldsymbol{r}'$是从电荷 q_1 到电荷 q_2 的距离矢量，$\boldsymbol{r}'$是 q_1 的位置矢量，$\boldsymbol{r}$ 是 q_2 的位置矢量，R 是 q_1 与 q_2 之间的距离。$\boldsymbol{e}_R=\dfrac{\boldsymbol{R}}{R}$是 $\boldsymbol{R}$ 的单位矢量，是 q_1 与 q_2 连线方向上的单位矢量；ε_0 是表征真空电性质的物理量，称为真空介电常数(电容率)，其值为

$$\varepsilon_0=\frac{1}{36\pi}\times10^{-9}\approx8.854\times10^{-12}(\text{F/m}) \qquad (2\text{-}2)$$

库仑定律表明，真空中两个静止点电荷之间的相互作用力 $\boldsymbol{F}$ 的大小与它们的电量 q_1 和 q_2 的乘积成正比；与它们之间的距离 R 的平方成反比；力的方向沿着它们的连线，同号电荷之间是斥力，异号电荷之间是引力。

库仑定律只能直接用于点电荷。点电荷是指当带电体的几何尺寸远远小于它们之间的距离时，将带电体所带电荷看成集中于一点，从而称为点电荷。理想的点电荷是不存在的，实际的带电体，总是分布在一定的区域内，通常称为分布电荷。

2.1.2 电场强度

库仑定律表明了两个点电荷之间相互作用力的大小和方向，但没有表明这种作用力是如何传递的。实验表明，任何电荷都在其周围的空间激发电场，而电场对处在其中的任何其他电荷都具有作用力，称其

为电场力。电荷间的相互作用力就是通过电场传递的。为了定量地描述电场的物理特性，引入电场强度的概念。空间任意一点的电场强度定义为单位正电荷 q_0（实验电荷）在该点所受到的电场力，即

$$\boldsymbol{E}(\boldsymbol{r}) = \lim_{q_0 \to 0} \frac{\boldsymbol{F}(\boldsymbol{r})}{q_0} \ (\mathrm{N/C}) \tag{2-3}$$

实验电荷是指电荷量足够小的点电荷，它的引入对原来空间中电场的影响可以忽略不计。

如图 2-2 所示，根据库仑定律式(2-1)和电场定义式(2-3)可知，位于 $\boldsymbol{r}'$ 处的点电荷 q 在 $\boldsymbol{r}$ 处产生的电场强度为

$$\boldsymbol{E} = \frac{q}{4\pi\varepsilon_0 R^2}\boldsymbol{e}_R = \frac{q}{4\pi\varepsilon_0 R^3}\boldsymbol{R} \tag{2-4}$$

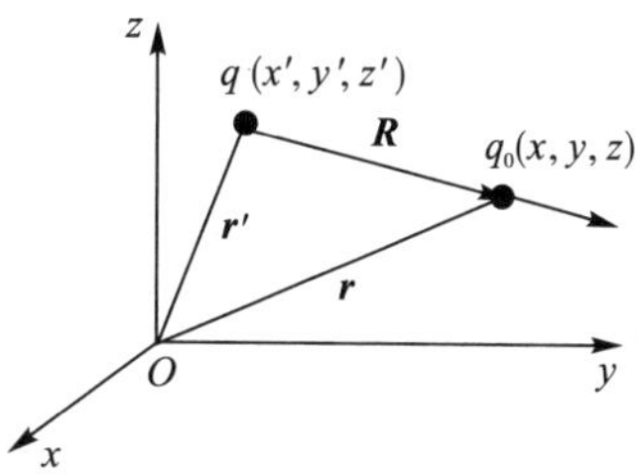

图 2-2　场点和源点

点电荷 q 是产生电场的源，故其所在点 $\boldsymbol{r}'$ 称为“源点”，源点的位置用带撇号的坐标变量 (x', y', z') 或位置矢量 $\boldsymbol{r}'$ 表示。

要研究 q_0 处的电场强度，故其所在位置 $\boldsymbol{r}$ 称为“场点”，场点的位置用不带撇号的坐标变量 (x, y, z) 或位置矢量 $\boldsymbol{r}$ 表示。

则源点到场点的距离矢量为 $\boldsymbol{R} = \boldsymbol{r} - \boldsymbol{r}'$；

源点到场点的距离为 $R = |\boldsymbol{r} - \boldsymbol{r}'| = \sqrt{(x-x')^2 + (y-y')^2 + (z-z')^2}$；

故式(2-4)也可写成

$$\boldsymbol{E} = \frac{q(\boldsymbol{r} - \boldsymbol{r}')}{4\pi\varepsilon_0 \, |\boldsymbol{r} - \boldsymbol{r}'|^3} \tag{2-5}$$

2.1.3　场的叠加原理

1. 点电荷系

如果真空中有 n 个点电荷，则场点 $\boldsymbol{r}$ 处的电场强度可由叠加原理计算。即真空中 n 个点电荷在 $\boldsymbol{r}$ 点处的电场强度，等于各个点电荷单独在该点产生电场强度的叠加。即

$$\boldsymbol{E}(\boldsymbol{r}) = \sum_{i=1}^{n} \boldsymbol{E}_i(\boldsymbol{r}) = \sum_{i=1}^{n} \frac{q_i}{4\pi\varepsilon_0 R_i^2}\boldsymbol{e}_{R_i} \tag{2-6}$$

众所周知，电子是自然界中最小的带电粒子之一，任何带电体的电

荷量都是以电子电荷量的整数倍出现的。从微观上看,电荷是以离散的方式出现在空间的。但从工程或宏观电磁学的观点上看,大量的带电粒子密集地出现在某空间区域内时,可以假定电荷以连续分布的形式充满于该区域中。

2. 体电荷

若电荷以连续分布的形式充满于一个体积内,则称之为体电荷。为了描述体电荷在该体积内的分布情况,定义体电荷密度 ρ(简称"电荷密度")为

$$\rho(\boldsymbol{r}) = \lim_{\Delta V \to 0} \frac{\Delta q}{\Delta V} \tag{2-7}$$

其单位为 $\mathrm{C/m^3}$。从其定义式及其单位可知体电荷密度代表单位体积的电荷量,是空间位置的连续标量函数。若已知体电荷内某点的电荷密度为 $\rho(\boldsymbol{r}')$,则包含该点的体积元 $\mathrm{d}V'$ 所带电荷量为

$$\mathrm{d}q = \rho(\boldsymbol{r}')\mathrm{d}V' \tag{2-8}$$

由于 $\mathrm{d}V'$ 很小,所以可以将该带电体积元看成一个点电荷。应用点电荷在空间中任意一点产生的电场强度公式,将式(2-8)代入式(2-4)中,则可得该带电体积元在空间中任意一点产生的电场强度为

$$\mathrm{d}\boldsymbol{E} = \frac{\mathrm{d}q}{4\pi\varepsilon_0 R^2}\boldsymbol{e}_R = \frac{\rho(\boldsymbol{r}')\mathrm{d}V'}{4\pi\varepsilon_0 R^2}\boldsymbol{e}_R \tag{2-9}$$

整个体电荷是由无数多个这样的体积元组成的,故整个体电荷在空间中任意一点产生的电场强度 $\boldsymbol{E}$ 就是体积元产生的电场 $\mathrm{d}\boldsymbol{E}$ 在整个体电荷体积上的积分,即

$$\boldsymbol{E}(\boldsymbol{r}) = \int_V \frac{\rho(\boldsymbol{r}')\boldsymbol{e}_R}{4\pi\varepsilon_0 R^2}\mathrm{d}V' \tag{2-10}$$

3. 面电荷

若电荷以连续分布的形式充满于一个曲面上,则称之为面电荷。为了描述面电荷在该曲面上的分布情况,定义面电荷密度 ρ_S 为

$$\rho_S(\boldsymbol{r}) = \lim_{\Delta S \to 0} \frac{\Delta q}{\Delta S} \tag{2-11}$$

其单位为 $\mathrm{C/m^2}$。显然面电荷密度代表单位面积的电荷量。面元 $\mathrm{d}S'$ 所带电荷量为

$$\mathrm{d}q = \rho_S(\boldsymbol{r}')\mathrm{d}S' \tag{2-12}$$

同样将该带电面元看成点电荷，将式(2-12)代入式(2-4)中，则可得该带电面元在空间中任意一点产生的电场强度为

$$\mathrm{d}\boldsymbol{E} = \frac{\mathrm{d}q}{4\pi\varepsilon_0 R^2}\boldsymbol{e}_R = \frac{\rho_S(\boldsymbol{r}')\mathrm{d}S'}{4\pi\varepsilon_0 R^2}\boldsymbol{e}_R \tag{2-13}$$

那么整个面电荷在空间中任意一点产生的电场强度 $\boldsymbol{E}$ 就是面元产生的电场 $\mathrm{d}\boldsymbol{E}$ 在整个曲面上的积分，即

$$\boldsymbol{E}(\boldsymbol{r}) = \int_S \frac{\rho_S(\boldsymbol{r}')\boldsymbol{e}_R}{4\pi\varepsilon_0 R^2}\mathrm{d}S' \tag{2-14}$$

4. 线电荷

参照体电荷和面电荷在空间中任意一点产生的电场强度的分析过程，电荷连续分布在一条曲线上的线电荷的分析思路也是完全一致的。因此线电荷密度定义为单位长度的电荷量，即

$$\rho_l(\boldsymbol{r}) = \lim_{\Delta l \to 0}\frac{\Delta q}{\Delta l} \tag{2-15}$$

线电荷在空间中任意一点产生的电场可以表示为

$$\boldsymbol{E}(\boldsymbol{r}) = \int_l \frac{\rho_l(\boldsymbol{r}')\boldsymbol{e}_R}{4\pi\varepsilon_0 R^2}\mathrm{d}l' \tag{2-16}$$

从对不同形式分布电荷在空间中产生的电场分析来看，任意静电场都被看作是由许多点电荷产生的静电场叠加的结果。所以对于点电荷产生的场的特性，往往对任意静电场也是正确的。

5. 点电荷的密度

引入连续分布电荷概念后，也可将点电荷当作分布电荷看待。显然，点电荷密度在点电荷位置以外恒为零，但是在点电荷位置处不为零。假设点电荷分布在很小的体积 ΔV 内，电荷量为 q，根据体电荷密度定义式，点电荷的体密度 $\rho(\boldsymbol{r})$ 为

$$\rho(\boldsymbol{r}) = \lim_{\Delta V \to 0}\frac{q}{\Delta V} \to \infty \tag{2-17}$$

可见在点电荷位置处，其密度值为无穷大，而总的电荷量却是一个有限值。点电荷体密度 $\rho(\boldsymbol{r})$ 的这一特性刚好可以用冲激函数 δ 来表示。对于单位点电荷，定义 δ 函数为

$$\rho(\boldsymbol{r}) = \delta(\boldsymbol{r}-\boldsymbol{r}') = \begin{cases} 0 & (\boldsymbol{r} \neq \boldsymbol{r}') \\ \infty & (\boldsymbol{r} = \boldsymbol{r}') \end{cases} \tag{2-18}$$

$$\int_V \rho(\boldsymbol{r})\mathrm{d}V = \int_V \delta(\boldsymbol{r}-\boldsymbol{r}')\mathrm{d}V = \begin{cases} 0 & (\boldsymbol{r} \neq \boldsymbol{r}') \\ 1 & (\boldsymbol{r} = \boldsymbol{r}') \end{cases} \tag{2-19}$$

另外，$\delta(\boldsymbol{r}-\boldsymbol{r}')$具有抽样特性，即

$$\int_V f(\boldsymbol{r})\delta(\boldsymbol{r}-\boldsymbol{r}')\mathrm{d}V = f(\boldsymbol{r}') \tag{2-20}$$

【例 2-1】 已知一个半径为 a 的均匀带电圆环，求轴线上任意一点的电场强度。

解：建立圆柱坐标系，如图 2-3 所示，圆环位于 xOy 平面，圆环中心与坐标原点重合，设电荷线密度为 ρ_l。则

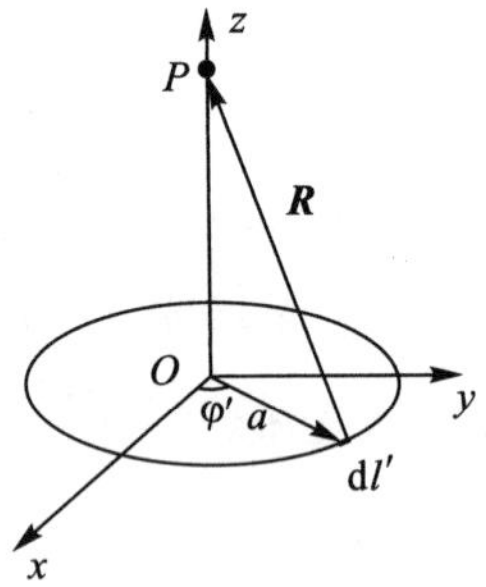

图 2-3 带均匀线电荷的圆环

$$\boldsymbol{r} = z\boldsymbol{e}_z$$

$$\boldsymbol{r}' = a\boldsymbol{e}_r = a\cos\varphi'\boldsymbol{e}_x + a\sin\varphi'\boldsymbol{e}_y$$

$$R = |\boldsymbol{r}-\boldsymbol{r}'| = (z^2+a^2)^{1/2}$$

$$\boldsymbol{e}_R = \frac{\boldsymbol{R}}{R} = \frac{\boldsymbol{r}-\boldsymbol{r}'}{R}$$

$$\mathrm{d}l' = a\mathrm{d}\varphi'$$

所以轴线上任意一点的电场强度为

$$\boldsymbol{E}(\boldsymbol{r}) = \int_l \frac{\rho_l(\boldsymbol{r}')\boldsymbol{e}_R}{4\pi\varepsilon_0 R^2}\mathrm{d}l' = \frac{\rho_l}{4\pi\varepsilon_0}\int_0^{2\pi}\frac{z\boldsymbol{e}_z - a\cos\varphi'\boldsymbol{e}_x - a\sin\varphi'\boldsymbol{e}_y}{(z^2+a^2)^{3/2}}a\mathrm{d}\varphi'$$

$$= \frac{a\rho_l}{2\varepsilon_0}\frac{z}{(a^2+z^2)^{3/2}}\boldsymbol{e}_z$$

2.2 静电场的无旋性和电位函数

2.2.1 静电场的无旋性

真空中点电荷 q 在其周围产生电场 $\boldsymbol{E}$，如图 2-4 所示，电场沿曲线从 P 点到 Q 点的积分如下：

$$\int_P^Q \boldsymbol{E}\cdot\mathrm{d}\boldsymbol{l} = \int_P^Q E\mathrm{d}l\cos\theta = \int_P^Q E\mathrm{d}R \tag{2-21}$$

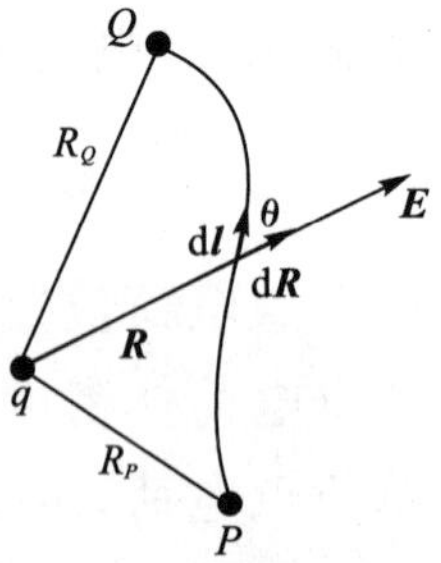

图 2-4 电场强度 $\boldsymbol{E}$ 沿路径 P 到 Q 积分

将式(2-4)中的点电荷电场强度的大小 E 代

入式(2-21)可得

$$\int_P^Q \frac{q}{4\pi\varepsilon_0 R^2}\mathrm{d}R = \frac{q}{4\pi\varepsilon_0}\int_P^Q \frac{1}{R^2}\mathrm{d}R = \frac{q}{4\pi\varepsilon_0}\left(\frac{1}{R_P} - \frac{1}{R_Q}\right) \tag{2-22}$$

从式(2-22)很容易发现,上述积分结果只与起始点 P 和终止点 Q 与点电荷 q 之间的距离有关,与所选取的路径无关。如果积分曲线是闭合回路,则起始点与终止点重合,此时电场 $\boldsymbol{E}$ 沿该闭合曲线的线积分即环量,结果必然为零,即

$$\oint_C \boldsymbol{E} \cdot \mathrm{d}\boldsymbol{l} = 0 \tag{2-23}$$

对式(2-23)应用斯托克斯定理,则

$$\oint_C \boldsymbol{E} \cdot \mathrm{d}\boldsymbol{l} = \int_S \nabla\times \boldsymbol{E} \cdot \mathrm{d}\boldsymbol{S} = 0 \tag{2-24}$$

对于式(2-24),由于闭合回路的选取是任意的,因此其包围形成的开表面也是任意的,静电场 $\boldsymbol{E}$ 的旋度穿过任意曲面的通量都为零,说明电场强度 $\boldsymbol{E}$ 的旋度处处恒为零,即

$$\nabla\times \boldsymbol{E} = 0 \tag{2-25}$$

式(2-23)和式(2-25)表明,对真空中点电荷所产生的静电场而言,电场强度 $\boldsymbol{E}$ 沿任意闭合回路的环量为零,其旋度也处处为零。这一特性对于多个点电荷或者分布电荷所产生的静电场而言也是成立的。因此静电场是一个无旋场,也称为保守场,场中没有漩涡源。

2.2.2　电位函数

由矢量分析可知,任意一个标量函数的梯度的旋度恒等于零。因此,静电场的电场强度 $\boldsymbol{E}$ 可以表示成一个标量函数ϕ的梯度,即

$$\boldsymbol{E} = -\nabla\phi \tag{2-26}$$

该标量函数称为电位函数,单位为伏特(V)。电位的梯度是一个矢量,其方向代表电位增加的方向,而电场方向总是从高电位指向低电位,二者刚好相反。故式(2-26)的右端需要取梯度的负值。下面以体电荷为例,推导其在空间中任意一点的电位表达式。体电荷在真空中任意一点的电场强度为

$$\boldsymbol{E}(\boldsymbol{r}) = \int_V \frac{\rho(\boldsymbol{r}')\boldsymbol{e}_R}{4\pi\varepsilon_0 R^2}\mathrm{d}V'$$

被积函数中的$\frac{\boldsymbol{e}_R}{R^2}$可以替换为$-\nabla\left(\frac{1}{R}\right)$，从而得到

$$\boldsymbol{E}(\boldsymbol{r})=-\int_V \frac{\rho(\boldsymbol{r}')}{4\pi\varepsilon_0}\nabla\left(\frac{1}{R}\right)\mathrm{d}V'=-\frac{1}{4\pi\varepsilon_0}\int_V \rho(\boldsymbol{r}')\nabla\left(\frac{1}{R}\right)\mathrm{d}V' \tag{2-27}$$

由于对$\frac{1}{R}$的梯度运算是作用于场点的坐标变量，而积分运算是作用于源点的坐标变量，因此可以交换微分与积分的运算顺序，不影响电场强度$\boldsymbol{E}$的计算结果，即

$$\boldsymbol{E}(\boldsymbol{r})=-\nabla\left[\frac{1}{4\pi\varepsilon_0}\int_V \frac{\rho(\boldsymbol{r}')}{R}\mathrm{d}V'\right] \tag{2-28}$$

根据式(2-26)的描述可知体电荷在空间任意一点产生的电位函数为

$$\phi(\boldsymbol{r})=\frac{1}{4\pi\varepsilon_0}\int_V \frac{\rho(\boldsymbol{r}')}{R}\mathrm{d}V' \tag{2-29}$$

依据上述分析方式，还可以推导出其他不同形式电荷在空间中任意一点的电位函数表达式：

1. 点电荷

$$\phi=\frac{q}{4\pi\varepsilon_0 R} \tag{2-30}$$

2. 点电荷系

$$\phi=\sum_{i=1}^{N}\frac{q_i}{4\pi\varepsilon_0 R_i} \tag{2-31}$$

3. 面电荷

$$\phi=\int_S \frac{\rho_S(\boldsymbol{r}')}{4\pi\varepsilon_0 R}\mathrm{d}S' \tag{2-32}$$

4. 线电荷

$$\phi=\int_l \frac{\rho_l(\boldsymbol{r}')}{4\pi\varepsilon_0 R}\mathrm{d}l' \tag{2-33}$$

式(2-26)描述的是电场强度$\boldsymbol{E}$与电位函数ϕ之间的微分关系，还可以推导电场强度$\boldsymbol{E}$与电位函数ϕ之间的积分关系。

如图 2-5 所示，对式(2-26)两端分别沿曲线 P、Q 进行线积分，可得

$$\int_P^Q \boldsymbol{E} \cdot \mathrm{d}\boldsymbol{l} = \int_P^Q -\nabla\phi \cdot \mathrm{d}\boldsymbol{l} = \int_P^Q -\nabla\phi \cdot \boldsymbol{e}_l \mathrm{d}l \tag{2-34}$$

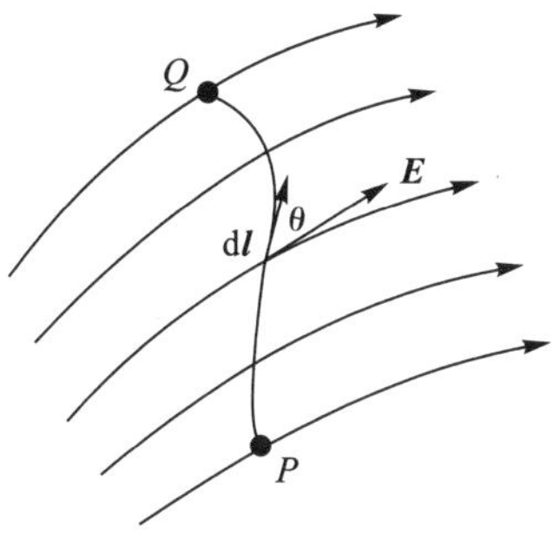

图 2-5　静电场中的电位

式(2-34)右端被积函数中梯度 $\nabla\phi$ 点乘方向单位矢量 $\boldsymbol{e}_l$ 的结果为标量函数 ϕ 沿 $\boldsymbol{e}_l$ 方向上的方向导数，则有

$$\int_P^Q \boldsymbol{E} \cdot \mathrm{d}\boldsymbol{l} = -\int_P^Q \frac{\partial \phi}{\partial l}\mathrm{d}l = \phi_P - \phi_Q \tag{2-35}$$

可见电场强度 $\boldsymbol{E}$ 沿 PQ 连线的积分就等于 P、Q 两点之间的电位差。

若选择 Q 点为零电位参考点，即 $\phi_Q = 0$，则场域内任一点 P 的电位为

$$\phi_P = \int_P^Q \boldsymbol{E} \cdot \mathrm{d}\boldsymbol{l} \tag{2-36}$$

当电荷分布在有限区域时，通常取无穷远处为零电位参考点，即

$$\phi_P = \int_P^\infty \boldsymbol{E} \cdot \mathrm{d}\boldsymbol{l} \tag{2-37}$$

而当电荷分布在无限区域时，那就在有限区域中选择一点作为零电位参考点。在工程上，由于大地的电位相对稳定，一般选取大地为零电位参考点。

【例 2-2】　如图 2-6 所示，两个点电荷 $+q$ 和 $-q$ 之间的距离为 l，当场点 P 到两个点电荷中心之间的距离 $r \gg l$ 时，把这种间距很小的两个等量异号点电荷组成的系统叫作电偶极子(electric dipoles)。求电偶极子在远区 P 点产生的电场强度。

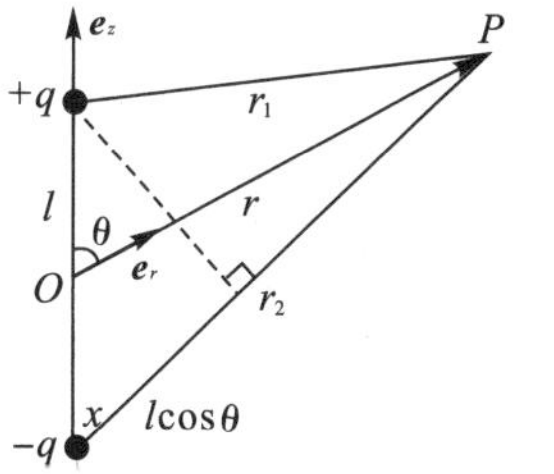

图 2-6　电偶极子

解： 取电偶极子的轴与 z 轴重合，电偶极子的中心位于坐标原点。则电偶极子在空间任意点 P 的电位为

$$\phi = \frac{q}{4\pi\varepsilon_0}\left(\frac{1}{r_1} - \frac{1}{r_2}\right) = \frac{q}{4\pi\varepsilon_0}\left(\frac{r_2 - r_1}{r_1 r_2}\right) \tag{2-38}$$

由于 $r \gg l$，则 $r_1 r_2 \approx r^2$，$r_2 - r_1 \approx l\cos\theta$

故

$$\phi = \frac{ql\cos\theta}{4\pi\varepsilon_0 r^2} \tag{2-39}$$

通常用电偶极矩表示电偶极子的大小和取向，它定义为电荷 q 乘以有向距离 $\boldsymbol{l}$，即 $\boldsymbol{p} = q\boldsymbol{l}$。式(2-39)也可改写为

$$\phi = \frac{p\cos\theta}{4\pi\varepsilon_0 r^2} = \frac{\boldsymbol{p} \cdot \boldsymbol{e}_r}{4\pi\varepsilon_0 r^2} \tag{2-40}$$

根据 $\boldsymbol{E} = -\nabla\phi$ 可知，电偶极子产生的远区场为

$$\boldsymbol{E} = -\nabla\phi = \frac{p}{4\pi\varepsilon_0 r^3}(2\cos\theta\,\boldsymbol{e}_r + \sin\theta\,\boldsymbol{e}_\theta) \tag{2-41}$$

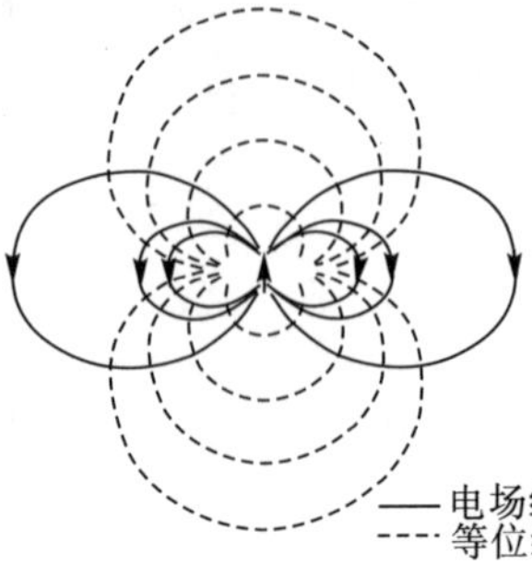

图 2-7 电偶极子的场图

电偶极子的场分布如图 2-7 所示。

【例 2-3】 真空中有一长为 L 的均匀线电荷，其线电荷密度为 ρ_l，求其在空间任意一点产生的电场强度。若 L 无限长，则其在空间任意一点产生的电场强度和电位又为多少？

解： 如图 2-8 所示，建立圆柱坐标系。由于线电荷分布与坐标变量 φ 无关，因此电位 ϕ 和电场 $\boldsymbol{E}$ 也都不会是 φ 的函数。为了方便计算，选取场点 P 落在 $\varphi=0$ 的平面，此时场点坐标可表示为 $(r,0,z)$，源点坐标为 $(0,0,z')$。

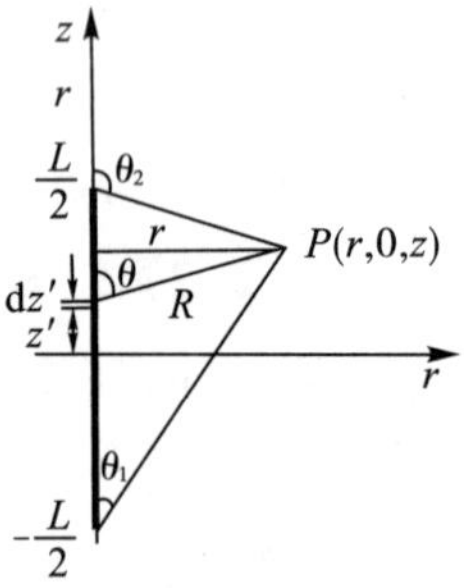

图 2-8 均匀线电荷的场

$R = \dfrac{r}{\sin\theta} = r\csc\theta$，故 $R^2 = r^2\csc^2\theta$

$z' = z - \dfrac{r}{\tan\theta}$，故 $\mathrm{d}l' = \mathrm{d}z' = r\csc^2\theta\mathrm{d}\theta$

$\boldsymbol{e}_R = \dfrac{\boldsymbol{R}}{R} = \sin\theta\,\boldsymbol{e}_r + \cos\theta\,\boldsymbol{e}_z$

根据线电荷在空间中任意一点的电场强度表达式(2-16)有

$$\boldsymbol{E}(\boldsymbol{r}) = \int_l \frac{\rho_l \boldsymbol{e}_R}{4\pi\varepsilon_0 R^2}\mathrm{d}l' = \frac{\rho_l}{4\pi\varepsilon_0}\int_{\theta_1}^{\theta_2} \frac{r\csc^2\theta\mathrm{d}\theta}{r^2\csc^2\theta}(\sin\theta\boldsymbol{e}_r + \cos\theta\boldsymbol{e}_z)$$

$$\boldsymbol{E}(\boldsymbol{r}) = \frac{\rho_l}{4\pi\varepsilon_0 r}[(\cos\theta_1 - \cos\theta_2)\boldsymbol{e}_r + (\sin\theta_2 - \sin\theta_1)\boldsymbol{e}_z] \quad (2\text{-}42)$$

若线电荷无限长($L\gg r$)，则 $\theta_1\to 0$，$\theta_2\to\pi$，式(2-42)变为

$$\boldsymbol{E}(\boldsymbol{r}) = \frac{\rho_l}{2\pi\varepsilon_0 r}\boldsymbol{e}_r \quad (2\text{-}43)$$

可见，当线电荷无限长时，在以线电荷为轴线，半径相同的圆柱面上，电场大小处处相等，该圆柱面是等位面，故电位变化也是沿径向变化。由于线电荷无限长，源分布在无限区域内，需要在有限区域内选一点 P_0 作为零电位参考点。假设零电位参考点到 z 轴的垂直距离为 r_0，根据式(2-36)电位与电场的关系，对电场强度沿半径方向积分，可得无限长线电荷在空间任意一点的电位为

$$\phi(r) = \int_r^{r_0}\boldsymbol{E}\cdot\mathrm{d}\boldsymbol{l} = \int_r^{r_0}\frac{\rho_l}{2\pi\varepsilon_0 r}\mathrm{d}r = \frac{\rho_l}{2\pi\varepsilon_0}\ln\frac{r_0}{r} \quad (2\text{-}44)$$

2.3 静电场中的导体与电介质

根据媒质电导率 σ 的不同，可以把媒质分为三大类：介质($\sigma=0$)，理想导体($\sigma\to\infty$)和导电媒质(也叫导体，$\sigma>0$ 且为有限值)。其中能对外电场产生影响的介质称为电介质，在磁场中显示磁性的介质称为磁介质。因为金属内部具有大量自由电子，所以大多数金属都是良导体，其电导率都很大，例如铜的电导率 $\sigma=5.8\times10^7$ S/m，铁的电导率 $\sigma=1\times10^7$ S/m。把一般金属当作理想导体来处理不会带来显著误差。那么当导体和电介质放入电场中，它们会对静电场产生什么样的影响呢?

2.3.1 静电场中的导体

导体是一种拥有大量自由电子的物质，如金属。自由电荷可以在导体中自由运动。

如图 2-9 所示，在静电场中，导体中的电荷会在静电力的作用下运动：正电荷顺着电场方向，负电荷逆着电场方向往导体表面运动，最终由于表面的束缚而积聚在导体表面。这些电荷称为感应电荷。

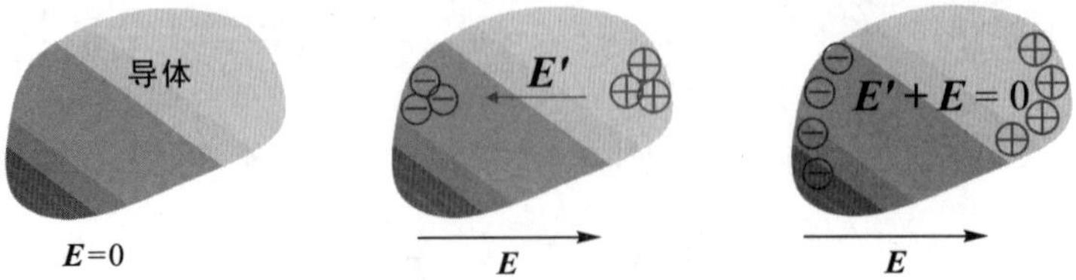

图 2-9 导体放入静电场后的变化

感应电荷会在导体内部产生感应电场，感应电场的大小与外电场相同，方向与外电场相反。抵消外电场的作用，当达到稳定时，导体内部的合成电场为零，此时导体内电荷的宏观运动也停止了，导体达到静电平衡状态。处于静电平衡的导体具有以下两方面特点：

第一，由 $\boldsymbol{E}=-\nabla\phi=0$ 知，导体中的电位为常数，导体为等位体，导体表面是等位面。导体内净电荷密度 $\rho=0$，任何净电荷只能分布在导体表面上（包括空腔导体的内表面），即 $\rho_S\neq0$。

第二，静电平衡条件还要求导体表面上场强的切向分量 $E_t=0$，否则，电荷将在 E_t 的作用下沿导体表面运动。因此，导体表面只可能有电场的法向分量 E_n，即电场 $\boldsymbol{E}$ 必垂直于导体表面。

2.3.2 静电场中的电介质

1. 电介质

电介质与导体不同，它的原子核与周围的电子云之间相互作用力很大，所有的电子均被束缚在原子核周围，没有可自由运动的自由电荷。

如图 2-10 所示，按照介质分子内部结构的不同，可将其分为两类：一类是非极性分子，原子核在其周围电子云的中心，此时被认为其正负电荷的电中心重合，电偶极矩为零；另一类是极性分子，其本身原子核就偏离于电子云的中心，被认为其正负电荷的电中心不重合，具有固有电偶极矩。但由于分子的热运动，它们的排列是随机的。在没有外加电场时，从整体上看呈电中性，即总的电偶极矩为零。此外，还有部分介质是由离子组成的。本章主要讨论由分子组成的介质。

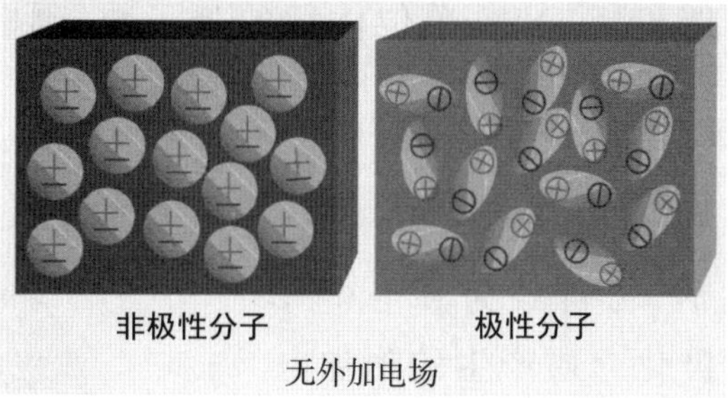

图 2-10　无外加电场的电介质

2. 电介质的极化

如图 2-11 所示，将电介质放入静电场中，在外电场的作用下，非极性分子中的正负电荷要产生相反方向的微小位移，形成电偶极子；而对于极性分子会向外电场方向偏转，排列有序，总的电偶极矩不再为零。这两种现象均称为电介质的极化。极化的结果在电介质的内部和表面都产生了极化电荷，极化电荷产生的极化电场叠加在原来的电场上，使电场发生变化。在极化的电介质中，每个分子都起着电偶极子的作用。

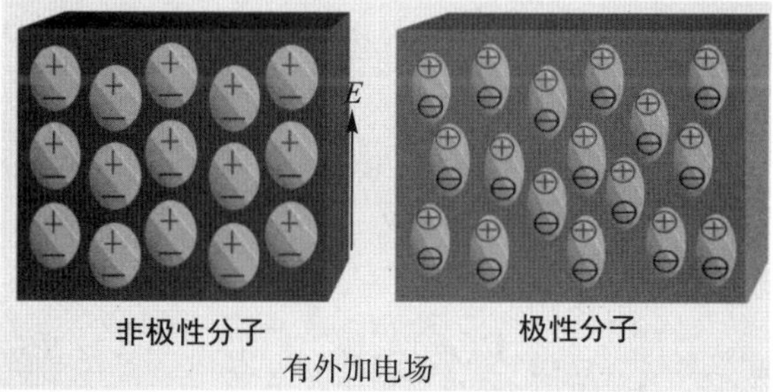

图 2-11　静电场中的电介质

3. 极化强度

为了定量地计算介质极化的影响，引入极化强度矢量 $\boldsymbol{P}$ 以及极化电荷密度的概念。

极化强度 $\boldsymbol{P}$ 定义为在介质极化后，给定点上单位体积内总的电偶极矩，即

$$\boldsymbol{P} = \lim_{\Delta V \to 0} \frac{\sum \boldsymbol{p}_i}{\Delta V} \tag{2-45}$$

极化强度的单位是库仑每平方米(C/m²)。若 $\boldsymbol{p}$ 是体积 ΔV 中每个分子的平均电偶极矩,N 是单位体积的分子数,则极化强度也可表示为

$$\boldsymbol{P} = N\boldsymbol{p} \tag{2-46}$$

4. 极化介质产生的电位

当介质极化后,可等效为真空中一系列电偶极子。极化介质产生的附加电场,实质上就是这些电偶极子产生的电场,如图 2-12 所示。

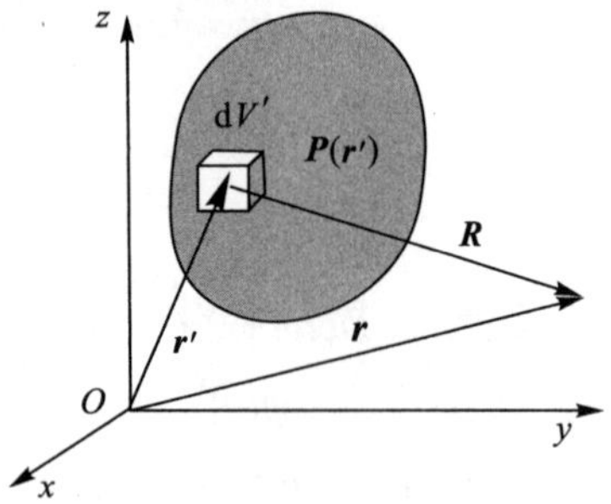

图 2-12 极化介质的电位

在极化强度为 $\boldsymbol{P}$ 的电介质中取体积元 $\mathrm{d}V'$,则 $\mathrm{d}V'$中的电偶极矩为 $\boldsymbol{P}\mathrm{d}V'$,代入式(2-40),可得 $\mathrm{d}V'$中的电偶极子在介质外 $\boldsymbol{r}$ 处产生的电位是

$$\mathrm{d}\,\phi(\boldsymbol{r}) = \frac{\boldsymbol{P}(\boldsymbol{r}')\mathrm{d}V' \cdot \boldsymbol{e}_R}{4\pi\varepsilon_0 R^2}$$

整个极化介质产生的电位是

$$\phi(\boldsymbol{r}) = \int_V \frac{\boldsymbol{P}(\boldsymbol{r}')\mathrm{d}V' \cdot \boldsymbol{e}_R}{4\pi\varepsilon_0 R^2} = \int_V \frac{\boldsymbol{P}(\boldsymbol{r}')}{4\pi\varepsilon_0} \cdot \nabla'\left(\frac{1}{R}\right)\mathrm{d}V'$$

利用矢量恒等式:

$$\nabla' \cdot (\phi\,\boldsymbol{A}) = \phi\nabla' \cdot \boldsymbol{A} + \boldsymbol{A} \cdot \nabla'\,\phi$$

变换为

$$\phi(\boldsymbol{r}) = \frac{1}{4\pi\varepsilon_0}\int_V \nabla' \cdot \frac{\boldsymbol{P}(\boldsymbol{r}')}{R}\mathrm{d}V' - \frac{1}{4\pi\varepsilon_0}\int_V \frac{\nabla' \cdot \boldsymbol{P}(\boldsymbol{r}')}{R}\mathrm{d}V'$$

利用高斯散度定理改写上式右端第一项得

$$\begin{aligned}\phi(\boldsymbol{r}) &= \frac{1}{4\pi\varepsilon_0}\oint_S \frac{\boldsymbol{P}(\boldsymbol{r}') \cdot \mathrm{d}\boldsymbol{S}'}{R} + \frac{1}{4\pi\varepsilon_0}\int_V \frac{-\nabla' \cdot \boldsymbol{P}(\boldsymbol{r}')}{R}\mathrm{d}V' \\ &= \frac{1}{4\pi\varepsilon_0}\oint_S \frac{\boldsymbol{P}(\boldsymbol{r}') \cdot \boldsymbol{e}_n \mathrm{d}S'}{R} + \frac{1}{4\pi\varepsilon_0}\int_V \frac{-\nabla' \cdot \boldsymbol{P}(\boldsymbol{r}')}{R}\mathrm{d}V'\end{aligned} \tag{2-47}$$

定义等效面电荷密度为 $\rho_{PS}(\boldsymbol{r}')$,等效体电荷密度为 $\rho_P(\boldsymbol{r}')$,则

$$\rho_{PS}(\boldsymbol{r}') = \boldsymbol{P}(\boldsymbol{r}') \cdot \boldsymbol{e}_n \tag{2-48}$$

$$\rho_P(\boldsymbol{r}') = -\nabla' \cdot \boldsymbol{P}(\boldsymbol{r}') \tag{2-49}$$

这个等效电荷也称为极化电荷或束缚电荷。将式(2-48)、式(2-49)代

入式(2-47)，可得极化后的电介质在空间任意一点产生的电位为

$$\phi(\boldsymbol{r}) = \frac{1}{4\pi\varepsilon_0}\oint_S \frac{\rho_{PS}\mathrm{d}S'}{R} + \frac{1}{4\pi\varepsilon_0}\int_V \frac{\rho_P}{R}\mathrm{d}V' \tag{2-50}$$

将上式与自由电荷 ρ 和 ρ_S 产生的电位表达式相比较可知，两者形式相同。因此极化介质产生的电位可以看作是等效体分布电荷和等效面分布电荷在真空中共同产生的。可以证明，上面的结果也适用于极化介质内部任一点的电位计算。

需要指出，对于均匀极化介质，其极化强度 $\boldsymbol{P}$ 为常矢量，$\nabla' \cdot \boldsymbol{P}=0$，即 $\rho_P=0$，此时极化电荷只存在介质的表面。极化介质内部的总极化电荷为零。

2.4　高斯定理

2.4.1　真空中的高斯定理

根据亥姆霍兹定理，矢量场的性质可由它的环量和通量来描述，而静电场的环量处处为零，它的通量就不能全为零。下面讨论静电场的通量问题。

先引入立体角的概念。立体角是由过一点的射线，旋转一周扫出的锥面所限定的空间角度。如果它是由过点 O 的射线沿给定曲面 S 的边缘绕行一周所得，则称之为 S 对 O 所张的立体角。立体角的度量与平面角类似，如图 2-13 所示，以 O 为球心，以 R 为半径作球面，球面上任意面元 $\mathrm{d}S$ 对 O 的立体角为

$$\Omega = \frac{\mathrm{d}S}{R^2} \tag{2-51}$$

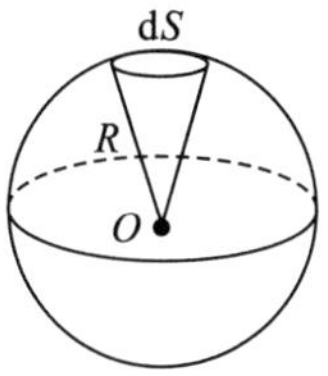

图 2-13　球面面元对球心的立体角

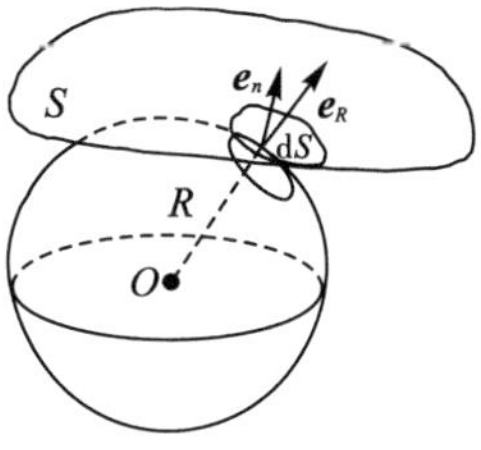

图 2-14　任意面元对任意一点的立体角

对于非球面面元，如图 2-14 所示，空间任一曲面 S 上的任一面元 $\mathrm{d}S$，到 O 的距离为 R，其对 O 所张的立体角为

$$\mathrm{d}\Omega = \frac{\mathrm{d}S\cos\theta}{R^2} = \frac{\mathrm{d}\boldsymbol{S}\cdot\boldsymbol{e}_R}{R^2} \tag{2-52}$$

故曲面 S 对 O 所张的立体角为

$$\Omega = \int_S \frac{\boldsymbol{e}_R}{R^2}\cdot\mathrm{d}\boldsymbol{S} \tag{2-53}$$

若 S 为封闭曲面，则

$$\Omega = \oint_S \frac{\boldsymbol{e}_R}{R^2}\cdot\mathrm{d}\boldsymbol{S} = \begin{cases} 4\pi & (O\text{在}S\text{内}) \\ 0 & (O\text{在}S\text{外}) \end{cases} \tag{2-54}$$

立体角可正可负，视夹角 θ 为锐角或钝角而定。

真空中的高斯定理描述了通过一个闭合面电场强度的通量与闭合面内电荷之间的关系。先考虑点电荷的电场穿过任意封闭曲面 S 的通量：

$$\oint_S \boldsymbol{E}\cdot\mathrm{d}\boldsymbol{S} = \frac{q}{4\pi\varepsilon_0}\oint_S \frac{\boldsymbol{e}_R}{R^2}\cdot\mathrm{d}\boldsymbol{S} = \begin{cases} q/\varepsilon_0 & (q\text{在}S\text{内}) \\ 0 & (q\text{在}S\text{外}) \end{cases} \tag{2-55}$$

对于点电荷或分布电荷，可以将上式写为

$$\oint_S \boldsymbol{E}\cdot\mathrm{d}\boldsymbol{S} = \frac{\sum q}{\varepsilon_0} \tag{2-56}$$

其中 $\sum q$ 是闭合面内的总电荷，式(2-56)称为真空中的高斯定理。

高斯定理是静电场的一个基本定理。它表明，在真空中穿出任意闭合面的电场强度的通量等于该闭合面内部的总电荷量与 ε_0 之比。

式(2-56)是高斯定理的积分形式，它只能说明通过闭合面的电场强度通量与闭合面内电荷之间的关系，并不能说明某一点的情况。分析某一点的情形，要用微分形式。如果闭合面内的电荷是密度为 ρ 的体电荷，则式(2-56)可写为

$$\oint_S \boldsymbol{E}\cdot\mathrm{d}\boldsymbol{S} = \frac{1}{\varepsilon_0}\int_V \rho\,\mathrm{d}V \tag{2-57}$$

式(2-57)中 V 是闭合面 S 所限定的体积。对式(2-57)左边应用高斯散度定理,得

$$\int_V \nabla \cdot \boldsymbol{E} \mathrm{d}V = \frac{1}{\varepsilon_0}\int_V \rho \mathrm{d}V \tag{2-58}$$

由于体积是任意的,所以有

$$\nabla \cdot \boldsymbol{E} = \frac{\rho}{\varepsilon_0} \tag{2-59}$$

式(2-59)是高斯定理的微分形式。它说明,真空中任一点电场强度的散度等于该点的电荷密度 ρ 与 ε_0 之比。

高斯定理的积分形式可直接用来计算某些对称分布电荷所产生的电场强度。解题的关键是能将电场强度从积分中提出来,这就要求找出一个封闭面(高斯面)S,在 S 面上电场强度 $\boldsymbol{E}$ 处处与 S 面平行,且 $\boldsymbol{E}$ 的大小在 S 面上处处相等;或者 S 面的一部分 S_1 上满足上述条件,另一部分 S_2 上电场强度 $\boldsymbol{E}$ 处处与 S 面垂直。这样就可求出对称分布电荷所产生的电场强度。

高斯定理的微分形式用于计算电荷分布。

【例 2-4】 已知电荷均匀分布于一个半径为 a 的球形区域内,密度为 ρ。试计算球内、外的电场强度及其电位。

解: 显然电场具有球对称性,可以用高斯定理解题。

(1)当 $r>a$ 时

$$\oint_S \boldsymbol{E}_2 \cdot \mathrm{d}\boldsymbol{S} = \frac{1}{\varepsilon_0}\int_V \rho \mathrm{d}V$$

$$E_2 4\pi r^2 = \frac{\rho}{\varepsilon_0}\frac{4}{3}\pi a^3$$

$$E_2 = \frac{\rho a^3}{3\varepsilon_0 r^2}$$

所以球外电场为

$$\boldsymbol{E}_2 = \frac{\rho a^3}{3\varepsilon_0 r^2}\boldsymbol{e}_r \quad (r > a)$$

球外电位为

$$\phi_2 = \int_P^\infty \boldsymbol{E}_2 \cdot \mathrm{d}\boldsymbol{l} = \int_r^\infty E_2 \mathrm{d}r = \int_r^\infty \frac{\rho a^3}{3\varepsilon_0 r^2}\mathrm{d}r = \frac{\rho a^3}{3\varepsilon_0 r}$$

(2)当 $r \leqslant a$ 时

$$\oint_S \boldsymbol{E}_1 \cdot \mathrm{d}\boldsymbol{S} = \frac{1}{\varepsilon_0}\int_V \rho \mathrm{d}V$$

$$E_1 4\pi r^2 = \frac{1}{\varepsilon_0}\int_0^r\int_0^\pi\int_0^{2\pi} \rho r^2 \sin\theta \mathrm{d}r\mathrm{d}\theta\mathrm{d}\varphi$$

$$E_1 4\pi r^2 = \frac{1}{\varepsilon_0}\int_0^r 4\pi r^2 \rho \mathrm{d}r$$

$$E_1 = \frac{\rho r}{3\varepsilon_0}$$

所以球内电场为

$$\boldsymbol{E}_1 = \frac{\rho r}{3\varepsilon_0}\boldsymbol{e}_r (r \leqslant a)$$

球内电位为

$$\phi_2 = \int_P^\infty \boldsymbol{E} \cdot \mathrm{d}\boldsymbol{l} = \int_r^a E_1 \mathrm{d}r + \int_a^\infty E_2 \mathrm{d}r = \frac{\rho a^2}{2\varepsilon_0} - \frac{\rho r^2}{6\varepsilon_0}$$

【例 2-5】 电荷均匀分布的无限长线电荷，电荷密度为 ρ_l，求其在空间任意一点产生的电场强度。

解：由例 2-2 的分析过程可知，无限长线电荷在空间中产生的电场具有轴对称性，可以应用高斯定理进行分析。如图 2-15 所示，以线电荷为轴线，任意作一柱形闭合面，圆柱半径为 r，高为 h。应用高斯定理，空间中任意一点电场满足

$$\oint \boldsymbol{E} \cdot \mathrm{d}\boldsymbol{S} = \frac{\sum q}{\varepsilon_0}$$

$$E 2\pi r h = \frac{\rho_l h}{\varepsilon_0}$$

$$\boldsymbol{E} = \frac{\rho_l}{2\pi\varepsilon_0 r}\boldsymbol{e}_r$$

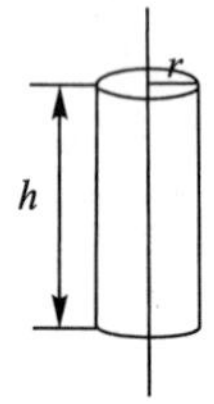

图 2-15 无限长均匀线电荷的场

观察上式，可见采用高斯定理分析该问题的结果与例 2-2 中的结论是完全一致的。

2.4.2 介质中的高斯定理

在有电介质存在的区域内，总电场 **E**(也称宏观电场)是外加电场

和极化电场之和，即

$$\oint_S \boldsymbol{E} \cdot \mathrm{d}\boldsymbol{S} = \frac{\sum q + \sum q_P}{\varepsilon_0} \tag{2-60}$$

式(2-60)中 $\sum q_P$ 为闭合面内的总的净极化电荷电量。根据式(2-49)可得

$$\sum q_P = \int_V \rho_P \mathrm{d}V = -\int_V \nabla' \cdot \boldsymbol{P} \mathrm{d}V = -\oint_S \boldsymbol{P} \cdot \mathrm{d}\boldsymbol{S} \tag{2-61}$$

将式(2-61)代入式(2-60)可得

$$\oint_S \boldsymbol{E} \cdot \mathrm{d}\boldsymbol{S} = \frac{\sum q - \oint_S \boldsymbol{P} \cdot \mathrm{d}\boldsymbol{S}}{\varepsilon_0}$$

$$\oint_S (\varepsilon_0 \boldsymbol{E} + \boldsymbol{P}) \cdot \mathrm{d}\boldsymbol{S} = \sum q \tag{2-62}$$

令

$$\boldsymbol{D} = \varepsilon_0 \boldsymbol{E} + \boldsymbol{P} \tag{2-63}$$

式(2-63)中 $\boldsymbol{D}$ 称为电位移矢量（电感应强度、电通量密度），单位是库仑每平方米（$\mathrm{C/m^2}$）。故式(2-62)可写为

$$\oint_S \boldsymbol{D} \cdot \mathrm{d}\boldsymbol{S} = \sum q \tag{2-64}$$

式(2-64)称为介质中高斯定理的积分形式。

由高斯散度定理知，式(2-64)可写为

$$\int_V \nabla \cdot \boldsymbol{D} \mathrm{d}V = \int_V \rho \mathrm{d}V$$

因闭合面 S 是任意的，由此可得到介质中高斯定理的微分形式

$$\nabla \cdot \boldsymbol{D} = \rho \tag{2-65}$$

用式(2-64)计算 $\boldsymbol{D}$ 时，只需要考虑自由电荷 $\sum q$，而无需考虑束缚电荷 $\sum q_p$，显然计算电位移矢量 $\boldsymbol{D}$ 较简单。如果还需要计算电场强度 $\boldsymbol{E}$，则需找出 $\boldsymbol{D}$ 和 $\boldsymbol{E}$ 的关系。

大量的物理实验表明，对于线性各向同性的介质，其极化强度 $\boldsymbol{P}$ 与宏观电场强度 $\boldsymbol{E}$ 成正比，即

$$\boldsymbol{P} = \chi_e \varepsilon_0 \boldsymbol{E} \tag{2-66}$$

其中 χ_e 是介质的极化率。对于线性、均匀、各向同性的介质，它是一个

与位置(坐标变量)、场强大小及其方向无关的常数,此时 $\boldsymbol{P}$ 与 $\boldsymbol{E}$ 同方向且成正比关系。若介质是非均匀的,则 χ_e 与空间坐标有关;若介质是非线性的,则 χ_e 与电场强度有关。若介质为各向异性介质,则 χ_e 与空间方向有关,此时 $\boldsymbol{P}$ 与 $\boldsymbol{E}$ 不同向。

将式(2-66)代入式(2-63)可得

$$\boldsymbol{D}=\varepsilon_0\boldsymbol{E}+\chi_e\varepsilon_0\boldsymbol{E}=(1+\chi_e)\varepsilon_0\boldsymbol{E}=\varepsilon_r\varepsilon_0\boldsymbol{E}=\varepsilon\boldsymbol{E}$$

即

$$\boldsymbol{D}=\varepsilon\boldsymbol{E} \tag{2-67}$$

式(2-67)称为电介质的本构关系。其中 ε_r 为介质的相对介电常数,$\varepsilon=\varepsilon_0\varepsilon_r$ 为介质的介电常数。

【例 2-6】 一个半径为 a 的导体球,带电量为 Q,在导体球外套有半径为 b 的同心介质球壳,壳外是空气。试计算空间任意一点的电场强度。

解: 由于导体球和球外介质都是球对称的,故电场分布也应该是球对称的,可以用高斯定理求解。

(1)当 $r<a$ 时,显然,导体内电场强度为零,即

$$\boldsymbol{E}_1=0$$

(2)当 $a\leqslant r<b$ 时,应用介质中的高斯定理,得

$$\oint_S \boldsymbol{D}\cdot \mathrm{d}\boldsymbol{S}=Q$$

$$\boldsymbol{D}=\frac{Q}{4\pi r^2}\,\boldsymbol{e}_r$$

$$\boldsymbol{E}_2=\frac{1}{\varepsilon}\boldsymbol{D}=\frac{Q}{4\pi\varepsilon r^2}\,\boldsymbol{e}_r$$

(3)当 $r\geqslant b$ 时,应用真空中的高斯定理,得

$$\oint_S \boldsymbol{E}_3\cdot \mathrm{d}\boldsymbol{S}=\frac{Q}{\varepsilon_0}$$

$$\boldsymbol{E}_3=\frac{Q}{4\pi\varepsilon_0 r^2}\,\boldsymbol{e}_r$$

【例 2-7】 已知半径为 a,长度为 l 的均匀极化介质圆柱内的极化强度为 $\boldsymbol{P}=P_0\boldsymbol{e}_z$,圆柱轴线与坐标轴重合,试求:

(1)圆柱面上的极化电荷面密度；

(2)在远离圆柱中心的任意一点 r 处($r\gg a, r\gg l$)的电位；

(3)在远离圆柱中心的任意一点 r 处的电场强度 $\boldsymbol{E}$。

解:(1)建立圆柱坐标系。因圆柱均匀极化,故极化电荷体密度为零。

圆柱体侧面的极化电荷密度:$\rho_{PS}=\boldsymbol{P}\cdot\boldsymbol{e}_n=P_0\boldsymbol{e}_z\cdot\boldsymbol{e}_n=0$;

圆柱体上表面的极化电荷密度:$\rho_{PS}=\boldsymbol{P}\cdot\boldsymbol{e}_n=P_0\boldsymbol{e}_z\cdot\boldsymbol{e}_z=P_0$;

圆柱体下表面的极化电荷密度:$\rho_{PS}=\boldsymbol{P}\cdot\boldsymbol{e}_n=P_0\boldsymbol{e}_z\cdot(-\boldsymbol{e}_z)=-P_0$。

(2)因为极化圆柱的上下表面带电,而侧面不带电,故可将其视作电偶极子,此时 $q=\pi a^2\rho_{PS}=\pi a^2P_0$。电偶极矩 $\boldsymbol{p}=ql\boldsymbol{e}_z$,依据电偶极子在远区的场分布式(2-39),该极化圆柱在远区产生的电位为

$$\phi=\frac{ql\cos\theta}{4\pi\varepsilon_0 r^2}=\frac{a^2P_0l\cos\theta}{4\varepsilon_0 r^2}$$

(3)依据球坐标系下的梯度公式,可得该极化圆柱在远区产生的电场为

$$\boldsymbol{E}=-\nabla\phi=\boldsymbol{e}_r\frac{a^2P_0l\cos\theta}{2\varepsilon_0 r^3}+\boldsymbol{e}_\theta\frac{a^2P_0l\sin\theta}{4\varepsilon_0 r^3}$$

2.5 静电场的基本方程和边界条件

2.5.1 静电场的基本方程

根据 2.2 节静电场的无旋性及 2.4 节介质中的高斯定理,可以总结出静电场的基本方程为:

积分形式

$$\oint_C\boldsymbol{E}\cdot d\boldsymbol{l}=0 \tag{2-68a}$$

$$\oint_S\boldsymbol{D}\cdot d\boldsymbol{S}=\sum q \tag{2-68b}$$

微分形式

$$\nabla\times\boldsymbol{E}=0 \tag{2-68c}$$

$$\nabla\cdot\boldsymbol{D}=\rho \tag{2-68d}$$

静电场的基本方程给出了场量与源之间的关系。由基本方程可以看出,静电场是无旋场(保守场),没有漩涡源;静电场是有散场,其通量源为静止的电荷,电力线不闭合。

在静电场中,空间常常存在着两种或两种以上的不同媒质,它将使电场强度 $\boldsymbol{E}$ 和电位移矢量 $\boldsymbol{D}$ 在不同媒质分界面两侧产生跃变,边界条件(或衔接条件)反映了场量从一种媒质过渡到另一种媒质的变化规律。由于分界面上的场量产生跃变,静电场方程的微分形式不成立,故只能从静电场方程的积分形式出发来讨论场的边界条件。

2.5.2 法向边界条件

首先从静电场的积分方程式(2-68b)出发,讨论电位移矢量 $\boldsymbol{D}$ 在分界面两侧所满足的条件。

如图 2-16 所示,在分界面上任取一点 P,包含该点做一闭合小圆柱,其上下底面与分界面平行,底面积 ΔS 非常小;侧面与分界面垂直,且侧高 Δh 趋于零。对此闭合面应用式(2-68b)得

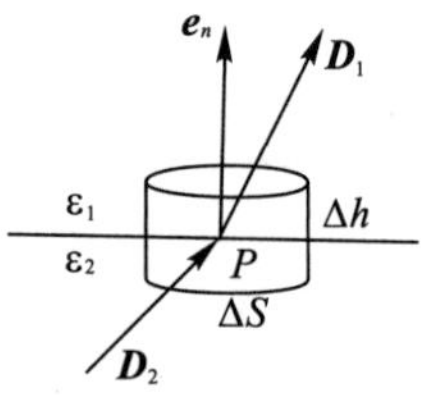

图 2-16 法向边界条件

$$\oint_S \boldsymbol{D} \cdot \mathrm{d}\boldsymbol{S} = q$$

$$D_{1n}\Delta S - D_{2n}\Delta S = \rho_S \Delta S$$

$$D_{1n} - D_{2n} = \rho_S \tag{2-69}$$

或

$$\boldsymbol{e}_n \cdot (\boldsymbol{D}_1 - \boldsymbol{D}_2) = \rho_S \tag{2-70}$$

该边界条件也可用电位来表示

$$-\varepsilon_1 \frac{\partial \phi_1}{\partial n} + \varepsilon_2 \frac{\partial \phi_2}{\partial n} = \rho_S \tag{2-71}$$

式(2-69)至式(2-71)都称为电位移矢量法向分量的边界条件。

2.5.3 切向边界条件

从静电场的积分方程式(2-68a)出发,推导电场强度 $\boldsymbol{E}$ 在分界面两侧所满足的边界条件。

如图 2-17 所示，在分界面上任取一点 P，包含该点做一小矩形闭合回路。长边 Δl（Δl 足够短）位于分界面两侧，并与分界面平行，短边 Δh 趋于零，且与分界面垂直。对此闭合回路应用式(2-68a)得

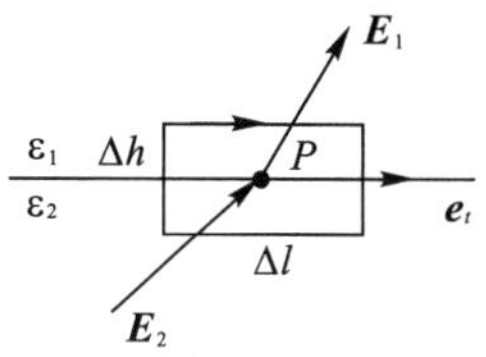

图 2-17　切向边界条件

$$\oint_C \boldsymbol{E} \cdot \mathrm{d}\boldsymbol{l} = 0$$

$$E_{1t}\Delta l - E_{2t}\Delta l = 0$$

$$E_{1t} = E_{2t} \tag{2-72}$$

或

$$\boldsymbol{e}_n \times \boldsymbol{E}_1 = \boldsymbol{e}_n \times \boldsymbol{E}_2 \tag{2-73}$$

同样，切向边界条件也可用电位来表示

$$\phi_1 = \phi_2 \tag{2-74}$$

式(2-72)至式(2-74)都称为静电场切向分量的边界条件，表明电场强度 $\boldsymbol{E}$ 的切向分量在分界面上是连续的。

2.5.4　理想介质分界面的边界条件

当媒质 1 和媒质 2 均为理想介质时，分界面上不存在自由电荷，则法向边界条件(2-69)、(2-70)分别变为

$$D_{1n} = D_{2n} \tag{2-75}$$

$$\boldsymbol{e}_n \cdot (\boldsymbol{D}_1 - \boldsymbol{D}_2) = 0 \tag{2-76}$$

切向边界条件依然满足

$$E_{1t} = E_{2t} \tag{2-77}$$

$$\boldsymbol{e}_n \times \boldsymbol{E}_1 = \boldsymbol{e}_n \times \boldsymbol{E}_2 \tag{2-78}$$

如图 2-18 所示，设分界面两侧的电场线与法线 $\boldsymbol{e}_n$ 的夹角为 θ_1 和 θ_2，由式(2-75)和式(2-77)可得

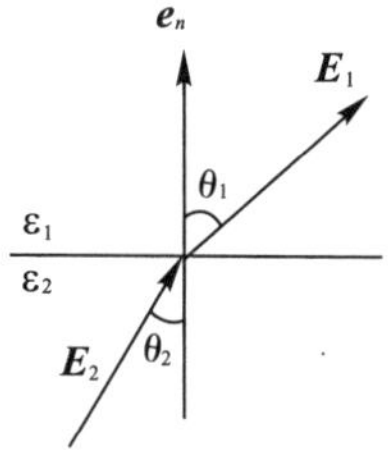

图 2-18　两种理想介质分界面的边界条件

$$\frac{\tan\theta_2}{\tan\theta_1} = \frac{E_{2t}/E_{2n}}{E_{1t}/E_{1n}} = \frac{E_{1n}}{E_{2n}} = \frac{\varepsilon_2}{\varepsilon_1} \tag{2-79}$$

这就是静电场中的折射定律，其适用于没有自由面电荷分布的两种理想介质分界面。

2.5.5 理想导体与电介质分界面的边界条件

如图 2-19 所示，媒质 1 为电介质，介电常数为 ε，媒质 2 为导体。根据 2.3 节静电场中的导体可知，在理想导体中的 $\boldsymbol{D}_2$、$\boldsymbol{E}_2$ 均为零。代入法向边界条件(2-69)和切向边界条件(2-72)分别可得

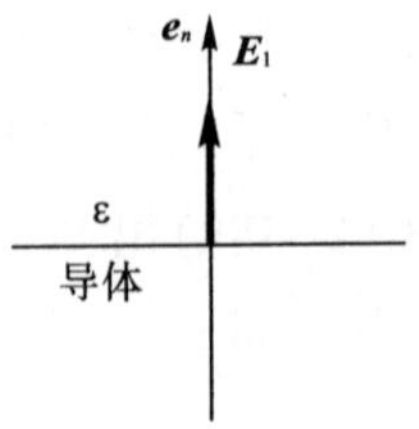

图 2-19 导体与电介质分界面的边界条件

$$D_{1n} = \varepsilon E_{1n} = \rho_S \tag{2-80}$$

$$E_{1t} = 0 \tag{2-81}$$

由式(2-80)、式(2-81)可知，理想导体表面电场强度 $\boldsymbol{E}$ 总是与理想导体表面垂直，理想导体表面没有切向的电场，只有法向的电场。

【例 2-8】 设 $y=0$ 平面是两种介质的分界面，在 $y>0$ 的区域内，$\varepsilon_1=5\varepsilon_0$，而在 $y<0$ 的区域内，$\varepsilon_2=3\varepsilon_0$。如已知 $\boldsymbol{E}_2=10\,\boldsymbol{e}_x+20\,\boldsymbol{e}_y$，求 $\boldsymbol{D}_1$、$\boldsymbol{D}_2$ 和 $\boldsymbol{E}_1$。

解： 首先由 $\boldsymbol{D}=\varepsilon\boldsymbol{E}$ 可知

$$\boldsymbol{D}_2 = \varepsilon_2\,\boldsymbol{E}_2 = \varepsilon_0(30\,\boldsymbol{e}_x + 60\,\boldsymbol{e}_y)$$

因为

$$E_{1t} = E_{2t}$$

所以

$$E_{1x} = E_{2x} = 10$$

又因为

$$D_{1n} = D_{2n}$$

$$\varepsilon_1 E_{1n} = \varepsilon_2 E_{2n}$$

$$5\varepsilon_0 E_{1y} = 3\varepsilon_0 E_{2y}$$

$$E_{1y} = \frac{3}{5}E_{2y} = 12$$

所以

$$\boldsymbol{E}_1 = 10\,\boldsymbol{e}_x + 12\,\boldsymbol{e}_y$$

$$\boldsymbol{D}_1 = \varepsilon_1\,\boldsymbol{E}_1 = \varepsilon_0(50\,\boldsymbol{e}_x + 60\,\boldsymbol{e}_y)$$

2.6　泊松方程和拉普拉斯方程

由给定的电荷分布求电位，原则上可以从式(2-29)至式(2-33)求出，但这要给出空间的所有电荷分布，还要求完成不规则的积分运算，通常过程很困难。这就需要寻求解决问题的其他途径，即求解电位ϕ所满足的微分方程。

下面根据静电场基本方程的微分形式，推导电位ϕ与场源之间满足的泊松方程和拉普拉斯方程。

在线性均匀各向同性的电介质中，ε是常数。将$\boldsymbol{D}=\varepsilon\boldsymbol{E}$和$\boldsymbol{E}=-\nabla\phi$代入$\nabla\cdot\boldsymbol{D}=\rho$中，得

$$\nabla\cdot\varepsilon\boldsymbol{E}=\nabla\cdot(-\varepsilon\nabla\phi)=-\varepsilon\nabla^2\phi=\rho$$

即

$$\nabla^2\phi=-\frac{\rho}{\varepsilon} \tag{2-82}$$

这就是电位ϕ的泊松方程。

对于无电荷分布区域，即$\rho=0$的空间，有

$$\nabla^2\phi=0 \tag{2-83}$$

这就是电位ϕ的拉普拉斯方程。

泊松方程和拉普拉斯方程是二阶偏微分方程，在一般情况下不易求解。但是如果场源电荷和边界形状具有某种对称性，那么电位ϕ也将具有某种对称性。这将使电位ϕ的偏微分方程简化为常微分方程，可以用直接积分法求解。

在工程上常涉及有限空间区域，即场域限定在一个有限的范围内。在有限空间区域内，可以有电荷，也可以没有电荷，但在有限区域的分界面上都具有一定的边界条件。在这些给定边界条件下求解区域内场的问题，称其为边值问题。所有这些问题的解，都归结为求解满足给定边界条件的泊松方程和拉普拉斯方程。具体的求解方法将在第 4 章中加以介绍，这里只举一个简单的例子。

【例 2-9】　两无限大平行板电极，板间距离为d，电压为U_0，并充

满密度为 $\rho_0 x/d$ 的体电荷。求极板间电场强度。

解:由于极板面无限大,故板间电场为均匀场,且场源电荷仅与 x 有关,所以板间电场和电位也只是 x 的函数。设 $x=0$ 处电位为 0,$x=d$ 处电位为 U_0。根据题意有

$$\nabla^2\phi = -\frac{\rho}{\varepsilon_0} = \frac{\rho_0 x}{\varepsilon_0 d}(0 < x < d)$$

$$\frac{\partial^2\phi}{\partial x^2} = -\frac{\rho_0 x}{\varepsilon_0 d}$$

$$\phi(x) = -\frac{\rho_0 x^3}{6\varepsilon_0 d} + C_1 x + C_2$$

当 $x=0$ 时,

$$\phi(0) = C_2 = 0$$

当 $x=d$ 时,

$$\phi(d) = -\frac{\rho_0 d^3}{6\varepsilon_0 d} + C_1 d = U_0$$

$$C_1 = \frac{U_0}{d} + \frac{\rho_0 d}{6\varepsilon_0}$$

所以板间任意一点电位为

$$\phi(x) = -\frac{\rho_0 x^3}{6\varepsilon_0 d} + \left(\frac{U_0}{d} + \frac{\rho_0 d}{6\varepsilon_0}\right)x$$

故板间任意一点电场为

$$\boldsymbol{E} = -\nabla\phi = -\frac{\partial\phi}{\partial x}\boldsymbol{e}_x = \left(\frac{\rho_0 x^2}{2\varepsilon_0 d} - \frac{U_0}{d} - \frac{\rho_0 d}{6\varepsilon_0}\right)\boldsymbol{e}_x$$

2.7 电容

2.7.1 电容

若两个导体上的电量分别为 q 和 $-q$,它们之间的电压为 U 时,双导体电容定义为

$$C = \frac{q}{U} \tag{2-84}$$

电容量是一个与两个导体形状、相对位置及周围介质有关的常数，单位为法拉(F)。孤立导体的电容可以看成孤立导体与无穷远处的另一导体之间的电容，即

$$C = \frac{q}{\phi} \tag{2-85}$$

一个导体系统，如果它的形状、相对位置及周围介质确定，则其电容量也随之确定。因此在计算系统电容时，可按：设 q→求 $\boldsymbol{E}$→计算 U→得 $C=q/U$ 的思路计算。下面举例说明。

【例 2-10】 如图 2-20 所示的球形电容器是由半径分别为 a、b 的同心导体球面组成，两导体之间充以介电常数为 ε 的电介质。求其电容量。

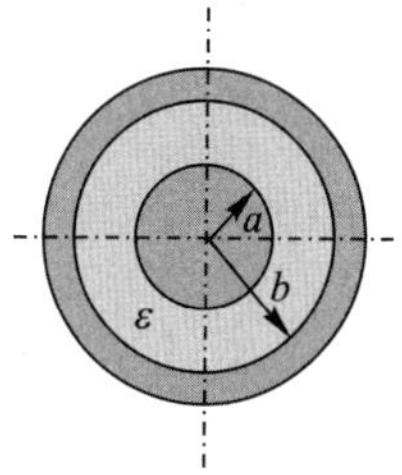

图 2-20　球形电容器

解：设球形电容器的内外导体上分别带有 $+q$ 和 $-q$ 的电荷，由于电荷分布具有球面对称，由高斯定理可得两导体之间的电场强度为

$$\boldsymbol{E} = \frac{q}{4\pi\varepsilon r^2}\boldsymbol{e}_r$$

则内外导体之间的电压为

$$U_{ab} = \int_a^b \boldsymbol{E}\cdot \mathrm{d}\boldsymbol{l} = \int_a^b \frac{q}{4\pi\varepsilon r^2}\mathrm{d}r = \frac{q}{4\pi\varepsilon}\frac{b-a}{ab}$$

故球形电容器的电容量为

$$C = \frac{q}{U_{ab}} = \frac{4\pi\varepsilon ab}{b-a}$$

2.7.2 部分电容

有两个以上导体的系统称为多导体系统。在多导体系统中，每个导体所带的电量都会影响其他导体的电位。在线性媒质中，应用叠加原理，可得到每个导体的电位和各导体所带电量的关系如下：

$$\begin{cases} \phi_1 = p_{11}q_1 + p_{12}q_2 + \cdots + p_{1n}q_n \\ \phi_2 = p_{21}q_1 + p_{22}q_2 + \cdots + p_{2n}q_n \\ \vdots \\ \phi_n = p_{n1}q_1 + p_{n2}q_2 + \cdots + p_{nn}q_n \end{cases} \tag{2-86}$$

式(2-86)中,p_{ij}称为电位系数,且 $p_{ij}=p_{ji}$,即具有互易性。电位系数只与导体的几何形状、尺寸、相对位置及介质特性有关,而与导体所带电量无关。

对式(2-86)求解,可用各导体上的电位来表示其带电量:

$$\begin{cases} q_1=\beta_{11}\phi_1+\beta_{12}\phi_2+\cdots+\beta_{1n}\phi_n \\ q_2=\beta_{21}\phi_1+\beta_{22}\phi_2+\cdots+\beta_{2n}\phi_n \\ \vdots \\ q_n=\beta_{n1}\phi_1+\beta_{n2}\phi_2+\cdots+\beta_{nn}\phi_n \end{cases} \tag{2-87}$$

式(2-87)中,β_{ij}称为电容系数。电容系数也只与导体的几何参数及系统中介质的特性有关,且 $\beta_{ij}=\beta_{ji}$。式(2-87)可改写为:

$$\begin{cases} q_1=C_{11}U_{10}+C_{12}U_{12}+C_{13}U_{13}\cdots+C_{1n}U_{1n} \\ q_2=C_{21}U_{21}+C_{22}U_{20}+C_{23}U_{23}\cdots+C_{2n}U_{2n} \\ \vdots \\ q_n=C_{n1}U_{n1}+C_{n2}U_{n2}+C_{n3}U_{n3}\cdots+C_{nn}U_{n0} \end{cases} \tag{2-88}$$

式(2-88)中,$C_{ii}=\beta_{i1}+\beta_{i2}+\cdots+\beta_{in}$,称为自部分电容;$C_{ij}=-\beta_{ij}\,(i\neq j)$,称为互部分电容,互部分电容也具有互易性,即 $C_{ij}=C_{ji}$。

2.8 静电场能量与静电力

2.8.1 静电场能量

电场的最基本特征是对场域中的电荷有作用力,这说明静电场中储存有能量,该能量称为静电能。它是电场在建立过程中由外力做功转化而来的。静电能是势能,其总能量只与静电系统最终的电荷分布有关,与形成这种分布的过程无关。

可以假设在电场的建立过程中,各带电体的电荷密度均按同一比例因子 α 增加,则各带电体的电位也按同一比例因子 α 增加。即当某一时刻电荷分布为 $\alpha\rho$ 时,其电位为 $\alpha\phi$。令 α 从 0 到 1,则当 α 增加到 $\alpha+\mathrm{d}\alpha$ 时,对于某一体积元 $\mathrm{d}V'$,新增加的微分电荷为$(\mathrm{d}\alpha\rho)\mathrm{d}V'$,则新增加的电能为$(\mathrm{d}\alpha\rho)\mathrm{d}V'(\alpha\,\phi)=(\alpha\,\phi)(\mathrm{d}\alpha\rho)\mathrm{d}V'$，所以整个空间增加的能量为

$$\mathrm{d}W_e=\int_V(\alpha\,\phi)(\mathrm{d}\alpha\rho)\mathrm{d}V'$$

整个充电过程增加的能量就是系统的总能量，即电荷系统总的静电能为

$$W_e=\int_0^1\alpha\mathrm{d}\alpha\int_V\rho\,\phi\,\mathrm{d}V'=\frac{1}{2}\int_V\rho\,\phi\,\mathrm{d}V' \tag{2-89}$$

式(2-89)中，V'是指包含所有电荷的空间。它包括体电荷、面电荷、线电荷、点电荷和带电导体。其中点电荷系和带电导体的静电能也可写为

$$W_e=\frac{1}{2}\sum_{i=1}^{N}q_i\,\phi_i \tag{2-90}$$

式(2-89)、式(2-90)似乎暗示，静电能只存在于有电荷的地方，实际上静电能是弥散于整个场空间的，即凡是电场不为零的空间，均储存有电场能量。下面证明之。

首先将式(2-89)的积分范围扩展到整个场空间，因为只有存在电荷的空间才对积分有贡献，故扩大积分空间并不影响积分结果，即式(2-89)可改写为

$$W_e=\frac{1}{2}\int_V\rho\,\phi\,\mathrm{d}V \tag{2-91}$$

将 $\rho=\nabla\cdot\boldsymbol{D}$ 代入式(2-91)，则

$$W_e=\frac{1}{2}\int_V(\nabla\cdot\boldsymbol{D})\,\phi\,\mathrm{d}V$$

对上式应用矢量恒等式$\nabla\cdot(\phi\,\boldsymbol{A})=\phi\nabla\cdot\boldsymbol{A}+\boldsymbol{A}\cdot\nabla\phi$，其改写为两项

$$W_e=\frac{1}{2}\int_V[\nabla\cdot(\phi\,\boldsymbol{D})-\nabla\phi\cdot\boldsymbol{D}]\mathrm{d}V$$

上式右边第一项应用高斯散度定理，第二项应用 $\boldsymbol{E}=-\nabla\phi$，可得

$$W_e=\frac{1}{2}\oint_S\phi\boldsymbol{D}\cdot\mathrm{d}\boldsymbol{S}+\frac{1}{2}\int_V\boldsymbol{E}\cdot\boldsymbol{D}\mathrm{d}V$$

在上式等号右边第一项中，当体积无限扩大时，包围这个体积的表面 S 也随之扩大。只要电荷分布在有限的区域内，当闭合面 S 无限扩大时，

有限区域内的电荷就可近似为点电荷，它在 S 面上的 ϕ 和 $|\boldsymbol{D}|$ 将分别与 $\frac{1}{R}$ 和 $\frac{1}{R^2}$ 成比例，而 S 面的面积与 R^2 成比例，故当 $R \to \infty$ 时，等式右边第一项必为零。所以有

$$W_e = \frac{1}{2}\int_V \boldsymbol{E} \cdot \boldsymbol{D} \mathrm{d}V = \int_V w_e \mathrm{d}V \tag{2-92}$$

式(2-92)中：V 是指整个场域空间，$w_e = \frac{1}{2}\boldsymbol{E} \cdot \boldsymbol{D}$ 称为电场能量密度，单位为焦耳每立方米($\mathrm{J/m^3}$)。

对于各向同性的、线性的均匀介质有 $\boldsymbol{D} = \varepsilon \boldsymbol{E}$，故

$$w_e = \frac{1}{2}\varepsilon E^2 \tag{2-93}$$

$$W_e = \frac{1}{2}\int_V \varepsilon E^2 \mathrm{d}V \tag{2-94}$$

【例 2-11】 空气中有一半径为 a、带电荷量为 Q 的导体球。球外套有同心的介质球壳，其内外半径分别为 a 和 b，介电常数为 ε，求系统总的电场能量。

解：导体内($r<a$)电场：$\boldsymbol{E}_1 = 0$，故导体球内电场能量 $W_1 = 0$；

介质中($a \leqslant r < b$)电场：$\oint_S \boldsymbol{E}_2 \cdot \mathrm{d}\boldsymbol{S} = \frac{Q}{\varepsilon}$，$\boldsymbol{E}_2 = \frac{Q}{4\pi\varepsilon r^2}\boldsymbol{e}_r$，故介质内电场能量：

$$W_2 = \frac{1}{2}\int_V \varepsilon E_2^2 \mathrm{d}V = \frac{1}{2}\int_a^b \varepsilon \frac{Q^2}{(4\pi\varepsilon r^2)^2} 4\pi r^2 \mathrm{d}r$$
$$= \frac{Q^2}{8\pi\varepsilon}\int_a^b \frac{1}{r^2}\mathrm{d}r = \frac{Q^2}{8\pi}\left(\frac{1}{\varepsilon a} - \frac{1}{\varepsilon b}\right)$$

介质球壳外($r \geqslant b$)电场：$\oint_S \boldsymbol{E}_3 \cdot \mathrm{d}\boldsymbol{S} = \frac{Q}{\varepsilon_0}$，$\boldsymbol{E}_3 = \frac{Q}{4\pi\varepsilon_0 r^2}\boldsymbol{e}_r$，故介质球壳外电场能量：

$$W_3 = \frac{1}{2}\int_V \varepsilon_0 E_3^2 \mathrm{d}V = \frac{1}{2}\int_b^\infty \varepsilon_0 \frac{Q^2}{(4\pi\varepsilon_0 r^2)^2} 4\pi r^2 \mathrm{d}r$$
$$= \frac{Q^2}{8\pi\varepsilon_0}\int_b^\infty \frac{1}{r^2}\mathrm{d}r = \frac{Q^2}{8\pi}\frac{1}{\varepsilon_0 b}$$

综上，可知该系统总的电场能量为

$$W = W_1 + W_2 + W_3 = \frac{Q^2}{8\pi}\left(\frac{1}{\varepsilon a} - \frac{1}{\varepsilon b} + \frac{1}{\varepsilon_0 b}\right)$$

2.8.2 静电力

根据库仑定律或电场强度的定义可以计算电荷 q 所受的电场力。在简单问题中，这种方法是有效的，但在复杂系统中，这种计算是很困难的。这时就需要用虚位移法来计算电场力。

在一个与电源相连接的带电体系统中，假设某个带电体在电场力的作用下产生了一个小位移，那么电场力就要对它做功。根据能量守恒原理应有：电场力所做的功＋电场储能的增量＝外电源所提供的能量，即

$$\boldsymbol{F}\cdot \mathrm{d}\boldsymbol{r}+\mathrm{d}W_e=\mathrm{d}W \tag{2-95}$$

由于各带电体与电源相连，所以它们的电位是不变的，即有

$$\mathrm{d}W=\sum_{i=1}^{N}\phi_i\mathrm{d}q_i$$

而电场储能的增量为

$$\mathrm{d}W_e=\frac{1}{2}\sum_{i=1}^{N}\phi_i\mathrm{d}q_i$$

这说明外电源所提供的能量一半使得电场储能增加，另一半提供给电场力做功，亦即

$$\boldsymbol{F}\cdot \mathrm{d}\boldsymbol{r}=\mathrm{d}W_e \tag{2-96}$$

或

$$F=\left.\frac{\partial W_e}{\partial r}\right|_{\phi=\text{const}} \tag{2-97}$$

如果带电体系统是与外电源断开的隔离系统，则外电源对系统不提供能量，此时各带电体上的电量不变，式(2-95)变为

$$\boldsymbol{F}\cdot \mathrm{d}\boldsymbol{r}+\mathrm{d}W_e=0$$

即

$$\boldsymbol{F}\cdot \mathrm{d}\boldsymbol{r}=-\mathrm{d}W_e \tag{2-98}$$

或

$$F=-\left.\frac{\partial W_e}{\partial r}\right|_{q=\text{const}} \tag{2-99}$$

由于计算的是没有位移(虚位移)时的力，故不论是哪一种情况，其计算结果都是一致的。

2.9 恒定电场

在导电媒质中,电荷在电场作用下定向运动便形成电流,大小和方向都不随时间变化的电流称为恒定电流。如果一个导体回路中有恒定电流,回路中必然有一个推动电荷流动的电场,这个电场是依靠外源维持的,称其为恒定电场。

电流可分为传导电流和运流电流。在导电媒质(如导体、电解液等)中,电荷的运动形成的电流称为传导电流;在自由空间(如真空等)中,电荷的运动形成的电流称为运流电流。传导电流和运流电流统称为自由电流。本节内容主要讨论导电媒质中的传导电流。

2.9.1 电流密度

1. 电流强度

电流(强度)是指单位时间内通过某导体截面的电量,即

$$I=\lim_{\Delta t\to 0}\frac{\Delta q}{\Delta t}=\frac{\mathrm{d}q}{\mathrm{d}t} \tag{2-100}$$

习惯上,规定正电荷运动的方向为电流的方向。电流的单位为安培(A)。

从场的观点来看,电流是一个通量,它并没有说明电流在导体内某一点的分布情况,为了研究导体内不同点的电荷运动情况,需引入电流密度的概念。

根据电流的不同分布形式,将电流分成三类。如图 2-21a 所示,电荷在空间某一体积内流动,就形成体电流,体电流在流动过程中电荷会不断地穿过面;如图 2-21b 所示,电荷在某个面上流动就形成面电流,面电流中电荷穿过线;如图 2-21c 所示,当电荷沿一根横截面积等于零的几何曲线流动时,就形成线电流,线电流中电荷穿过点。

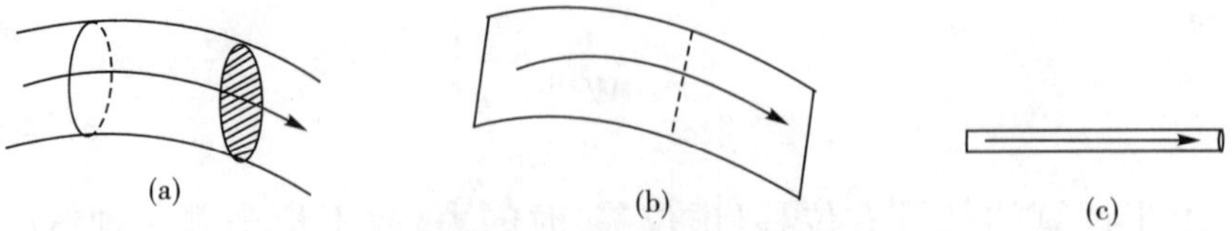

图 2-21 电流的不同分布形式

a. 体电流; b. 面电流; c. 线电流

2. 体电流密度 $\boldsymbol{J}$

如图 2-22 所示，体电流穿过曲面 S，曲面上任意一点的体电流密度定义为

$$\boldsymbol{J} = \lim_{\Delta S \to 0} \frac{\Delta I}{\Delta S} \boldsymbol{n} = \frac{\mathrm{d}I}{\mathrm{d}S} \boldsymbol{n} \qquad (2\text{-}101)$$

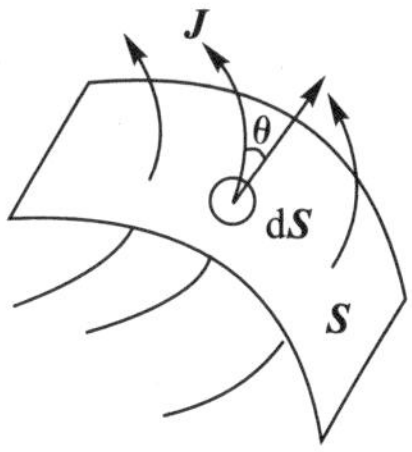

图 2-22　通过面 S 的体电流

电流密度是一个矢量，它的方向与导体中该点正电荷运动的方向相同，大小等于与正电荷运动方向垂直的单位面积上的电流强度。式(2-101)中：$\boldsymbol{n}$ 为该点正电荷运动的方向，亦即电流密度的方向。体电流密度的单位为安培每平方米(A/m^2)。导体内每一点都有一个电流密度，因而构成一个矢量场，亦称为电流场。电流场可用电流线来描绘。

根据电流密度 $\boldsymbol{J}$ 可以求出穿过任意曲面 S 的电流 I，即

$$I = \int_S \boldsymbol{J} \cdot \mathrm{d}\boldsymbol{S} \qquad (2\text{-}102)$$

3. 面电流密度 $\boldsymbol{J}_S$

如图 2-23 所示，面电流穿过曲线 l，曲线上任意一点的电流密度定义为

$$\boldsymbol{J}_S = \lim_{\Delta l \to 0} \frac{\Delta I}{\Delta l} \boldsymbol{n} \qquad (2\text{-}103)$$

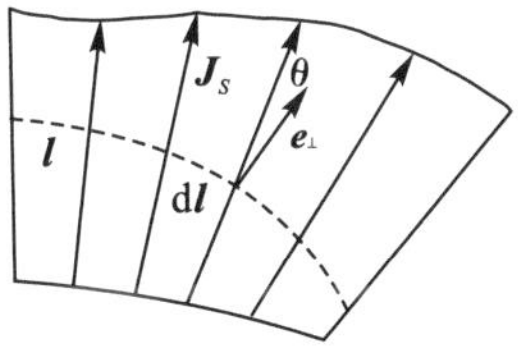

图 2-23　通过线 l 的面电流

任意一点面电流密度的方向是该点正电荷运动的方向，大小等于与正电荷运动方向垂直的单位长度上的电流强度。面电流密度的单位为安培每米(A/m)。同样，可以根据面电流密度 $\boldsymbol{J}_S$ 求出曲面上穿过任意 l 的电流 I，即

$$I = \int_S \boldsymbol{J}_S \cdot \boldsymbol{e}_\perp \, \mathrm{d}l \qquad (2\text{-}104)$$

其中 $\boldsymbol{e}_\perp$ 代表与线元矢量 $\mathrm{d}\boldsymbol{l}$ 垂直方向的单位矢量。$\boldsymbol{J}_S \cdot \boldsymbol{e}_\perp$ 代表垂直穿过单位线元的面电流密度。

在实际应用中，一般高频的交流电通过铜导线时，由于趋肤效应，电流只分布在外壁厚度趋近于零的薄层内，此时铜导线上的电流分布就可以等效成面电流模型。

4. 线电流

如果电荷沿着细导线或空间一线形区域流动，则可近似看成线电

流。线电流穿过点,因此线电流的电流分布情况可以直接用穿过该点的电流强度来描述。若运动电荷的密度和速度分别为 ρ_{lv} 和 v,则线电流 I 为

$$I = \rho_{lv} v \tag{2-105}$$

2.9.2 欧姆定律

实验表明,对于各向同性的、线性的均匀导电媒质,其中任意一点的电流密度与该点的电场强度成正比,即

$$\boldsymbol{J} = \sigma \boldsymbol{E} \tag{2-106}$$

式(2-106)中 σ 是导电媒质的电导率,单位是西门子/米(S/m)。称此式为欧姆定律的微分形式。

通常的欧姆定律 $U=RI$,称为欧姆定律的积分形式。积分形式的欧姆定律是描述一段导线上的导电规律,而微分形式的欧姆定律是描述导体内任一点电流密度与电场强度的关系,它比积分形式更能细致地描述导体的导电规律。

2.9.3 焦耳定律

如图 2-24 所示,在导电媒质中取一个体积元 $\mathrm{d}V$,该体积元长度为 $\mathrm{d}l$,横截面为 $\mathrm{d}S$。推动电荷运动形成电流的恒定电场为 $\boldsymbol{E}$。则该体积元两端电压为

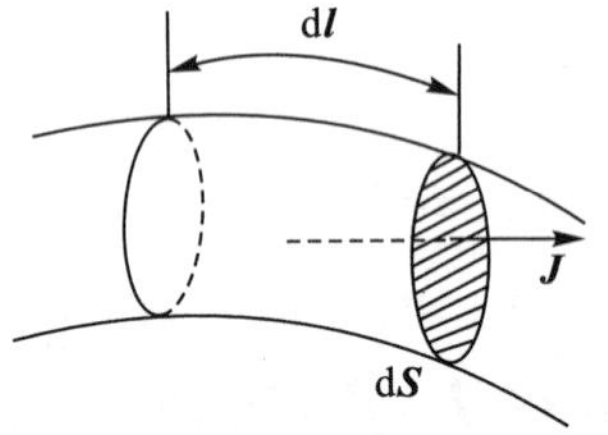

图 2-24 导电媒质中的一个体积元

$$\mathrm{d}U = \boldsymbol{E} \cdot \mathrm{d}\boldsymbol{l}$$

通过该横截面的电流强度为

$$\mathrm{d}I = \boldsymbol{J} \cdot \mathrm{d}\boldsymbol{S}$$

因此该体积元内消耗的功率为

$$\mathrm{d}P = \mathrm{d}U\mathrm{d}I = \boldsymbol{E} \cdot \boldsymbol{J}\mathrm{d}V$$

则单位体积内损耗的焦耳热功率,即功率密度为

$$p = \frac{\mathrm{d}P}{\mathrm{d}V} = \boldsymbol{E} \cdot \boldsymbol{J} \tag{2-107}$$

这就是焦耳定律的微分形式。在整个导电媒质的体积上积分,就可以

得到焦耳定律的积分形式

$$P=\int_V \boldsymbol{E}\cdot\boldsymbol{J}\mathrm{d}V=\int_l \boldsymbol{E}\cdot\mathrm{d}l\int_S \boldsymbol{J}\cdot\mathrm{d}\boldsymbol{S}=UI \tag{2-108}$$

焦耳定律不适用于运流电流。因为对于运流电流而言，电场力对电荷所做的功转变为电荷的动能，而非热能。

2.9.4 局外力与局外电场

如图 2-25 所示，要想维持导体中的恒定电流，就必须使电路与电源相接。在电源之外的电路中，电源正极板上的正电荷会向负极板运动，形成电流。而到达负极板的正电荷必须在外力作用下从电源负极被搬向电源正极，使电源两极上的电荷维持动态平衡，这种在更替中保持分布特性不变的电荷叫作驻立电荷。外回路中的恒定电场，正是由正负极板上的驻立电荷产生的。驻立电荷和静止的电荷都具有电荷分布不随时间变化的特点，故驻立电荷产生的电场和静电场具有相同的特性，即都是保守场。可以表示为：

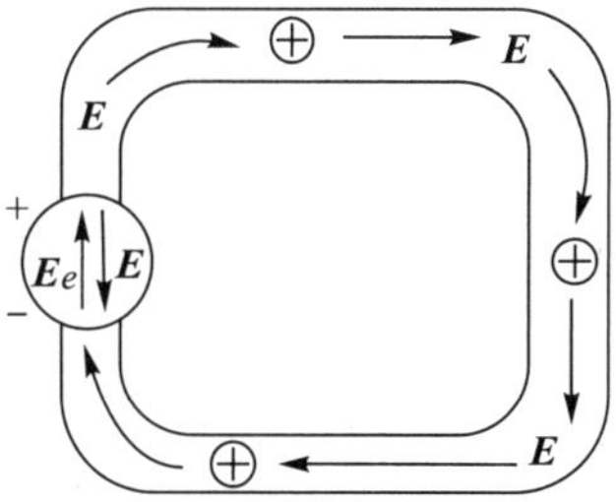

图 2-25　恒定电流回路

$$\oint_l \boldsymbol{E}\cdot\mathrm{d}\boldsymbol{l}=0 \tag{2-109}$$

$$\nabla\times\boldsymbol{E}=0 \tag{2-110}$$

正极板上的电荷通过导电介质不断流失，只有外源不断地向极板补充新电荷，才能维持连续不断的电流。因此电源内部还存在一个从负极板指向正极板的局外场强 $\boldsymbol{E}_e$。局外场强将正电荷从负极板搬向正极板，其对电荷的作用力叫作局外力。

2.9.5 电流连续性方程

电荷守恒定律表明，任一封闭系统内的电荷总量保持不变。因此，从任一封闭曲面 S 流出的电流，应等于曲面 S 所包围的体积 V 内，单位时间内电荷的减少量，即

$$\oint_S \boldsymbol{J}\cdot\mathrm{d}\boldsymbol{S}=-\frac{\mathrm{d}q}{\mathrm{d}t} \tag{2-111}$$

其中，q 是闭曲面 S 内的总电量，设 $q=\int_V \rho \mathrm{d}V$，则有

$$\oint_S \boldsymbol{J} \cdot \mathrm{d}\boldsymbol{S} = -\frac{\mathrm{d}}{\mathrm{d}t}\int_V \rho \mathrm{d}V \tag{2-112}$$

式(2-112)右端，对电荷密度的积分是作用于空间坐标的，而微分是对时间变量做运算，故交换微积分顺序不影响计算结果，可得

$$\oint_S \boldsymbol{J} \cdot \mathrm{d}\boldsymbol{S} = -\int_V \frac{\partial \rho}{\partial t}\mathrm{d}V \tag{2-113}$$

这就是电流连续性方程的积分形式。

对式(2-113)左边应用高斯散度定理，有

$$\int_V \nabla \cdot \boldsymbol{J}\mathrm{d}V = -\int_V \frac{\partial \rho}{\partial t}\mathrm{d}V$$

$$\int_V \left[\nabla \cdot \boldsymbol{J} + \frac{\partial \rho}{\partial t}\right]\mathrm{d}V = 0$$

要使这个积分对任意体积 V 成立，被积函数必须为零，即

$$\nabla \cdot \boldsymbol{J} = -\frac{\partial \rho}{\partial t} \tag{2-114}$$

式(2-114)称为电流连续性方程的微分形式。

在恒定电场中，电荷在空间的分布是不随时间变化的，即 $\frac{\partial \rho}{\partial t}=0$，所以恒定电场中的电流连续性方程为

$$\oint_S \boldsymbol{J} \cdot \mathrm{d}\boldsymbol{S} = 0 \tag{2-115}$$

$$\nabla \cdot \boldsymbol{J} = 0 \tag{2-116}$$

式(2-115)、式(2-116)表明恒定电流必定是连续的，电流线总是闭合曲线，恒定电流场是无散场。

2.9.6 恒定电场的基本方程与边界条件

1. 恒定电场的基本方程

依据前面两小节讨论过的局外力与局外场强，以及电流连续性方程，可以总结电源外部的恒定电场所满足的基本方程如下：

微分形式

$$\begin{cases}\nabla \times \boldsymbol{E} = 0 \\ \nabla \cdot \boldsymbol{J} = 0\end{cases} \tag{2-117}$$

积分形式

$$\begin{cases} \oint_C \boldsymbol{E} \cdot \mathrm{d}\boldsymbol{l} = 0 \\ \oint_S \boldsymbol{J} \cdot \mathrm{d}\boldsymbol{S} = 0 \end{cases} \tag{2-118}$$

由于恒定电场的旋度为零，因此也可引入电位ϕ，且 $\boldsymbol{E}=-\nabla\phi$。同样，电源外的电位$\phi$也满足拉普拉斯方程，即

$$\nabla^2 \phi = 0 \tag{2-119}$$

2. 恒定电场的边界条件

将恒定电场基本方程的积分形式应用到两种不同导体的分界面上，如图 2-26、图 2-27 所示，可得出恒定电场的边界条件为

(1)法向边界条件

$$\boldsymbol{e}_n \cdot \boldsymbol{J}_1 = \boldsymbol{e}_n \cdot \boldsymbol{J}_2 \tag{2-120}$$

或

$$J_{1n} = J_{2n} \tag{2-121}$$

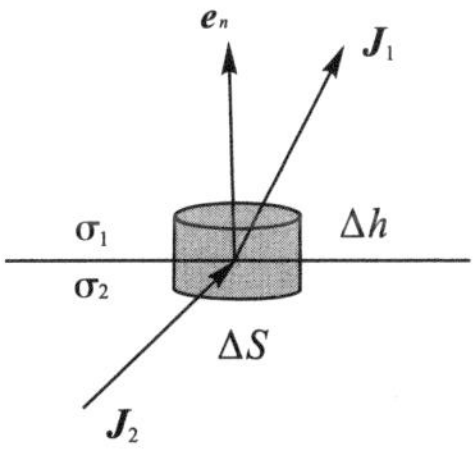

图 2-26　法向边界条件

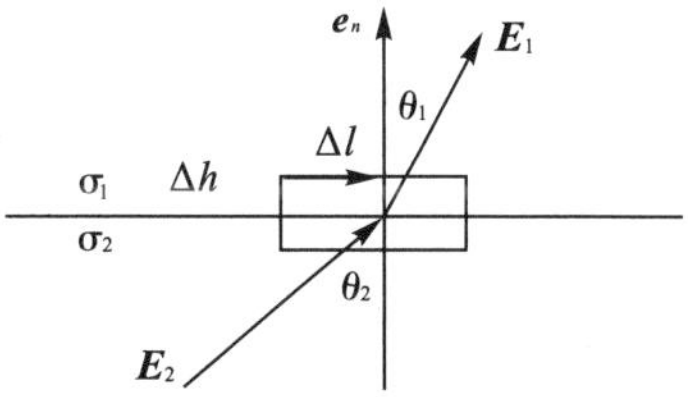

图 2-27　切向边界条件

(2)切向边界条件

$$\boldsymbol{e}_n \times \boldsymbol{E}_1 = \boldsymbol{e}_n \times \boldsymbol{E}_2 \tag{2-122}$$

或

$$E_{1t} = E_{2t} \tag{2-123}$$

式(2-121)、式(2-123)表明在不同导体的分界面上，电流密度的法向分量连续，电场强度的切向分量连续。这两个边界条件也可用电位表示。

法向边界条件

$$\sigma_1 \frac{\partial \phi_1}{\partial n} = \sigma_2 \frac{\partial \phi_2}{\partial n} \tag{2-124}$$

切向边界条件

$$\phi_1 = \phi_2 \tag{2-125}$$

设分界面两侧的电场线与法线 $\boldsymbol{e}_n$ 的夹角为 θ_1 和 θ_2，则分界面上电流线的折射关系为

$$\frac{\tan\theta_1}{\tan\theta_2} = \frac{\sigma_1}{\sigma_2} \tag{2-126}$$

【例 2-12】 设同轴线的内导体半径为 a，外导体的内半径为 b，内外导体之间填充的介质 $\sigma \neq 0$（漏电），求同轴线单位长度的漏电导。

解：设同轴线单位长度的漏电流为 I_0，则电流密度为

$$\boldsymbol{J} = \frac{I_0}{2\pi r}\boldsymbol{e}_r$$

电场强度为

$$\boldsymbol{E} = \frac{1}{\sigma}\boldsymbol{J} = \frac{I_0}{2\pi\sigma r}\boldsymbol{e}_r$$

内外导体之间的电压为

$$U = \int_a^b E\,\mathrm{d}r = \frac{I_0}{2\pi\sigma}\ln\frac{b}{a}$$

所以，单位长度的漏电导为

$$G_0 = \frac{I_0}{U} = \frac{2\pi\sigma}{\ln\dfrac{b}{a}}$$

2.9.7 恒定电场与静电场的比拟

如果把电源以外的恒定电场与不存在电荷区域的静电场加以比较，就会发现两者之间有许多相似之处，见表 2-1 所示。

表 2-1 恒定电场与静电场的比较

恒定电场（电源以外）	静电场（$\rho=0$）的区域
$\nabla\times\boldsymbol{E}=0$	$\nabla\times\boldsymbol{E}=0$
$\nabla\cdot\boldsymbol{J}=0$	$\nabla\cdot\boldsymbol{D}=0$
$\boldsymbol{J}=\sigma\boldsymbol{E}$	$\boldsymbol{D}=\varepsilon\boldsymbol{E}$
$\boldsymbol{E}=-\nabla\phi$	$\boldsymbol{E}=-\nabla\phi$

续表

恒定电场(电源以外)	静电场($\rho=0$)的区域
$\nabla^2\phi=0$	$\nabla^2\phi=0$
$J_{1n}=J_{2n}$	$D_{1n}=D_{2n}$
$E_{1t}=E_{2t}$	$E_{1t}=E_{2t}$
$\phi=\int_l \boldsymbol{E}\cdot\mathrm{d}\boldsymbol{l}$	$\phi=\int_l \boldsymbol{E}\cdot\mathrm{d}\boldsymbol{l}$
$I=\int_S \boldsymbol{J}\cdot\mathrm{d}\boldsymbol{S}$	$q=\oint_S \boldsymbol{D}\cdot\mathrm{d}\boldsymbol{S}$

可见,恒定电场中的 $\boldsymbol{E}$、ϕ、$\boldsymbol{J}$、I 和 σ 分别与静电场中的 $\boldsymbol{E}$、ϕ、$\boldsymbol{D}$、q 和 ε 是相互对应的,它们在方程中的地位相同,是对偶量,且两者都满足拉普拉斯方程,若处在相同的边界条件下,这两个场的电位函数必有相同的解。因此,可以把一种场的计算和实验所得的结果,通过对偶量的代换,应用于另一种场。这种方法称为静电比拟法。

例如,可以用静电比拟法根据电容求电导。一个球形电容器的电容为

$$C=\frac{q}{U}=\frac{\varepsilon\oint_S \boldsymbol{E}\cdot\mathrm{d}\boldsymbol{S}}{\int_a^b \boldsymbol{E}\cdot\mathrm{d}\boldsymbol{l}}=\frac{4\pi\varepsilon ab}{b-a}$$

其中 a 是内球半径,b 是外球壳半径。

对应的球形电导为

$$G=\frac{I}{U}=\frac{\sigma\oint_S \boldsymbol{E}\cdot\mathrm{d}\boldsymbol{S}}{\int_a^b \boldsymbol{E}\cdot\mathrm{d}\boldsymbol{l}}$$

只要将 ε 换为 σ,就可由电容 C 求得电导 G,而不必去求解电场 $\boldsymbol{E}$,即

$$G=\frac{4\pi\sigma ab}{b-a}$$

【例 2-13】 试计算半径为 a 的半球形接地器的接地电阻。

解:先求半径为 a 的球形电容

$$C=\frac{q}{U}=\frac{q}{\int_a^\infty \frac{q}{4\pi\varepsilon r^2}\mathrm{d}r}=\frac{q}{\frac{q}{4\pi\varepsilon a}}=4\pi\varepsilon a$$

根据对偶关系知，对应的球形电导为

$$G = 4\pi\sigma a$$

故半球电阻为

$$R = \frac{2}{G} = \frac{1}{2\pi\sigma a}$$

◇◆◇ 本章小结 ◇◆◇

1. 库仑定律是静电学的基础。真空中的库仑定律为

$$\boldsymbol{F}_{12} = \frac{q_1 q_2}{4\pi\varepsilon_0 R^2}\boldsymbol{e}_R$$

2. 在各向同性的、线性的均匀介质中，点电荷及分布电荷的电场强度和电位

	电场强度	电位
点电荷	$\boldsymbol{E}(\boldsymbol{r}) = \dfrac{q}{4\pi\varepsilon R^2}\boldsymbol{e}_R$	$\phi = \dfrac{q}{4\pi\varepsilon R}$
线电荷	$\boldsymbol{E}(\boldsymbol{r}) = \displaystyle\int_l \frac{\rho_l(\boldsymbol{r}')\boldsymbol{e}_R}{4\pi\varepsilon R^2}\mathrm{d}l'$	$\phi = \displaystyle\int_l \frac{\rho_l(\boldsymbol{r}')}{4\pi\varepsilon R}\mathrm{d}l'$
面电荷	$\boldsymbol{E}(\boldsymbol{r}) = \displaystyle\int_S \frac{\rho_S(\boldsymbol{r}')\boldsymbol{e}_R}{4\pi\varepsilon R^2}\mathrm{d}S'$	$\phi = \displaystyle\int_S \frac{\rho_S(\boldsymbol{r}')}{4\pi\varepsilon R}\mathrm{d}S'$
体电荷	$\boldsymbol{E}(\boldsymbol{r}) = \displaystyle\int_V \frac{\rho(\boldsymbol{r}')\boldsymbol{e}_R}{4\pi\varepsilon R^2}\mathrm{d}V'$	$\phi = \displaystyle\int_V \frac{\rho(\boldsymbol{r}')}{4\pi\varepsilon R}\mathrm{d}V'$

3. 电位与场强的关系

积分关系：$\phi_P = \displaystyle\int_P^Q \boldsymbol{E}\cdot\mathrm{d}\boldsymbol{l}$

微分关系：$\boldsymbol{E} = -\nabla\phi$

4. 静电场的基本方程

积分形式：
$$\begin{cases} \oint_C \boldsymbol{E}\cdot\mathrm{d}\boldsymbol{l} = 0 \\ \oint_S \boldsymbol{D}\cdot\mathrm{d}\boldsymbol{S} = \sum q \end{cases}$$

微分形式：
$$\begin{cases} \nabla\times\boldsymbol{E} = 0 \\ \nabla\cdot\boldsymbol{D} = \rho \end{cases}$$

本构关系：$\boldsymbol{D} = \varepsilon\boldsymbol{E}$

5. 静电场电位的微分方程

泊松方程：　$\nabla^2 \boldsymbol{\phi} = -\dfrac{\rho}{\varepsilon}$

拉普拉斯方程：　$\nabla^2 \boldsymbol{\phi} = 0$

6. 在不同介质分界面上的边界条件

法向边界条件：　$\boldsymbol{e}_n \cdot (\boldsymbol{D}_1 - \boldsymbol{D}_2) = \rho_S$ 或 $D_{1n} - D_{2n} = \rho_S$

切向边界条件：　$\boldsymbol{e}_n \times \boldsymbol{E}_1 = \boldsymbol{e}_n \times \boldsymbol{E}_2$ 或 $E_{1t} = E_{2t}$

用电位表示：　$-\varepsilon_1 \dfrac{\partial \boldsymbol{\phi}_1}{\partial n} + \varepsilon_2 \dfrac{\partial \boldsymbol{\phi}_2}{\partial n} = \rho_S, \boldsymbol{\phi}_1 = \boldsymbol{\phi}_2$

7. 电容与电导

电容：　$C = \dfrac{q}{U}$

电导：　$G = \dfrac{I}{U}$

8. 静电场能量与能量密度

静电能为：　$W_e = \dfrac{1}{2}\int_V \rho \, \boldsymbol{\phi} \, \mathrm{d}V$

或　$W_e = \dfrac{1}{2}\int_V \boldsymbol{E} \cdot \boldsymbol{D} \mathrm{d}V$

静电能密度为：　$w_e = \dfrac{1}{2}\boldsymbol{E} \cdot \boldsymbol{D}$

9. 电流连续性方程

积分形式：　$\oint_S \boldsymbol{J} \cdot \mathrm{d}\boldsymbol{S} = -\int_V \dfrac{\partial \rho}{\partial t} \mathrm{d}V$

微分形式：　$\nabla \cdot \boldsymbol{J} = -\dfrac{\partial \rho}{\partial t}$

10. 恒定电场的基本方程(电源以外)

积分形式：　$\begin{cases} \oint_C \boldsymbol{E} \cdot \mathrm{d}\boldsymbol{l} = 0 \\ \oint_S \boldsymbol{J} \cdot \mathrm{d}\boldsymbol{S} = 0 \end{cases}$

微分形式：　$\begin{cases} \nabla \times \boldsymbol{E} = 0 \\ \nabla \cdot \boldsymbol{J} = 0 \end{cases}$

本构关系：　$\boldsymbol{J} = \sigma \boldsymbol{E}$

11. 不同导体分界面上的边界条件

法向边界条件：　$J_{1n}=J_{2n}$

切向边界条件：　$E_{1t}=E_{2t}$

用电位表示：　$\sigma_1\dfrac{\partial\phi_1}{\partial n}=\sigma_2\dfrac{\partial\phi_2}{\partial n},\phi_1=\phi_2$

◇◆◇ 习 题 ◇◆◇

2-1 均匀带电细棒长为 $2l$，带电总量为 q，求其自身端点延长线上的电场分布。

2-2 在半径为 a 的一个半圆弧线上均匀分布有电荷 q，求圆心处的电场强度。

2-3 一个半径为 a 的均匀带电圆盘，电荷面密度为 ρ_S，求轴线上任一点的电场强度。

2-4 设半径为 a，电荷体密度为 ρ 的无限长圆柱带电体位于真空中，计算该带电圆柱体内、外的电场强度。

2-5 总量为 q 的电荷均匀分布于半径为 a 的球体中，分别求球内、外的电场强度。

2-6 有一内、外半径分别为 a，b 的空心介质球，介电常数为 ε。使介质球均匀带电，电荷密度为 ρ_0。试求：

(1) 空间各点的电场；

(2) 极化体电荷密度和面密度。

2-7 半径为 a 的球中充满密度为 $\rho(r)$ 的电荷，已知电场为

$$E_r=\begin{cases}r^3+Ar^2 & (r\leqslant a)\\(a^5+Aa^4)/r^2 & (r>a)\end{cases}$$

求电荷密度 $\rho(r)$。

2-8 半径为 a 和 $b(a<b)$ 的两同心导体球面，球面上电荷分布均匀，密度分别为 ρ_{S1} 和 ρ_{S2}，求任意点的电场及两导体之间的电压。

2-9 在一个半径为 a 的薄导体球壳内壁涂了一层绝缘膜，球内充满总电量为 Q 的电荷，球壳外又另充了电量为 Q 的电荷。已知球内电场为 $\boldsymbol{E}=\left(\frac{r}{a}\right)^4\boldsymbol{e}_r$。试计算：(1)球内电荷分布；(2)球外表面电荷分布；(3)球壳的电位；(4)球心的电位。

2-10 电场中有一半径为 a 的圆柱体，已知圆柱内、外的电位为：

$$\phi=\begin{cases}0 & (r\leqslant a)\\ A\left(r-\dfrac{a^2}{r}\right)\cos\varphi & (r>a)\end{cases}$$

(1)求圆柱内、外的电场；(2)求圆柱表面的电荷分布。

2-11 半径分别为 a 和 $b(a<b)$ 的同心导体球壳之间分布着密度为 $\rho=a/r^2$ 的自由电荷。求电场和电位分布。如果外导体球壳接地，电位、电场有无变化？

2-12 两个偏心球面，半径分别为 a 和 $b(a<b)$，其偏心距为 $d(d+b<a)$，两球面之间均匀分布着密度为 ρ 的自由电荷。求小球面内的场分布。

2-13 电场中有一半径为 a 的介质球，已知

$$\phi_1=-E_0r\cos\theta+\frac{\varepsilon-\varepsilon_0}{\varepsilon+2\varepsilon_0}a^3E_0\frac{\cos\theta}{r^2}\ (r\geqslant a)$$

$$\phi_2=-\frac{3\varepsilon_0}{\varepsilon+2\varepsilon_0}E_0r\cos\theta\ (r<a)$$

验证球表面的边界条件，并计算球表面的极化电荷密度。

2-14 假设 $x<0$ 的区域为空气，$x>0$ 的区域为电介质，电介质的介电常数为 $3\varepsilon_0$。如果空气中的电场强度为 $\boldsymbol{E}_1=3\boldsymbol{e}_x+4\boldsymbol{e}_y+5\boldsymbol{e}_z$ (V/m)。求电介质中的电场强度。

2-15 平行板电容器的长和宽分别为 a 和 b，板间距离为 d。电容器的一半厚度($0\sim d/2$)用介质 ε 填充。板间外加电压 U，求板上的自由电荷密度、极化电荷密度和电容器的电容量。

2-16 圆柱形电容器外导体的内半径为 b，当外加电压固定时，求使电容器中场强取最小值的内导体半径 a 的值和此时的电场强度。

2-17 同轴电容器内、外导体半径分别为 a 和 b，在 $a<r<b'(b'<b)$ 部分填充有介质 ε，求单位长度的电容。

2-18 有一半径为 a，带电量为 q 的导体球，其球心位于两种介质的分界面上，两种介质的介电常数分别为 ε_1 和 ε_2，分界面可视为无限大平面。求(1)球电容；(2)总静电能。

2-19 分别用公式 $W_e=\dfrac{1}{2}\int_V \boldsymbol{E}\cdot\boldsymbol{D}\mathrm{d}V$ 和 $W_e=\dfrac{1}{2}\int_V \rho\,\phi\,\mathrm{d}V$ 两种方式计算一个半径为 a，均匀带电量为 q 的球体的静电能量。

2-20 证明单位长度同轴线所储存的电场能量有一半是在 $r=\sqrt{ab}$ 的介质区域内。其中同轴线的内、外导体半径分别为 a 和 b。

2-21 某一同轴电缆的内、外导体的直径分别为 10 mm 和 20 mm，其中绝缘体的相对介电常数为 5，击穿场强为 200 kV/cm，问该电缆中每千米所储存的最大静电能量为多少？

2-22 半径为 a 和 b 的同心球，内球的电位 $\phi=U$，外球的电位 $\phi=0$，两球之间媒质的电导率为 σ，求球形电阻器的电阻。

2-23 在一块厚为 d 的导电板上，由两个半径分别为 r_1 和 r_2 的圆弧割出一块夹角为 α 的扇形，求两圆弧面间的电阻。

2-24 球形电容器的内半径 $a=5$ cm，外半径 $b=10$ cm，内外导体之间媒质的电导率为 $\sigma=10^{-9}$ S/m，若两极之间的电压 $U=1000$ V，求(1)球间各点的 $\boldsymbol{\phi}$、$\boldsymbol{E}$ 和 $\boldsymbol{J}$；(2)漏电导。

2-25 在电导率为 σ 的均匀漏电介质中有两个导体小球，半径分别为 a 和 b，两小球间距离为 $d(d\gg a$、$d\gg b)$，求两小球之间的电阻。

本章习题答案

第3章 恒定磁场

电荷在电场作用下形成电流。由恒定电流或永恒磁体产生不随时间变化的磁场，称为恒定磁场。描述磁场的基本物理量是磁感应强度矢量。本章首先在安培力定律(Ampere's law of force)的基础上导出磁感应强度的表达式，并推导磁感应强度的散度与旋度；根据磁场的无散性引入矢量磁位，导出其满足的矢量泊松方程(poisson equation)。接着讨论介质的磁化现象，得到介质中的安培环路定理(Ampere circuital law)，总结归纳介质中恒定磁场的基本方程，并由其积分形式推导不同媒质分界面上的边界条件(boundary conditions)。最后介绍导体回路的电感、恒定磁场的能量与磁场力的计算等问题。

3.1 安培力定律和磁感应强度

3.1.1 安培力定律

法国物理学家安培通过实验总结出两电流回路之间相互作用力的规律——安培力定律。如图 3-1 所示，真空中 C_1 和 C_2 两回路分别载有恒定电流 I_1 和 I_2，实验结果表明回路 C_1 对回路 C_2 的作用力为

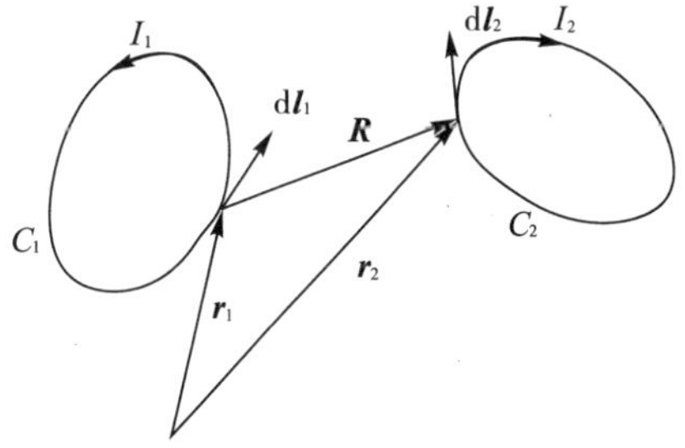

图 3-1　两电流回路之间的作用力

$$\boldsymbol{F}_{12}=\frac{\mu_0}{4\pi}\oint_{C_2}\oint_{C_1}\frac{I_2\mathrm{d}\boldsymbol{l}_2\times(I_1\mathrm{d}\boldsymbol{l}_1\times\boldsymbol{e}_R)}{R^2} \tag{3-1}$$

式(3-1)中 $I_1\mathrm{d}\boldsymbol{l}_1$ 和 $I_2\mathrm{d}\boldsymbol{l}_2$ 分别为回路 C_1 和 C_2 上的电流元；$\boldsymbol{e}_R=\frac{\boldsymbol{R}}{R}$，$\boldsymbol{R}=\boldsymbol{r}_2-\boldsymbol{r}_1$ 是距离矢量；$\mu_0=4\pi\times10^{-7}$ 亨利每米(H/m)，为真空中的磁导率。

3.1.2 磁感应强度

根据宏观电磁场理论，载流回路 C_1 对回路 C_2 的作用力是回路 C_1 的磁场对回路 C_2 中电流的作用力，将式(3-1)改写为

$$\boldsymbol{F}_{12}=\oint_{C_2}I_2\mathrm{d}\boldsymbol{l}_2\times\left[\frac{\mu_0}{4\pi}\oint_{C_1}\frac{I_1\mathrm{d}\boldsymbol{l}_1\times\boldsymbol{e}_R}{R^2}\right] \tag{3-2}$$

式(3-2)中括号内的量值与电流回路 C_1 有关，表示电流 I_1 在电流元 $I_2\mathrm{d}\boldsymbol{l}_2$ 所在点产生的磁场，即

$$\boldsymbol{B}_1=\frac{\mu_0}{4\pi}\oint_{C_1}\frac{I_1\mathrm{d}\boldsymbol{l}_1\times\boldsymbol{e}_R}{R^2} \tag{3-3}$$

将此定义应用到任意回路 C，可得

$$\boldsymbol{B}=\frac{\mu_0}{4\pi}\oint_{C}\frac{I\mathrm{d}\boldsymbol{l}'\times\boldsymbol{e}_R}{R^2} \tag{3-4}$$

式(3-4)称为毕奥-萨伐尔定理(Biot-Savart law)，其中 $\boldsymbol{B}$ 为磁感应强度，单位为特斯拉(T)或韦伯每平方米($\mathrm{Wb/m^2}$)。

将线电流的情况推广到体电流和面电流。对于体电流有

$$\boldsymbol{B}(\boldsymbol{r})=\frac{\mu_0}{4\pi}\int_V\frac{\boldsymbol{J}(\boldsymbol{r}')\times\boldsymbol{e}_R}{R^2}\mathrm{d}V' \tag{3-5}$$

对于面电流有

$$\boldsymbol{B}(\boldsymbol{r})=\frac{\mu_0}{4\pi}\int_S\frac{\boldsymbol{J}_S(\boldsymbol{r}')\times\boldsymbol{e}_R}{R^2}\mathrm{d}S' \tag{3-6}$$

【例 3-1】 设长为 L 的直导线上通有电流 I，求细直导线外任意一点的磁感应强度。

解：建立圆柱坐标系，如图 3-2 所示。由于场源电流 I 与坐标 φ 无关，所以 $\boldsymbol{B}$ 也不会是 φ 的函数。取场点坐标为 $(r,0,z)$，源点坐标为 $(0,0,z')$，则

$$\boldsymbol{R}=\boldsymbol{r}-\boldsymbol{r}'=r\boldsymbol{e}_r+(z-z')\boldsymbol{e}_z$$

$$\boldsymbol{e}_R=\frac{\boldsymbol{R}}{R}=\frac{r}{R}\boldsymbol{e}_r+\frac{(z-z')}{R}\boldsymbol{e}_z$$

$$\mathrm{d}\boldsymbol{l}'=\mathrm{d}z'\boldsymbol{e}_z$$

$$\mathrm{d}\boldsymbol{l}'\times\boldsymbol{e}_R=\frac{r}{R}\mathrm{d}z'\boldsymbol{e}_\varphi$$

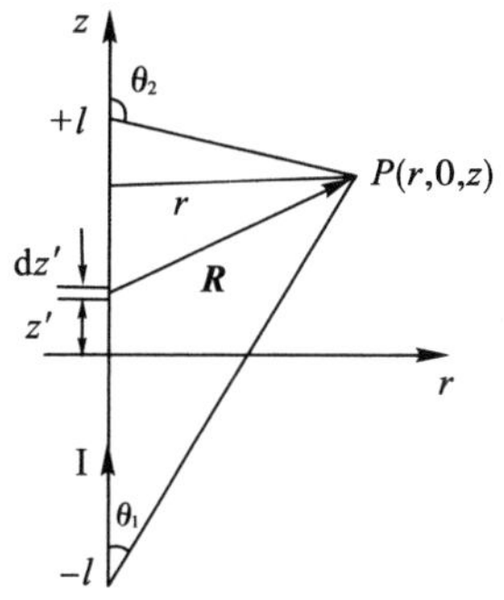

图 3-2　长直导线 B 的计算

由图 3-2 可知

$$z'=z-r\cot\theta$$

$$R=r\csc\theta$$

则

$$\mathrm{d}z'=r\csc^2\theta\mathrm{d}\theta$$

所以

$$\boldsymbol{B}=\frac{\mu_0}{4\pi}\oint_C\frac{I\mathrm{d}\boldsymbol{l}'\times\boldsymbol{e}_R}{R^2}=\boldsymbol{e}_\varphi\frac{\mu_0 I}{4\pi r}\int_{\theta_1}^{\theta_2}\sin\theta\mathrm{d}\theta=\frac{\mu_0 I}{4\pi r}(\cos\theta_1-\cos\theta_2)\boldsymbol{e}_\varphi$$

当 $l\to\infty$ 时，$\theta_1\to 0$，$\theta_2\to\pi$，故无限长细直导线外任一点的磁感应强度为

$$\boldsymbol{B}=\frac{\mu_0 I}{2\pi r}\boldsymbol{e}_\varphi$$

对于半无限长载流导线，即 $\theta_1\to\pi/2$，$\theta_2\to\pi$，细直导线外任一点的磁感应强度为

$$\boldsymbol{B}=\frac{\mu_0 I}{4\pi r}\boldsymbol{e}_\varphi$$

3.2　真空中的恒定磁场

3.2.1　恒定磁场的散度与旋度

由亥姆霍兹定理可知，矢量场由它的散度和旋度确定。下面根据毕奥-萨伐尔定理分析恒定磁场的散度与旋度。

1. 恒定磁场的散度

$$\boldsymbol{B}(\boldsymbol{r})=\frac{\mu_0}{4\pi}\int_V\frac{\boldsymbol{J}(\boldsymbol{r}')\times\boldsymbol{e}_R}{R^2}\mathrm{d}V'=\frac{\mu_0}{4\pi}\int_V\boldsymbol{J}(\boldsymbol{r}')\times\left[-\nabla\left(\frac{1}{R}\right)\right]\mathrm{d}V'$$

由矢量恒等式

$$\nabla\times(\psi\boldsymbol{A})=\psi\nabla\times\boldsymbol{A}-\boldsymbol{A}\times\nabla\psi$$

可得

$$\boldsymbol{B}(\boldsymbol{r}) = \frac{\mu_0}{4\pi}\int_V \nabla\times \frac{\boldsymbol{J}(\boldsymbol{r}')}{R}\mathrm{d}V' - \frac{\mu_0}{4\pi}\int_V \frac{1}{R}\nabla\times \boldsymbol{J}(\boldsymbol{r}')\mathrm{d}V'$$

由于 $\boldsymbol{J}(\boldsymbol{r}')$是源点坐标的函数，所以$\nabla\times\boldsymbol{J}(\boldsymbol{r}')=0$。上式变为

$$\boldsymbol{B}(\boldsymbol{r}) = \frac{\mu_0}{4\pi}\int_V \nabla\times \frac{\boldsymbol{J}(\boldsymbol{r}')}{R}\mathrm{d}V' = \nabla\times\left[\frac{\mu_0}{4\pi}\int_V \frac{\boldsymbol{J}(\boldsymbol{r}')}{R}\mathrm{d}V'\right] \tag{3-7}$$

对式(3-7)两边同时取散度，得

$$\nabla\cdot\boldsymbol{B}(\boldsymbol{r}) = \nabla\cdot\nabla\times\left[\frac{\mu_0}{4\pi}\int_V \frac{\boldsymbol{J}(\boldsymbol{r}')}{R}\mathrm{d}V'\right]$$

由于旋度的散度恒为零，所以

$$\nabla\cdot\boldsymbol{B}(\boldsymbol{r}) = 0 \tag{3-8}$$

式(3-8)表明磁感应强度 $\boldsymbol{B}$ 的散度处处为零，磁场为无散场。

2. 恒定磁场的旋度

对式(3-7)两边同时取旋度，有

$$\nabla\times\boldsymbol{B}(\boldsymbol{r}) = \nabla\times\nabla\times\left[\frac{\mu_0}{4\pi}\int_V \frac{\boldsymbol{J}(\boldsymbol{r}')}{R}\mathrm{d}V'\right]$$

根据矢量恒等式$\nabla\times\nabla\times\boldsymbol{A}=\nabla(\nabla\cdot\boldsymbol{A})-\nabla^2\boldsymbol{A}$，得

$$\begin{aligned}\nabla\times\boldsymbol{B}(\boldsymbol{r}) &= \frac{\mu_0}{4\pi}\nabla\left[\nabla\cdot\left(\int_V \frac{\boldsymbol{J}(\boldsymbol{r}')}{R}\mathrm{d}V'\right)\right] - \frac{\mu_0}{4\pi}\nabla^2\left[\int_V \frac{\boldsymbol{J}(\boldsymbol{r}')}{R}\mathrm{d}V'\right] \\ &= \frac{\mu_0}{4\pi}\nabla\left[\int_V \nabla\cdot\frac{\boldsymbol{J}(\boldsymbol{r}')}{R}\mathrm{d}V'\right] - \frac{\mu_0}{4\pi}\left[\int_V \boldsymbol{J}(\boldsymbol{r}')\nabla^2\left(\frac{1}{R}\right)\mathrm{d}V'\right]\end{aligned}$$

对方程右边第一项用高斯散度定理进行变换，在第二项中：

$$\nabla^2\left(\frac{1}{R}\right) = -4\pi\delta(\boldsymbol{r}-\boldsymbol{r}')$$

证明： 由于点电荷的泊松方程可表示为

$$\nabla^2\phi = -q\delta(\boldsymbol{r}-\boldsymbol{r}')/\varepsilon_0$$

又因为点电荷的位函数为

$$\phi = \frac{q}{4\pi\varepsilon_0 R}$$

所以
$$\nabla^2\left(\frac{q}{4\pi\varepsilon_0 R}\right) = -q\delta(\boldsymbol{r}-\boldsymbol{r}')/\varepsilon_0$$

即
$$\nabla^2\left(\frac{1}{R}\right) = -4\pi\delta(\boldsymbol{r}-\boldsymbol{r}')$$

所以，方程可变换为

$$\nabla\times \boldsymbol{B}(\boldsymbol{r}) = \frac{\mu_0}{4\pi}\nabla\left[\oint_S \frac{\boldsymbol{J}(\boldsymbol{r}')}{R}\cdot \mathrm{d}\boldsymbol{S}'\right]+\mu_0\int_V \boldsymbol{J}(\boldsymbol{r}')\delta(\boldsymbol{r}-\boldsymbol{r}')\mathrm{d}V'$$

由于在导体表面 S' 上，电流密度 $\boldsymbol{J}(\boldsymbol{r}')$ 总是与 S' 面的法线垂直，故 $\boldsymbol{J}(\boldsymbol{r}')\cdot \mathrm{d}\boldsymbol{S}'=0$，因此方程右边第一项恒为零。所以

$$\nabla\times \boldsymbol{B}(\boldsymbol{r}) = \mu_0\int_V \boldsymbol{J}(\boldsymbol{r}')\delta(\boldsymbol{r}-\boldsymbol{r}')\mathrm{d}V' = \begin{cases}\mu_0\boldsymbol{J}(\boldsymbol{r}) & (\boldsymbol{r}\text{ 在 }V'\text{ 内})\\ 0 & (\boldsymbol{r}\text{ 在 }V'\text{ 外})\end{cases}$$

场点 $\boldsymbol{r}$ 在 V' 外时，电流密度 $\boldsymbol{J}(\boldsymbol{r})=0$，两种情况可合并为

$$\nabla\times \boldsymbol{B}(\boldsymbol{r}) = \mu_0\boldsymbol{J}(\boldsymbol{r}) \tag{3-9}$$

式(3-9)表明磁场是有旋场，它存在旋涡源 $\mu_0\boldsymbol{J}(\boldsymbol{r})$。

3.2.2　磁通连续性原理

磁感应强度 $\boldsymbol{B}$ 在有向曲面上的通量称为磁通量(或磁通)，如图 3-3 所示，单位是韦伯(Wb)，用 Φ 表示为

$$\Phi = \int_S \boldsymbol{B}(\boldsymbol{r})\cdot \mathrm{d}\boldsymbol{S} \tag{3-10}$$

若 S 是闭合曲面，则

$$\Phi = \oint_S \boldsymbol{B}(\boldsymbol{r})\cdot \mathrm{d}\boldsymbol{S} \tag{3-11}$$

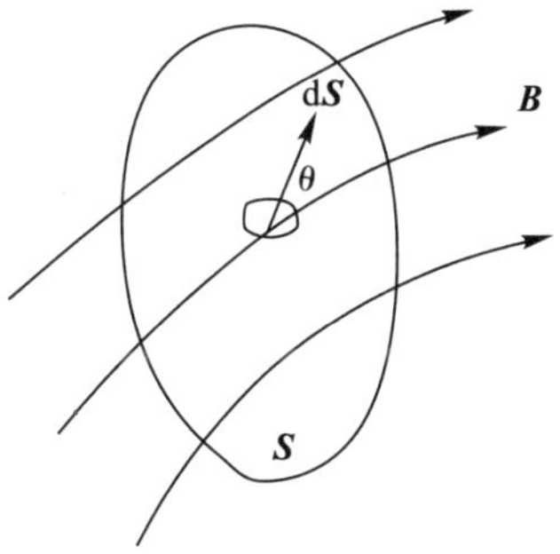

图 3-3　磁通量示意图

根据高斯散度定理，有

$$\oint_S \boldsymbol{B}(\boldsymbol{r})\cdot \mathrm{d}\boldsymbol{S} = \int_V \nabla\cdot \boldsymbol{B}(\boldsymbol{r})\mathrm{d}V$$

由于磁场是无散场，$\nabla\cdot \boldsymbol{B}(\boldsymbol{r})=0$。所以

$$\oint_S \boldsymbol{B}(\boldsymbol{r})\cdot \mathrm{d}\boldsymbol{S} = 0 \tag{3-12}$$

式(3-12)为磁通连续性原理的积分形式，表明磁感应强度 B 穿过任意闭合面的磁通量恒为零，即磁通是连续的，磁力线是闭合曲线。

3.2.3 真空中的安培环路定律

如图 3-4 所示，在磁场中任取一个闭合回路 C，其所包围的曲面为 S。对式(3-9)两端取面积分，利用斯托克斯定理可得

$$\oint_C \boldsymbol{B}(\boldsymbol{r}) \cdot \mathrm{d}\boldsymbol{l} = \int_S \nabla \times \boldsymbol{B}(\boldsymbol{r}) \cdot \mathrm{d}\boldsymbol{S} = \int_S \mu_0 \boldsymbol{J}(\boldsymbol{r}) \cdot \mathrm{d}\boldsymbol{S} = \mu_0 \sum I$$

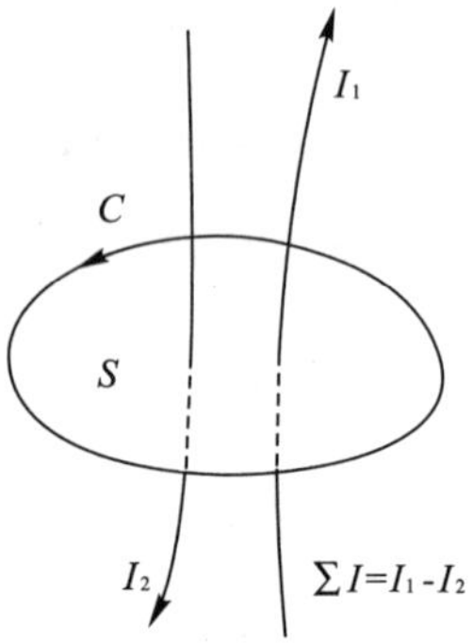

图 3-4 真空中的安培环路定律

即

$$\oint_C \boldsymbol{B}(\boldsymbol{r}) \cdot \mathrm{d}\boldsymbol{l} = \mu_0 \sum I \tag{3-13}$$

式(3-13)为真空中的安培环路定律，表明磁感应强度 $\boldsymbol{B}$ 沿任一闭合回路 C 的环量等于与回路 C 相交链的总电流的 μ_0 倍。

当电流分布具有某种对称性时，用安培环路定律求解磁感应强度 $\boldsymbol{B}$ 将非常简单。这时需选择合适的闭合积分路径，要求在积分路径上，只有 $\boldsymbol{B}$ 的切向分量或法向分量，且切向分量的大小相同。

【例 3-2】 求电流面密度 $\boldsymbol{J}_S = J_{S0}\boldsymbol{e}_z$ 的无限大电流薄板产生的磁感应强度 $\boldsymbol{B}$。

解： 由题意知，磁感应强度 $\boldsymbol{B}$ 关于 y 轴对称。根据安培环路定律，可得

$$\oint_C \boldsymbol{B} \cdot \mathrm{d}\boldsymbol{l} = B_1 l + B_2 l = \mu_0 J_{S0} l$$

根据对称性，有 $B_1 = B_2 = B$，故

$$\boldsymbol{B} = \begin{cases} \boldsymbol{e}_y \dfrac{\mu_0 J_{S0}}{2} & (x > 0) \\ -\boldsymbol{e}_y \dfrac{\mu_0 J_{S0}}{2} & (x < 0) \end{cases}$$

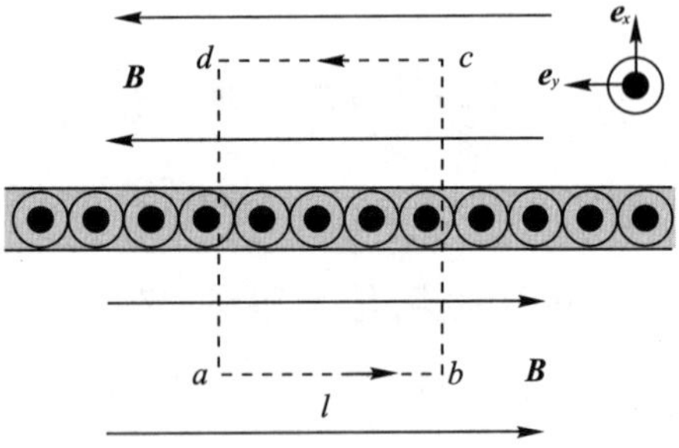

图 3-5 例 3-2 图

3.2.4 矢量磁位

1. 矢量磁位的定义

磁场为无散场，即$\nabla \cdot \boldsymbol{B}(\boldsymbol{r})=0$。因为$\nabla \cdot (\nabla \times \boldsymbol{A})=0$，故可用一个矢量 $\boldsymbol{A}$ 的旋度来代替磁感应强度 $\boldsymbol{B}$，即

$$\boldsymbol{B} = \nabla \times \boldsymbol{A} \tag{3-14}$$

式(3-14)中 $\boldsymbol{A}$ 称为矢量磁位，单位是特・米(T•m)或韦伯/米(Wb/m)。矢量磁位是一个没有物理意义的辅助函数。式(3-14)定义的矢量磁位 $\boldsymbol{A}$ 不是唯一的，这是因为仅仅规定了 $\boldsymbol{A}$ 的旋度，但其散度是不确定的。为了能使 $\boldsymbol{A}$ 唯一确定，在恒定磁场中，往往规定

$$\nabla \cdot \boldsymbol{A} = 0 \tag{3-15}$$

式(3-15)称为库仑规范。

2. 矢量磁位 A 的积分表达式

由式(3-7)知，体电流的磁感应强度可写为

$$\boldsymbol{B}(\boldsymbol{r}) = \nabla \times \left[\frac{\mu_0}{4\pi}\int_V \frac{\boldsymbol{J}(\boldsymbol{r}')}{R}\mathrm{d}V'\right] = \nabla \times \boldsymbol{A}$$

得体电流矢量磁位的积分表达式为

$$\boldsymbol{A}(\boldsymbol{r}) = \frac{\mu_0}{4\pi}\int_V \frac{\boldsymbol{J}(\boldsymbol{r}')}{R}\mathrm{d}V' \tag{3-16}$$

同理，面电流和线电流矢量磁位的积分表达式分别为

面电流

$$\boldsymbol{A}(\boldsymbol{r}) = \frac{\mu_0}{4\pi}\int_S \frac{J_S(\boldsymbol{r}')}{R}\mathrm{d}S' \tag{3-17}$$

线电流

$$\boldsymbol{A}(\boldsymbol{r}) = \frac{\mu_0 I}{4\pi}\int_l \frac{\mathrm{d}\boldsymbol{l}'}{R} \tag{3-18}$$

另外，利用矢量磁位也可以简化磁通的计算

$$\Phi = \int_S \boldsymbol{B} \cdot \mathrm{d}\boldsymbol{S} = \int_S \nabla \times \boldsymbol{A} \cdot \mathrm{d}\boldsymbol{S} = \oint_C \boldsymbol{A} \cdot \mathrm{d}\boldsymbol{l} \tag{3-19}$$

总之，矢量磁位的引入可以简化磁场的分析和计算。

【例 3-3】 如图 3-6 所示，计算半径为 a 的小圆环电流 I 产生的磁感应强度 $\boldsymbol{B}$。

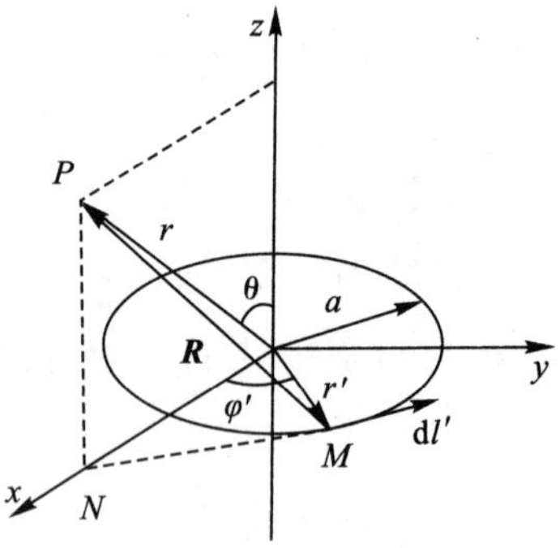

图 3-6 小圆环电流 $\boldsymbol{B}$ 的计算

解：建立球坐标系。由于电流的对称性，$\boldsymbol{B}$ 和 $\boldsymbol{A}$ 与坐标 φ 无关，把场点放在 $\varphi=0$ 的平面上，不失普遍性。

在 $\varphi=0$ 的平面两边 $+\varphi'$、$-\varphi'$ 处同时取两个电流元，它们在场点的矢量磁位 $\mathrm{d}\boldsymbol{A}$ 都与各自的 $\mathrm{d}\boldsymbol{l}'$ 方向一致，叠加后的合成矢量只有 $\boldsymbol{e}_\varphi$ 方向的分量，所以有

$$\mathrm{d}\boldsymbol{A}=\frac{\mu_0 I\mathrm{d}\boldsymbol{l}'}{4\pi R}$$

$$\mathrm{d}\boldsymbol{l}'=a\mathrm{d}\varphi'\boldsymbol{e}_\varphi$$

$$\mathrm{d}A_\varphi=2\mathrm{d}A\cos\varphi'=\frac{\mu_0 Ia\cos\varphi'}{2\pi R}\mathrm{d}\varphi'$$

$$A_\varphi=\frac{\mu_0 Ia}{2\pi}\int_0^\pi\frac{\cos\varphi'}{R}\mathrm{d}\varphi'$$

其中

$$R^2=PN^2+NM^2$$

$$PN=r\cos\theta$$

$$NM^2=a^2+(r\sin\theta)^2-2a(r\sin\theta)\cos\varphi'$$

$$R=\sqrt{(r\cos\theta)^2+a^2+(r\sin\theta)^2-2a(r\sin\theta)\cos\varphi'}$$

$$=r\sqrt{1-\frac{2a}{r}\sin\theta\cos\varphi'+\frac{a^2}{r^2}}$$

因为 $r\gg a$，将上式展开为泰勒级数，取前两项，得

$$\frac{1}{R}\approx\frac{1}{r}\left(1+\frac{a}{r}\sin\theta\cos\varphi'\right)$$

所以

$$A_\varphi\approx\frac{\mu_0 Ia}{2\pi r}\int_0^\pi\left(1+\frac{a}{r}\sin\theta\cos\varphi'\right)\cos\varphi'\mathrm{d}\varphi'$$

$$=\frac{\mu_0 Ia^2}{4r^2}\sin\theta$$

若令 $S=\pi a^2$ 为小圆环面积，$\boldsymbol{p}_m=I\boldsymbol{S}$ 为圆环电流的磁矩(也称为磁偶极矩)，则小圆环电流的矢量磁位为

$$\boldsymbol{A}=\frac{\mu_0 SI}{4\pi r^2}\sin\theta\,\boldsymbol{e}_\varphi=\frac{\mu_0\ \boldsymbol{p}_m\times\boldsymbol{e}_r}{4\pi r^2}$$

小圆环电流的远区场为

$$\boldsymbol{B}=\nabla\times\boldsymbol{A}=\frac{\mu_0 IS}{4\pi r^3}(2\cos\theta\boldsymbol{e}_r+\sin\theta\boldsymbol{e}_\theta)$$

将上式与电偶极子的远区场相比较，可发现两者是非常相似的。因此小圆环电流也被称为磁偶极子。

3.3 介质中的恒定磁场

3.3.1 磁介质的磁化

1. 磁介质的磁化

在实际应用中，常需要了解物质中磁场的规律。由于物质中存在着分子电流，当把物质放到磁场中时，会被磁场磁化，而磁化后的物质对磁场也会产生影响。

在物质的分子或原子中，电子的自旋和轨道运动都会形成微观的圆电流。每个圆电流相当于一个磁偶极子，具有一定的磁矩。如图 3-7 所示，在没有外磁场的情况下，由于分子的热运动，磁偶极子的排列方向杂乱无章，使总的磁矩之和为零，对外不显磁性。如图 3-8 所示，当外加磁场时，分子磁矩受到磁场力的作用，沿着磁场方向有序取向，其合成磁矩不再为零，这种现象被称为物质的磁化。

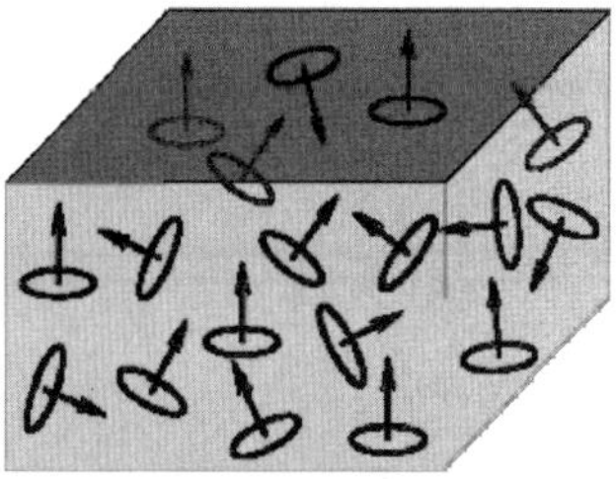

图 3-7　无外加磁场

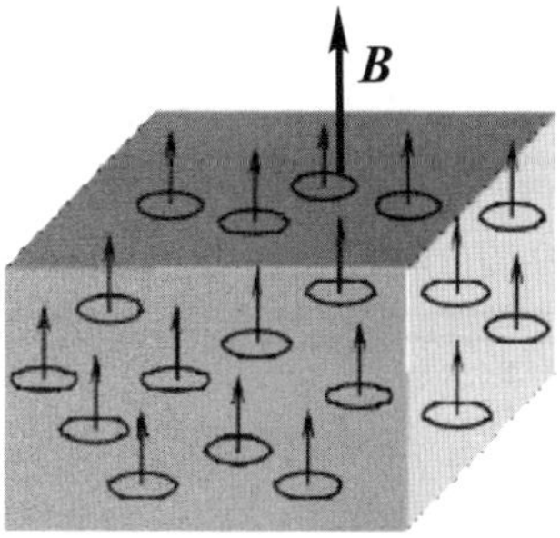

图 3-8　外加磁场

根据介质的磁化过程，介质的磁性能可分为抗磁性、顺磁性和铁磁性三种类型。这三类磁介质在外磁场的作用下产生感应磁矩，且介质内部的固有磁矩会沿外磁场方向取向。其中前两类物质的磁化现象较为微弱，而铁磁性物质则会产生强烈的磁化效应。

2. 磁化强度

为了衡量磁化程度，引入磁化强度矢量 $\boldsymbol{M}$，其定义为：磁化介质中单位体积内总的分子磁矩，即

$$\boldsymbol{M} = \lim_{\Delta V \to 0} \frac{\sum \boldsymbol{p}_m}{\Delta V} \tag{3-20}$$

式(3-20)中磁化强度的单位是安培每米(A/m)，$\boldsymbol{p}_m$ 是体积 ΔV 中的平均磁矩。用 N 表示分子密度，磁化强度也可表示为

$$\boldsymbol{M} = N\boldsymbol{p}_m \tag{3-21}$$

3. 磁化电流

介质发生磁化后，其内部和表面可能出现宏观电流分布，称为磁化电流。该磁化电流的电子仍然被束缚在原子或分子周围，所以磁化电流又被称为束缚电流。因此，磁介质(磁偶极子)的作用可以用等效的磁化电流来代替，即磁化电流产生的磁场等效于所有磁偶极子产生的磁场的总和。

等效的体磁化电流和面磁化电流分别为：

$$\boldsymbol{J}_m = \nabla \times \boldsymbol{M} \tag{3-22}$$

$$\boldsymbol{J}_{mS} = \boldsymbol{M} \times \boldsymbol{e}_n \tag{3-23}$$

其中，$\boldsymbol{e}_n$ 是介质表面的外法向单位矢量。

3.3.2 介质中的安培环路定律

磁介质被磁化后，传导电流和磁化电流都会产生磁场，故可将真空中的安培环路定律修正为如下形式：

$$\oint_C \boldsymbol{B} \cdot \mathrm{d}\boldsymbol{l} = \mu_0 (I + I_m) = \mu_0 I + \int_S \boldsymbol{J}_m \cdot \mathrm{d}\boldsymbol{S} \tag{3-24}$$

因为

$$\int_S \boldsymbol{J}_m \cdot \mathrm{d}\boldsymbol{S} = \int_S \nabla \times \boldsymbol{M} \cdot \mathrm{d}\boldsymbol{S} = \oint_C \boldsymbol{M} \cdot \mathrm{d}\boldsymbol{l}$$

所以，式(3-24)可改写为

$$\oint_C \left(\frac{\boldsymbol{B}}{\mu_0} - \boldsymbol{M}\right) \cdot \mathrm{d}\boldsymbol{l} = I \tag{3-25}$$

令

$$\boldsymbol{H} = \frac{\boldsymbol{B}}{\mu_0} - \boldsymbol{M} \tag{3-26}$$

式(3-26)中 $\boldsymbol{H}$ 称为磁场强度，单位为安培每米(A/m)。则式(3-25)变为

$$\oint_C \boldsymbol{H} \cdot \mathrm{d}\boldsymbol{l} = I \tag{3-27}$$

式(3-27)称为介质中的安培环路定律的积分形式。利用斯托克斯定律有

$$\oint_C \boldsymbol{H} \cdot \mathrm{d}\boldsymbol{l} = \int_S \nabla \times \boldsymbol{H} \cdot \mathrm{d}\boldsymbol{S} = I = \int_S \boldsymbol{J} \cdot \mathrm{d}\boldsymbol{S}$$

由于积分路径是任意的，所以有

$$\nabla \times \boldsymbol{H} = \boldsymbol{J} \tag{3-28}$$

式(3-28)称为介质中的安培环路定律的微分形式。

对于线性、各向同性的磁介质，其磁化强度 $\boldsymbol{M}$ 与磁场强度 $\boldsymbol{H}$ 成正比，即

$$\boldsymbol{M} = \chi_m \boldsymbol{H} \tag{3-29}$$

式(3-29)中 χ_m 为介质的磁化率，是一个无量纲常数。所以

$$\boldsymbol{B} = \mu_0(\boldsymbol{H} + \boldsymbol{M}) = \mu_0(1 + \chi_m)\boldsymbol{H} = \mu_0\mu_r\boldsymbol{H} = \mu\boldsymbol{H} \tag{3-30}$$

式(3-30)为线性、各向同性磁介质的本构关系，其中 μ_r 是磁介质的相对磁导率，μ 是磁介质的磁导率。

3.3.3 介质中恒定磁场的基本方程

综上所述，可将介质中恒定磁场的基本方程归纳如下：

积分形式

$$\oint_S \boldsymbol{B} \cdot \mathrm{d}\boldsymbol{S} = 0 \tag{3-31a}$$

$$\oint_C \boldsymbol{H} \cdot \mathrm{d}\boldsymbol{l} = I \tag{3-31b}$$

微分形式

$$\nabla \cdot \boldsymbol{B} = 0 \tag{3-32a}$$

$$\nabla \times \boldsymbol{H} = \boldsymbol{J} \tag{3-32b}$$

本构关系

$$\boldsymbol{B} = \mu \boldsymbol{H} \tag{3-33}$$

3.3.4 矢量磁位的泊松方程和拉普拉斯方程

利用式(3-32)、式(3-33)还可得到矢量磁位的微分方程。在均匀介质中，将 $\boldsymbol{B}=\nabla\times\boldsymbol{A}$ 代入 $\nabla\times\boldsymbol{B}=\mu\boldsymbol{J}$ 中，得

$$\nabla\times\nabla\times\boldsymbol{A} = \mu\boldsymbol{J}$$

利用矢量恒等式 $\nabla\times\nabla\times\boldsymbol{A}=\nabla(\nabla\cdot\boldsymbol{A})-\nabla^2\boldsymbol{A}$ 和库仑规范 $\nabla\cdot\boldsymbol{A}=0$，可得

$$\nabla^2\boldsymbol{A} = -\mu\boldsymbol{J} \tag{3-34}$$

式(3-34)称为矢量磁位 $\boldsymbol{A}$ 的泊松方程。

在无源区域($\boldsymbol{J}=0$)中，有

$$\nabla^2\boldsymbol{A} = 0 \tag{3-35}$$

式(3-35)称为矢量磁位 $\boldsymbol{A}$ 的拉普拉斯方程。

在直角坐标系中，式(3-34)可分解为三个标量泊松方程

$$\begin{cases}\nabla^2 A_x = -\mu J_x \\ \nabla^2 A_y = -\mu J_y \\ \nabla^2 A_z = -\mu J_z\end{cases} \tag{3-36}$$

这三个方程与静电场中电位 ϕ 的泊松方程形式相同，解法也相同。

3.3.5 标量磁位

若研究区域的自由电流为0，则该区域内磁场强度 $\boldsymbol{H}$ 的旋度等于零，即 $\nabla\times\boldsymbol{H}=0$。此时磁场强度 $\boldsymbol{H}$ 可以用一个标量函数的梯度来表示，令

$$\boldsymbol{H} = -\nabla\phi_m \tag{3-37}$$

式(3-37)中 ϕ_m 称为恒定磁场在 $\boldsymbol{J}=0$ 区域的标量磁位，单位是安培(A)。

在线性均匀各向同性的介质中，将 $\boldsymbol{H}=-\nabla\phi_m$ 代入 $\nabla\cdot\boldsymbol{B}=0$ 中，可得

$$\nabla^2\phi_m = 0 \tag{3-38}$$

式(3-38)称为标量磁位的拉普拉斯方程。求解标量磁位的拉普拉斯方程比求解矢量拉普拉斯方程要简单得多，需要注意的是它只适用于无源空间。

3.4　恒定磁场的边界条件

在不同媒质分界面上，媒质的参数会发生突变，电磁场矢量也会随之发生突变。恒定磁场的边界条件是指在不同媒质分界面两侧，**B** 和 **H** 满足的关系式。它可由恒定磁场基本方程的积分形式推导出。

3.4.1　法向边界条件

如图 3-9 所示，在分界面上任取一点 P，包含该点作一个闭合小圆柱，其上下底面与分界面平行，底面积 ΔS 非常小；侧面与分界面垂直，且侧高 Δh 趋于零。将磁通连续性原理$\left(\oint_S \boldsymbol{B}\cdot \mathrm{d}\boldsymbol{S}=0\right)$应用于闭合小圆柱，得

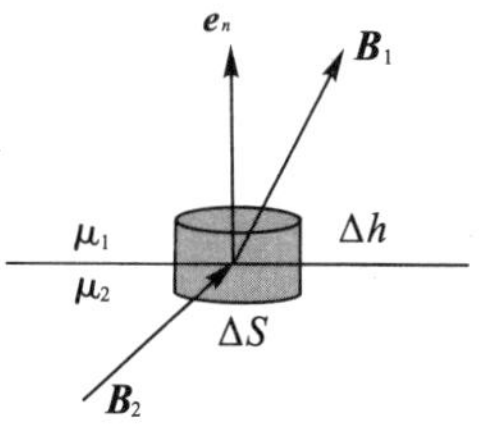

图 3-9　法向边界条件

$$B_{1n}\Delta S - B_{2n}\Delta S = 0$$

$$B_{1n} = B_{2n} \tag{3-39}$$

写成矢量形式为

$$\boldsymbol{e}_n \cdot \boldsymbol{B}_1 = \boldsymbol{e}_n \cdot \boldsymbol{B}_2 \tag{3-40}$$

式(3-40)表明磁感应强度的法向分量在介质分界面是连续的。法向边界条件也可用矢量磁位来表示

$$\boldsymbol{e}_n \cdot \nabla\times \boldsymbol{A}_1 = \boldsymbol{e}_n \cdot \nabla\times \boldsymbol{A}_2 \tag{3-41}$$

3.4.2　切向边界条件

如图 3-10 所示，在分界面上任取一点 P，包含该点做一个小矩形闭合回路。长边 Δl 与分界面平行且位于分界面两侧，短边 Δh 趋于零且与分界面垂直。将安培环路定律的积分形式$\left(\oint_C \boldsymbol{H}\cdot \mathrm{d}\boldsymbol{l}=I\right)$应用于小矩形闭合回路，得

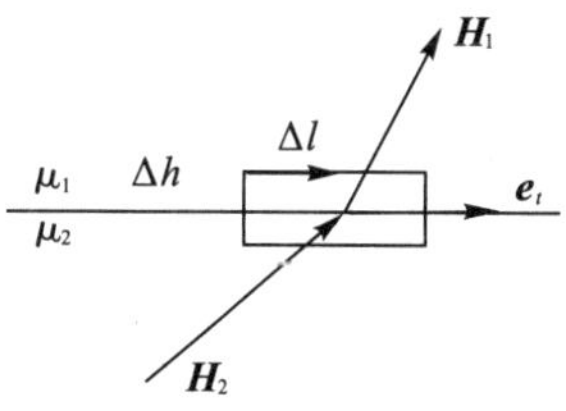

图 3-10　切向边界条件

$$H_{1t}\Delta l - H_{2t}\Delta l = J_S \Delta l$$

$$H_{1t} - H_{2t} = J_S \tag{3-42}$$

写成矢量形式为

$$\boldsymbol{e}_n \times (\boldsymbol{H}_1 - \boldsymbol{H}_2) = \boldsymbol{J}_S \tag{3-43}$$

式(3-43)中,$\boldsymbol{J}_S$ 是分界面上自由电流的面密度,且假设其方向为垂直进入纸面方向。

当介质分界面上不存在自由电流,即$\boldsymbol{J}_S=0$ 时,有

$$H_{1t} = H_{2t} \tag{3-44}$$

或

$$\boldsymbol{e}_n \times \boldsymbol{H}_1 = \boldsymbol{e}_n \times \boldsymbol{H}_2 \tag{3-45}$$

磁场强度的切向分量在分界面上是连续的。上式亦可用矢量磁位来表示

$$\boldsymbol{e}_n \times \left(\frac{1}{\mu_1} \nabla \times \boldsymbol{A}_1\right) = \boldsymbol{e}_n \times \left(\frac{1}{\mu_2} \nabla \times \boldsymbol{A}_2\right) \tag{3-46}$$

设分界面两侧的磁场线与法线 $\boldsymbol{e}_n$ 的夹角为 θ_1 和 θ_2,由式(3-39)和式(3-44)可得

$$\frac{\tan\theta_2}{\tan\theta_1} = \frac{H_{2t}/H_{2n}}{H_{1t}/H_{1n}} = \frac{H_{1n}}{H_{2n}} = \frac{\mu_2}{\mu_1} \tag{3-47}$$

3.4.3 理想导磁体的边界条件

在电磁场工程实际问题中,经常用到磁导率很高的铁磁性介质(铁磁材料的相对磁导率的最大值约为 10^5 数量级)。为了简化电磁场问题的分析计算,可将其磁导率视为无限大,可将无限大磁导率的介质称为理想导磁体。

由 $\boldsymbol{B}=\mu\boldsymbol{H}$ 可知,当磁导率无限大时,若存在磁场强度,将需要无限大的磁感应强度。产生无限大的磁感应强度需要无限大的电流,因而需要无限大的能量,显然这是不可能的。所以理想导磁体中不可能存在磁场强度。

若媒质 1 为介质,媒质 2 为理想导磁体,式(3-39)依然成立,即

$$B_{1n} = B_{2n} \tag{3-48}$$

因理想导磁体中不可能存在磁场强度,即 $H_2=0$,由式(3-44)可知

$$H_{1t} = H_{2t} = 0 \tag{3-49}$$

可见,在理想导磁体表面上不可能存在磁场强度的切向分量,即磁场强度必须垂直于理想导磁体表面。

3.5　电感

3.5.1　电感

在恒定磁场中，磁链与产生磁链的电流之比值称为电感。其中，磁链是指与某电流回路相交链的总磁通，用 Ψ 表示。电感分为自感和互感两种。

1. 自感

当磁场是由回路本身的电流所产生时，穿过回路的磁链与回路电流之比值，称为自感系数或自感，单位为亨利(H)。即

$$L=\frac{\Psi}{I} \tag{3-50}$$

2. 互感

两个彼此靠近的回路 C_1 和回路 C_2，若回路 C_1 的电流 I_1 产生的磁场穿过回路 C_2 的磁链为 Ψ_{12}，则比值

$$M_{12}=\frac{\Psi_{12}}{I_1} \tag{3-51}$$

称为互感系数或互感。同理得

$$M_{21}=\frac{\Psi_{21}}{I_2} \tag{3-52}$$

自感和互感与回路的电流、场强和磁链无关，仅取决于回路的形状、尺寸、匝数和周围介质的磁导率，其中互感还与两个回路的相对位置有关。

3.5.2　电感的计算

如图 3-11 所示，设有两个单匝细导线回路 C_1 和 C_2，回路 C_1 中通有电流 I_1，则它在回路 C_2 中产生的磁通为 Φ_{12}，即

$$\Phi_{12}=\oint_{C_2}\boldsymbol{A}_{12}\cdot \mathrm{d}\boldsymbol{l}_2=\frac{\mu}{4\pi}\oint_{C_2}\oint_{C_1}\frac{I_1\mathrm{d}\boldsymbol{l}_1\cdot \mathrm{d}\boldsymbol{l}_2}{R}$$

所以，互感 M_{12} 为

$$M_{12}=\frac{\Phi_{12}}{I_1}=\frac{\mu}{4\pi}\oint_{C_2}\oint_{C_1}\frac{\mathrm{d}\boldsymbol{l}_1\cdot\mathrm{d}\boldsymbol{l}_2}{R} \tag{3-53}$$

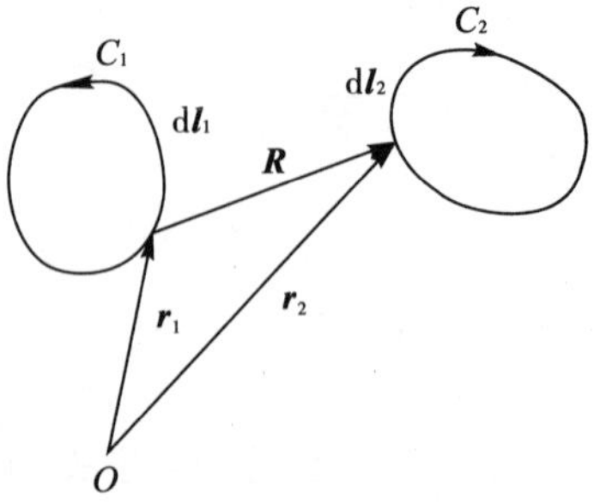

图 3-11 诺依曼公式的推导

式(3-53)称为诺依曼公式。

同理，回路 C_2 对回路 C_1 的互感 M_{21} 为

$$M_{21}=\frac{\Phi_{21}}{I_2}=\frac{\mu}{4\pi}\oint_{C_1}\oint_{C_2}\frac{\mathrm{d}\boldsymbol{l}_2\cdot\mathrm{d}\boldsymbol{l}_1}{R} \tag{3-54}$$

比较式(3-53)和式(3-54)，显然有

$$M_{12}=M_{21} \tag{3-55}$$

若回路有 N 匝线圈，且每匝线圈的磁通近似相等，可得

$$\Psi=N\Phi \tag{3-56}$$

若上面所设回路分别由 N_1、N_2 匝细导线构成，则相应的互感为

$$M_{12}=M_{21}=\frac{\mu N_1 N_2}{4\pi}\oint_{C_2}\oint_{C_1}\frac{\mathrm{d}\boldsymbol{l}_1\cdot\mathrm{d}\boldsymbol{l}_2}{R} \tag{3-57}$$

如果载流导线横截面积无限小，在紧挨着导线的地方，由式(3-4)可知 $R\to 0$，$\boldsymbol{B}\to\infty$，穿过回路的磁通量和自感也趋于无穷大，显然不符合实际。所以计算自感时，必须考虑导线的横截面积为有限值，同时把自感分为内自感和外自感。其中穿过导线内部的磁链 Ψ_i 与电流的比值称为内自感 L_i；穿过导线外部的磁链 Ψ_e 与电流的比值称为外自感 L_e。

计算内磁链时，当电流回路的半径远大于导线的横截面半径时，导线内的磁场近似为无限长直导体圆柱内电流产生的磁场。计算外磁链时，为了避免外磁链为无穷大，可假设电流集中在导线的几何轴线 C_1 上，导线的内边界 C_2 可看作是计算磁通回路的边界，则外磁链就等于 C_1 上的电流产生的 $\boldsymbol{A}$ 沿 C_2 的积分，如图 3-12 所示。

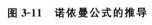

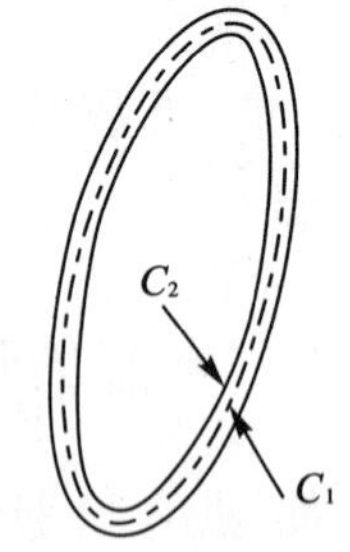

图 3-12 自感的计算

【例 3-4】 求单位长度同轴线的自感。同轴线的内、外导体半径分别为 a 和 b，其中外导体的厚度可忽略。

解：设同轴线内、外导体的电流分别为 I、$-I$。

当 $a \leqslant r \leqslant b$ 时，$\boldsymbol{B}_1 = \dfrac{\mu_0 I}{2\pi r}\boldsymbol{e}_\varphi$，

外磁链为 $\Psi_e = \Phi_e = \int_S \boldsymbol{B}_1 \cdot \mathrm{d}\boldsymbol{S} = \dfrac{\mu_0 I}{2\pi}\int_0^1\int_a^b \dfrac{1}{r}\mathrm{d}r\mathrm{d}z = \dfrac{\mu_0 I}{2\pi}\ln\dfrac{b}{a}$，

所以外自感为 $L_e = \dfrac{\Psi_e}{I} = \dfrac{\mu_0}{2\pi}\ln\dfrac{b}{a}$ (H/m)，

当 $r \leqslant a$ 时，$\oint_C \boldsymbol{B}_2 \cdot \mathrm{d}\boldsymbol{l} = \mu\dfrac{r^2}{a^2}I$，$\boldsymbol{B}_2 = \dfrac{\mu I r}{2\pi a^2}\boldsymbol{e}_\varphi$，

内磁链为 $\Psi_i = \int_S N\boldsymbol{B}_2 \cdot \mathrm{d}\boldsymbol{S} = \int_0^1\int_0^a \dfrac{r^2}{a^2}\dfrac{\mu I r}{2\pi a^2}\mathrm{d}r\mathrm{d}z = \dfrac{\mu I}{8\pi}$，

其中，$N = \dfrac{r^2}{a^2}$ 为分数匝数。

所以内自感为 $L_i = \dfrac{\Psi_i}{I} = \dfrac{\mu}{8\pi}$(H/m)。

总自感为 $L_0 = \dfrac{\mu_0}{2\pi}\ln\dfrac{b}{a} + \dfrac{\mu}{8\pi}$(H/m)。

3.6　磁场能量与磁场力

3.6.1　磁场能量

电流回路系统的磁场能量是在建立电流过程中，由外电源提供的。这个能量是势能，它只与系统的最终状态有关，与系统的建立过程无关。当电流从零开始增加时，回路中的感应电动势将阻止电流增加，因此必须外加电压以克服回路中的感应电动势，则外电源所做的功将转化为系统的磁场能量。这时回路上的外加电压和回路中的感应电动势是等值异号的。根据法拉第电磁感应定律知，回路中的感应电动势等于回路磁链的时间变化率，回路 j 中的感应电动势为

$$\mathscr{E}_j = -\frac{\mathrm{d}\Psi_j}{\mathrm{d}t}$$

而外加电压为

$$u_j = -\mathscr{E}_j = \frac{\mathrm{d}\Psi_j}{\mathrm{d}t}$$

在 dt 时间内，与回路 j 相连的电源所做的功为

$$\mathrm{d}W_j = u_j \mathrm{d}q_j = \frac{\mathrm{d}\Psi_j}{\mathrm{d}t} i_j \mathrm{d}t = i_j \mathrm{d}\Psi_j$$

如果系统包括 N 个回路，增加的磁能为

$$\mathrm{d}W_m = \sum_{j=1}^{N} i_j \mathrm{d}\Psi_j \tag{3-58}$$

回路 j 的磁链为

$$\Psi_j = \sum_{k=1}^{N} M_{kj} i_k \tag{3-59}$$

其中，当 $j \neq k$ 时，M_{kj} 是互感系数；当 $j=k$ 时，$M_{jj}=L_j$ 是自感系数。将式(3-59)代入式(3-58)得

$$\mathrm{d}W_m = \sum_{j=1}^{N}\sum_{k=1}^{N} i_j M_{kj} \mathrm{d}i_k \tag{3-60}$$

假设各回路中的电流从零开始以相同的比例 $\alpha(0 \leqslant \alpha \leqslant 1)$ 同时增加，直至终值，即 $i_j=\alpha I_j$，$\mathrm{d}i_k=\mathrm{d}(\alpha I_k)=I_k \mathrm{d}\alpha$，所以

$$\mathrm{d}W_m = \sum_{j=1}^{N}\sum_{k=1}^{N} M_{kj} I_j I_k \alpha \mathrm{d}\alpha$$

整个充电过程外电源提供的总能量就是系统的总磁能

$$W_m = \sum_{j=1}^{N}\sum_{k=1}^{N} M_{kj} I_j I_k \int_0^1 \alpha \mathrm{d}\alpha = \frac{1}{2}\sum_{j=1}^{N}\sum_{k=1}^{N} M_{kj} I_j I_k \tag{3-61}$$

或

$$W_m = \frac{1}{2}\sum_{j=1}^{N} \Psi_j I_j \tag{3-62}$$

其中，当 $i=j$ 时，为自感能；当 $i \neq j$ 时，为互感能。

类似于静电能，磁场能量也可以用磁场强度来表示，由式(3-62)得

$$W_m = \frac{1}{2}\sum_{j=1}^{N} \Psi_j I_j = \frac{1}{2}\sum_{j=1}^{N} I_j \oint_{C_j} \boldsymbol{A}_j \cdot \mathrm{d}\boldsymbol{l}_j \tag{3-63}$$

式(3-63)中 $\boldsymbol{A}$ 是 N 个电流回路在 $\mathrm{d}l_j$ 上产生的合成矢量磁位，上面的结果适用于线电流回路。对于体电流而言，可将线电流元 $I_j \mathrm{d}\boldsymbol{l}_j$ 用体电流元 $\boldsymbol{J}\mathrm{d}V'$ 代替，即

$$W_m = \frac{1}{2}\int_V \boldsymbol{A} \cdot \boldsymbol{J} \mathrm{d}V' \tag{3-64}$$

把积分区域扩大到整个空间并不影响积分结果，所以有

$$\begin{aligned} W_m &= \frac{1}{2}\int_V \boldsymbol{A}\cdot\boldsymbol{J}\mathrm{d}V \\ &= \frac{1}{2}\int_V \boldsymbol{A}\cdot(\nabla\times\boldsymbol{H})\mathrm{d}V \\ &= \frac{1}{2}\int_V [\boldsymbol{H}\cdot(\nabla\times\boldsymbol{A})+\nabla\cdot(\boldsymbol{H}\times\boldsymbol{A})]\mathrm{d}V \\ &= \frac{1}{2}\int_V \boldsymbol{H}\cdot\boldsymbol{B}\mathrm{d}V+\frac{1}{2}\oint_S \boldsymbol{H}\times\boldsymbol{A}\cdot\mathrm{d}\boldsymbol{S} \end{aligned}$$

当 $V\to\infty$ 时，$R\to\infty$，$|\boldsymbol{H}\times\boldsymbol{A}|\to\frac{1}{R^3}$，$S\to R^2$，故上式右边第二项积分为零，所以

$$W_m = \frac{1}{2}\int_V \boldsymbol{H}\cdot\boldsymbol{B}\mathrm{d}V \tag{3-65}$$

其中，被积函数 $w_m=\frac{1}{2}\boldsymbol{H}\cdot\boldsymbol{B}$ 称为磁场能量密度。

对于线性各向同性的均匀介质

$$w_m = \frac{1}{2}\mu H^2 \tag{3-66}$$

$$W_m = \frac{1}{2}\int_V \mu H^2\mathrm{d}V \tag{3-67}$$

由此可见，磁场能量也是分布于整个磁场空间，而非仅存于电流所限的导电空间。

【例 3-5】 求例 3-4 中同轴线的自感。

解： 由于 $W_m=\frac{1}{2}\Psi I=\frac{1}{2}LI^2$，则 $L=\frac{2W_m}{I^2}$，显然只要求出同轴线的总磁场能量即可。

$$\begin{aligned} W_m &= \frac{1}{2}\int_V \mu H^2\mathrm{d}V = \frac{1}{2\mu_0}\int_{V_1} B_1^2\mathrm{d}V_1+\frac{1}{2\mu}\int_{V_2} B_2^2\mathrm{d}V_2 \\ &= \frac{1}{2\mu_0}\int_a^b\left(\frac{\mu_0 I}{2\pi r}\right)^2 2\pi r\mathrm{d}r+\frac{1}{2\mu}\int_0^a\left(\frac{\mu I r}{2\pi a^2}\right)^2 2\pi r\mathrm{d}r \\ &= \frac{\mu_0 I^2}{4\pi}\ln\frac{b}{a}+\frac{\mu I^2}{16\pi} \end{aligned}$$

所以总自感为 $L_0=\frac{2W_m}{I^2}=\frac{\mu_0}{2\pi}\ln\frac{b}{a}+\frac{\mu}{8\pi}$(H/m)

3.6.2 磁场力

已知回路电流分布,可利用安培定律计算回路之间的磁场力。但是如果回路形状复杂,会导致计算复杂,甚至无法获得解析表达式。为了解决这一问题,可类似求解静电力一样,用虚位移法求解磁场力。

在电流回路系统中,假设某个电流回路在磁场力的作用下发生了一个小的虚位移,此时磁场力要做功,磁场能量会产生变化。根据能量守恒原理:磁场力所做的功+磁场储能的增量=外电源所提供的能量,即

$$\boldsymbol{F}\cdot \mathrm{d}\boldsymbol{r}+\mathrm{d}W_m=\mathrm{d}W \tag{3-68}$$

在计算磁场力时可根据电流回路与电源连接情况分开讨论。

1. 电流回路与电源断开

此时电源不做功,各回路的感应电动势为零,磁链不变化。磁场力做功所消耗的能量必来源于磁场的储能,即

$$\boldsymbol{F}\cdot \mathrm{d}\boldsymbol{r}+\mathrm{d}W_m=0 \tag{3-69}$$

所以

$$F=-\left.\frac{\partial W_m}{\partial r}\right|_{\Psi=\mathrm{const}} \tag{3-70}$$

2. 电流回路与电源相连

此时电源做功,各回路的电流不变,而磁链发生变化。电源除了提供磁场力做功所消耗的能量,还使得磁场储能增加。电源做的功

$$\mathrm{d}W=\sum_{i=1}^{N}I_i\mathrm{d}\Psi_i$$

磁场储能的增加量为

$$\mathrm{d}W_m=\frac{1}{2}\sum_{i=1}^{N}I_i\mathrm{d}\Psi_i$$

可见外电源所提供的能量一半使得磁场储能增加,另一半提供给磁场力做功,亦即

$$\boldsymbol{F}\cdot \mathrm{d}\boldsymbol{r}=\mathrm{d}W_m \tag{3-71}$$

所以

$$F=\left.\frac{\partial W_m}{\partial r}\right|_{I=\mathrm{const}} \tag{3-72}$$

◇◆◇ 本章小结 ◇◆◇

1. 从安培力的实验定律出发，得到真空中线电流回路产生的磁感应强度为

$$\boldsymbol{B}(\boldsymbol{r})=\frac{\mu_0}{4\pi}\oint_C\frac{I\mathrm{d}\boldsymbol{l}'\times\boldsymbol{e}_R}{R^2}$$

体电流和面电流产生的磁感应强度为

$$\boldsymbol{B}(\boldsymbol{r})=\frac{\mu_0}{4\pi}\int_V\frac{\boldsymbol{J}(\boldsymbol{r}')\times\boldsymbol{e}_R}{R^2}\mathrm{d}V'$$

$$\boldsymbol{B}(\boldsymbol{r})=\frac{\mu_0}{4\pi}\int_S\frac{\boldsymbol{J}_S(\boldsymbol{r}')\times\boldsymbol{e}_R}{R^2}\mathrm{d}S'$$

2. 磁介质磁化后对磁场的作用可用等效的磁化电流来代替。磁介质的磁化程度用磁化强度表示

$$\boldsymbol{M}=\lim_{\Delta V\to 0}\frac{\sum\boldsymbol{p}_m}{\Delta V}$$

磁化电流与磁化强度的关系为

$$\boldsymbol{J}_m=\nabla\times\boldsymbol{M},\ \boldsymbol{J}_{mS}=\boldsymbol{M}\times\boldsymbol{e}_n$$

3. 恒定磁场的基本方程为

积分形式 $\begin{cases}\oint_S\boldsymbol{B}\cdot\mathrm{d}\boldsymbol{S}=0\\ \oint_C\boldsymbol{H}\cdot\mathrm{d}\boldsymbol{l}=I\end{cases}$

微分形式 $\begin{cases}\nabla\cdot\boldsymbol{B}=0\\ \nabla\times\boldsymbol{H}=\boldsymbol{J}\end{cases}$

本构关系 $\boldsymbol{B}=\mu\boldsymbol{H}$

4. 根据磁场的无散性，即$\nabla\cdot\boldsymbol{B}=0$，引入矢量磁位 $\boldsymbol{A}$，定义 $\boldsymbol{B}=\nabla\times\boldsymbol{A}$。并规定$\nabla\cdot\boldsymbol{A}=0$(库仑规范)。

$\boldsymbol{A}$ 满足的微分方程为 $\nabla^2\boldsymbol{A}=-\mu\boldsymbol{J}$

$\boldsymbol{A}$ 的特解为：

体电流 $\boldsymbol{A}(\boldsymbol{r})=\frac{\mu}{4\pi}\int_V\frac{\boldsymbol{J}(\boldsymbol{r}')}{R}\mathrm{d}V'$

面电流　　$\boldsymbol{A}(\boldsymbol{r}) = \dfrac{\mu}{4\pi}\int_S \dfrac{\boldsymbol{J}_S(\boldsymbol{r}')}{R}\mathrm{d}S'$

线电流　　$\boldsymbol{A}(\boldsymbol{r}) = \dfrac{\mu I}{4\pi}\int_l \dfrac{\mathrm{d}\boldsymbol{l}'}{R}$

对于复杂的恒定磁场问题，通过 $\boldsymbol{A}$ 求 $\boldsymbol{B}$ 往往比直接计算 $\boldsymbol{B}$ 简单。

5. 在 $\boldsymbol{J}=0$ 区域，$\nabla\times\boldsymbol{H}=0$，可定义 $\boldsymbol{H}=-\nabla\phi_m$，$\phi_m$ 称为标量磁位。ϕ_m 满足的微分方程为：$\nabla^2\phi_m=0$

6. 恒定磁场的边界条件

法向边界条件　　$\boldsymbol{e}_n\cdot\boldsymbol{B}_1=\boldsymbol{e}_n\cdot\boldsymbol{B}_2$

切向边界条件　　$\boldsymbol{e}_n\times(\boldsymbol{H}_1-\boldsymbol{H}_2)=\boldsymbol{J}_S$

理想导磁体表面的边界条件分别为　$B_{1n}=B_{2n}, H_{1t}=H_{2t}=0$

7. 磁链与产生磁链的电流之比值称为电感。

自感　　$L=\dfrac{\Psi}{I}$

互感　　$M_{12}=\dfrac{\Psi_{12}}{I_1}$

8. 磁场能量

电流回路系统的总磁场能量　　$W_m = \dfrac{1}{2}\sum_{i=1}^{N}\Psi_i I_i$

用场量表示的磁场能量　　$W_m = \dfrac{1}{2}\int_V \boldsymbol{H}\cdot\boldsymbol{B}\mathrm{d}V$

磁场能量密度　　$w_m=\dfrac{1}{2}\boldsymbol{H}\cdot\boldsymbol{B}$

◇◆◇ 习 题 ◇◆◇

3-1 分别求如图所示各种形状的线电流 I 在 P 点产生的磁感应强度。

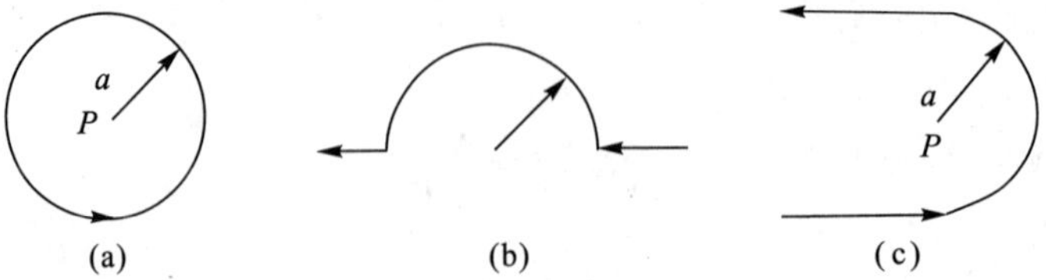

习题 3-1 图

3-2 已知边长为 a 的等边三角形回路电流为 I，周围介质为真空。试求回路中心点的磁感应强度 $\boldsymbol{B}$。

3-3 已知无限长导体圆柱半径为 a，通过的电流为 I，且电流均匀分布，试求柱内、外的磁感应强度 $\boldsymbol{B}$。

3-4 半径为10^{-2} m 的圆柱形导体，其内部磁场为

$$\boldsymbol{H} = 4.77 \times 10^4 [r/2 - r^2/(3 \times 10^{-2})] \boldsymbol{e}_\varphi (\mathrm{A/m})$$

求导体中的总电流。

3-5 已知某电流在空间产生的矢量磁位 $\boldsymbol{A} = x^2 y \boldsymbol{e}_x + xy^2 \boldsymbol{e}_y - 4xy \boldsymbol{e}_z$。求磁感应强度 $\boldsymbol{B}$。

3-6 真空中一半径为 a 的球体，被永久磁化为 $\boldsymbol{M} = M_0 \boldsymbol{e}_z$。求其磁化电流密度。

3-7 一对无限长平行导线，相距 $2a$，线上载有大小相等、方向相反的电流 I，求矢量磁位 $\boldsymbol{A}$。

3-8 两无限长直导线，放置于 $x=1, y=0$ 和 $x=-1, y=0$ 处，与 z 轴平行，通过电流 I，方向相反。求此两线电流在 xOy 平面上任意点的 $\boldsymbol{B}$。

3-9 铁质的无限长圆管中通过电流 I，管道内外半径各为 a 和 b。已知铁的磁导率为 μ，求管壁中和管内外空气中的 $\boldsymbol{B}$，并计算铁中的 $\boldsymbol{M}$ 和 $\boldsymbol{J}_m$、$\boldsymbol{J}_{ms}$。

3-10 设 $x<0$ 的空间充满磁导率为 μ 的均匀磁介质，$x>0$ 的空间为真空，现有一无限长直电流 I 沿 z 轴流动，且处于两种媒质的分界面上。求两种媒质中的磁感应强度和磁化电流。

3-11 求双线传输线单位长度的自感。已知导电半径为 a，导线间距为 $D(a \ll D)$。

3-12 计算直导线与圆环之间的互感。无限长直导线与半径为 a 的圆环导线平行放置，电流的流动方向如图所示。

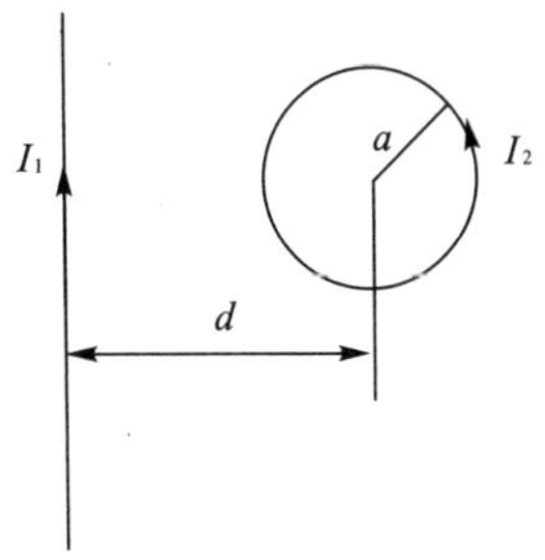

习题 3-12 图

3-13 两个互相平行且共轴的圆线圈，其中一个圆的半径为 a（a 远小于两圆间距 d），另一圆的半径 b 不受此限制，两圆都只有一匝，求互感。

3-14 一个电流为 I_1 的长直导线与一个电流为 I_2 的圆环在同一平面上，圆心与导线的距离为 d。证明：两回路间作用力的大小为 $\mu_0 I_1 I_2(\sec\alpha-1)$。其中 α 是圆环在直线最接近圆环的点所张的角的半角。

3-15 计算无限长的载流导线与矩形电流环之间的作用力。电流环的尺寸及位置如图所示。

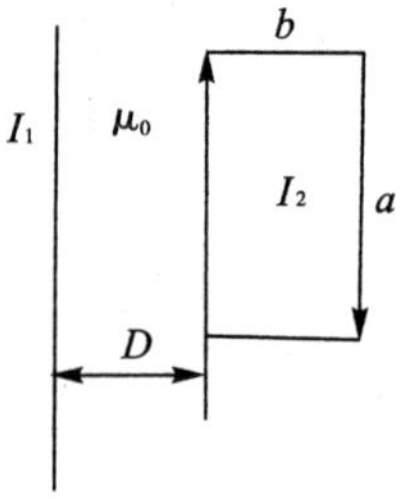

习题 3-15 图

本章习题答案

第4章 静态场边值问题的解法

静态场包括静电场、恒定电场与恒定磁场。在第 2 章中采用矢量积分公式、电位函数和高斯定理来求解静电场。在较复杂的场源或媒质分布下，求解静态场的基本问题都可以归结为在给定边界条件下求解拉普拉斯方程或泊松方程。静态场边值问题的求解可分为解析法和数值法。解析法给出的结果是场量的解析表达式，本章只介绍镜像法和分离变量法。数值法则是通过数值计算，给出场量的一组离散数据。由于电子计算机的发展和广泛应用，数值方法获得了较大的发展，如矩量法（MoM）、有限元法（FEM）、有限差分法（FDTD）等。本章只介绍有限差分法。

4.1 边值问题的类型

对于静态场问题，一般可以分为两大类：分布型问题和边值型问题。

1. 分布型问题

分布型问题是指已知电荷（ρ）、电流（$\boldsymbol{J}$）分布，求解电磁场，又可以分为正向问题和反向问题。正向问题是指已知 ρ、$\boldsymbol{J}$ 分布，求解电场 $\boldsymbol{E}$、$\boldsymbol{D}$ 或磁场 $\boldsymbol{H}$、$\boldsymbol{B}$。可以通过前面学过的方法，利用标量和矢量积分直接求解。例如求解带电体的电场强度。反向问题是指已知电场 $\boldsymbol{E}$（或电位 ϕ）、磁场 $\boldsymbol{H}$ 分布，反推场源 ρ、$\boldsymbol{J}$，通常可以利用场的基本方程和边界条件来求解。例如，利用电位函数满足的泊松方程，求解电荷密度。

2. 边值型问题

边值型问题是指已知给定区域的边界条件,求解该区域中的电磁场或位函数。归结为求解满足一定边界条件下的泊松方程或拉普拉斯方程。

下面以电位函数ϕ的泊松方程为例,来说明边值型问题的分类方法。设场域为 Ω,场域的边界为 S,边界 S 又任意划分为 S_1 和 S_2 两部分。

第一类边值问题:已知全部边界 S 上任一点的电位ϕ。第一类边值问题又被称为狄里赫利(Dirichlet)问题。

第二类边值问题:已知全部边界 S 上任一点的电位ϕ的法向导数$\frac{\partial\phi}{\partial n}$。第二类边值问题又被称为诺埃曼(Neumann)问题。

第三类边值问题:已知部分边界 S_1 上任一点的电位ϕ和另一部分边界 S_2 上任一点的电位的法向导数$\frac{\partial\phi}{\partial n}$。第三类边值问题又称为混合边值(Robbin)问题。

4.2 唯一性定理

不同方法得到的电磁场量是否唯一?矢量场分析中的唯一性定理回答了这个问题。在静电场中,在给定边界条件的泊松方程或拉普拉斯方程的解是唯一的,这称为静电场的唯一性定理。即对任意的静电场,当已知空间各点的电荷分布和整个边界上的边界条件时,空间各部分的场就被唯一地确定了。下面证明在每种边界条件下,拉普拉斯方程的解都是唯一的。

令格林第一恒等式(1-129)中的 $u=v=\phi$,ϕ为电位函数,则

$$\int_V(\phi\nabla^2\phi+\nabla\phi\cdot\nabla\phi)\mathrm{d}V=\oint_S\phi\frac{\partial\phi}{\partial n}\mathrm{d}S$$

如果电位函数满足拉普拉斯方程$\nabla^2\phi=0$,上式可写成

$$\int_V|\nabla\phi|^2\mathrm{d}V=\oint_S\phi\frac{\partial\phi}{\partial n}\mathrm{d}S$$

假设存在满足边界条件的两个不同解ϕ_1和ϕ_2，令

$$\phi_1 - \phi_2 = U$$

因为拉普拉斯方程是线性方程，两个解的差 U 也满足拉普拉斯方程$\nabla^2 U=0$，则

$$\int_V |\nabla U|^2 \mathrm{d}V = \oint_S U \frac{\partial U}{\partial n} \mathrm{d}S$$

对于第一类边值问题，边界面 S 上 $U \equiv 0$；对于第二类边值问题，边界面 S 上$\frac{\partial U}{\partial n} \equiv 0$。故上式可简化为

$$\int_V |\nabla U|^2 \mathrm{d}V = 0$$

上式 U 的梯度等于 0 意味着在场域 V 内 U 为常数。

对于第一类边值型问题，边界面 S 上 $U \equiv 0$，且电位不可跃变，故在场域 V 内 $U=0$，从而得$\phi_1=\phi_2$。这就证明了第一类边值问题电位ϕ的解是唯一的。

对于第二类边值型问题，场域 V 内的 U 未必是 0，可以是任一常数，但对于电场强度 $\boldsymbol{E}$ 和电位移矢量 $\boldsymbol{D}$ 来说，解仍然是唯一的，因为常数的梯度恒等于 0。

同样，对于第三类边值型问题，也可以证明场解是唯一的。

静态场第一、二、三类边值问题的解是唯一的。这就是静态场的唯一性定理。

唯一性定理是关于边值问题的一个重要定理。它不仅告诉我们在给定的边界条件下，泊松方程或拉普拉斯方程的解是唯一的。而且它的重要意义在于：即使是猜到一个电位函数，只要它满足泊松方程或拉普拉斯方程，又满足给定的边界条件，则这个电位函数就是所求问题的唯一解。

4.3 镜像法

有一类问题,如果直接求解拉普拉斯方程的话,非常困难;但是这类问题的边界条件可以用适当的镜像(等效)电荷建立起来,从而直接求出其电位函数。这种采用镜像电荷代替原来边界条件来求解拉普拉斯方程的方法称为镜像法(mirror method)。

镜像法的基本思想:在所求电场区域的外部空间的某个适当位置上,设有一个或多个假想的镜像电荷存在,这些假想电荷的引入不会改变所求电场区域的场方程,而且镜像电荷在所求区域产生的电场与导体面(或介质面)上的感应电荷(或极化电荷)所产生的电场等效。用镜像电荷代替导体面(或介质面)上的感应电荷(或极化电荷)后,首先,所求电场区域内的场方程不变,其次,给定的边界条件仍满足,由静电场的唯一性定理可知,用镜像电荷代替后所解得的电场必是唯一正确的解。

镜像法的实质:将静电场的边值问题转化为无界空间中计算电荷分布的电场问题。

在区域外的假想电荷(或电流)称为镜像电荷(或电流),大多是一些点电荷或线电荷(二维平面场情况),镜像法往往比分离变量法简单,容易写出所求问题的解,但它只能用于一些特殊的边界情况。

应用镜像法求解问题的关键在于如何确定镜像电荷。根据唯一性定理,镜像电荷的确定应遵循以下两条原则:

(1)所有的镜像电荷必须位于所求场域以外的空间中。

(2)镜像电荷的个数、位置及电荷量的大小由满足场域边界上的边界条件来确定。

本节对典型的导体平面、球面和柱面镜像问题进行讨论。

4.3.1 静电场中的镜像法

1. 平面边界的镜像

【例 4-1】 设在无限大导体平面($z=0$)附近有一点电荷 q,与平面距离为 $z=h$,导体平面是等位面,假设其电位为零,如图 4-1 所示。求上半空间中的电场。

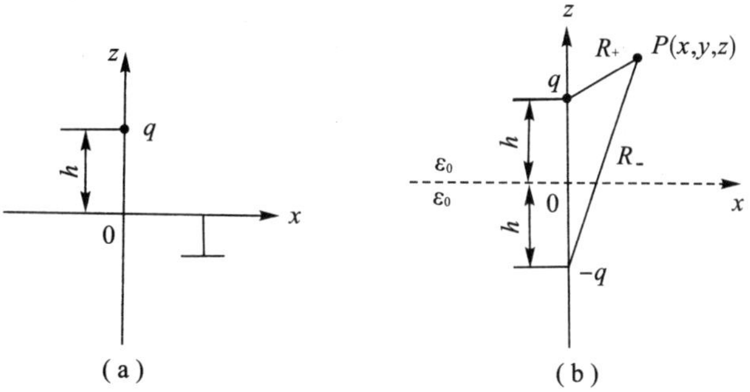

图 4-1　点电荷对无限大接地导体平面的镜像法

解: 在 $z>0$ 的上半空间内,总电场是由原电荷 q 和导体平面上的感应电荷共同产生的。除点电荷 q 所在点 $(0,0,h)$ 外,电位 ϕ 满足拉普拉斯方程 $\nabla^2\phi=0$;又由于导体接地,所以在 $z=0$ 处,$\phi=0$。假设导体平面不存在,在 $z<0$ 的下半空间与点电荷 q 关于 $z=0$ 平面对称的地方放置一个点电荷 $(-q)$,则 $z=0$ 平面仍为零电位面。另外,在 $z>0$ 的上半空间内,图 4-1(a)和图 4-1(b)具有相同的电荷分布。根据唯一性定理,图 4-1(a)中上半空间的电位分布与图 4-1(b)的上半空间电位分布相同。这样,便可用 q 和其镜像电荷 $-q$ 构成的系统来代替原来的边值问题。上半空间内任意点 $P(x,y,z)$ 的电位为

$$\begin{aligned}\phi&=\frac{q}{4\pi\varepsilon_0}\left(\frac{1}{R_+}-\frac{1}{R_-}\right)\\&=\frac{q}{4\pi\varepsilon_0}\left\{\frac{1}{\sqrt{x^2+y^2+(z-h)^2}}-\frac{1}{\sqrt{x^2+y^2+(z+h)^2}}\right\}(z\geqslant 0)\end{aligned}\tag{4-1}$$

由式(4-1)可求出导体平面上的感应电荷密度为

$$\rho_S=-\varepsilon_0\left.\frac{\partial\phi}{\partial z}\right|_{z=0}=-\frac{qh}{2\pi\sqrt{(x^2+y^2+z^2)^3}}\tag{4-2}$$

导体平面上总的感应电荷为

$$q_{in}=\int\rho_S\mathrm{d}S=-\frac{qh}{2\pi}\int_0^{\infty}\int_0^{2\pi}\frac{r\mathrm{d}r\mathrm{d}\varphi}{\sqrt{(h^2+r^2)^3}}=\left.\frac{qh}{\sqrt{h^2+r^2}}\right|_0^{\infty}=-q\tag{4-3}$$

可见导体平面上总的感应电荷恰好等于镜像电荷。

点电荷与导体平面之间的相互作用力,也可以用镜像法中点电荷和它的镜像电荷之间的作用力得到。

【例 4-2】 如图 4-2 所示，一个点电荷 q 与无限大导体平面间的距离为 h，如果把它移至无穷远处，需要做多少功？

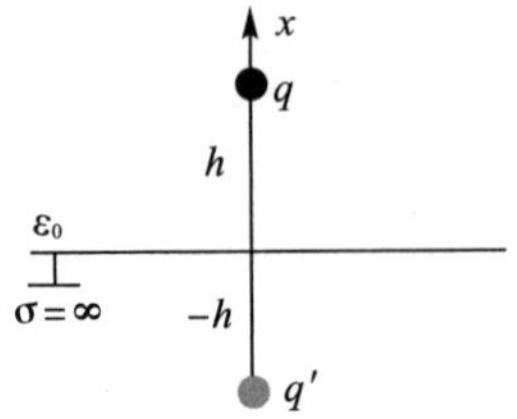

图 4-2 点电荷对无限大接地导体平面的镜像法的应用

解：移动电荷 q 时，外力需要克服电场力做功，而电荷 q 受的电场力来源于导体板上的感应电荷。

由镜像法知，感应电荷可以用镜像电荷 $-q$ 代替。当电荷 q 移至 x 时，镜像电荷 $-q$ 位于 $-x$，则镜像电荷在 x 处产生的电场强度为

$$\boldsymbol{E}'(x)=\frac{-q}{4\pi\varepsilon_0\,(2x)^2}\,\boldsymbol{e}_x \tag{4-4}$$

则电荷 q 移至无穷远时，电场力所做的功为

$$W_e=\int_h^{\infty}qE'(x)\mathrm{d}x=\frac{-q^2}{4\pi\varepsilon_0}\int_h^{\infty}\frac{1}{(2x)^2}\mathrm{d}x=-\frac{q^2}{16\pi\varepsilon_0 h} \tag{4-5}$$

则克服电场力需要做的功为

$$W_0=-W_e=\frac{q^2}{16\pi\varepsilon_0 h} \tag{4-6}$$

【例 4-3】 如图 4-3 所示，$z=0$ 为无限大接地的导电($\sigma\to\infty$)平面，在 $z=h$ 处有一无限长均匀带电的细直导线，导线与 y 轴平行，求上半空间($z>0$)的电位函数。

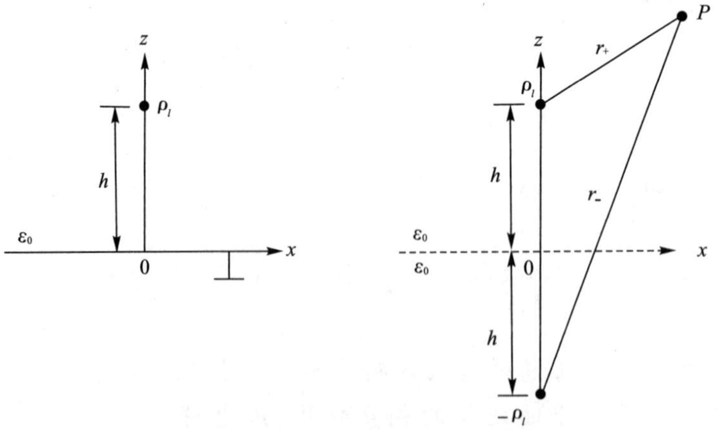

图 4-3 线电荷对无限大接地导体平面的镜像法

解: 无限大导体平面的作用可以等效为 $z=-h$ 处的镜像线电荷(线电荷密度不变,但极性相反)。设细直导线的电荷密度为 ρ_l,则镜像线电荷密度为 $-\rho_l$。带电体系在 $z>0$ 空间的电位为

$$\phi(r)=\phi(r_+)+\phi(r_-) \tag{4-7}$$

根据式(2-44),得

$$\phi(r_+)=\frac{\rho_l}{2\pi\varepsilon_0}\ln\frac{r_0}{r_+}$$

$$\phi(r_-)=\frac{-\rho_l}{2\pi\varepsilon_0}\ln\frac{r_0}{r_-}$$

则

$$\phi(r)=\frac{\rho_l}{2\pi\varepsilon_0}\ln\frac{r_0}{r_+}-\frac{\rho_l}{2\pi\varepsilon_0}\ln\frac{r_0}{r_-}=\frac{\rho_l}{2\pi\varepsilon_0}\ln\frac{r_-}{r_+} \tag{4-8}$$

式(4-8)中

$$r_-=\sqrt{x^2+(z+h)^2}$$

$$r_+=\sqrt{x^2+(z-h)^2}$$

所以

$$\phi=\frac{\rho_l}{4\pi\varepsilon_0}\ln\frac{x^2+(z+h)^2}{x^2+(z-h)^2} \tag{4-9}$$

【例 4-4】 设介电常数分别为 ε_1 和 ε_2 的两种介质,各均匀充满半无限大空间,两者的分界面为平面,在介质 1 中有一点电荷 q,距分界面的距离为 h,如图 4-4(a)所示。试求整个空间中任一点的电位函数。

解: 令两个区域的电位函数分别为 $\phi_1(z>0)$ 和 $\phi_2(z<0)$。采用镜像法时,镜像电荷必须位于待求场空间外,故在求 ϕ_1 时,将介质 2 移去并充满与介质 1 相同的介质,在 $z=0$ 平面下方与点电荷 q 对称的位置上放置镜像电荷 q_1,如图 4-4(b)所示。而在求 ϕ_2 时将上半空间同样充满介电常数为 ε_2 介质,并在原电荷处放置一个待定的镜像电荷 q_2,如图 4-4(c)所示。

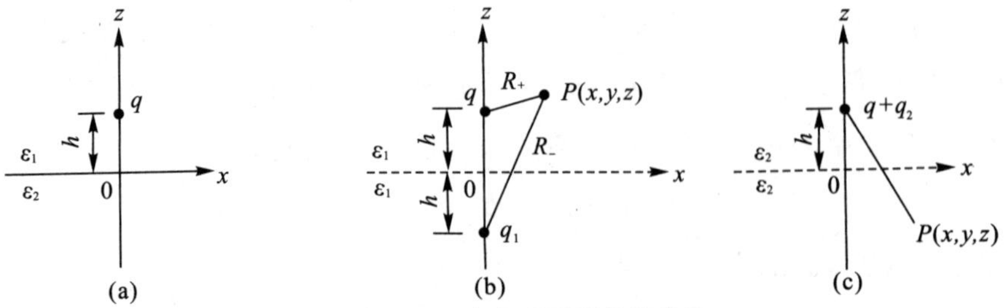

图 4-4　点电荷对无限大介质平面的镜像法

a. 位于介质分界面附近的点电荷；b. 区域 1 的镜像电荷；c. 区域 2 的镜像电荷

当 $z>0$ 时

$$\phi_1 = \frac{1}{4\pi\varepsilon_1}\left[\frac{q}{\sqrt{x^2+y^2+(z-h)^2}} + \frac{q_1}{\sqrt{x^2+y^2+(z+h)^2}}\right] \tag{4-10a}$$

当 $z<0$ 时

$$\phi_2 = \frac{q+q_2}{4\pi\varepsilon_2\sqrt{x^2+y^2+(z-h)^2}} \tag{4-10b}$$

在介质分界面 $z=0$ 处，电位函数满足边界条件

$$\phi_1\big|_{z=0} = \phi_2\big|_{z=0} \tag{4-11a}$$

$$\varepsilon_1\frac{\partial\phi_1}{\partial z}\bigg|_{z=0} = \varepsilon_2\frac{\partial\phi_2}{\partial z}\bigg|_{z=0} \tag{4-11b}$$

将式(4-10)代入式(4-11)可得

$$\begin{cases}\dfrac{1}{\varepsilon_1}(q+q_1) = \dfrac{1}{\varepsilon_2}(q+q_2)\\ q-q_1 = q+q_2\end{cases} \tag{4-12}$$

联立求解，得

$$\begin{cases}q_1 = \dfrac{\varepsilon_1-\varepsilon_2}{\varepsilon_1+\varepsilon_2}q\\ q_2 = \dfrac{\varepsilon_2-\varepsilon_1}{\varepsilon_1+\varepsilon_2}q\end{cases} \tag{4-13}$$

镜像电荷确定以后，可以直接写出空间的电位分布

$$\phi_1 = \frac{q}{4\pi\varepsilon_1}\left[\frac{1}{\sqrt{x^2+y^2+(z-h)^2}} + \frac{\varepsilon_1-\varepsilon_2}{\varepsilon_1+\varepsilon_2}\frac{1}{\sqrt{x^2+y^2+(z+h)^2}}\right]\ (z\geqslant 0) \tag{4-14a}$$

$$\phi_2 = \frac{q}{2\pi(\varepsilon_1+\varepsilon_2)}\frac{1}{\sqrt{x^2+y^2+(z-h)^2}}\ (z\leqslant 0) \tag{4-14b}$$

2. 角形区域的镜像法

如图 4-5 所示为相交成直角的两个导体平面 AOB 附近的一个点电荷 q 的情形，也可以用镜像法求解。

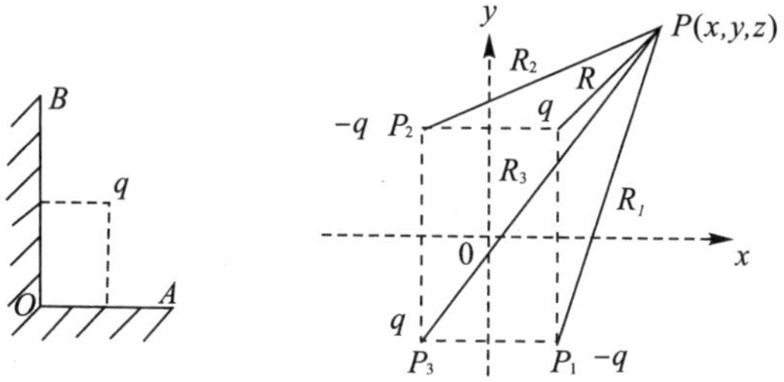

图 4-5　点电荷对角形区域的镜像法

q 在 OA 面的镜像为在 P_1 点的 $-q$，又 q 在 OB 面的镜像为在 P_2 点的 $-q$，但这样并不能使 OA 和 OB 平面成为等位面。容易看出，若在 P_3 点处再放置一个电荷 q，则一个原点电荷 q 和三个像电荷$(-q,q,-q)$共同的作用将使 OA 和 OB 面保持相等电位，能满足原来的边界条件，故所求区域内任一点的电位函数

$$\phi=\frac{q}{4\pi\varepsilon_0}\left[\frac{1}{R}-\frac{1}{R_1}-\frac{1}{R_2}+\frac{1}{R_3}\right] \tag{4-15}$$

实际上不仅相交成直角的两个导体平面间的场可用镜像法求解，所有相交成 $\alpha=\dfrac{180^\circ}{n}$ 的两块半无限大接地导体平面间的场$(n=2,3,4,\cdots)$都可用镜像法来求解，其镜像电荷个数为 $2n-1$。例如，两块半无限大接地导体平面角域 $\alpha=\dfrac{\pi}{3}$ 内点电荷 q 的镜像电荷，如图 4-6 所示。

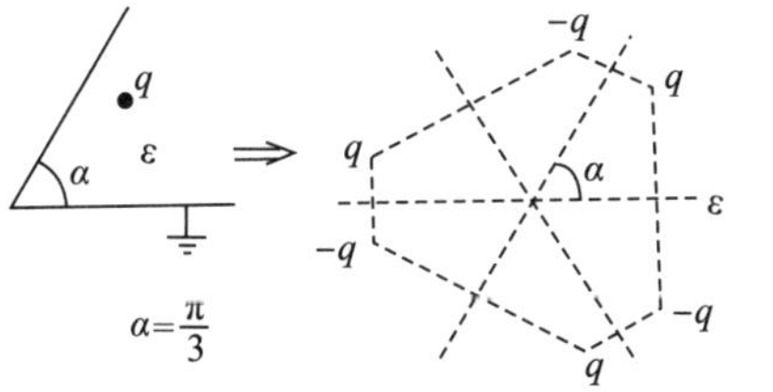

图 4-6　夹角为 $\alpha=\dfrac{\pi}{3}$ 的两块半无限大接地导板的镜像法

3. 球面边界的镜像法

当一个电荷位于导体球面附近时，导体球面上会出现感应电荷，球外任一点的电位由点电荷和感应电荷共同产生。这类问题仍然可用镜

像电荷来代替分界面的感应电荷对电位的贡献，出发点仍是在所求解区域内，电位函数满足方程和边界条件。

【例 4-5】 设一个点电荷 q_1 与半径为 a 的接地导体球心相距 d_1，如图 4-7 所示。求球外的电位函数。

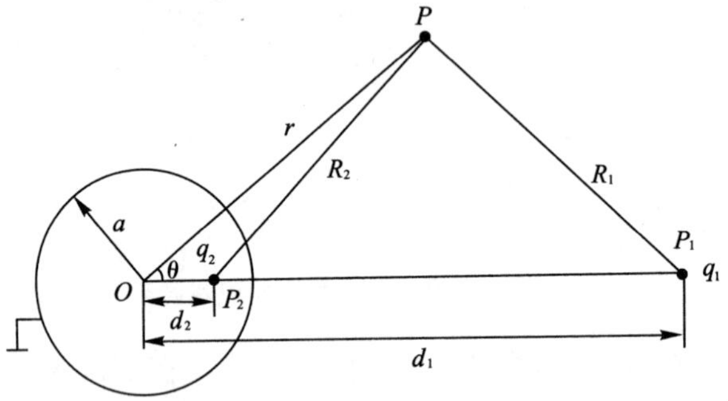

图 4-7 点电荷对接地导体球的镜像法

解：因为接地后，球上只剩下同 q_1 异号的感应电荷。球面上感应电荷分布在面对 q_1 的一侧密度较大，所以，设想在 P_2 点有一个镜像电荷 q_2，P_2 点是在 OP_1 线上偏离球心的一点，设与球心距离为 d_2。

根据镜像法，将原导体球移去，q_1 及镜像电荷 q_2 在原球面上任一点 P 处产生的电位应为零。即

$$\frac{1}{4\pi\varepsilon_0}\left(\frac{q_1}{R_1}+\frac{q_2}{R_2}\right)=0 \tag{4-16}$$

在球面上取两个特殊点(通过 P_2 的直径的两端点)，上式转化为

$$\begin{cases}\dfrac{1}{4\pi\varepsilon_0}\left(\dfrac{q_1}{a+d_1}+\dfrac{q_2}{a+d_2}\right)=0\\[2ex]\dfrac{1}{4\pi\varepsilon_0}\left(\dfrac{q_1}{d_1-a}+\dfrac{q_2}{a-d_2}\right)=0\end{cases} \tag{4-17}$$

求解以上两个方程，得

$$\begin{cases}q_2=-\dfrac{a}{d_1}q_1\\[2ex]d_2=\dfrac{a^2}{d_1}\end{cases} \tag{4-18}$$

球外任意点的电位为

$$\phi=\frac{q_1}{4\pi\varepsilon_0 R_1}+\frac{q_2}{4\pi\varepsilon_0 R_2}=\frac{q_1}{4\pi\varepsilon_0}\left(\frac{1}{R_1}-\frac{a}{d_1R_2}\right) \tag{4-19}$$

式(4-19)中，$R_1=(r^2+d_1^2-2rd_1\cos\theta)^{1/2}$，$R_2=(r^2+d_2^2-2rd_2\cos\theta)^{1/2}$。

求得电场 $\boldsymbol{E}$ 的分量为

$$\begin{cases} E_r=-\dfrac{\partial\phi}{\partial r}=\dfrac{q_1}{4\pi\varepsilon_0}\left(\dfrac{r-d_1\cos\theta}{R_1^3}-\dfrac{a}{d_1}\dfrac{r-d_2\cos\theta}{R_2^3}\right) \\ E_\theta=-\dfrac{1}{r}\dfrac{\partial\phi}{\partial\theta}=\dfrac{q_1}{4\pi\varepsilon_0}\left(\dfrac{d_1\sin\theta}{R_1^3}-\dfrac{a}{d_1}\dfrac{d_2\sin\theta}{R_2^3}\right) \end{cases} \tag{4-20}$$

$r=a$ 时，球面上的感应电荷密度为

$$\begin{aligned} \rho_S &= \varepsilon_0 E_r\big|_{r=a} \\ &= \frac{q_1}{4\pi\varepsilon_0}\left[\frac{a-d_1\cos\theta}{(a^2+d_1^2-2ad_1\cos\theta)^{3/2}}-\frac{a}{d_1}\frac{a-d_2\cos\theta}{(a^2+d_2^2-2ad_2\cos\theta)^{3/2}}\right] \\ &= \frac{-q(d_1^2-a^2)}{4\pi a\,(a^2+d_1^2-2ad_1\cos\theta)^{3/2}} \end{aligned} \tag{4-21}$$

球面上总感应电量为

$$q_{in}=-\frac{q_1(d_1^2-a^2)}{4\pi a}\int_0^\pi\frac{2\pi a^2\sin\theta\mathrm{d}\theta}{(a^2+d_1^2-2ad_1\cos\theta)^{3/2}}=-\frac{a}{d_1}q_1 \tag{4-22}$$

可见，导体上总的感应电荷量等于镜像电荷的电量。

若导体球不接地，球面上除了分布有感应负电荷外，还分布有感应正电荷，且球面的净电荷为零，此时导体球的电位不为零。为了保持球面上的净电荷为零且为等位面，还需在球上再加上一个镜像电荷 $q_3=-q_2$，且 q_3 必须放在球心处，如图 4-8 所示。

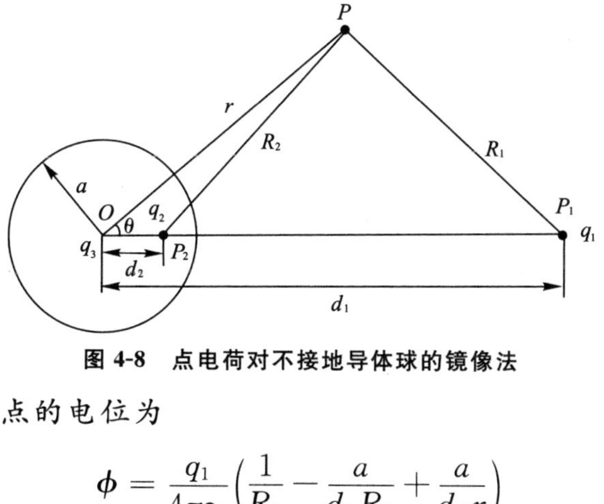

图 4-8　点电荷对不接地导体球的镜像法

球外任意点的电位为

$$\phi=\frac{q_1}{4\pi\varepsilon_0}\left(\frac{1}{R_1}-\frac{a}{d_1R_2}+\frac{a}{d_1r}\right) \tag{4-23}$$

由于 q_1 和 q_2 在球面上产生的电位为 0，所以此时不接地导体球的电位就等于 q_3 在球面上产生的电位

$$\phi = \frac{q_3}{4\pi\varepsilon_0 a} = \frac{q_1}{4\pi\varepsilon_0 d_1} \tag{4-24}$$

有趣的是，它刚好等于导体球不存在时 q_1 在 O 点时产生的电位。

如果导体构成一个球形空腔，空腔内 P_2 点有一个点电荷 q_2，距球心距离为 d_2，则它的镜像一定在球腔外 P_1 点的 q_1，且 $q_1 = -\frac{d_1}{a}q_2$，$d_1 = \frac{a^2}{d_2}$。与上面的球外问题相比，原电荷和镜像电荷相互置换了。

4. 柱面边界的镜像法

【例 4-6】 线电荷密度为 ρ_l 的无限长带电直线与半径为 a 的接地无限长导体圆柱的轴线平行，直线到圆柱轴线的距离为 d_1，如图 4-9 所示。求圆柱外空间的电位函数。

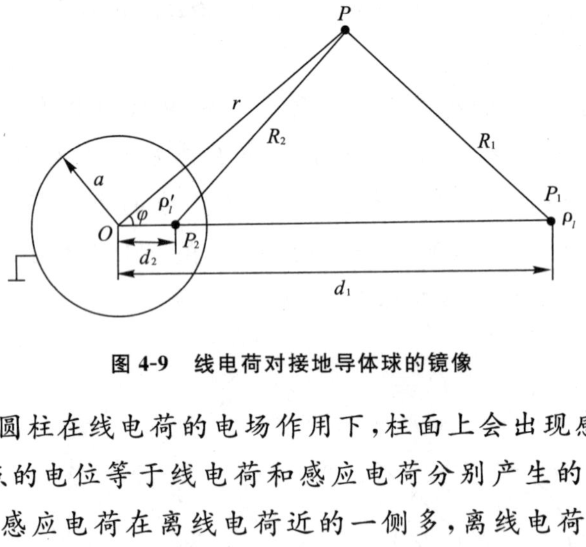

图 4-9　线电荷对接地导体球的镜像

解：导体圆柱在线电荷的电场作用下，柱面上会出现感应电荷。柱外空间任一点的电位等于线电荷和感应电荷分别产生的电位的叠加。显然，柱面上感应电荷在离线电荷近的一侧多，离线电荷远的一侧少，且其分布具有对称性。假设在距离圆柱轴线 d_2 位置且平行于轴线方向上放置一镜像线电荷，电荷密度为 ρ_l'，可由边界条件确定 d_2 和 ρ_l'。

圆柱外空间任意一点的电位为

$$\phi = -\frac{\rho_l}{2\pi\varepsilon_0}\ln R_1 - \frac{\rho_l'}{2\pi\varepsilon_0}\ln R_2 + C \tag{4-25}$$

由于圆柱接地，圆柱面上电位为零，设图 4-9 中的 $\angle POP_2 = \varphi$，则

$$-\frac{\rho_l}{4\pi\varepsilon_0}\ln(a^2+d_1^2-2ad_1\cos\varphi)-\frac{\rho_l'}{4\pi\varepsilon_0}\ln(a^2+d_2^2-2ad_2\cos\varphi)+C=0 \tag{4-26}$$

式(4-26)对任意 φ 值均成立，在上式两端对 φ 求导可得

$$\rho_l d_1(a^2+d_2^2-2ad_2\cos\varphi)+\rho_l' d_2(a^2+d_1^2-2ad_1\cos\varphi)=0 \tag{4-27}$$

比较等式两端 $\cos\varphi$ 相应项的系数，可得

$$\rho_l d_1(a^2+d_2^2)=-\rho_l' d_2(a^2+d_1^2)$$

$$\rho_l=-\rho_l'$$

求解以上两式可得

$$\begin{aligned}\rho_l=-\rho_l' \quad d_2=\frac{a^2}{d_1}\\ \rho_l=-\rho_l' \quad d_2=d_1\end{aligned} \tag{4-28}$$

显然，后一组解不合理，应当舍去。圆柱外任一点的电位为

$$\phi=\frac{\rho_l}{2\pi\varepsilon_0}\ln\frac{R_2}{R_1}+C \tag{4-29}$$

由 $r=a,\phi=0$ 时，可求得 $C=\dfrac{\rho_l}{2\pi\varepsilon_0}\ln\dfrac{d_1}{a}$。

圆柱面上的感应电荷密度为

$$\rho_S=-\varepsilon_0\left.\frac{\partial\phi}{\partial r}\right|_{r=a}=\frac{-\rho_l(d_1^2-a^2)}{2\pi a(a^2+d_1^2-2ad_1\cos\varphi)} \tag{4-30}$$

圆柱面上单位长度的感应面电荷为

$$\int_S\rho_S\mathrm{d}S=-\frac{\rho_l(d_1^2-a^2)}{2\pi a}\int_0^{2\pi}\frac{a\mathrm{d}\varphi}{a^2+d_1^2-2ad_1\cos\varphi}=-\rho_l=\rho_l' \tag{4-31}$$

若导体圆柱不接地，且原来不带电荷，则圆柱面上电位不再为零，此时还应在圆柱轴线上放置另一个镜像线电荷 $\rho_l''=-\rho_l'=\rho_l$，以保持圆柱面上的净电荷为零，且圆柱面为等位面。

4.3.2　恒定磁场中的镜像法

【例 4-7】　无限长线电流沿 z 轴方向流动，下半空间是理想磁介质

($\mu \to \infty$),如图 4-10 所示,求上半空间的磁感应强度 $\boldsymbol{B}$。

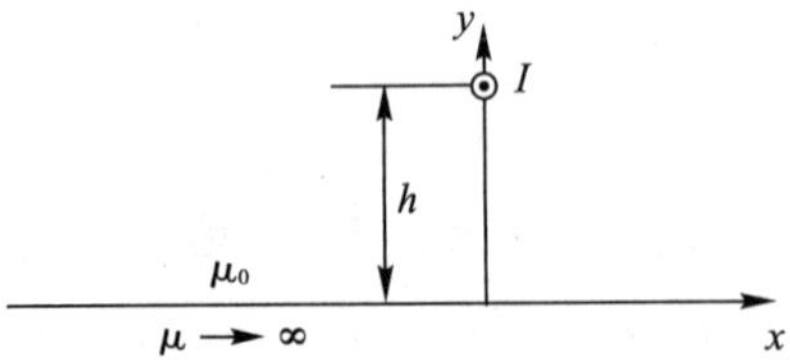

图 4-10　无限大磁体平面与线电流的镜像法

解:上半空间产生的磁场包括:①无限长线电流在空间中产生磁场;②磁介质在磁场中发生磁化,磁介质表面上出现的束缚电流产生的磁场。故上半空间的磁感应强度 $\boldsymbol{B}$ 应当是原线电流和束缚电流共同产生的。用镜像电流来代替理想磁体平面的束缚电流。

在 $y=-h$ 处放一个反向的无限长线电流还是正向的无限长电流,才能与原线电流产生的磁场满足原问题的边界条件?由分析可知,当在 $y=-h$ 处放一个反向的无限长线电流时,如图 4-11(a)所示,原电流与反向的无限长线电流产生的磁场与磁体平面平行,不满足原问题的边界条件。因此,在 $y=-h$ 处需放置一个正向的无限长线电流,如图 4-11(b)所示。此时,原电流与同向的无限长线电流产生的磁场与磁体平面垂直,满足原问题的边界条件。

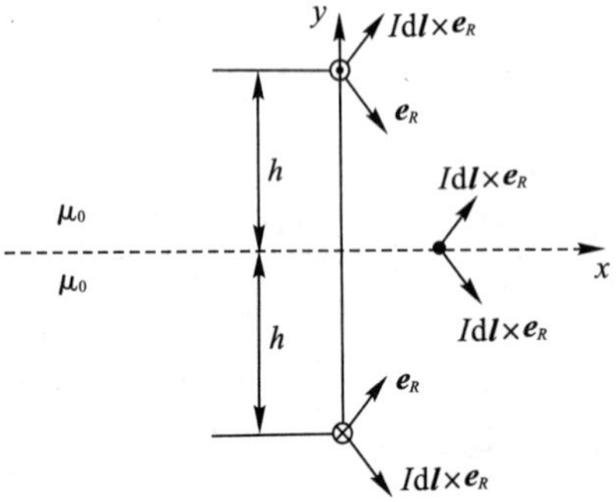

图 4-11(a)　镜像电流为反向无限长电流

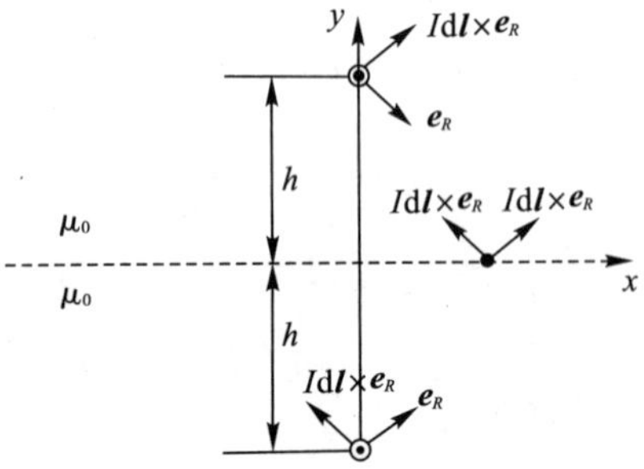

图 4-11(b)　镜像电流为正向无限长电流

根据线电流在空间任意一点产生的磁感应强度

$$\boldsymbol{B}=\frac{\mu_0}{4\pi}\int_l \frac{I\mathrm{d}\boldsymbol{l}\times \boldsymbol{e}_R}{R^2} \tag{4-32}$$

可得无限长线电流在空间任意一点产生的矢量磁位

$$\mathbf{A}=\frac{\mu_0 I}{2\pi}\ln\frac{r_0}{r}\boldsymbol{e}_z \tag{4-33}$$

原线电流和镜像线电流在上半空间任意一点产生的矢量磁位

$$\boldsymbol{A}=\frac{\mu_0 I}{2\pi}\left[\ln\frac{r_0}{R_1}+\ln\frac{r_0}{R_2}\right]\boldsymbol{e}_z=\frac{\mu_0 I}{2\pi}\ln\frac{r_0{}^2}{R_1 R_2}\boldsymbol{e}_z \tag{4-34}$$

式(4-34)中，$R_1=\sqrt{x^2+(y-h)^2}$，$R_2=\sqrt{x^2+(y+h)^2}$。

由 $\boldsymbol{B}=\nabla\times\boldsymbol{A}$，可得上半空间的磁感应强度

$$\boldsymbol{B}=\nabla\times\boldsymbol{A}=\begin{bmatrix}\boldsymbol{e}_x & \boldsymbol{e}_y & \boldsymbol{e}_z\\ \dfrac{\partial}{\partial x} & \dfrac{\partial}{\partial y} & \dfrac{\partial}{\partial z}\\ 0 & 0 & A_z\end{bmatrix}$$

$$=\frac{\mu_0 I}{2\pi}\left[\left(\frac{x}{R_1^2}+\frac{x}{R_2^2}\right)\boldsymbol{e}_y-\left(\frac{y-h}{R_1^2}+\frac{y+h}{R_2^2}\right)\boldsymbol{e}_x\right] \tag{4-35}$$

4.4 分离变量法

分离变量法是通过偏微分方程求解边值问题，其基本步骤如下：

(1)按给定场域的几何形状的特征选择适当的坐标系，并给出静态场边值问题在该坐标系中的偏微分方程。

(2)将待求偏微分方程的解表示为三个函数的乘积，其中每个函数分别仅是一个坐标变量的函数，将其代入到偏微分方程，借助于分离常数，将原来的偏微分方程转换为三个常微分方程。

(3)求解这些常微分方程并组成偏微分方程的通解。通解中含有待定的分离常数和积分常数。

(4)由边界条件确定分离常数和积分常数，得到问题的唯一确定解。

4.4.1 直角坐标系中的分离变量法

若边界面形状适合用直角坐标表示，则在直角坐标系中求解，电位函数的拉普拉斯方程为

$$\frac{\partial^2\phi}{\partial x^2}+\frac{\partial^2\phi}{\partial y^2}+\frac{\partial^2\phi}{\partial z^2}=0 \tag{4-36}$$

为方便起见，以二维的拉普拉斯方程为例来求解电位函数 ϕ，设

$\phi=\phi(x,y)$，则待求电位函数ϕ满足

$$\frac{\partial^2 \phi}{\partial x^2}+\frac{\partial^2 \phi}{\partial y^2}=0 \tag{4-37}$$

待求的电位函数ϕ用两个函数的乘积表示为

$$\phi=f(x)g(y) \tag{4-38}$$

将式(4-38)代入式(4-37)，并用 $f(x)g(y)$除上式，得

$$\frac{1}{f(x)}\frac{\mathrm{d}^2 f(x)}{\mathrm{d}x^2}+\frac{1}{g(y)}\frac{\mathrm{d}^2 g(x)}{\mathrm{d}y^2}=0 \tag{4-39}$$

式(4-39)中每项都只是一个变量的函数，其成立的唯一条件是两项中每项都是常数，故有

$$\frac{\mathrm{d}^2 f(x)}{\mathrm{d}x^2}=-k_x^2 f(x) \tag{4-40}$$

$$\frac{\mathrm{d}^2 g(y)}{\mathrm{d}y^2}=-k_y^2 g(y) \tag{4-41}$$

这样，把偏微分方程(4-37)化为两个常微分方程(4-40)和(4-41)。其中 k_x，k_y 称为分离常数，它们是待定的常数，且必须满足

$$k_x^2+k_y^2=0 \tag{4-42}$$

由式(4-42)可知，两个待定常数中只有一个是独立的，且它们不能全为实数，也不能全为虚数。一个为零，另一个必为零；一个为大于零的实数时，另一个必取虚数。

下面以 k_x 为例，讨论 $f(x)$的解的情况。

(1)当 $k_x^2=0$ 时，常微分方程(4-40)的解为

$$f(x)=A_0 x+B_0 \tag{4-43}$$

式(4-43)中，A_0，B_0 为待定常数。

(2)当 $k_x^2>0$，即 k_x 为实数时，常微分方程(4-40)的解为

$$f(x)=A\sin(k_x x)+B\cos(k_x x) \tag{4-44}$$

式(4-44)中，A，B 为待定常数。

特点：$f(x)$可以多次通过零点，是一个周期性函数。

(3)当 $k_x^2<0$ 时，即 k_x 为虚数时，令 $k_x=\mathrm{j}\alpha_x$，常微分方程(4-40)的解为

$$f(x)=C\sinh(\alpha_x x)+D\cosh(\alpha_x x) \tag{4-45a}$$

或 $$f(x)=C\mathrm{e}^{\alpha_x x}+D\mathrm{e}^{-\alpha_x x} \tag{4-45b}$$

式(4-45)中，C，D 为待定常数。

特点：双曲函数 $\sinh x$ 在 x 轴上只有一个零点，而 $\cosh x$ 在 x 轴上没有零点。

同理可得，当 $k_y=0$、k_y 为实数、k_y 为虚数时，常微分方程(4-41)的解分别为

$$g(y)=C_0y+D_0 \tag{4-46}$$

$$g(y)=A\sin(k_yy)+B\cos(k_yy) \tag{4-47}$$

$$g(y)=C\sinh(\alpha_yy)+D\cosh(\alpha_yy) \tag{4-48a}$$

或
$$g(y)=Ce^{\alpha_yy}+De^{-\alpha_yy} \tag{4-48b}$$

式(4-46)、式(4-47)、式(4-48)中，C_0，D_0，A，B，C，D 为待定常数。

所以当 $k_x^2=k_y^2=0$ 时，偏微分方程(4-37)的解为

$$\phi(x,y)=(A_0x+B_0)(C_0y+D_0) \tag{4-49}$$

当 $k_x^2>0$，$k_y^2<0$ 时

$$\phi(x,y)=[A\sin(k_xx)+B\cos(k_xx)][C\sinh(k_xy)+D\cosh(k_xy)] \tag{4-50a}$$

或
$$\phi(x,y)=[A\sin(k_xx)+B\cos(k_xx)][Ce^{k_xy}+De^{-k_xy}] \tag{4-50b}$$

同理，当 $k_y^2>0$，$k_x^2<0$ 时，可得

$$\phi(x,y)=[A\sinh(k_yx)+B\cosh(k_yx)][C\sin(k_yy)+D\cos(k_yy)] \tag{4-51a}$$

或
$$\phi(x,y)=[Ae^{k_yx}+Be^{-k_yx}][C\sin(k_yy)+D\cos(k_yy)] \tag{4-51b}$$

综上所述，当 $k_x^2\geqslant0$ 时，偏微分方程(4-37)的通解为

$$\phi(x,y)=(A_0x+B_0)(C_0y+D_0)+\sum_{n=1}^{\infty}[A_n\sin(k_{xn}x)+B_n\cos(k_{xn}x)][C_n\sinh(k_{xn}y)+D_n\cosh(k_{xn}y)] \tag{4-52a}$$

或
$$\phi(x,y)=(A_0x+B_0)(C_0y+D_0)+\sum_{n=1}^{\infty}[A_n\sin(k_{xn}x)+B_n\cos(k_{xn}x)][C_ne^{k_{xn}y}+D_ne^{-k_{xn}y}] \tag{4-52b}$$

式(4-52)中，A_n，B_n，C_n，D_n 为待定常数。

当 $k_y^2 \geqslant 0$ 时，偏微分方程(4-37)的通解为

$$\phi(x,y) = (A_0 x + B_0)(C_0 y + D_0) + \sum_{n=1}^{\infty}[A_n \sinh(k_{yn}x) + B_n \cosh(k_{yn}x)][C_n \sin(k_{yn}y) + D_n \cos(k_{yn}y)] \tag{4-53a}$$

或 $$\phi(x,y) = (A_0 x + B_0)(C_0 y + D_0) + \sum_{n=1}^{\infty}[A_n e^{k_{yn}x} + B_n e^{-k_{yn}x}][C_n \sin(k_{yn}y) + D_n \cos(k_{yn}y)] \tag{4-53b}$$

根据前面提到的 $\sin x$ 和 $\cos x$ 可以多次通过零点(周期性函数)，而双曲函数 $\sinh x$ 在 x 轴上只有一个零点，$\cosh x$ 在 x 轴上没有零点的特点，可以帮助我们选择何种形式的解。

【例 4-8】 横截面为矩形的无限长金属管由四块平板组成，四条棱处缝隙都无限小，相互绝缘，如图 4-12 所示，求管中的电位分布。

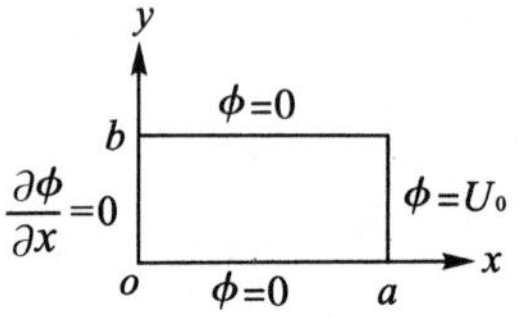

图 4-12 管中的电位

解：因为金属管在 z 轴方向为无限长，故管中的电位分布与 z 坐标无关。由题意得边界条件为

$$\phi = 0 \ (下边界\ y = 0,\ 0 < x < a) \tag{4-54}$$

$$\phi = 0 \ (上边界\ y = b,\ 0 < x < a) \tag{4-55}$$

$$\frac{\partial \phi}{\partial x} = 0 \ (左边界\ x = 0,\ 0 < y < b) \tag{4-56}$$

$$\phi = U_0 \ (右边界\ x = a,\ 0 < y < b) \tag{4-57}$$

为了满足边界条件(4-54)和(4-55)(在 y 轴上具有两个零点)，电位函数的通解应取式(4-53)。将边界条件(4-54)代入得

$$0 = (A_0 x + B_0)D_0 + \sum_{n=1}^{\infty} D_n[A_n \sinh(k_{yn}x) + B_n \cosh(k_{yn}x)] \tag{4-58}$$

要使式(4-58)对任意的 x 都成立，$D_0 = 0$，$D_n = 0$。因此

$$\phi(x,y) = (A_0 x + B_0)C_0 y + \sum_{n=1}^{\infty} C_n \sin(k_{yn}y)[A_n \sinh(k_{yn}x) + B_n \cosh(k_{yn}x)] \tag{4-59}$$

将边界条件(4-55)代入式(4-59)得

$$0=(A_0x+B_0)C_0b+\sum_{n=1}^{\infty}C_n\sin(k_{yn}b)[A_n\sinh(k_{yn}x)+B_n\cosh(k_{yn}x)] \tag{4-60}$$

由此可得 $C_0=0,\sin(k_{yn}b)=0$，即

$$k_{yn}=\frac{n\pi}{b}\quad n=1,2,\cdots \tag{4-61}$$

从而得到

$$\phi(x,y)=\sum_{n=1}^{\infty}\sin\left(\frac{n\pi}{b}y\right)\left[A'_n\sinh\left(\frac{n\pi}{b}x\right)+B'_n\cosh\left(\frac{n\pi}{b}x\right)\right] \tag{4-62}$$

式(4-62)中，$A'_n=A_nC_n,B'_n=B_nC_n$。将边界条件(4-56)代入式(4-62)得

$$0=\sum_{n=1}^{\infty}A'_n\frac{n\pi}{b}\sin\left(\frac{n\pi}{b}y\right) \tag{4-63}$$

于是 $A'_n=0$，所以

$$\phi(x,y)=\sum_{n=1}^{\infty}B'_n\cosh\left(\frac{n\pi}{b}x\right)\sin\left(\frac{n\pi}{b}y\right) \tag{4-64}$$

最后将边界条件(4-57)代入式(4-64)得

$$U_0=\sum_{n=1}^{\infty}B'_n\cosh\left(\frac{n\pi}{b}a\right)\sin\left(\frac{n\pi}{b}y\right) \tag{4-65}$$

这是一个傅里叶级数，用求傅里叶系数的方法可得

$$B'_n=\begin{cases}\dfrac{4U_0}{n\pi\cosh\left(\dfrac{n\pi}{b}a\right)}(n=2k+1)\\0(n=2k)\end{cases}$$

$$\phi(x,y)=\frac{4U_0}{\pi}\sum_{n=2k+1}^{\infty}\frac{1}{n\cosh\left(\dfrac{n\pi}{b}a\right)}\cosh\left(\frac{n\pi}{b}x\right)\sin\left(\frac{n\pi}{b}y\right) \tag{4-66}$$

式(4-66)中，$k=0,1,2,\cdots$。

【例 4-9】 两块无限大的平行导体板分别放置在 $y=0$ 和 $y=b$ 处。另外，在 $x=0$ 处放置一块无限长极薄的导体片，如图 4-13 所示，该导体片与上下平行板间有无限小的间隙以保持相互绝缘。设上下两

平行板的电位为零，中间导体片的电位为U。求导体片左右两个区域内的电位函数$\phi_1(x,y)$和$\phi_2(x,y)$。

解：边界条件为：
$$\begin{cases} y=0,b & \phi=0; \\ x=0, & \phi=U; \\ x\to\infty, & \phi=0; \\ x\to-\infty, & \phi=0 \end{cases} \quad (4\text{-}67)$$

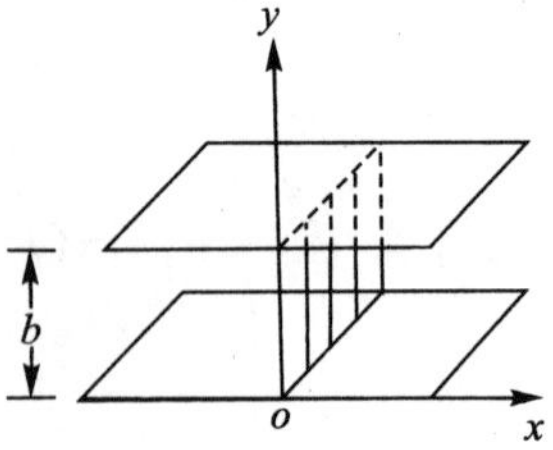

图 4-13　无限大平行导体板电位

先求右半区域内的电位$\phi_2(x,y)$。

根据边界条件 $y=0,b$；$\phi=0$，得

$$g(y)=A_n\sin\left(\frac{n\pi}{b}y\right),k_y=\frac{n\pi}{b}$$

则 $k_x=\mathrm{j}\,\dfrac{n\pi}{b}$。再根据边界条件 $x\to\infty,\phi=0$；得

$$f(x)=B_n\,\mathrm{e}^{-\frac{n\pi}{b}x}$$

$$\phi_2(x,y)=\sum C_n\,\mathrm{e}^{-\frac{n\pi}{b}x}\sin\left(\frac{n\pi}{b}y\right) \qquad (4\text{-}68)$$

最后根据边界条件 $x=0,\phi=U$，确定积分常数 C_n，利用三角函数正交性可得

$$C_n=\frac{4U}{n\pi}\bigg|_{n=1,3,5,\cdots} \qquad (4\text{-}69)$$

所以

$$\phi_2(x,y)=\sum_{n=1,3,5}^{\infty}\frac{4U}{n\pi}\,\mathrm{e}^{-\frac{n\pi}{b}x}\sin\left(\frac{n\pi}{b}y\right) \qquad (4\text{-}70)$$

同理，可得左半区域内的电位

$$\phi_1(x,y)=\sum_{n=1,3,5}^{\infty}\frac{4U}{n\pi}\,\mathrm{e}^{\frac{n\pi}{b}x}\sin\left(\frac{n\pi}{b}y\right) \qquad (4\text{-}71)$$

4.4.2　圆柱坐标系中的分离变量法

圆柱坐标中的拉普拉斯方程为

$$\frac{1}{r}\frac{\partial}{\partial r}\left(r\frac{\partial\phi}{\partial r}\right)+\frac{1}{r^2}\frac{\partial^2\phi}{\partial\varphi^2}+\frac{\partial^2\phi}{\partial z^2}=0 \qquad (4\text{-}72)$$

仅讨论二维平面场情形，即ϕ与z无关的情形，拉普拉斯方程变为

$$\frac{1}{r}\frac{\partial}{\partial r}\left(r\frac{\partial\phi}{\partial r}\right)+\frac{1}{r^2}\frac{\partial^2\phi}{\partial\varphi^2}=0 \qquad (4\text{-}73)$$

令$\phi=f(r)g(\varphi)$，代入式(4-73)并化简得

$$\frac{r}{f(r)}\frac{\mathrm{d}}{\mathrm{d}r}\left(r\frac{\mathrm{d}f(r)}{\mathrm{d}r}\right)+\frac{1}{g(\varphi)}\frac{\mathrm{d}^2 g(\varphi)}{\mathrm{d}\varphi^2}=0 \tag{4-74}$$

式(4-74)中第一项仅是r的函数，第二项仅是φ的函数，要使上式对于所有的r、φ值都成立，必须每项都等于一个常数。如果令第二项等于$(-\gamma^2)$，则得到

$$\frac{\mathrm{d}^2 g(\varphi)}{\mathrm{d}\varphi^2}+\gamma^2 g(\varphi)=0 \tag{4-75}$$

$$\frac{r}{f(r)}\frac{\mathrm{d}}{\mathrm{d}r}\left(r\frac{\mathrm{d}f(r)}{\mathrm{d}r}\right)-\gamma^2=0 \tag{4-76}$$

当$\gamma=0$时，式(4-75)的解为

$$g(\varphi)=A_0\varphi+B_0$$

当$\gamma\neq0$时，式(4-75)的解为

$$g(\varphi)=A\sin(\gamma\varphi)+B\cos(\gamma\varphi)$$

如果所讨论的空间包含φ从$0\rightarrow2\pi$，因为ϕ必须是单值的，即$\phi[\gamma(\varphi+2\pi)]=\phi[\gamma\varphi]$，则$\gamma$必须等于整数$n$，故

$$g(\varphi)=A_n\sin(n\varphi)+B_n\cos(n\varphi) \tag{4-77}$$

式(4-76)变为

$$r\frac{\mathrm{d}}{\mathrm{d}r}\left(r\frac{\mathrm{d}f(r)}{\mathrm{d}r}\right)-n^2 f(r)=0 \tag{4-78}$$

即

$$r^2\frac{\mathrm{d}^2 f(r)}{\mathrm{d}r^2}+r\frac{\mathrm{d}f(r)}{\mathrm{d}r}-n^2 f(r)=0 \tag{4-79}$$

式(4-79)为欧拉方程。当$n=0$时，其解为

$$f(r)=C_0\ln r+D_0 \tag{4-80}$$

当$n\neq0$时，式(4-79)的解为

$$f(r)=C_n r^n+D_n r^{-n} \tag{4-81}$$

综上，圆柱坐标中二维场ϕ的通解为

$$\phi(r,\varphi)=(A_0\varphi+B_0)(C_0\ln r+D_0)+\sum_{n=1}^{\infty}[A_n\cos(n\varphi)+B_n\sin(n\varphi)](C_n r^n+D_n r^{-n}) \tag{4-82}$$

由于$\phi(r,\varphi)=\phi(r,\varphi+2K\pi)$（$K$为整数），所以式(4-82)中的$A_0=0$。

【例 4-10】 一根半径为 a、介电常数为ε_1的无限长介质圆柱体置于均匀外电场 $\boldsymbol{E}_0$ 中，且与$\boldsymbol{E}_0$ 相垂直。设外电场方向为 x 轴方向，圆柱轴与 z 轴重合，如图 4-14 所示。求圆柱内、外的电位函数。

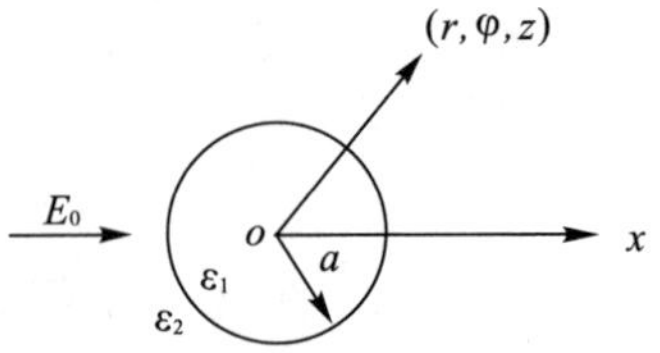

图 4-14 均匀电场中的介质圆柱体

解： 圆柱内、外的电位函数ϕ具有性质

$$\begin{cases}\phi(\varphi+2K\pi)=\phi(\varphi)\\ \phi(\varphi)=\phi(-\varphi)\end{cases} \tag{4-83}$$

所以一般解(4-82)中不应包含 $\sin(n\varphi)$及 $A_0=0$。因此，式(4-82)变为

$$\phi(r,\varphi)=C_0\ln r+D_0+\sum_{n=1}^{\infty}(C_nr^n+D_nr^{-n})\cos(n\varphi) \tag{4-84}$$

设圆柱内、外的电位分别为ϕ_1、ϕ_2，并假设零电位点在坐标原点（因为 $r\to 0$ 时，ϕ_1 应为有限值，设为零），则边界条件为

$$\phi_1=0\Big|_{r\to 0} \tag{4-85}$$

$$\phi_1=\phi_2\Big|_{r=a} \tag{4-86}$$

$$\varepsilon_1\frac{\partial\phi_1}{\partial r}=\varepsilon_2\frac{\partial\phi_2}{\partial r}\Big|r=a \tag{4-87}$$

$$\phi_2=-E_0r\cos\varphi\Big|_{r\to\infty} \tag{4-88}$$

将边界条件式(4-85)代入式(4-84)得 $C_0=0$，$D_0=0$，$D_n=0$，故有

$$\phi_1(r,\varphi)=\sum_{n=1}^{\infty}C_n\,r^n\cos(n\varphi) \tag{4-89}$$

将边界条件式(4-88)代入式(4-84)得

$$-E_0r\cos\varphi=C_0\ln r+D_0+\sum_{n=1}^{\infty}C_nr^n\cos(n\varphi) \tag{4-90}$$

比较同类项系数得

当 $n=1$ 时，$C_1=-E_0$；当 $n\neq 1$ 时，$C_n=0$，$C_0=0$，$D_0=0$，所以

$$\phi_2(r,\varphi)=-E_0r\cos\varphi+\sum_{n=1}^{\infty}D_nr^{-n}\cos(n\varphi) \tag{4-91}$$

由边界条件(4-86)、(4-87)及方程(4-89)与(4-91)得

$$\begin{cases} -E_0 a\cos\varphi + \sum_{n=1}^{\infty} D_n a^{-n}\cos(n\varphi) = \sum_{n=1}^{\infty} C_n a^n \cos(n\varphi) \\ \varepsilon_2\left[-E_0\cos\varphi - \sum_{n=1}^{\infty} nD_n a^{-n-1}\cos(n\varphi)\right] = \varepsilon_1 \sum_{n=1}^{\infty} nC_n a^{n-1}\cos(n\varphi) \end{cases} \tag{4-92}$$

比较 $\cos(n\varphi)$ 的系数

当 $n=1$ 时，得

$$\begin{cases} -E_0 a + D_1 a^{-1} = C_1 a \\ \varepsilon_2(-E_0 - D_1 a^{-2}) = \varepsilon_1 C_1 \end{cases}$$

解得

$$C_1 = \frac{-2\varepsilon_2}{\varepsilon_1+\varepsilon_2}E_0,\ D_1 = \frac{\varepsilon_1-\varepsilon_2}{\varepsilon_2+\varepsilon_1}a^2 E_0$$

当 $n\neq 1$ 时，得 $C_n = D_n = 0$，因此，得到圆柱体内外的电位函数分别为

$$\phi_1 = -\frac{2\varepsilon_2}{\varepsilon_1+\varepsilon_2}E_0 r\cos\varphi \tag{4-93}$$

$$\phi_2 = -E_0 r\cos\varphi + \frac{\varepsilon_1-\varepsilon_2}{\varepsilon_2+\varepsilon_1}a^2 E_0\ \frac{1}{r}\cos\varphi \tag{4-94}$$

圆柱体内外的电场强度矢量为

$$\begin{cases} \boldsymbol{E}_1 = \frac{2\varepsilon_2}{\varepsilon_2+\varepsilon_1}(E_0\cos\varphi\,\boldsymbol{e}_r - E_0\sin\varphi\,\boldsymbol{e}_\varphi) = \frac{2\varepsilon_2}{\varepsilon_1+\varepsilon_2}E_0\ \boldsymbol{e}_x \\ \boldsymbol{E}_2 = \left[1+\frac{\varepsilon_1-\varepsilon_2}{\varepsilon_1+\varepsilon_2}\left(\frac{a^2}{r^2}\right)\right]E_0\cos\varphi\,\boldsymbol{e}_r + \left[-1+\frac{\varepsilon_1-\varepsilon_2}{\varepsilon_1+\varepsilon_2}\left(\frac{a^2}{r^2}\right)\right]E_0\sin\varphi\,\boldsymbol{e}_\varphi \end{cases} \tag{4-95}$$

式(4-95)中的第一式表示圆柱体内的电场 $\boldsymbol{E}_1$ 是一个均匀电场。令 $\varepsilon_1=\varepsilon$、$\varepsilon_2=\varepsilon_0$，此时圆柱体内的电场 $\boldsymbol{E}_1$ 的大小和外加均匀场 $\boldsymbol{E}_0$ 相比要小，这是由于介质圆柱被极化后表面出现束缚电荷，束缚电荷在圆柱内产生的电场与外加电场方向相反。

4.4.3　球坐标系中的分离变量法

在求解球面边界的场问题时，采用球坐标较为方便。球坐标中电

位函数的拉普拉斯方程为

$$\frac{1}{r^2}\frac{\partial}{\partial r}\left(r^2\frac{\partial \boldsymbol{\phi}}{\partial r}\right)+\frac{1}{r^2\sin\theta}\frac{\partial}{\partial\theta}\left(\sin\theta\frac{\partial \boldsymbol{\phi}}{\partial\theta}\right)+\frac{1}{r^2\sin^2\theta}\frac{\partial^2\boldsymbol{\phi}}{\partial\varphi^2}=0 \quad (4\text{-}96)$$

仅讨论场问题与坐标 φ 无关时的情形，此时拉普拉斯方程为

$$\frac{1}{r^2}\frac{\partial}{\partial r}\left(r^2\frac{\partial \boldsymbol{\phi}}{\partial r}\right)+\frac{1}{r^2\sin\theta}\frac{\partial}{\partial\theta}\left(\sin\theta\frac{\partial \boldsymbol{\phi}}{\partial\theta}\right)=0 \quad (4\text{-}97)$$

令$\boldsymbol{\phi}=f(r)g(\theta)$，代入上式并整理得

$$\frac{1}{f(r)}\frac{\mathrm{d}}{\mathrm{d}r}\left(r^2\frac{\mathrm{d}f(r)}{\mathrm{d}r}\right)+\frac{1}{g(\theta)\sin\theta}\frac{\mathrm{d}}{\mathrm{d}\theta}\left(\sin\theta\frac{\mathrm{d}g(\theta)}{\mathrm{d}\theta}\right)=0 \quad (4\text{-}98)$$

为使式(4-98)成立，方程左边的两项必须为大小相等、符号相反的任意常数。根据数理方程的知识，为使方程在区间 $0\leqslant\theta\leqslant\pi$ 上有界，必须使该常数为 $m(m+1)$，$m=0,1,2,\cdots$，于是得到关于 $f(r)$和 $g(\theta)$的常微分方程为

$$\frac{\mathrm{d}}{\mathrm{d}r}\left(r^2\frac{\mathrm{d}f(r)}{\mathrm{d}r}\right)-m(m+1)f(r)=0 \quad (4\text{-}99)$$

$$\frac{1}{\sin\theta}\frac{\mathrm{d}}{\mathrm{d}\theta}\left(\sin\theta\frac{\mathrm{d}g(\theta)}{\mathrm{d}\theta}\right)+m(m+1)g(\theta)=0 \quad (4\text{-}100)$$

若在式(4-100)中引入一个新的自变量 $x=\cos\theta$，则有

$$\frac{\mathrm{d}}{\mathrm{d}\theta}=\frac{\mathrm{d}}{\mathrm{d}x}\frac{\mathrm{d}x}{\mathrm{d}\theta}=-\sin\theta\frac{\mathrm{d}}{\mathrm{d}x} \quad (4\text{-}101)$$

于是式(4-100)可变为

$$\frac{\mathrm{d}}{\mathrm{d}x}\left((1-x^2)\frac{\mathrm{d}g(x)}{\mathrm{d}x}\right)+m(m+1)g(x)=0 \quad (4\text{-}102)$$

式(4-102)称为勒让德方程。当 x 从-1 到 1 变化时，勒让德方程有一个有界解

$$P_m(x)=\frac{1}{2^m m!}\frac{\mathrm{d}^m}{\mathrm{d}x^m}(x^2-1)^m \quad (4\text{-}103)$$

$P_m(x)$称为勒让德多项式。

方程(4-99)是欧拉方程，其解为

$$f(r)=A_m r^m+B_m r^{-(m+1)} \quad (4\text{-}104)$$

于是得到方程(4-97)的通解为

$$\boldsymbol{\phi}=\sum_{m=0}^{\infty}(A_m r^m+B_m r^{-(m+1)})P_m(\cos\theta) \quad (4\text{-}105)$$

该式的系数由边界条件确定。

勒让德多项式 $P_m(x)$ 的前几项为

$$\begin{cases} P_0(x) = 1 \\ P_1(x) = x = \cos\theta \\ P_2(x) = \dfrac{1}{2}(3x^2 - 1) = \dfrac{1}{2}(3\cos^2\theta - 1) \\ P_3(x) = \dfrac{1}{2}(5x^3 - 3x) = \dfrac{1}{2}(5\cos^3\theta - 3\cos\theta) \\ P_4(x) = \dfrac{1}{8}(35x^4 - 30x^2 + 3) = \dfrac{1}{8}(35\cos^4\theta - 30\cos^2\theta + 3) \\ P_5(x) = \dfrac{1}{8}(63x^5 - 70x^3 + 15x) = \dfrac{1}{8}(63\cos^5\theta - 70\cos^3\theta + 15\cos\theta) \end{cases} \tag{4-106}$$

勒让德多项式具有正交性

$$\int_0^{\pi} P_m(\cos\theta) P_n(\cos\theta)\sin\theta \mathrm{d}\theta = \int_{-1}^{1} P_m(x) P_n(x)\mathrm{d}x = 0 \quad (m \neq n) \tag{4-107a}$$

$$\int_0^{\pi} [P_m(\cos\theta)]^2 \sin\theta \mathrm{d}\theta = \int_{-1}^{1} [P_m(x)]^2 \mathrm{d}x = \frac{2}{2m+1} \quad (m = n) \tag{4-107b}$$

在解题时，还可能用到一些其他勒让德多项式的公式，可查阅相关的数学手册。

【例 4-11】 在均匀外电场 $\boldsymbol{E}_0$ 中放置一个半径为 a 的介质球，球的介电常数为 ε，球外为空气（介电常数为 ε_0），如图 4-15 所示。计算球内、外的电位函数。

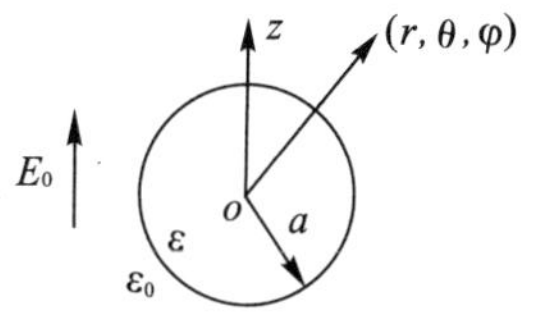

图 4-15　均匀电场中的介质球

解： 建立球坐标系使极轴和外电场 $\boldsymbol{E}_0$ 方向一致，令球内区域的电位函数为 ϕ_1，球外区域的电位函数为 ϕ_2。因为球内包含 $r=0$ 的点，该点电位函数应为有限值，设为零。边界条件为

$$\phi_1 = 0 \Big|_{r=0} \tag{4-108}$$

$$\phi_2 = -E_0 r\cos\theta \Big|_{r\to\infty} \tag{4-109}$$

$$\phi_1 = \phi_2 \Big|_{r=a} \tag{4-110}$$

$$\varepsilon_0 \frac{\partial \phi_2}{\partial r} = \varepsilon \frac{\partial \phi_1}{\partial r} \Big|_{r=a} \tag{4-111}$$

将式(4-108)代入式(4-105)得 $B_m=0$,所以

$$\phi_1 = \sum_{m=0}^{\infty} A_m r^m \mathrm{P}_m(\cos\theta) \tag{4-112}$$

将(4-109)代入(4-105)得

$$\sum_{m=0}^{\infty}(A_m r^m + B_m r^{-(m+1)})P_m(\cos\theta) = -E_0 r\cos\theta = -E_0 r P_1(\cos\theta) \tag{4-113}$$

用 $P_m(\cos\theta)\sin\theta$ 乘上式两边,对 θ 从 $0\rightarrow\pi$ 积分,根据勒让德多项式的正交性可知只有 $m=1$ 项的系数不为零,故得

$$\phi_2 = (A_1 r + B_1 r^{-2})\cos\theta \tag{4-114}$$

而且 $A_1=-E_0$。

由边界条件(4-110)得

$$\sum_{m=0}^{\infty} A_m a^m P_m(\cos\theta) = (-E_0 a + B_1 a^{-2})\cos\theta \tag{4-115}$$

用同样的方法可得式(4-115)左边只有 $m=1$ 项的系数不为零,因此ϕ_1 为

$$\phi_1 = A_2 r\cos\theta \tag{4-116}$$

再由边界条件(4-110)及(4-111)得

$$\begin{cases} A_2 a\cos\theta = (-E_0 a + B_1 a^{-2})\cos\theta \\ \varepsilon A_2\cos\theta = -\varepsilon_0 E_0\cos\theta - 2\varepsilon_0 B_1 a^{-3}\cos\theta \end{cases} \tag{4-117}$$

从式(4-117)解得

$$B_1 = \frac{\varepsilon-\varepsilon_0}{\varepsilon+2\varepsilon_0}E_0 a^3, A_2 = \frac{-3\varepsilon_0}{\varepsilon+2\varepsilon_0}E_0 \tag{4-118}$$

球内区域的电位函数为

$$\phi_1 = -\frac{3\varepsilon_0}{\varepsilon+2\varepsilon_0}E_0 r\cos\theta \tag{4-119}$$

球外区域的电位函数为

$$\phi_2 = -E_0 r\cos\theta + \frac{\varepsilon-\varepsilon_0}{\varepsilon+2\varepsilon_0}a^3 E_0 \frac{1}{r^2}\cos\theta \tag{4-120}$$

球内电场强度为

$$\boldsymbol{E}_1 = \frac{3\varepsilon_0}{\varepsilon + 2\varepsilon_0} E_0 \cos\theta \, \boldsymbol{e}_r - \frac{3\varepsilon_0}{\varepsilon + 2\varepsilon_0} E_0 \sin\theta \, \boldsymbol{e}_\theta = \frac{3\varepsilon_0}{\varepsilon + 2\varepsilon_0} E_0 \, \boldsymbol{e}_z \tag{4-121}$$

球内电场是均匀的，且比外加均匀场小。

4.5　有限差分法

分离变量法和镜像法是求解边值问题的解析方法，所得到的是电磁场的空间分布函数的解析表达式，是一个精确的表达式。但是，在许多实际问题中往往由于边界条件过于复杂而无法求得解析解。这些情况下，一般借助于数值法求电磁场的数值解。目前已发展了许多有效地求解静态场及时变场的数值计算方法。利用电子计算机求解数值解，理论上可以达到任意要求的精度。

有限差分法是一种较容易的数值解法。其基本思想是将场域划分为网格，把求解场域内连续的场分布用求解网格节点上离散的数值解来代替，即用网格节点的差分方程近似代替场域内的偏微分方程来求解。当然，把网格分得充分细，才能达到足够的精度。网格划分有不同的方法。这一节只讨论正方形网格划分，如图 4-16(a)所示。

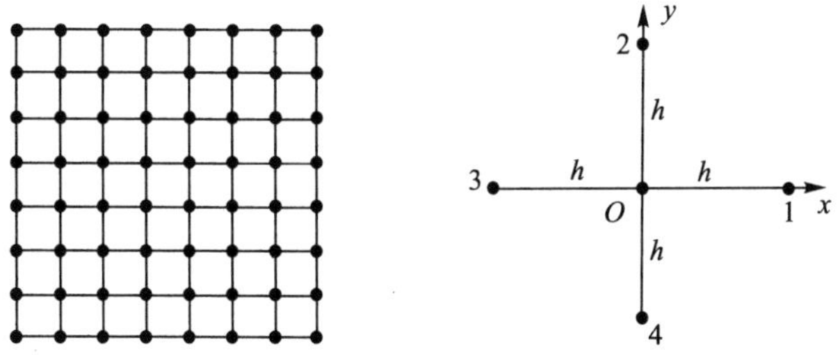

(a)　　(b)

图 4-16　有限差分法的正方形网格点

1. 差分方程组

应用有限差分法计算静态场边值问题时，需要把微分方程用差分方程替代。如图 4-16(b)所示，设 x 轴上邻近 O 点的一点的电位为 ϕ_x，

用泰勒公式展开为

$$\phi_x = \phi_0 + \left(\frac{\partial \phi}{\partial x}\right)_0 (x-0) + \frac{1}{2!}\left(\frac{\partial^2 \phi}{\partial x^2}\right)_0 (x-0)^2 + \frac{1}{3!}\left(\frac{\partial^3 \phi}{\partial x^3}\right)_0 (x-0)^3 + \frac{1}{4!}\left(\frac{\partial^4 \phi}{\partial x^4}\right)_0 (x-0)^4 + \cdots \tag{4-122}$$

故 1 点的电位为

$$\phi_1 = \phi_0 + \left(\frac{\partial \phi}{\partial x}\right)_0 h + \frac{1}{2!}\left(\frac{\partial^2 \phi}{\partial x^2}\right)_0 h^2 + \frac{1}{3!}\left(\frac{\partial^3 \phi}{\partial x^3}\right)_0 h^3 + \cdots \tag{4-123}$$

3 点的电位为

$$\phi_3 = \phi_0 - \left(\frac{\partial \phi}{\partial x}\right)_0 h + \frac{1}{2!}\left(\frac{\partial^2 \phi}{\partial x^2}\right)_0 h^2 - \frac{1}{3!}\left(\frac{\partial^3 \phi}{\partial x^3}\right)_0 h^3 + \cdots \tag{4-124}$$

而$\phi_1 + \phi_3 = 2\,\phi_0 + \left(\frac{\partial^2 \phi}{\partial x^2}\right)_0 h^2 + \cdots$

当 h 很小时，4 阶以上的高次项可以忽略不计，得

$$h^2\left(\frac{\partial^2 \phi}{\partial x^2}\right)_0 = \phi_1 + \phi_3 - 2\,\phi_0 \tag{4-125}$$

同样地，可得

$$h^2\left(\frac{\partial^2 \phi}{\partial y^2}\right)_0 = \phi_2 + \phi_4 - 2\,\phi_0 \tag{4-126}$$

将式(4-125)和式(4-126)相加，得

$$h^2\left(\frac{\partial^2 \phi}{\partial x^2} + \frac{\partial^2 \phi}{\partial y^2}\right) = \phi_1 + \phi_2 + \phi_3 + \phi_4 - 4\,\phi_0 \tag{4-127}$$

在式(4-127)中代入

$$\frac{\partial^2 \phi}{\partial x^2} + \frac{\partial^2 \phi}{\partial y^2} = -\frac{\rho}{\varepsilon_0} \tag{4-128}$$

得

$$\begin{aligned} \phi_1 + \phi_2 + \phi_3 + \phi_4 - 4\,\phi_0 &= -Fh^2 \\ \phi_0 &= (\phi_1 + \phi_2 + \phi_3 + \phi_4 + Fh^2)/4 \end{aligned} \tag{4-129}$$

其中 $F = \frac{\rho}{\varepsilon_0}$。式(4-129)是二维泊松方程的有限差分形式。对于 $\rho = 0$，

即$F=0$的区域,得到二维拉普拉斯方程的有限差分形式

$$\phi_0 = (\phi_1 + \phi_2 + \phi_3 + \phi_4)/4 \tag{4-130}$$

式(4-130)表示在点(x_0, y_0)的电位ϕ等于围绕它的四个点的电位的平均值,这一关系对区域内的每一节点都成立。当用网格将区域划分后,对每一网络节点写出类似的式子,就得到方程数与未知电位的网络节点数相等的线性方程组。已知的边界条件在离散化后成为边界点上节点的已知电位值。

2. 差分方程组的解

(1)简单迭代法

该方法是先对节点(x_i, y_i)选取初值$\phi_{ij}^{(0)}$,其中上标 0 表示 0 次近似值,下角标 i,j 表示节点所在的位置,即第 i 行第 j 列的交点。即按

$$\phi_{i,j}^{(k+1)} = [\phi_{i-1,j}^{(k)} + \phi_{i,j-1}^{(k)} + \phi_{i+1,j}^{(k)} + \phi_{i,j+1}^{(k)}]/4 \tag{4-131}$$

进行反复迭代($k=0,1,2,\cdots$)。迭代一直进行到对所有节点满足条件$|\phi_{i,j}^{(k+1)} - \phi_{i,j}^{(k)}| < W$ 为止,W 是预定的最大允许误差。

在迭代过程中,网格节点一般按“自然顺序”排列,即先“从左到右”再“从下到上”的顺序排列,如图 4-17 所示。迭代也是按自然顺序进行。

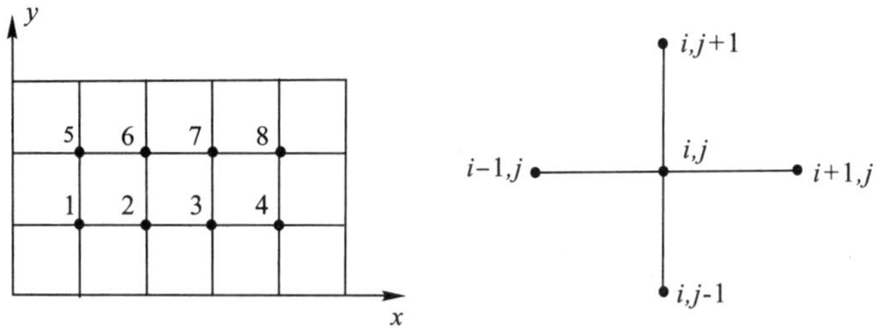

图 4-17　网格节点排列

(2)超松弛法

简单迭代法在解决问题时收敛速度比较慢,一般来说,实用价值不大。实际中常采用超松弛法,相比之下它有两点重大改进。

①计算每一个网格节点时,把已经计算得到的邻近点的电位新值代入,即在计算(i,j)点的电位时,把它左边的点$(i-1,j)$和下面的点$(i,j-1)$的电位用计算得到的新值代入,即

$$\phi_{i,j}^{(k+1)} = [\phi_{i+1,j}^{(k)} + \phi_{i,j+1}^{(k)} + \phi_{i-1,j}^{(k+1)} + \phi_{i,j-1}^{(k+1)}]/4 \tag{4-132}$$

上式称为松弛法(relaxation method)或赛德尔法。由于提前使用了新值,使得收敛速度加快。

②把式(4-132)写成增量形式

$$\phi_{i,j}^{(k+1)} = \phi_{i,j}^{(k)} + [\phi_{i+1,j}^{(k)} + \phi_{i,j+1}^{(k)} + \phi_{i-1,j}^{(k+1)} + \phi_{i,j-1}^{(k+1)} - 4\,\phi_{i,j}^{(k)}]/4 \tag{4-133}$$

这时每次的增量(即上式右边的第二项)就是要求方程局部达到平衡时应补充的量。为了加快收敛,引进一个松弛因子,将上式改写为

$$\phi_{i,j}^{(k+1)} = \phi_{i,j}^{(k)} + \frac{\alpha}{4}[\phi_{i+1,j}^{(k)} + \phi_{i,j+1}^{(k)} + \phi_{i-1,j}^{(k+1)} + \phi_{i,j-1}^{(k+1)} - 4\,\phi_{i,j}^{(k)}] \tag{4-134}$$

式(4-134)中 α 为松弛因子,一般在 1 与 2 之间取值,即给予每点的增量使方程达到局部平衡时所需的值,这将加速解的收敛。当 $\alpha=\alpha_{opt}$(最佳值)时迭代过程收敛最快。在一般情况下,如何选择最佳收敛因子是一个复杂的问题。若正方形区域划分为正方形网格时,每边的节点数为 p,则最佳收敛因子为

$$\alpha_{opt} = \frac{2}{1+\sin\left(\dfrac{\pi}{p-1}\right)} \tag{4-135}$$

【例 4-12】 有一个无限长的金属槽,截面为正方形,两侧面及底板接地,上盖板与侧面绝缘,其上的电位为 $\phi=100$ V,试用有限差分法计算槽内的电位。

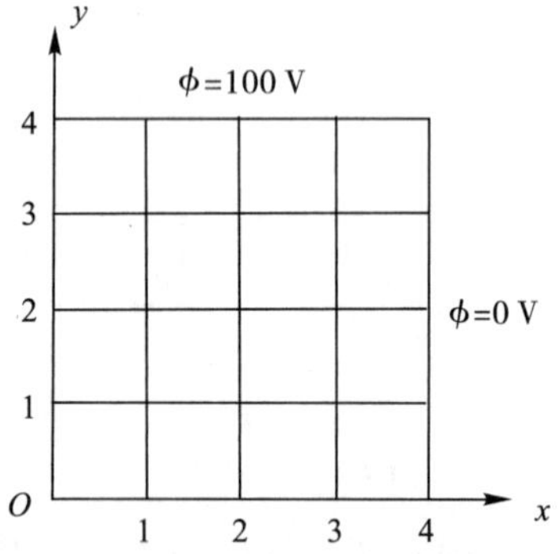

图 4-18 例 4-12 的网格划分

解: 如图 4-18 所示,将场域划分为 16 个网格,共有 25 个节点,其中 16 个边界节点的电位值是已知的,需要计算 9 个内节点的电位值。首先用简单迭代法求解。

设内节点上电位的初始迭代值为

$$\begin{cases} \phi_{1,1}^{(0)} = \phi_{2,1}^{(0)} = \phi_{3,1}^{(0)} = 25 \\ \phi_{1,2}^{(0)} = \phi_{2,2}^{(0)} = \phi_{3,2}^{(0)} = 50 \\ \phi_{1,3}^{(0)} = \phi_{2,3}^{(0)} = \phi_{3,3}^{(0)} = 75 \end{cases} \tag{4-136}$$

代入式(4-131),得到内节点上电位的一次迭代值为

$$\phi_{1,1}^{(1)}=18.75,\quad \phi_{2,1}^{(1)}=25,\quad \phi_{3,1}^{(1)}=18.75$$
$$\phi_{1,2}^{(1)}=37.5,\quad \phi_{2,2}^{(1)}=50,\quad \phi_{3,2}^{(1)}=37.5$$
$$\phi_{1,3}^{(1)}=56.25,\quad \phi_{2,3}^{(1)}=75,\quad \phi_{3,3}^{(1)}=56.25$$

将此次值再代入式(4-131),得到内节点上电位的二次迭代值为

$$\phi_{1,1}^{(2)}=15.625,\quad \phi_{2,1}^{(2)}=21.875,\quad \phi_{3,1}^{(2)}=15.625$$
$$\phi_{1,2}^{(2)}=31.25,\quad \phi_{2,2}^{(2)}=43.75,\quad \phi_{3,2}^{(2)}=31.25$$
$$\phi_{1,3}^{(2)}=53.125,\quad \phi_{2,3}^{(2)}=62.625,\quad \phi_{3,3}^{(2)}=53.125$$

照此迭代下去,计算得到 $\phi_{i,j}^{(28)}$ 时,发现 $\max\limits_{i,j}\left|\phi_{i,j}^{(28)}-\phi_{i,j}^{(27)}\right|<10^{-3}$。取此值作为内节点上电位的最终近似值,则有

$$\phi_{1,1}=7.144,\quad \phi_{1,2}=9.823,\quad \phi_{3,1}=7.144$$
$$\phi_{1,2}=18.751,\quad \phi_{2,2}=25.002,\quad \phi_{3,2}=18.751$$
$$\phi_{1,3}=42.857,\quad \phi_{2,3}=52.680,\quad \phi_{3,3}=42.857$$

再用超松弛迭代法求解本题。由式(4-135)得到最佳收敛因子为 $\alpha_{opt}=1.17$。仍取式(4-136)作为迭代初始值,代入式(4-134),可得内节点上电位的一次迭代值为

$$\phi_{1,1}^{(1)}=17.69,\quad \phi_{2,1}^{(1)}=22.86,\quad \phi_{3,1}^{(1)}=17.06$$
$$\phi_{1,2}^{(1)}=32.24,\quad \phi_{2,2}^{(1)}=44.47,\quad \phi_{3,2}^{(1)}=31.44$$
$$\phi_{1,3}^{(1)}=48.16,\quad \phi_{2,3}^{(1)}=65.53,\quad \phi_{3,3}^{(1)}=44.86$$

照此迭代 10 次时,$\max\limits_{i,j}\left|\phi_{i,j}^{(10)}-\phi_{i,j}^{(9)}\right|<10^{-3}$。

◇◆◇ 本章小结 ◇◆◇

1. 镜像法

(1)镜像法的基本原理和方法。镜像法的理论依据是唯一性定理。基本方法是:在所求电场区域的外部空间的某个适当位置上,放置一个假想的镜像电荷等效地代替导体表面(介质分界面)上的感应电荷(极化电荷)对场分布的影响,从而将所求的边值问题转换为求解无界空间的问题。

(2)恒定磁场的边值问题也可采用镜像法求解。基本方法与静电场的镜像法相类似。

几种典型的镜像问题：

1)平面镜像

①点电荷对无限大接地平面的镜像：等量异号，位置对称。

②点电荷对无限大介质平面的镜像：

$$q_1 = \frac{\varepsilon_1 - \varepsilon_2}{\varepsilon_1 + \varepsilon_2} q \quad (\text{适用于 } \varepsilon_1)$$

$$q_2 = \frac{\varepsilon_2 - \varepsilon_1}{\varepsilon_1 + \varepsilon_2} q \quad (\text{适用于 } \varepsilon_2)$$

2)球面镜像

点电荷对接地导体球面的镜像：

$$q_2 = -\frac{a}{d_1} q_1, d_2 = \frac{a^2}{d_1}$$

2. 分离变量法

根据边界面的形状，建立适当的坐标系，将电位函数表示成三个一维函数的乘积，如直角坐标系$\phi(x,y,z)=f(x)g(y)h(z)$，对拉普拉斯方程进行变量分离，将其变为三个常微分方程，得到电位函数的通解，然后由边界条件求出特解。三个常微分方程中的三个分离常数 k_x，k_y，k_z 必须满足 $k_x^2+k_y^2+k_z^2=0$，故只有两个是独立的分离参数。解的具体形式取决于分离常数。

对于二维问题，其通解如下：

(1)直角坐标系

当 $k_x^2 \geqslant 0$ 时，

$$\phi(x,y) = (A_0 x + B_0)(C_0 x + D_0) + \sum_{n=1}^{\infty} [A_n \sin(k_{xn} x) + B_n \cos(k_{xn} x)][C_n \sinh(k_{xn} y) + D_n \cosh(k_{xn} y)]$$

或

$$\phi(x,y) = (A_0 x + B_0)(C_0 x + D_0) + \sum_{n=1}^{\infty} [A_n \sin(k_{xn} x) + B_n \cos(k_{xn} x)][C_n e^{k_{xn} y} + D_n e^{-k_{xn} y}]$$

当 $k_y^2 \geqslant 0$ 时，

$$\phi(x,y) = (A_0 x + B_0)(C_0 y + D_0) + \sum_{n=1}^{\infty} [A_n \sinh(k_{yn} x) + B_n \cosh(k_{yn} x)][C_n \sin(k_{yn} y) + D_n \cos(k_{yn} y)]$$

或

$$\phi(x,y) = (A_0 x + B_0)(C_0 y + D_0) + \sum_{n=1}^{\infty}[A_n e^{k_{yn}x} + B_n e^{-k_{yn}x}][C_n \sin(k_{yn}y) + D_n \cos(k_{yn}y)]$$

(2)圆柱坐标系

$$\phi(r,\varphi) = (C_0 \ln r + D_0) + \sum_{n=1}^{\infty}[A_n \cos(n\varphi) + B_n \sin(n\varphi)](C_n r^n + D_n r^{-n})$$

(3)球坐标系

若ϕ与 φ 无关,则通解为

$$\phi(r,\theta) = \sum_{m=0}^{\infty}(A_m r^m + B_m r^{-(m+1)})P_m(\cos\theta)$$

3. 有限差分法

有限差分法是一种数值计算方法。首先将求解区域用网格划分,再将拉普拉斯方程变为网格节点的有限差分方程组。在已知边界电位值情况下,用迭代法求得网格节点电位的近似数值。

◇◆◇ 习　题 ◇◆◇

4-1　一点电荷 q 放在如图所示的60°角导体内的 $x=1, y=1$ 点。求:(1)所有镜像电荷的位置和大小;(2)$x=2, y=1$ 点的电位。

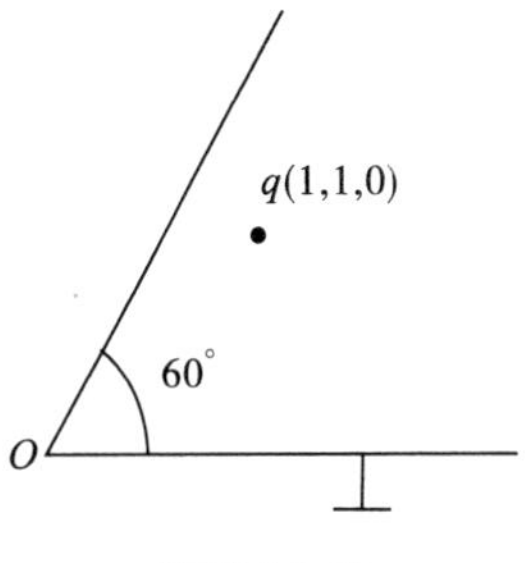

习题 4-1 图

4-2　一电荷量为 q,质量为 m 的小带电体,放置在无限大导体平面下方,与平面的距离为 h。求 q 的值以使带电体上受到的静电力与重力相平衡(设 $m=2\times10^{-3}$ kg, $h=0.02$ m)。

4-3　(1)证明:一个点电荷 q 和一个带有电荷量 Q,半径为 R 的导体球之间的力是

$$F = \frac{q}{4\pi\varepsilon_0}\left[\frac{Q + \left(\frac{R}{D}\right)q}{D^2} - \frac{Rq}{D\left(D - \frac{R^2}{D}\right)^2}\right]$$

式中 D 是 q 到球心的距离。

(2)证明：当 q 与 Q 同号，且 $\dfrac{Q}{q}<\dfrac{RD^3}{(D^2-R^2)^2}-\dfrac{R}{D}$ 成立时，F 表现为吸引力。

4-4 两点电荷$(+Q)$和$(-Q)$位于一个半径为 a 的导电球直径的延长线上，分别距球心 D 和$(-D)$。(1)证明：镜像电荷构成一偶极子，位于球心，偶极距为 $\dfrac{2a^3Q}{D^2}$；(2)令 D 和 Q 分别趋于无穷，同时保持 $\dfrac{Q}{D^2}$ 不变，计算球外的电场。

4-5 一根与地面平行架设的圆截面导线，半径为 a，悬挂高度为 h。证明：导线与地间的单位长度上的电容为

$$C_0=\frac{2\pi\varepsilon_0}{\operatorname{arcosh}\left(\dfrac{h}{a}\right)}$$

4-6 题 4-5 中设导线与地间电压为 U。证明：地对导线单位长度的作用力为

$$F_0=\frac{\pi\varepsilon_0 U^2}{\left[\operatorname{arcosh}\left(\dfrac{h}{a}\right)\right]^2(h^2-a^2)^{1/2}}$$

提示：利用虚位移法 $F_0=\dfrac{\partial W}{\partial h}=\dfrac{\partial}{\partial h}\left(\dfrac{1}{2}C_0U^2\right)$ 证明。

4-7 如图所示，一长方形截面的导体槽，槽可以视为无限长，其上有一块与其相绝缘的盖板，槽的电位为零，盖板的电位为 U_0，求槽内的电位函数。

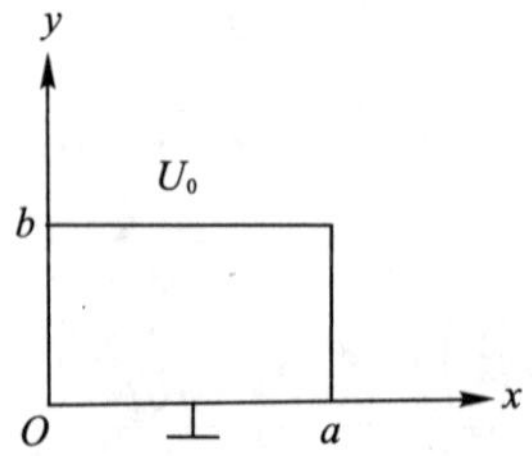

习题 4-7 图

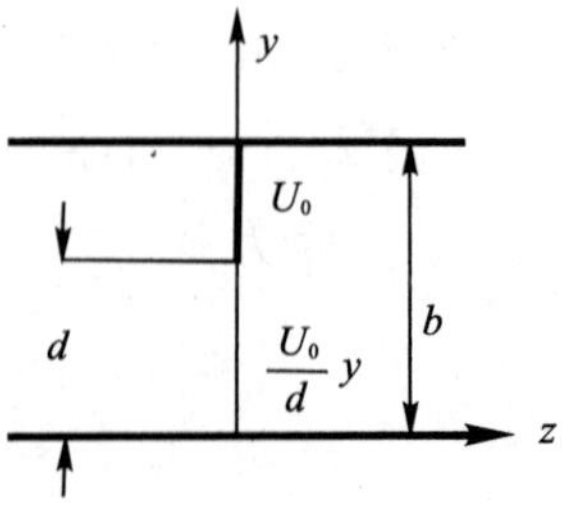

习题 4-8 图

4-8 如图所示，两平行的无限大导体平面，距离为 b，其间有一由 $y=d$ 到 $y=b(-\infty<x<\infty)$ 的薄片。上板和薄片保持电位 U_0，下板保持零电位，求板间电位的解。设在薄片平面上，从 $y=0$ 到 $y=d$，电位线性变化，$\phi=\dfrac{U_0}{d}y$。

4-9 如图所示，导体槽底面保持电位 U_0，其余两面电位为零，求槽内电位的解。

4-10 如图所示，一对无限大接地平行导体板。板间有一个与 z 轴平行的线电荷 q_1，其位置为 $(0,d)$，求板间的电位函数。

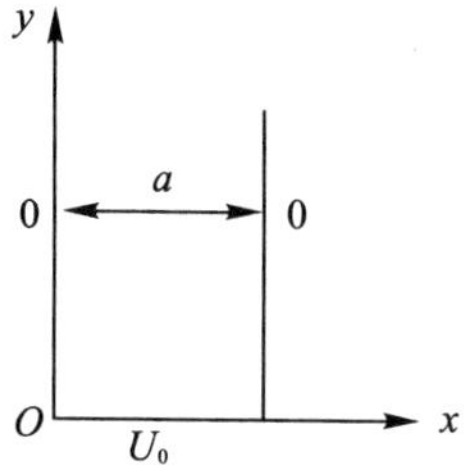

习题 4-9 图

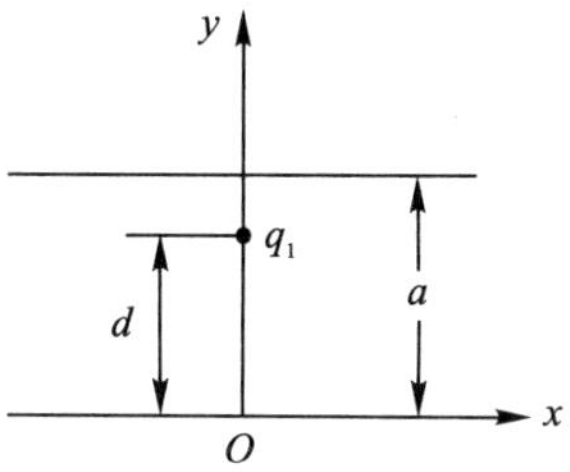

习题 4-10 图

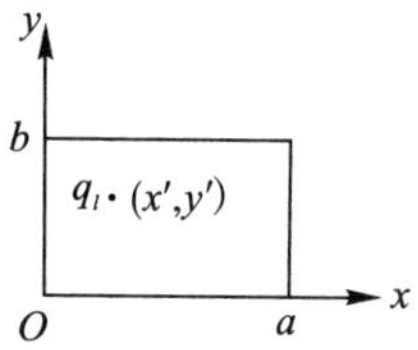

习题 4-11 图

4-11 如图所示，矩形槽电位为零，槽中有一个与槽平行的直线电荷 $q_l=1(\mathrm{C/m})$。求槽内的电位函数。

4-12 在均匀电场 $E=E_0\boldsymbol{e}_x$ 中垂直于电场方向放置一导体圆柱，圆柱半径为 a。求圆柱外的电位函数和导体表面的感应电荷密度。

4-13 考虑一介电常数为 ε 的无限大的介质，在介质中沿 z 轴方向开一个半径为 a 的圆柱形空腔。沿 x 轴方向加一均匀电场 $\boldsymbol{E}_0$，求空腔内和空腔外的电位。

4-14 如图所示，一个半径为 b 且无限长的薄导体圆柱面被分割成四分之一圆柱面。第二象限和第四象限的四分之一圆柱面接地，第一象限和第三象限分别保持电位 U_0 和 $-U_0$。求圆柱面内部的电位分布。

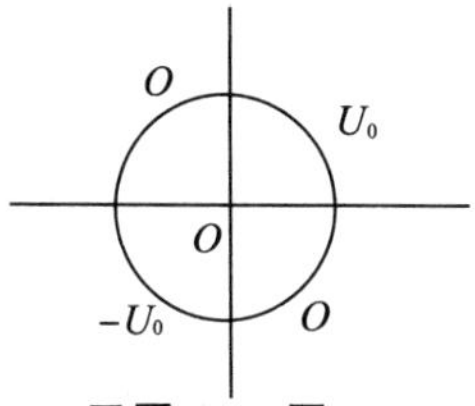

习题 4-14 图

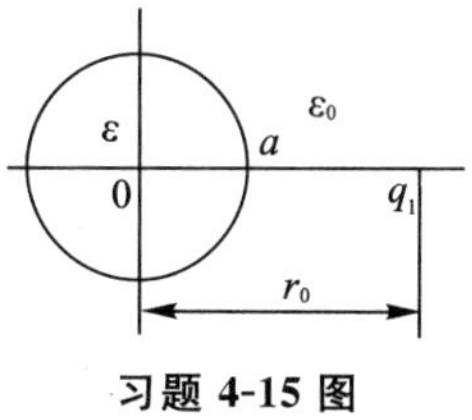

习题 4-15 图

4-15 如图所示，一无限长介质圆柱，在距离轴线 $r_0(r_0>a)$ 处，有一个与圆柱平行的线电荷 q_l。计算空间各部分的电位。

4-16 在均匀电场 $\boldsymbol{E}_0$ 中放入半径为 a 的导体球，设(1)导体充电至 U_0；(2)导体上充电荷量 Q。试分别计算两种情况下球外的电位分布。

4-17 无限大介质中外加均匀电场 $E_z=E_0$，在介质中有一半径为 a 的球形空腔，求空腔中的 $\boldsymbol{E}$ 和空腔表面的极化电荷密度(介质的介电常数为 ε)。

4-18 空心导体球壳内、外半径分别为 r_1,r_2，球中心放置一偶极子 $\boldsymbol{p}$，球壳上的电量为 Q。试计算球内外的电位分布和球壳上的电荷分布。

4-19 欲在一半径为 a 的球上绕线圈，使在球内产生均匀场，问线圈应如何绕(即求绕线密度)？

提示：计算表面电流密度 $\boldsymbol{J}_S=J_S\,\boldsymbol{e}_\varphi$。

4-20 一半径为 R 的介质球带有均匀极化强度 $\boldsymbol{P}$。

(1)证明：球内的电场强度是均匀的，等于 $-\dfrac{\boldsymbol{P}}{\varepsilon_0}$；

(2)证明：球外的电场与一个位于球心的偶极子 $\boldsymbol{P}V$ 产生的电场相同，$V=\dfrac{4}{3}\pi R^3$。

4-21 半径为 a 的接地导体球，离球心 $r_1(r_1>a)$ 处放置一点电荷 q。用分离变量法求电位分布。

4-22 一根密度为 q_l、长为 $2a$ 的线电荷沿 z 轴放置，中心在原点上。证明：对于 $r>a$ 的点，有

$$\phi=\frac{q_1}{2\pi\varepsilon_0}\left[\frac{a}{r}+\frac{a^3}{3r^3}P_2(\cos\theta)+\frac{a^5}{5r^5}P_4(\cos\theta)+\cdots\right]$$

4-23 一半径为 a 的细导线圆环，环与 xy 平面重合，中心在原点上。环上总电荷量为 Q。证明：空间任意点的电位为

$$\phi_1=\frac{Q}{4\pi\varepsilon_0 a}\left[1-\frac{1}{2}\left(\frac{r}{a}\right)^2P_2(\cos\theta)+\frac{3}{8}\left(\frac{r}{a}\right)^4P_4(\cos\theta)+\cdots\right](r\leqslant a)$$

$$\phi_2=\frac{Q}{4\pi\varepsilon_0 a}\left[1-\frac{1}{2}\left(\frac{a}{r}\right)^2P_2(\cos\theta)+\frac{3}{8}\left(\frac{a}{r}\right)^4P_4(\cos\theta)+\cdots\right](r\geqslant a)$$

4-24 如图所示，横截面为矩形的封闭区域由四块无限长导体平板构成，左边和右边的板接地，而顶板和底板分别保持恒定电位 V_1 和 V_2。

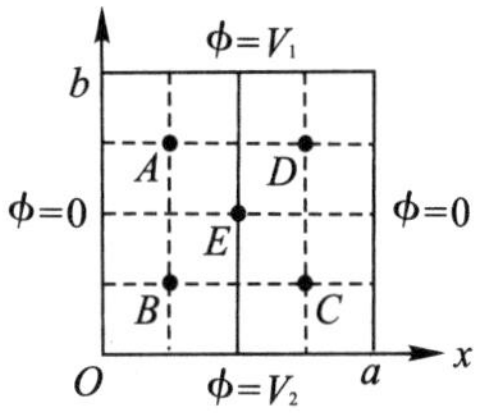

习题 4-24 图

(1) 利用分离变量法求解封闭区域内的电位分布；

(2) 利用有限差分法求出 A, B, C, D 和 E 点的电位，并与分离变量法结果对比。

本章习题答案

第5章 时变电磁场

第2、3章介绍了静态场的基本方程和性质，即静电场和恒定磁场分别由静止电荷和恒定电流产生，且在静态场中电场、磁场是独立存在的。若电荷、电流随时间变化，则它们所产生的电场、磁场也将随时间变化，电场和磁场不再是相互独立的，且两者相互激励、相互影响，从而形成一个统一的电磁场，其能量是以电磁波的形式传播。

本章在介绍法拉第电磁感应定律（Faraday's law of electromagnetic induction）及位移电流（displacement current）假说之后，导出麦克斯韦方程组（Maxwell's equations）和时变电磁场的边界条件（boundary conditions），再由麦克斯韦方程组的限定形式，导出波动方程（wave equations）；在引入动态位的概念之后，导出动态位所满足的达朗贝尔（d'Alembert equation）方程，并引入滞后位；在介绍坡印廷定理（Poynting's theorem）和时谐场的复数表示之后，介绍麦克斯韦方程组、波动方程、达朗贝尔方程和坡印廷定理的复数形式。最后，介绍电磁对偶性。

5.1 法拉第电磁感应定律

本节介绍法拉第电磁感应定律，引出感应电场的概念，表明时变磁场产生时变电场。

5.1.1 法拉第电磁感应定律

自从1820年奥斯特发现电流的磁效应之后，人们开始研究相反的问题，即磁场能否产生电流。英国物理学家法拉第等人经过 10 余年的实验探索，在 1831 年发现，当穿过导体回路的磁通量发生变化时，回路中就会出现感应电流，表明此时回路中存在电动势，这就是感应电动势。进一步的研究发现，感应电动势的大小和方向与磁通量的变化有密切关系，由此总结出了著名的法拉第电磁感应定律。

当通过导体回路所围面积的磁通量 Φ 发生变化时，回路中就会产生感应电动势 $\mathscr{E}_{in}$，其大小等于磁通量的时间变化率的负值，方向是要阻止回路中磁通量的改变，即

$$\mathscr{E}_{in}=-\frac{\mathrm{d}\Phi}{\mathrm{d}t} \tag{5-1}$$

式(5-1)中负号表示回路中感应电动势的作用总是要阻止回路中磁通量的变化。这里已规定感应电动势的正方向和磁力线的正方向之间存在右手螺旋关系。

设任意导体回路 C 围成的曲面为 S，其单位法向矢量为 $\boldsymbol{e}_n$，如图 5-1 所示。

回路附近的磁感应强度为 $\boldsymbol{B}$，穿过回路的磁通量 $\Phi=\oint_S \boldsymbol{B}\cdot\mathrm{d}\boldsymbol{S}$，则式(5-1)可以写成

$$\mathscr{E}_{in}=-\frac{\mathrm{d}}{\mathrm{d}t}\int_S \boldsymbol{B}\cdot\mathrm{d}\boldsymbol{S} \tag{5-2}$$

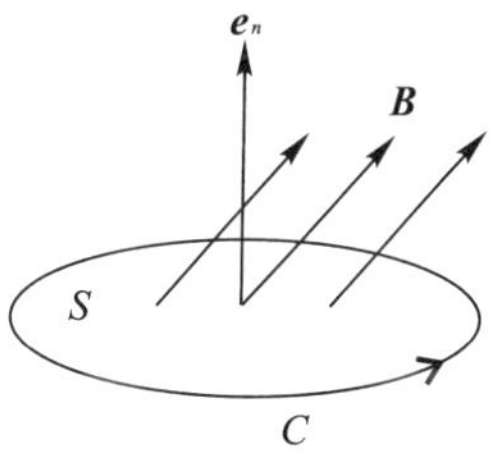

图 5-1　感应电动势的正方向和磁通的方向

若 $\mathscr{E}_{in}<0$，即磁通量随时间增加时，表明感应电动势的实际方向与规定的参考方向相反；若 $\mathscr{E}_{in}>0$，即磁通量随时间减少时，表明感应电动势的实际方向与规定的参考方向相同。因此，感应电流产生的磁通量总是对原磁通量的变化起到阻碍作用。

5.1.2　法拉第电磁感应定律的积分与微分形式

电流是电荷的定向运动形成的，而电荷的定向运动往往是电场力对其作用的结果。所以，当磁通量发生变化时导体回路中产生感应电流，这一定预示着空间中存在电场。这个电场不是电荷激发的，而是由于回路的磁通量发生变化而引起的，它不同于静电场。当一个单位正电荷在电场力的作用下绕回路 C 一周时，电场力所做的功为 $\oint_C \boldsymbol{E}_{in}\cdot\mathrm{d}\boldsymbol{l}$，它

等效于电源对电荷所做的功，即电源电动势。此时电源电动势就是感应电动势 $\mathscr{E}_{in}$，有

$$\mathscr{E}_{in} = \oint_C \boldsymbol{E}_{in} \cdot \mathrm{d}\boldsymbol{l} \tag{5-3}$$

式(5-2)右边的 $\dfrac{\mathrm{d}}{\mathrm{d}t}\int_S \boldsymbol{B} \cdot \mathrm{d}\boldsymbol{S}$ 表示穿过面积 S 的磁通量随时间的变化率，而磁通量变化的原因可以归结为两个：回路静止(既无移动又无形变)，磁场本身变化；磁场不变，回路运动(包括位移和形变)。

1. 回路静止

磁通量的变化是因磁场随时间变化而引起的，时间导数 $\dfrac{\mathrm{d}}{\mathrm{d}t}$ 可以换成时间偏导数 $\dfrac{\partial}{\partial t}$，并且可以移到积分内，故有

$$\oint_C \boldsymbol{E}_{in} \cdot \mathrm{d}\boldsymbol{l} = -\int_S \frac{\partial \boldsymbol{B}}{\partial t} \cdot \mathrm{d}\boldsymbol{S} \tag{5-4}$$

式(5-4)是法拉第电磁感应定律的积分形式。

利用斯托克斯公式 $\oint_C \boldsymbol{F} \cdot \mathrm{d}\boldsymbol{l} = \int_S \nabla\times \boldsymbol{F} \cdot \mathrm{d}\boldsymbol{S}$，并考虑到回路 C(或面积 S)的任意性，得

$$\nabla\times \boldsymbol{E}_{in} = -\frac{\partial \boldsymbol{B}}{\partial t} \tag{5-5}$$

式(5-5)是法拉第电磁感应定律的微分形式。

对法拉第电磁感应定律的解释：

(1)电场强度 $\boldsymbol{E}_{in}$ 是因磁场随时间变化而激发的，称为感应电场。

(2)感应电场是有旋场，其旋涡源为 $-\dfrac{\partial \boldsymbol{B}}{\partial t}$，即磁场随时间变化的地方一定会激发起电场，并形成旋涡状的电场分布，故 $\boldsymbol{E}_{in}$ 又称为涡旋电场。

(3)式(5-5)虽然是对导体回路得到的，但是它对任意回路同样成立。

(4)当磁场随时间的变化率为零时，$\nabla\times \boldsymbol{E}_{in}=0$，这与静电场对应的形式完全相同，因此静电场实际上是时变电场的特殊情况。

如果空间中还存在静止电荷产生的库仑电场 $\boldsymbol{E}_c$，则总电场为 $\boldsymbol{E}=\boldsymbol{E}_{in}+\boldsymbol{E}_c$，这时

$$\oint_C \boldsymbol{E}\cdot \mathrm{d}\boldsymbol{l}=\oint_C(\boldsymbol{E}_{in}+\boldsymbol{E}_c)\cdot \mathrm{d}\boldsymbol{l}=-\int_S \frac{\partial \boldsymbol{B}}{\partial t}\cdot \mathrm{d}\boldsymbol{S} \tag{5-6}$$

$$\nabla\times \boldsymbol{E}=\nabla\times(\boldsymbol{E}_{in}+\boldsymbol{E}_c)=\nabla\times \boldsymbol{E}_{in}=-\frac{\partial \boldsymbol{B}}{\partial t} \tag{5-7}$$

2. 导体回路 C 以速度 $\boldsymbol{v}$ 运动($\boldsymbol{B}$ 不变化，$\boldsymbol{S}$ 变化)

当导体棒以速度 $\boldsymbol{v}$ 在恒定磁场 $\boldsymbol{B}$ 中运动时，导体中电荷受到的磁场力为 $\boldsymbol{F}=q\boldsymbol{v}\times\boldsymbol{B}$，这将使导体内部的电荷朝一端运动。显然，导体中的感应电场实际上是导体中单位电荷所受的洛伦兹力，同时也可以说明，感应电场是由于电荷在磁场中运动而形成的，于是得到

$$\oint_C \boldsymbol{E}\cdot \mathrm{d}\boldsymbol{l}=\oint_C(\boldsymbol{v}\times\boldsymbol{B})\cdot \mathrm{d}\boldsymbol{l} \tag{5-8}$$

3. 导体回路 C 以速度 v 运动(B 变化，S 变化)

可视为上述两种情况的合成，故得

$$\oint_C \boldsymbol{E}\cdot \mathrm{d}l=-\frac{\mathrm{d}}{\mathrm{d}t}\int_S \boldsymbol{B}\cdot \mathrm{d}\boldsymbol{S}=-\int_S \frac{\partial \boldsymbol{B}}{\partial t}\cdot \mathrm{d}\boldsymbol{S}+\oint_C(\boldsymbol{v}\times\boldsymbol{B})\cdot \mathrm{d}\boldsymbol{l} \tag{5-9}$$

【例 5-1】 长为 a、宽为 b 的矩形环中有均匀磁场 $\boldsymbol{B}$ 垂直穿过，如图 5-2 所示。求以下三种情况下矩形环内的感应电动势。

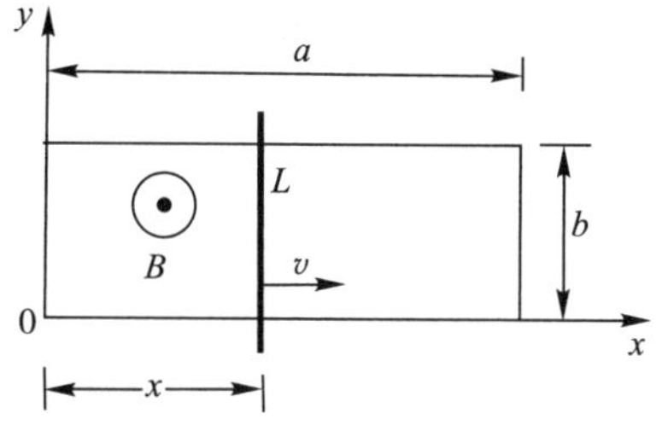

图 5-2　矩形环内的感应电动势

(1)$\boldsymbol{B}=\boldsymbol{e}_z B_0\cos\omega t$，矩形回路 $a\times b$ 静止(可滑动导体 L 不存在)；

(2)$\boldsymbol{B}=\boldsymbol{e}_z B_0$，矩形回路的宽边 $b=$ 常数，但其长边因可滑动导体 L 以匀速 $\boldsymbol{v}=\boldsymbol{e}_x u$ 运动而随时间增大；

(3)$\boldsymbol{B}=\boldsymbol{e}_z B_0\cos\omega t$，且矩形回路上的可滑动导体 L 以匀速 $\boldsymbol{v}=\boldsymbol{e}_x u$ 运动。

解：

(1)均匀磁场 $\boldsymbol{B}$ 随时间变化，而回路静止，因而回路内的感应电动势是由磁场变化产生的。根据式(5-4)，得

$$\mathscr{E}_{in}=\oint_C \boldsymbol{E}\cdot \mathrm{d}\boldsymbol{l}=-\int_S \frac{\partial \boldsymbol{B}}{\partial t}\cdot \mathrm{d}\boldsymbol{S}=-\int_S \frac{\partial}{\partial t}(\boldsymbol{e}_z B_0\cos\omega t)\cdot \boldsymbol{e}_z \mathrm{d}S$$

$$=\omega B_0 ab\sin\omega t$$

(2)均匀磁场 $\boldsymbol{B}$ 为静态场，而回路上的可滑动导体以匀速运动，因而回路内的感应电动势全部是由导体 L 在磁场中运动产生的。根据式(5-8)，得

$$\mathscr{E}_{in}=\oint_C \boldsymbol{E}\cdot \mathrm{d}\boldsymbol{l}=\oint_C(\boldsymbol{v}\times\boldsymbol{B})\cdot \mathrm{d}\boldsymbol{l}=\oint_C(\boldsymbol{e}_x u\times \boldsymbol{e}_z B_0)\cdot \boldsymbol{e}_y \mathrm{d}l=-B_0 ub$$

(3)矩形回路中的感应电动势是由磁场变化以及可滑动导体 L 在磁场中运动产生的，根据式(5-9)，得

$$\mathscr{E}_{in}=\oint_C \boldsymbol{E}\cdot \mathrm{d}\boldsymbol{l}=-\int_S \frac{\partial \boldsymbol{B}}{\partial t}\cdot \mathrm{d}\boldsymbol{S}+\oint_C(\boldsymbol{v}\times\boldsymbol{B})\cdot \mathrm{d}\boldsymbol{l}$$

$$=-\int_S \frac{\partial}{\partial t}(\boldsymbol{e}_z B_0\cos\omega t)\cdot \boldsymbol{e}_z \mathrm{d}S+\oint_C(\boldsymbol{e}_x u\times \boldsymbol{e}_z B_0\cos\omega t)\cdot \boldsymbol{e}_y \mathrm{d}l$$

$$=B_0\omega but\sin\omega t-B_0 bu\cos\omega t$$

5.2 位移电流

本节介绍麦克斯韦提出的位移电流假说，即时变磁场可以产生时变电场。

静电场 $\nabla\times\boldsymbol{E}=0$，时变场 $\nabla\times\boldsymbol{E}=-\dfrac{\partial \boldsymbol{B}}{\partial t}$，这不仅仅是方程形式上的变化，而是一个本质的变化，其中包含了重要的物理事实。前面讨论的恒定磁场基本方程——安培环路定律 $\nabla\times\boldsymbol{H}=\boldsymbol{J}$，对于时变场情况是否也有所变化呢？如果发生变化，又会产生什么物理现象呢？

在时变场情况下，电荷分布将随时间变化，即有 $\dfrac{\partial\rho}{\partial t}\neq 0$，再由电流连续性方程

$$\nabla\cdot\boldsymbol{J}+\frac{\partial\rho}{\partial t}=0\text{，得}\nabla\cdot\boldsymbol{J}=-\frac{\partial\rho}{\partial t}$$

假设时变场情况下，方程$\nabla\times\boldsymbol{H}=\boldsymbol{J}$仍然成立，对此方程两边取散度，有$\nabla\cdot(\nabla\times\boldsymbol{H})=\nabla\cdot\boldsymbol{J}$。利用恒等式$\nabla\cdot(\nabla\times\boldsymbol{A})=0$，得$\nabla\cdot\boldsymbol{J}=0$。

显然，这里得到了两个相互矛盾的结果。下面用一个电容器与时变电压源相连接的电路来推导这种矛盾现象。

如图 5-3 所示。假设电路中有时变的传导电流 $i(t)$，相应地建立时变磁场。对于以闭合回路 C 为周界的开放曲面 S_1，则由安培环路定理得$\oint_C \boldsymbol{H}\cdot\mathrm{d}\boldsymbol{l}=i(t)$。当选定以同一个闭合回路 C 为周界的另一个开放曲面 S_2 时，因穿过曲面 S_2 的传导电流为 0，故得$\oint_C \boldsymbol{H}\cdot\mathrm{d}\boldsymbol{l}=0$。同一个磁场强度矢量 $\boldsymbol{H}$ 在同一个闭合回路 C 上的环量得到相矛盾的结果，这说明恒定磁场中得到的安培环路定理对时变场是不适用的。

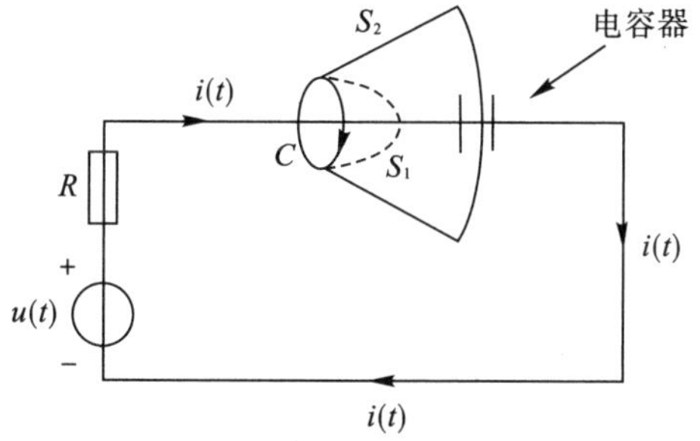

图 5-3　连接在时变电压源上的电容器

针对以上矛盾，麦克斯韦断言电容器的两个极板间必定存在另一种形式的电流。实际上，电容器极板上的电荷分布是随外接的时变电压源而变化的，极板上的时变电荷就在极板间形成时变电场，麦克斯韦认为两个极板间的另一种电流就是由时变电场引起的，称为位移电流。

前一个结果是由电荷守恒定律得到的，而电荷守恒定律是大量实验总结出的普遍规律，显然这个结果应该是正确的。而后一个结果是在假定静态场的安培环路定律在非静态时仍然成立的条件得出的，所以要解决矛盾必须对静态情况下所得到的安培环路定律作相应的修正。

对安培环路定律进行修正的思路是在方程的右边加入一个附加项$\boldsymbol{J}_d$，即有

$$\nabla\times\boldsymbol{H}=\boldsymbol{J}+\boldsymbol{J}_d$$

且$\boldsymbol{J}_{\mathrm{d}}$满足$\nabla \cdot (\boldsymbol{J}+\boldsymbol{J}_d)=0$。

高斯定理$\nabla \cdot \boldsymbol{D}=\rho$的两边对时间求偏导数，得$\frac{\partial}{\partial t}\nabla\cdot\boldsymbol{D}=\nabla\cdot\left(\frac{\partial \boldsymbol{D}}{\partial t}\right)=\frac{\partial \rho}{\partial t}$。如果令$\boldsymbol{J}_d=\frac{\partial \boldsymbol{D}}{\partial t}$，可得

$$\nabla\times \boldsymbol{H} = \boldsymbol{J} + \frac{\partial \boldsymbol{D}}{\partial t} \tag{5-10}$$

显然，此时$\nabla \cdot (\nabla\times\boldsymbol{H})=\nabla\cdot(\boldsymbol{J}+\boldsymbol{J}_d)=0$。式(5-10)就是时变场安培环路定律的微分形式，其中$\boldsymbol{J}_d=\frac{\partial \boldsymbol{D}}{\partial t}$即为位移电流密度。这样就解决了前面所述的矛盾，但是附加项位移电流密度$\boldsymbol{J}_d$的物理意义如何？是否符合物理事实？下面将进一步讨论。

时变场的安培环路定律也具有积分形式，即

$$\oint_C \boldsymbol{H}\cdot \mathrm{d}\boldsymbol{l} = \int_S \boldsymbol{J}\cdot \mathrm{d}\boldsymbol{S} + \int_S \boldsymbol{J}_{\mathrm{d}}\cdot \mathrm{d}\boldsymbol{S} = I + I_{\mathrm{d}} \tag{5-11}$$

式(5-11)中，I和I_d分别为穿过回路C所围区域的真实电流(传导电流和运流电流)和位移电流。

对安培环路定律和位移电流的诠释：

(1)在时变场情况下，磁场仍然是有旋场，但其旋涡源除了真实电流外，还有位移电流。

(2)位移电流代表的是电场随时间的变化率。当空间中电场发生变化时，就会形成磁场的旋涡源，从而激发起旋涡状的磁场，即变化的电场会激发磁场。

(3)位移电流是一种假想的电流。麦克斯韦用数学方法引入了位移电流，深刻地提示了电场和磁场之间的相互联系，并且由此建立了麦克斯韦方程组，从而奠定了电磁理论的基础。赫兹实验和近代无线电技术的广泛应用，完全证实了麦克斯韦方程组的正确性，同时也证实了位移电流的假想。

(4)将$\boldsymbol{D}=\varepsilon_0\boldsymbol{E}+\boldsymbol{P}$代入位移电流密度的定义式中，得$\boldsymbol{J}_d=\varepsilon_0\frac{\partial \boldsymbol{E}}{\partial t}+\frac{\partial \boldsymbol{P}}{\partial t}$，式中第一项$\varepsilon_0\frac{\partial \boldsymbol{E}}{\partial t}$为真空中的位移电流，仅表示电场随时间的变化，并

不对应于任何带电质点的运动，而第二项$\frac{\partial \boldsymbol{P}}{\partial t}$表示介质分子的电极化强度随时间变化引起的极化电流。

【例 5-2】 海水的电导率 $\sigma=4\ \mathrm{S/m}$、相对介电常数 $\varepsilon_r=81$。已知海水中的电场强度 $\boldsymbol{E}=E_m\cos\omega t\ \boldsymbol{e}_x$，求频率 $f=1\ \mathrm{MHz}$ 时海水中的位移电流与传导电流的振幅之比。

解：位移电流密度为

$$\boldsymbol{J}_d=\frac{\partial \boldsymbol{D}}{\partial t}=-\varepsilon_r\varepsilon_0\omega E_m\sin\omega t\ \boldsymbol{e}_x$$

其振幅值为

$$J_{dm}=\varepsilon_r\varepsilon_0\omega E_m=81\times\frac{1}{36\pi\times 10^9}2\pi\times 10^6 E_m=4.5\times 10^{-3}E_m$$

传导电流密度的振幅值为

$$J_{cm}=\sigma E_m=4E_m$$

所以

$$\frac{J_{dm}}{J_{cm}}=1.125\times 10^{-3}$$

5.3 麦克斯韦方程组

麦克斯韦电磁理论的基础是电磁学的三大实验定律，即库仑定律、毕奥-萨伐尔定律和法拉第电磁感应定律。这三个定律分别仅适用于静电场、恒定磁场和缓慢变化的电磁场，不具有普适性。

麦克斯韦在前人的基础上，考虑时间变化这一因素，于 1864 年总结归纳出了麦克斯韦方程组。麦克斯韦方程组是经典电磁理论的基本方程，它用数学形式概括了宏观电磁场的基本规律，具有积分形式和微分形式。

5.3.1 麦克斯韦方程组的积分形式

积分形式包括如下四个方程

$$\oint_C \boldsymbol{H}\cdot \mathrm{d}\boldsymbol{l}=\int_S \boldsymbol{J}\cdot \mathrm{d}\boldsymbol{S}+\int_S \frac{\partial \boldsymbol{D}}{\partial t}\cdot \mathrm{d}\boldsymbol{S} \tag{5-12a}$$

$$\oint_C \boldsymbol{E} \cdot \mathrm{d}\boldsymbol{l} = -\int_S \frac{\partial \boldsymbol{B}}{\partial t} \cdot \mathrm{d}\boldsymbol{S} \tag{5-12b}$$

$$\oint_S \boldsymbol{B} \cdot \mathrm{d}\boldsymbol{S} = 0 \tag{5-12c}$$

$$\oint_S \boldsymbol{D} \cdot \mathrm{d}\boldsymbol{S} = q \tag{5-12d}$$

式(5-12a)的含义是磁场强度沿任意闭合曲线的环量，等于穿过以该闭合曲线为周界的任意曲面的传导电流与位移电流之和。

式(5-12b)的含义是电场强度沿任意闭合曲线的环量，等于穿过以该闭合曲线为周界的任意曲面的磁通量变化率的负值。

式(5-12c)的含义是穿过任意闭合曲面的磁感应强度的通量恒等于零。

式(5-12d)的含义是穿过任意闭合曲面的电位移通量等于该闭合面所包围的自由电荷的代数和。

5.3.2 麦克斯韦方程组的微分形式

微分形式包括如下四个方程

$$\nabla \times \boldsymbol{H} = \boldsymbol{J} + \frac{\partial \boldsymbol{D}}{\partial t} \tag{5-13a}$$

$$\nabla \times \boldsymbol{E} = -\frac{\partial \boldsymbol{B}}{\partial t} \tag{5-13b}$$

$$\nabla \cdot \boldsymbol{B} = 0 \tag{5-13c}$$

$$\nabla \cdot \boldsymbol{D} = \rho \tag{5-13d}$$

式(5-13a)中，$\boldsymbol{J} = \boldsymbol{J}_f + \boldsymbol{J}_c$，$\boldsymbol{J}_f$ 为外部强加的电流源，$\boldsymbol{J}_c = \sigma\boldsymbol{E}$ 为传导电流。本书中若没有特别说明，将无外部强加的电流源$\boldsymbol{J}_f$ 时的$\boldsymbol{J}_c$ 记为 $\boldsymbol{J}$。

关于麦克斯韦方程组的讨论：

(1)时变电场的激发源除了电荷以外，还有变化的磁场；而时变磁场的激发源除了传导电流以外，还有变化的电场。电场和磁场互为激发源，相互激发。

(2)电场和磁场不再相互独立，而是相互关联，构成一个整体——电磁场，电场和磁场分别为电磁场的两个分量。

(3)在离开辐射源(如天线)的无源空间中，电荷密度 ρ 和电流密度

$\boldsymbol{J}$ 为零，电场和磁场仍然可以相互激发，从而在空间形成电磁振荡并传播，这就是电磁波。所以，麦克斯韦方程组实际上已经预言了电磁波的存在，而这个预言已被事实证明。

(4)在无源空间中，两个旋度方程分别为$\nabla\times\boldsymbol{E}=-\frac{\partial\boldsymbol{B}}{\partial t}$和$\nabla\times\boldsymbol{H}=\frac{\partial\boldsymbol{D}}{\partial t}$。可以看到两个方程的右边相差一个负号，而正是这个负号使得电场和磁场构成了一个相互激励又相互约束的关系，即当磁场减小时，电场的旋涡源为正，电场将增大；而当电场增大时，将使磁场增大，磁场增大反过来又使电场减小……但是，如果没有这个负号的差别，电场和磁场之间就不会形成这种不断继续下去的激励关系。

(5)当电场和磁场不随时间变化时，麦克斯韦方程组就简化为静态场的基本方程。

5.3.3 麦克斯韦方程组的限定形式

麦克斯韦方程组可以用不同的形式写出，用 $\boldsymbol{E}$、$\boldsymbol{D}$、$\boldsymbol{B}$、$\boldsymbol{H}$ 四个场量写出的方程称为麦克斯韦方程组的非限定形式。因为它没有限定 $\boldsymbol{D}$ 与 $\boldsymbol{E}$ 之间及 $\boldsymbol{B}$ 与 $\boldsymbol{H}$ 之间的关系，故适用于任何媒质。

对于线性、各向同性媒质，媒质的本构关系为

$$\boldsymbol{D}=\varepsilon\boldsymbol{E}=\varepsilon_r\varepsilon_0\boldsymbol{E} \tag{5-14a}$$

$$\boldsymbol{B}=\mu\boldsymbol{H}=\mu_r\mu_0\boldsymbol{H} \tag{5-14b}$$

$$\boldsymbol{J}=\sigma\boldsymbol{E} \tag{5-14c}$$

当知道 $\boldsymbol{D}$、$\boldsymbol{E}$、$\boldsymbol{B}$、$\boldsymbol{H}$ 之间的本构关系时，代入这些关系，就得到只有两个场矢量的麦克斯韦方程组，称为限定形式的麦克斯韦方程组。

(1)对于线性、各向同性媒质，利用本构关系，麦克斯韦方程组的限定形式为

$$\nabla\times\boldsymbol{H}=\boldsymbol{J}+\frac{\partial\boldsymbol{D}}{\partial t}=\boldsymbol{J}+\varepsilon\frac{\partial\boldsymbol{E}}{\partial t} \tag{5-15a}$$

$$\nabla\times\boldsymbol{E}=-\mu\frac{\partial\boldsymbol{H}}{\partial t} \tag{5-15b}$$

$$\nabla\cdot\mu\boldsymbol{H}=0 \tag{5-15c}$$

$$\nabla\cdot\varepsilon\boldsymbol{E}=\rho \tag{5-15d}$$

(2)对于线性、均匀和各向同性媒质，媒质本构关系中的 ε、μ、σ 是常数，麦克斯韦方程组的限定形式为

$$\nabla\times\boldsymbol{H}=\boldsymbol{J}+\frac{\partial\boldsymbol{D}}{\partial t}=\boldsymbol{J}+\varepsilon\frac{\partial\boldsymbol{E}}{\partial t}\tag{5-16a}$$

$$\nabla\times\boldsymbol{E}=-\mu\frac{\partial\boldsymbol{H}}{\partial t}\tag{5-16b}$$

$$\nabla\cdot\boldsymbol{H}=0\tag{5-16c}$$

$$\nabla\cdot\boldsymbol{E}=\frac{\rho}{\varepsilon}\tag{5-16d}$$

(3)对于线性、均匀、各向同性且无耗($\sigma=0$)的媒质，在没有外加激励源的区域，麦克斯韦方程组的限定形式为

$$\nabla\times\boldsymbol{H}=\frac{\partial\boldsymbol{D}}{\partial t}=\varepsilon\frac{\partial\boldsymbol{E}}{\partial t}\tag{5-17a}$$

$$\nabla\times\boldsymbol{E}=-\mu\frac{\partial\boldsymbol{H}}{\partial t}\tag{5-17b}$$

$$\nabla\cdot\boldsymbol{H}=0\tag{5-17c}$$

$$\nabla\cdot\boldsymbol{E}=0\tag{5-17d}$$

式(5-17)四个方程只有两个旋度方程是独立的，两个散度方程可以由两个旋度方程得到。

【例 5-3】 同轴线内导体直径为 $2a=2\,\text{mm}$，外导体直径为 $2b=8\,\text{mm}$，内外导体间填充 $\mu_r=1$、$\varepsilon_r=2.25$、$\sigma=0$ 的均匀介质。已知内外导体之间的电场强度为 $\boldsymbol{E}=\dfrac{100}{r}\cos(10^8t-\beta z)\boldsymbol{e}_r\ \text{V/m}$，利用麦克斯韦方程求：

(1)相位常数 β；

(2)磁场强度 $\boldsymbol{H}$；

(3)在 $0\leqslant z\leqslant 1\,\text{m}$ 的一段同轴线内总的位移电流。

解：建立圆柱坐标系。

(1)由式(5-17b)，得

$$\nabla\times\boldsymbol{E}=\frac{1}{r}\begin{vmatrix}\boldsymbol{e}_r & r\boldsymbol{e}_\varphi & \boldsymbol{e}_z\\ \dfrac{\partial}{\partial r} & \dfrac{\partial}{\partial\varphi} & \dfrac{\partial}{\partial z}\\ E_r & 0 & 0\end{vmatrix}=\frac{\partial E_r}{\partial z}\boldsymbol{e}_\varphi=\frac{100\beta}{r}\sin(10^8t-\beta z)\,\boldsymbol{e}_\varphi=-\frac{\partial\boldsymbol{B}}{\partial t}$$

$$\boldsymbol{B}=\int\frac{\partial\boldsymbol{B}}{\partial t}\mathrm{d}t=\frac{10^{-6}\beta}{r}\cos(10^{8}t-\beta z)\,\boldsymbol{e}_{\varphi}$$

$$\boldsymbol{H}=\frac{\boldsymbol{B}}{\mu}=\frac{2.5\beta}{\pi r}\cos(10^{8}t-\beta z)\,\boldsymbol{e}_{\varphi}\tag{5-18}$$

由式(5-17a)，得

$$\nabla\times\boldsymbol{H}=\frac{1}{r}\begin{vmatrix}\boldsymbol{e}_r & r\boldsymbol{e}_{\varphi} & \boldsymbol{e}_z\\ \frac{\partial}{\partial r} & \frac{\partial}{\partial\varphi} & \frac{\partial}{\partial z}\\ 0 & rH_{\varphi} & 0\end{vmatrix}=-\frac{\partial H_{\varphi}}{\partial z}\boldsymbol{e}_r$$

$$=-\frac{2.5\beta^{2}}{\pi r}\sin(10^{8}t-\beta z)\,\boldsymbol{e}_r=\varepsilon\frac{\partial\boldsymbol{E}}{\partial t}\tag{5-19}$$

$$\boldsymbol{E}=\int\frac{\partial\boldsymbol{E}}{\partial t}dt=\frac{2.5\beta^{2}\times360\pi}{2.25\pi r}\cos(10^{8}t-\beta z)\,\boldsymbol{e}_r\tag{5-20}$$

式(5-20)的 $\boldsymbol{E}$ 应和题目已知的 $\boldsymbol{E}$ 相等，即

$$\frac{2.5\beta^{2}\times360}{2.25r}\cos(10^{8}t-\beta z)=\frac{100}{r}\cos(10^{8}t-\beta z)$$

故 $\beta=\sqrt{\dfrac{2.25\times100}{2.5\times360}}=0.50(\mathrm{rad/m})$

(2)把 β 代入式(5-18)，得到

$$\boldsymbol{H}=\frac{2.5\beta}{\pi r}\cos(10^{8}t-\beta z)\,\boldsymbol{e}_{\varphi}=\frac{0.398}{r}\cos(10^{8}t-0.5z)\,\boldsymbol{e}_{\varphi}(\mathrm{A/m})\tag{5-21}$$

(3)$\sigma=0$ 时，电容器内外导体之间不存在漏电流，但存在着电场的变化——位移电流。由式(5-19)，得

$$\boldsymbol{J}_d=\frac{\partial\boldsymbol{D}}{\partial t}=\nabla\times\boldsymbol{H}=-\frac{2.5\beta^{2}}{\pi r}\sin(10^{8}t-\beta z)\,\boldsymbol{e}_r$$

$$=-\frac{0.199}{r}\sin(10^{8}t-0.5z)\,\boldsymbol{e}_r$$

1 m 长的一段同轴线上的总位移电流为

$$I_d=\int_0^1\mathrm{d}z\int_0^{2\pi}\boldsymbol{J}_d\cdot\boldsymbol{e}_r r\,\mathrm{d}\varphi$$

$$=-2.5[\cos(10^{8}t-0.5)-\cos(10^{8}t)]\quad(\mathrm{A})$$

5.4 时变电磁场的边界条件

在时变电磁场中，分析两种不同媒质分界面上的边界条件时，与静态场一样，必须应用麦克斯韦方程组的积分形式。

5.4.1 $\boldsymbol{H}$ 的切向分量边界条件

图 5-4 表示两种媒质的分界面，1 区媒质的参数为 ε_1、μ_1、σ_1；2 区媒质的参数为 ε_2、μ_2、σ_2。

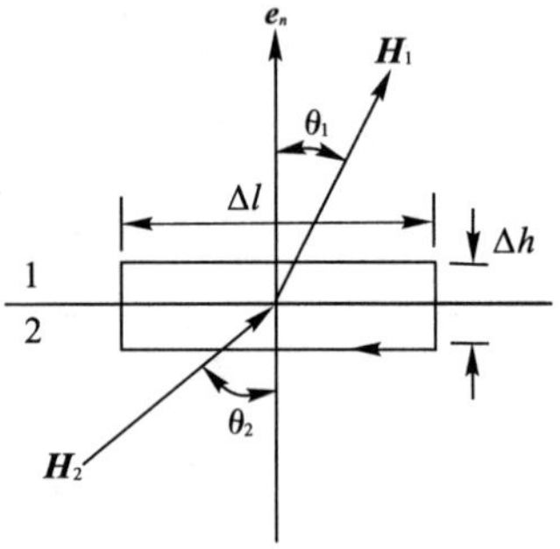

图 5-4 $\boldsymbol{H}$ 的边界条件

设分界面上的面电流密度$\boldsymbol{J}_S$ 的方向垂直于纸面向内，则磁场矢量在纸上。在分界面上取一个矩形闭合回路，其长为 Δl，宽为 $\Delta h \to 0$。把积分形式的麦克斯韦方程(5-12a)应用于此闭合路径，得

$$(H_1 \sin\theta_1 - H_2 \sin\theta_2)\Delta l = \lim_{\Delta h \to 0}\left(\int_S \boldsymbol{J} \cdot \mathrm{d}\boldsymbol{S} + \int_S \frac{\partial \boldsymbol{D}}{\partial t} \cdot \mathrm{d}\boldsymbol{S}\right)$$

即

$$H_{1t} - H_{2t} \approx \lim_{\Delta h \to 0}\left|\frac{\Delta I}{\Delta l \Delta h}\right|\Delta h + \lim_{\Delta h \to 0}\left|\frac{\partial \boldsymbol{D}}{\partial t}\right|\Delta h$$

式中$\left|\frac{\partial \boldsymbol{D}}{\partial t}\right|$是有限量。当 $\Delta h \to 0$ 时，$\lim_{\Delta h \to 0}\left|\frac{\partial \boldsymbol{D}}{\partial t}\right|\Delta h \approx 0$，于是得

$$H_{1t} - H_{2t} = J_S \tag{5-22}$$

用矢量形式表示为

$$\boldsymbol{e}_n \times (\boldsymbol{H}_1 - \boldsymbol{H}_2) = \boldsymbol{J}_S \tag{5-23}$$

式(5-23)中 $\boldsymbol{e}_n$为从媒质 2 指向媒质 1 的分界面法线方向的单位矢量。

若分界面上不存在传导面电流，即$\boldsymbol{J}_S = 0$，则有

$$H_{1t} - H_{2t} = 0 \tag{5-24}$$

$$\boldsymbol{e}_n \times (\boldsymbol{H}_1 - \boldsymbol{H}_2) = 0 \tag{5-25}$$

可见，在两种媒质分界面上存在传导面电流时，$\boldsymbol{H}$ 的切向分量是不

连续的，其不连续量就等于分界面上的面电流密度。若分界面上没有面电流，则 $\boldsymbol{H}$ 的切向分量是连续的。

5.4.2　E 的切向分量边界条件

把积分形式的麦克斯韦方程(5-12b)应用于图 5-5 所示的闭合路径，得

$$E_{1t}-E_{2t}\approx-\lim_{\Delta h\to 0}\left|\frac{\partial \boldsymbol{B}}{\partial t}\right|\Delta h$$

上式中的 $\left|\frac{\partial \boldsymbol{B}}{\partial t}\right|$ 是有限量。当 $\Delta h\to 0$ 时，$\lim_{\Delta h\to 0}\left|\frac{\partial \boldsymbol{B}}{\partial t}\right|\Delta h\approx 0$，于是得

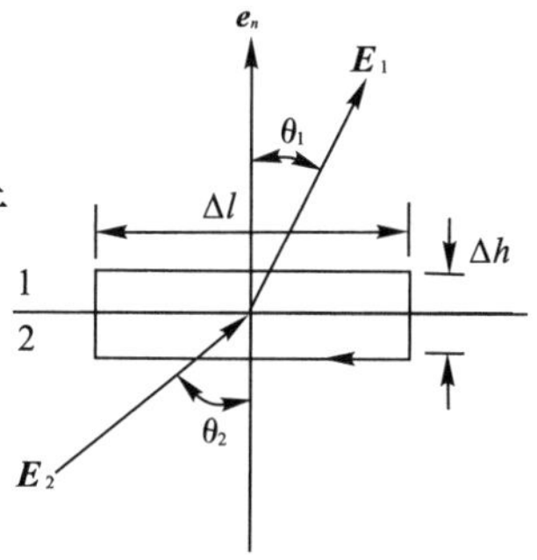

图 5-5　E 的边界条件

$$E_{1t}-E_{2t}=0 \tag{5-26}$$

用矢量形式表示为

$$\boldsymbol{e}_n\times(\boldsymbol{E}_1-\boldsymbol{E}_2)=0 \tag{5-27}$$

可见，在分界面上 $\boldsymbol{E}$ 的切向分量总是连续的。

5.4.3　B 的法向分量边界条件

与恒定磁场相同，时变电磁场中 $\boldsymbol{B}$ 的边界条件为

$$B_{1n}-B_{2n}=0 \tag{5-28}$$

也可表示为矢量形式

$$\boldsymbol{e}_n\cdot(\boldsymbol{B}_1-\boldsymbol{B}_2)=0 \tag{5-29}$$

这说明在分界面上 $\boldsymbol{B}$ 的法向分量总是连续的。

5.4.4　D 的法向分量边界条件

与静电场相同，时变电磁场中 $\boldsymbol{D}$ 的边界条件为

$$D_{1n}-D_{2n}=\rho_S \tag{5-30}$$

用矢量形式表示为

$$\boldsymbol{e}_n\cdot(\boldsymbol{D}_1-\boldsymbol{D}_2)=\rho_S \tag{5-31}$$

这说明在分界面上 $\boldsymbol{D}$ 的法向分量是不连续的，不连续量等于分界面上的自由电荷密度。

若分界面上不存在自由电荷，则

$$D_{1n} - D_{2n} = 0 \tag{5-32}$$

或

$$\boldsymbol{e}_n \cdot (\boldsymbol{D}_1 - \boldsymbol{D}_2) = 0 \tag{5-33}$$

这说明，若分界面上没有自由面电荷，则 $\boldsymbol{D}$ 的法向分量是连续的。

在研究电磁场问题时，常用到以下两种重要的特殊情况。

(1)两种无损耗媒质的分界面。

此时两种媒质的电导率为零，在分界面上一般不存在自由电荷和面电流，即 $\rho_S=0$、$\boldsymbol{J}_S=0$，则边界条件为

$$\boldsymbol{e}_n \times (\boldsymbol{H}_1 - \boldsymbol{H}_2) = 0 \text{ 或 } H_{1t} = H_{2t} \tag{5-34}$$

$$\boldsymbol{e}_n \times (\boldsymbol{E}_1 - \boldsymbol{E}_2) = 0 \text{ 或 } E_{1t} = E_{2t} \tag{5-35}$$

$$\boldsymbol{e}_n \cdot (\boldsymbol{B}_1 - \boldsymbol{B}_2) = 0 \text{ 或 } B_{1n} = B_{2n} \tag{5-36}$$

$$\boldsymbol{e}_n \cdot (\boldsymbol{D}_1 - \boldsymbol{D}_2) = 0 \text{ 或 } D_{1n} = D_{2n} \tag{5-37}$$

(2)理想介质和理想导体的分界面。

理想导体是指其电导率为无穷大的导体，理想导体中电场强度和磁感应强度均为零。理想介质是指其电导率为零的媒质。

设 1 区为理想介质($\sigma_1=0$)，2 区为理想导体($\sigma_2=\infty$)，如图 5-6 所示。

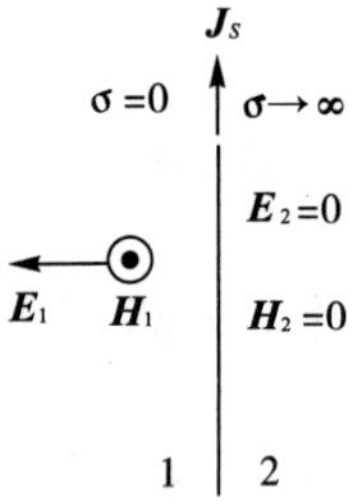

图 5-6　理想介质和理想导体的分界面

则得$\boldsymbol{E}_2=0$、$\boldsymbol{B}_2=0$、$\boldsymbol{H}_2=0$。此时的边界条件为

$$\boldsymbol{e}_n \times \boldsymbol{H}_1 = \boldsymbol{J}_S \text{ 或 } H_{1t} = J_S \tag{5-38}$$

$$\boldsymbol{e}_n \times \boldsymbol{E}_1 = 0 \text{ 或 } E_{1t} = E_{2t} = 0 \tag{5-39}$$

$$\boldsymbol{e}_n \cdot \boldsymbol{B}_1 = 0 \text{ 或 } B_{1n} = B_{2n} = 0 \tag{5-40}$$

$$\boldsymbol{e}_n \cdot \boldsymbol{D}_1 = \rho_S \text{ 或} D_{1n} = \rho_S \tag{5-41}$$

显然，在理想导体表面上，电场始终垂直于导体表面，而磁场平行于导体表面。理想导体实际上是不存在的，但它却是一个非常有用的概念。因为在实际问题中经常遇到金属导体边界的情形。电磁波投射到金属表面时几乎是全反射，进入金属的功率仅是入射波功率的很小部分。如果忽略此微小的功率，则金属表面可以用理想导体表面代替，

使边界条件变得简单，从而简化边值问题的分析。

为便于参考，表 5-1 列出了电磁场的基本方程和相应的边界条件。

表 5-1　基本方程和边界条件

基本方程	边界条件
积分形式 $\oint_C \boldsymbol{H}\cdot \mathrm{d}\boldsymbol{l} = \int_S \left(\boldsymbol{J} + \frac{\partial \boldsymbol{D}}{\partial t}\right)\cdot \mathrm{d}\boldsymbol{S}$ 微分形式 $\nabla\times\boldsymbol{H}=\boldsymbol{J}+\frac{\partial \boldsymbol{D}}{\partial t}$	1. $\boldsymbol{e}_n\times(\boldsymbol{H}_1-\boldsymbol{H}_2)=\boldsymbol{J}_S$ 2. $\boldsymbol{e}_n\times(\boldsymbol{H}_1-\boldsymbol{H}_2)=0$ 3. $\boldsymbol{e}_n\times\boldsymbol{H}_1=\boldsymbol{J}_S$
积分形式 $\oint_C \boldsymbol{E}\cdot \mathrm{d}\boldsymbol{l} = -\int_S \frac{\partial \boldsymbol{B}}{\partial t}\cdot \mathrm{d}\boldsymbol{S}$ 微分形式 $\nabla\times\boldsymbol{E}=-\frac{\partial \boldsymbol{B}}{\partial t}$	1. $\boldsymbol{e}_n\times(\boldsymbol{E}_1-\boldsymbol{E}_2)=0$ 2. $\boldsymbol{e}_n\times(\boldsymbol{E}_1-\boldsymbol{E}_2)=0$ 3. $\boldsymbol{e}_n\times\boldsymbol{E}_1=0$
积分形式 $\oint_S \boldsymbol{B}\cdot \mathrm{d}\boldsymbol{S} = 0$ 微分形式 $\nabla\cdot\boldsymbol{B}=0$	1. $\boldsymbol{e}_n\cdot(\boldsymbol{B}_1-\boldsymbol{B}_2)=0$ 2. $\boldsymbol{e}_n\cdot(\boldsymbol{B}_1-\boldsymbol{B}_2)=0$ 3. $\boldsymbol{e}_n\cdot\boldsymbol{B}_1=0$
积分形式 $\oint_S \boldsymbol{D}\cdot \mathrm{d}\boldsymbol{S} = q$ 微分形式 $\nabla\cdot\boldsymbol{D}=\rho$	1. $\boldsymbol{e}_n\cdot(\boldsymbol{D}_1-\boldsymbol{D}_2)=\rho_S$ 2. $\boldsymbol{e}_n\cdot(\boldsymbol{D}_1-\boldsymbol{D}_2)=0$ 3. $\boldsymbol{e}_n\cdot\boldsymbol{D}_1=\rho_S$
情况 1：一般边界条件 情况 2：两种媒质是理想介质 情况 3：媒质 2 是理想导体	

注：分界面的法向单位矢量 $\boldsymbol{e}_n$ 由分界面指向媒质 1。

【例 5-4】 在由理想导电壁($\sigma=\infty$)限定的区域 $0\leqslant x\leqslant a$ 内存在以下电磁场

$$E_y = H_0\mu\omega\left(\frac{a}{\pi}\right)\sin\left(\frac{\pi x}{a}\right)\sin(kz-\omega t)$$

$$H_x = H_0 k\left(\frac{\pi}{a}\right)\sin\left(\frac{\pi x}{a}\right)\sin(kz-\omega t)$$

$$H_z = H_0\cos\left(\frac{\pi x}{a}\right)\cos(kz-\omega t)$$

这个电磁场满足的边界条件如何？导电壁上的电流密度的值如何？

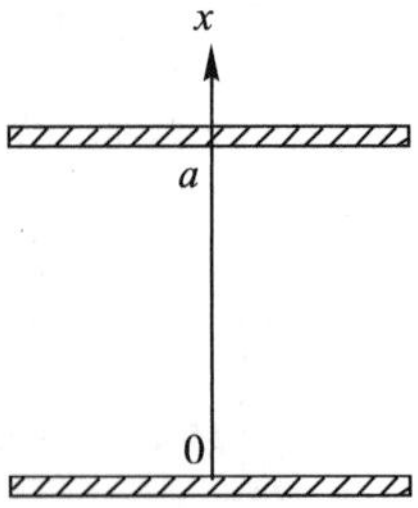

图 5-7 理想导体的边界

解:如图 5-7 所示,应用理想导体的边界条件可以得出

在 $x=0$ 处,$E_y=0, H_x=0$

$$H_z = H_0\cos(kz-\omega t)$$

在 $x=a$ 处,$E_y=0, H_x=0$

$$H_z = -H_0\cos(kz-\omega t)$$

上述结果表明,在理想导体的表面,不存在电场的切向分量 E_y 和磁场的法向分量 H_x。

另外,在 $x=0$ 的表面上,电流密度为

$$\begin{aligned}\boldsymbol{J}_S &= \boldsymbol{e}_n\times\boldsymbol{H}\big|_{x=0} = \boldsymbol{e}_x\times(H_x\boldsymbol{e}_x+H_z\boldsymbol{e}_z)\big|_{x=0}\\ &= \boldsymbol{e}_x\times H_z\boldsymbol{e}_z\big|_{x=0} = -H_0\cos(kz-\omega t)\,\boldsymbol{e}_y\end{aligned}$$

在 $x=a$ 的表面上,电流密度为

$$\begin{aligned}\boldsymbol{J}_S &= \boldsymbol{e}_n\times\boldsymbol{H}\big|_{x=a} = -\boldsymbol{e}_x\times(H_x\boldsymbol{e}_x+H_z\boldsymbol{e}_z)\big|_{x=a}\\ &= -\boldsymbol{e}_x\times H_z\boldsymbol{e}_z\big|_{x=a} = -H_0\cos(kz-\omega t)\,\boldsymbol{e}_y\end{aligned}$$

5.5 波动方程

在时变电磁场情况下,电场与磁场相互激励,并以电磁波的形式在空间中进行传播。从限定形式的麦克斯韦方程组式(5-17)可导出波动方程,其揭示了时变电磁场的运动规律,即电磁场的波动性。

5.5.1 无源空间

在线性均匀各向同性无耗($\sigma=0$)媒质的无源区域内,电流密度和电荷密度处处为零,即 $\boldsymbol{J}=0$、$\rho=0$。麦克斯韦方程组变为

$$\nabla\times\boldsymbol{H} = \varepsilon\frac{\partial\boldsymbol{E}}{\partial t} \tag{5-42a}$$

$$\nabla\times\boldsymbol{E} = -\mu\frac{\partial\boldsymbol{H}}{\partial t} \tag{5-42b}$$

$$\nabla\cdot\boldsymbol{H} = 0 \tag{5-42c}$$

$$\nabla\cdot\boldsymbol{E} = 0 \tag{5-42d}$$

对式(5-42b)两边取旋度

$$\nabla\times\nabla\times\boldsymbol{E}=-\mu\frac{\partial}{\partial t}(\nabla\times\boldsymbol{H})$$

应用矢量恒等式$\nabla\times\nabla\times\boldsymbol{E}=\nabla(\nabla\cdot\boldsymbol{E})-\nabla^2\boldsymbol{E}$，并将式(5-42a)和式(5-42d)代入，得

$$\nabla^2\boldsymbol{E}-\mu\varepsilon\frac{\partial^2\boldsymbol{E}}{\partial t^2}=0 \tag{5-43}$$

式(5-43)为 $\boldsymbol{E}$ 的波动方程。式中的∇^2为矢量拉普拉斯算符。

同理可导出 $\boldsymbol{H}$ 的波动方程

$$\nabla^2\boldsymbol{H}-\mu\varepsilon\frac{\partial^2\boldsymbol{H}}{\partial t^2}=0 \tag{5-44}$$

无源区域中的 $\boldsymbol{E}$ 或 $\boldsymbol{H}$ 可以通过求解式(5-43)或式(5-44)的波动方程得到，且 $\boldsymbol{E}$ 或 $\boldsymbol{H}$ 是随着空间位置和时间的变化而变化。

在直角坐标系中，波动方程可以分解为三个标量方程，每个方程中只含一个未知函数。例如，式(5-43)可以分解为

$$\frac{\partial^2 E_x}{\partial x^2}+\frac{\partial^2 E_x}{\partial y^2}+\frac{\partial^2 E_x}{\partial z^2}-\mu\varepsilon\frac{\partial^2 E_x}{\partial t^2}=0\ \text{或}\ \nabla^2 E_x-\mu\varepsilon\frac{\partial^2 E_x}{\partial t^2}=0 \tag{5-45a}$$

$$\frac{\partial^2 E_y}{\partial x^2}+\frac{\partial^2 E_y}{\partial y^2}+\frac{\partial^2 E_y}{\partial z^2}-\mu\varepsilon\frac{\partial^2 E_y}{\partial t^2}=0\ \text{或}\ \nabla^2 E_y-\mu\varepsilon\frac{\partial^2 E_y}{\partial t^2}=0 \tag{5-45b}$$

$$\frac{\partial^2 E_z}{\partial x^2}+\frac{\partial^2 E_z}{\partial y^2}+\frac{\partial^2 E_z}{\partial z^2}-\mu\varepsilon\frac{\partial^2 E_z}{\partial t^2}=0\ \text{或}\ \nabla^2 E_z-\mu\varepsilon\frac{\partial^2 E_z}{\partial t^2}=0 \tag{5-45c}$$

而其他坐标系中分解得到的三个标量方程都具有复杂的形式。

5.5.2 有源空间

在线性均匀各向同性无耗媒质的有源区域内，麦克斯韦方程组变为

$$\nabla\times\boldsymbol{H}=\boldsymbol{J}+\varepsilon\frac{\partial\boldsymbol{E}}{\partial t} \tag{5-46a}$$

$$\nabla\times\boldsymbol{E}=-\mu\frac{\partial\boldsymbol{H}}{\partial t} \tag{5-46b}$$

$$\nabla \cdot \boldsymbol{H} = 0 \tag{5-46c}$$

$$\nabla \cdot \boldsymbol{E} = \frac{\rho}{\varepsilon} \tag{5-46d}$$

对式(5-46b)两边取旋度

$$\nabla \times \nabla \times \boldsymbol{E} = -\mu \frac{\partial}{\partial t}(\nabla \times \boldsymbol{H})$$

应用矢量恒等式$\nabla \times \nabla \times \boldsymbol{E} = \nabla(\nabla \cdot \boldsymbol{E}) - \nabla^2 \boldsymbol{E}$，并将式(5-46a)和式(5-46d)代入，得

$$\nabla\left(\frac{\rho}{\varepsilon}\right) - \nabla^2 \boldsymbol{E} = -\mu \frac{\partial}{\partial t}\left(\boldsymbol{J} + \varepsilon \frac{\partial \boldsymbol{E}}{\partial t}\right)$$

$$\nabla^2 \boldsymbol{E} - \mu\varepsilon \frac{\partial^2 \boldsymbol{E}}{\partial t^2} = \mu \frac{\partial \boldsymbol{J}}{\partial t} + \frac{1}{\varepsilon} \nabla\rho \tag{5-47}$$

式(5-47)为有源区域内 $\boldsymbol{E}$ 的波动方程。

同样可导出 $\boldsymbol{H}$ 的波动方程

$$\nabla^2 \boldsymbol{H} - \mu\varepsilon \frac{\partial^2 \boldsymbol{H}}{\partial t^2} = -\nabla \times \boldsymbol{J} \tag{5-48}$$

有源区域中的 $\boldsymbol{E}$ 或 $\boldsymbol{H}$ 可以通过求解式(5-47)或式(5-48)的波动方程得到，式中 $\boldsymbol{J}$ 和 ρ 是产生电磁波的源。

波动方程的解是在空间中一个沿特定方向传播的电磁波。研究电磁波的传播问题可归结为给定边界条件和初始条件下求波动方程的解。当然，除最简单的情形外，求解波动方程往往是很复杂的。

5.6 电磁场的位函数

尽管上一节中 $\boldsymbol{E}$ 和 $\boldsymbol{H}$ 被分离到了各自的波动方程中，但每个矢量有三个分量，故直接求解矢量的波动方程仍然是很复杂的。借助于辅助的位函数可以减少未知函数的数目，简化求解。如果把静态场的各种位函数统称为静态位，则时变场的各种位函数可称为动态位。由于电场和磁场不可分割，所以动态位是成对的。本节引出动态标量位和矢量位后，导出它们满足的非齐次波动方程——达朗贝尔方程，由其解引入滞后位的概念。

5.6.1　动态位

由于磁场 $\boldsymbol{B}=\boldsymbol{B}(\boldsymbol{r},t)$的散度恒等于零，即$\nabla\cdot\boldsymbol{B}=0$，令

$$\boldsymbol{B}=\nabla\times\boldsymbol{A} \tag{5-49}$$

代入式(5-13b)，得$\nabla\times\boldsymbol{E}=-\frac{\partial}{\partial t}(\nabla\times\boldsymbol{A})$

$$\nabla\times\left(\boldsymbol{E}+\frac{\partial\boldsymbol{A}}{\partial t}\right)=0 \tag{5-50}$$

式(5-50)中，括号部分 $\boldsymbol{E}+\frac{\partial\boldsymbol{A}}{\partial t}$可以看成一个矢量。由于无旋的矢量可以用一个标量函数的梯度代替，所以令

$$\boldsymbol{E}+\frac{\partial\boldsymbol{A}}{\partial t}=-\nabla\phi \tag{5-51}$$

则

$$\boldsymbol{E}=-\nabla\phi-\frac{\partial\boldsymbol{A}}{\partial t} \tag{5-52}$$

式(5-52)中，$\boldsymbol{A}$ 称为动态矢量位，简称为矢量位，单位是韦伯/米(Wb/m)，ϕ称为动态标量位，简称为标量位，单位是伏特(V)。$\boldsymbol{A}$ 和ϕ就是时变电磁场的一个动态位对。

式(5-49)只规定了矢量位 $\boldsymbol{A}$ 的旋度，没有规定矢量位 $\boldsymbol{A}$ 的散度。因此，通过规定矢量位 $\boldsymbol{A}$ 的散度，不仅可以得到唯一的 $\boldsymbol{A}$ 和ϕ，而且还可以使问题的求解得以简化。因此，在时变电磁场中，通常规定矢量位 $\boldsymbol{A}$ 的散度为

$$\nabla\cdot\boldsymbol{A}=-\mu\varepsilon\frac{\partial\phi}{\partial t} \tag{5-53}$$

式(5-53)称为洛伦兹条件。

5.6.2　达朗贝尔方程

引入 $\boldsymbol{A}$、ϕ后，电磁场除了能用 $\boldsymbol{E}$ 和 $\boldsymbol{B}$ 描述，同时也可用矢量位 $\boldsymbol{A}$ 和标量位ϕ描述，这两种描述是等价的。但 $\boldsymbol{E}$、$\boldsymbol{B}$、$\boldsymbol{A}$、ϕ之间并不存在唯一的对应关系，同样地 $\boldsymbol{E}$、$\boldsymbol{B}$ 对应着多个 $\boldsymbol{A}$、ϕ。也就是说，$\boldsymbol{A}$、ϕ是不唯一的，具有任意性，但由于存在规范不变性，并不影响电磁场的唯一性。

而且，利用规范函数的任意性可以灵活地规定 $\boldsymbol{A}$ 及 ϕ 之间的关系，以简化辅助位 $\boldsymbol{A}$ 及 ϕ 的方程。

对于线性均匀各向同性媒质，将式(5-49)和式(5-52)代入式(5-13d)和式(5-13a)，得

$$\nabla\cdot\boldsymbol{E}=\nabla\cdot\left(-\nabla\phi-\frac{\partial\boldsymbol{A}}{\partial t}\right)=\frac{\rho}{\varepsilon}$$

$$\nabla^2\phi+\frac{\partial}{\partial t}(\nabla\cdot\boldsymbol{A})=-\frac{\rho}{\varepsilon}\tag{5-54}$$

及

$$\begin{aligned}\nabla\times\boldsymbol{H}=\frac{1}{\mu}\nabla\times\nabla\times\boldsymbol{A}&=\boldsymbol{J}+\varepsilon\frac{\partial\boldsymbol{E}}{\partial t}\\&=\boldsymbol{J}+\varepsilon\frac{\partial}{\partial t}\left(-\nabla\phi-\frac{\partial\boldsymbol{A}}{\partial t}\right)\end{aligned}$$

利用矢量恒等式 $\nabla\times\nabla\times\boldsymbol{A}=\nabla(\nabla\cdot\boldsymbol{A})-\nabla^2\boldsymbol{A}$，得

$$\nabla(\nabla\cdot\boldsymbol{A})-\nabla^2\boldsymbol{A}=\mu\boldsymbol{J}-\mu\varepsilon\nabla\left(\frac{\partial\phi}{\partial t}\right)-\mu\varepsilon\frac{\partial^2\boldsymbol{A}}{\partial t^2}$$

即

$$\nabla^2\boldsymbol{A}-\mu\varepsilon\frac{\partial^2\boldsymbol{A}}{\partial t^2}=-\mu\boldsymbol{J}+\nabla\left(\nabla\cdot\boldsymbol{A}+\mu\varepsilon\frac{\partial\phi}{\partial t}\right)\tag{5-55}$$

根据亥姆霍兹定理，要唯一地确定矢量位 $\boldsymbol{A}$，除规定它的旋度外，还必须规定它的散度。将洛伦兹条件

$$\nabla\cdot\boldsymbol{A}=-\mu\varepsilon\frac{\partial\phi}{\partial t}$$

代入式(5-55)和式(5-54)，得

$$\nabla^2\boldsymbol{A}-\mu\varepsilon\frac{\partial^2\boldsymbol{A}}{\partial t^2}=-\mu\boldsymbol{J}\tag{5-56}$$

$$\nabla^2\phi-\mu\varepsilon\frac{\partial^2\phi}{\partial t^2}=-\frac{\rho}{\varepsilon}\tag{5-57}$$

采用洛伦兹条件使 $\boldsymbol{A}$ 和 ϕ 分离在两个方程里，式(5-56)和式(5-57)称为达朗贝尔方程，它是关于动态位 $\boldsymbol{A}$ 和 ϕ 的非齐次波动方程。此方程显示 $\boldsymbol{A}$ 的源是 $\boldsymbol{J}$，而 ϕ 的源是 ρ，这对求解方程非常有利。当然，在时变场中 $\boldsymbol{J}$ 和 ρ 是相互联系的。洛伦兹条件是人为地规定 $\boldsymbol{A}$ 的散度值，

如果不采取洛伦兹条件而采取另外的$\nabla \cdot \boldsymbol{A}$ 值，得到的 $\boldsymbol{A}$ 和ϕ的方程将不同于达朗贝尔方程，会得到另一组 $\boldsymbol{A}$ 和ϕ的解。但最后由 $\boldsymbol{A}$ 和ϕ求出的 $\boldsymbol{B}$ 和 $\boldsymbol{E}$ 是不变的。

5.6.3　达朗贝尔方程的解

式(5-56)和式(5-57)是两个非齐次波动方程，实际上是四个相似的标量方程的集合，故在解决问题时只需求解一个标量方程。本小节不去严格求解，而是采用类比方法求方程(5-57)的解，并把重点放在理解所得解的物理意义上。

设标量位ϕ是由足够小的体积 $\mathrm{d}V'$内的电荷元 $\mathrm{d}q=\rho\mathrm{d}V'$产生的，因此在 $\mathrm{d}V'$之外不存在电荷，式(5-57)变为齐次波动方程

$$\nabla^2 \phi - \mu\varepsilon \frac{\partial^2 \phi}{\partial t^2} = 0 \tag{5-58}$$

可把 $\mathrm{d}q$ 看作点电荷，利用点电荷周围空间的场具有球对称性的特点，标量位ϕ在球坐标系中仅与 r 有关，即$\phi=\phi(r,t)$，则式(5-58)可简化为

$$\frac{1}{r^2}\frac{\partial}{\partial r}\left(r^2 \frac{\partial \phi}{\partial r}\right) - \mu\varepsilon \frac{\partial^2 \phi}{\partial t^2} = 0 \tag{5-59}$$

引入一个新的函数 $U(r,t)$，使$\phi(r,t)=\frac{1}{r}U(r,t)$，则式(5-59)变为

$$\frac{\partial^2 U}{\partial r^2} - \frac{1}{v^2}\frac{\partial^2 U}{\partial t^2} = 0 \tag{5-60}$$

式(5-60)是一维波动方程，其中 $v=\frac{1}{\sqrt{\mu\varepsilon}}$。可以证明任何以$\left(t-\frac{r}{v}\right)$为宗量的二次可微分函数都是式(5-60)的解，即

$$U(r,t) = f\left(t - \frac{r}{v}\right) \tag{5-61}$$

式(5-61)表示一个以速度 v 沿$+r$ 方向行进的波。故标量位函数为

$$\phi(r,t) = \frac{1}{r} f\left(t - \frac{r}{v}\right) \tag{5-62}$$

为了确定函数 $f\left(t-\frac{r}{v}\right)$的特定形式，将式(5-62)与同样位于坐标原点的静止点电荷元 $\rho\mathrm{d}V'$产生的标量电位

$$\mathrm{d}\,\phi(r) = \frac{\rho \mathrm{d}V'}{4\pi\varepsilon r} \tag{5-63}$$

进行类比，可看出时变场的标量位应为

$$\mathrm{d}\,\phi(r,t)=\frac{\rho\left(t-\dfrac{r}{v}\right)\mathrm{d}V'}{4\pi\varepsilon r} \tag{5-64}$$

对位于 $\boldsymbol{r}'$ 处的点电荷元 $\mathrm{d}q=\rho(\boldsymbol{r}',t)\mathrm{d}V'$，应将上式右端的 r 换成 $|\boldsymbol{r}-\boldsymbol{r}'|$，即

$$\mathrm{d}\,\phi(\boldsymbol{r},t)=\frac{\rho\left(\boldsymbol{r}',t-\dfrac{1}{v}\mid\boldsymbol{r}-\boldsymbol{r}'\mid\right)\mathrm{d}V'}{4\pi\varepsilon\mid\boldsymbol{r}-\boldsymbol{r}'\mid}=\frac{\rho\left(\boldsymbol{r}',t-\dfrac{R}{v}\right)\mathrm{d}V'}{4\pi\varepsilon R} \tag{5-65}$$

式(5-65)中，$R=|\boldsymbol{r}-\boldsymbol{r}'|$。

因此，体积 V' 内分布的电荷产生的标量位为

$$\phi(\boldsymbol{r},t)=\frac{1}{4\pi\varepsilon}\int_V\frac{\rho\left(\boldsymbol{r}',t-\dfrac{R}{v}\right)}{R}\mathrm{d}V' \tag{5-66}$$

式(5-66)中的$\dfrac{R}{v}=\dfrac{|\boldsymbol{r}-\boldsymbol{r}'|}{v}$代表响应函数(与电荷相距为 $R=|\boldsymbol{r}-\boldsymbol{r}'|$ 的位函数)与源(位于 $\boldsymbol{r}'$ 的时变电荷)之间的时延。即离开源为 $R=|\boldsymbol{r}-\boldsymbol{r}'|$ 处，在时刻 t 的标量位由稍早时刻 $t-\dfrac{|\boldsymbol{r}-\boldsymbol{r}'|}{v}$的电荷密度所决定。也就是说，观察点的场变化滞后于源的变化，滞后的时间$\dfrac{R}{v}$正好是源以速度 $v=\dfrac{1}{\sqrt{\mu\varepsilon}}$传播距离 R 所需的时间。故式(5-66)表示的标量位$\phi(\boldsymbol{r},t)$称为标量滞后位。

对于矢量位 $\boldsymbol{A}(\boldsymbol{r},t)$，可将其分解为三个分量，即 $\boldsymbol{A}(\boldsymbol{r},t)=A_x(\boldsymbol{r},t)\boldsymbol{e}_x+A_y(\boldsymbol{r},t)\boldsymbol{e}_y+A_z(\boldsymbol{r},t)\boldsymbol{e}_z$，$\boldsymbol{J}(\boldsymbol{r},t)=J_x(\boldsymbol{r},t)\boldsymbol{e}_x+J_y(\boldsymbol{r},t)\boldsymbol{e}_y+J_z(\boldsymbol{r},t)\boldsymbol{e}_z$，则 $\boldsymbol{A}(\boldsymbol{r},t)$的矢量运算可化为标量运算，仿照上述过程可求出矢量滞后位的表达式

$$\boldsymbol{A}(\boldsymbol{r},t)=\frac{\mu}{4\pi}\int_V\frac{\boldsymbol{J}\left(\boldsymbol{r}',t-\dfrac{R}{v}\right)}{R}\mathrm{d}V'=\frac{\mu}{4\pi}\int_V\frac{\boldsymbol{J}\left(\boldsymbol{r}',t-\dfrac{\mid\boldsymbol{r}-\boldsymbol{r}'\mid}{v}\right)}{\mid\boldsymbol{r}-\boldsymbol{r}'\mid}\mathrm{d}V' \tag{5-67}$$

求出ϕ和 $\boldsymbol{A}$ 之后，就可由式(5-52)和式(5-49)求出电场和磁场。事实上，由于ϕ和 $\boldsymbol{A}$ 之间的关系已由洛伦兹条件$\nabla \cdot \boldsymbol{A}=-\mu\varepsilon \dfrac{\partial \phi}{\partial t}$给出，所以不必把$\phi$和 $\boldsymbol{A}$ 都解出来，通常只需求出 $\boldsymbol{A}$ 就可求得电场强度 $\boldsymbol{E}$ 和磁场强度 $\boldsymbol{H}$。

应该指出，考虑“滞后”并非总是必需的。“滞后”究竟是重要的还是可以忽略的，取决于时间延迟$\dfrac{R}{v}=\dfrac{|\boldsymbol{r}-\boldsymbol{r}'|}{v}$的长短，这就要涉及电磁现象本身的特性以及所需求的时间分辨率。如果延迟时间$\dfrac{R}{v}=\dfrac{|\boldsymbol{r}-\boldsymbol{r}'|}{v}$足够短，则在所讨论的区域内就可忽略“滞后”。对于研究电磁辐射问题，滞后位是十分重要的。

5.7　坡印廷定理

当电磁场随时间变化时，电场能量密度随电场强度变化，磁场能量密度随磁场强度变化，即空间各点能量密度的改变引起能量流动。时变电磁场中的一个重要现象就是电磁能量的流动。定义单位时间内穿过与能量流动方向垂直的单位表面的能量为能流矢量，其意义是电磁场中某点的功率密度，方向为该点能量流动的方向。

电磁能量与其他能量一样服从能量守恒原理。下面将从麦克斯韦方程出发，导出表征时变场中电磁能量守恒关系的定理——坡印廷定理，并着重讨论电磁能流矢量——坡印廷矢量。

假设闭合面 S 包围的体积 V 内填充线性均匀各向同性的媒质且没有外加的源，利用矢量恒等式

$$\nabla\cdot(\boldsymbol{E}\times\boldsymbol{H})=\boldsymbol{H}\cdot(\nabla\times\boldsymbol{E})-\boldsymbol{E}\cdot(\nabla\times\boldsymbol{H})$$

上式中$\nabla\times\boldsymbol{E}$ 和$\nabla\times\boldsymbol{H}$ 可以用下面的麦克斯韦方程表示

$$\nabla\times\boldsymbol{H}-\boldsymbol{J}+\frac{\partial \boldsymbol{D}}{\partial t}$$

$$\nabla\times\boldsymbol{E}=-\frac{\partial \boldsymbol{B}}{\partial t}$$

则

$$\nabla\cdot(\boldsymbol{E}\times\boldsymbol{H})=-\boldsymbol{H}\cdot\frac{\partial \boldsymbol{B}}{\partial t}-\boldsymbol{E}\cdot\boldsymbol{J}-\boldsymbol{E}\cdot\frac{\partial \boldsymbol{D}}{\partial t} \tag{5-68}$$

假设媒质的参数 ε、μ、σ 均不随时间变化，则有

$$\boldsymbol{H}\cdot\frac{\partial \boldsymbol{B}}{\partial t}=\boldsymbol{H}\cdot\frac{\partial(\mu\boldsymbol{H})}{\partial t}=\frac{1}{2}\frac{\partial}{\partial t}(\mu\boldsymbol{H}\cdot\boldsymbol{H})=\frac{\partial}{\partial t}\left(\frac{1}{2}\mu H^2\right)=\frac{\partial w_m}{\partial t}$$

$$\boldsymbol{E}\cdot\frac{\partial \boldsymbol{D}}{\partial t}=\boldsymbol{H}\cdot\frac{\partial(\varepsilon\boldsymbol{E})}{\partial t}=\frac{1}{2}\frac{\partial}{\partial t}(\varepsilon\boldsymbol{E}\cdot\boldsymbol{E})=\frac{\partial}{\partial t}\left(\frac{1}{2}\varepsilon E^2\right)=\frac{\partial w_e}{\partial t}$$

$$\boldsymbol{E}\cdot\boldsymbol{J}=\sigma E^2$$

上式中 w_m，w_e 分别是磁场能量密度和电场能量密度，σE^2 是单位体积内的焦耳热损耗。

于是得

$$\nabla\cdot(\boldsymbol{E}\times\boldsymbol{H})=-\frac{\partial}{\partial t}(w_e+w_m)-\sigma E^2 \tag{5-69}$$

对上式取体积分

$$\int_V \nabla\cdot(\boldsymbol{E}\times\boldsymbol{H})\mathrm{d}V=-\int_V\frac{\partial}{\partial t}(w_e+w_m)\mathrm{d}V-\int_V\sigma E^2\mathrm{d}V$$

将高斯散度定理用于上式左边，同时改变等式两边的符号，得到坡印廷定理或能流定理

$$\begin{aligned}-\oint_S(\boldsymbol{E}\times\boldsymbol{H})\cdot\mathrm{d}\boldsymbol{S}&=\frac{\mathrm{d}}{\mathrm{d}t}\int_V(w_e+w_m)\mathrm{d}V+\int_V\sigma E^2\mathrm{d}V\\&=\frac{\mathrm{d}}{\mathrm{d}t}(W_e+W_m)+P_V\end{aligned} \tag{5-70}$$

式(5-70)中，$W_e=\int_V w_e\mathrm{d}V$，$W_m=\int_V w_m\mathrm{d}V$。

式(5-70)右边第一项是体积 V 内电场能量和磁场能量每秒钟的增加量；而第二项是体积 V 内变为焦耳热的功率。由于闭合面 S 之内没有能量来源，根据能量守恒原理，这些能量只能来自闭合面 S 之外，因而式(5-70)左边必是自外界流入 S 的功率净流量。这就是能流定理的含义。根据这个物理含义，式(5-70)左边的被积函数 $\boldsymbol{E}\times\boldsymbol{H}$ 应具有单位面积上流过的功率的量纲——单位为瓦/米^2（$\mathrm{W/m^2}$），将其定义为能流矢量（实为功率流密度矢量），也称为坡印廷矢量，并用 $\boldsymbol{S}$ 表示

$$\boldsymbol{S}=\boldsymbol{E}\times\boldsymbol{H} \tag{5-71}$$

需特别说明的是：坡印廷矢量 $\boldsymbol{S}$ 与面元矢量 $\mathrm{d}\boldsymbol{S}$ 中的 $\boldsymbol{S}$ 是两个不同

的物理量，应加以区别。从式(5-71)可知，$\boldsymbol{S}$、$\boldsymbol{E}$、$\boldsymbol{H}$三者相互垂直，且成右旋关系，如图 5-8 所示。

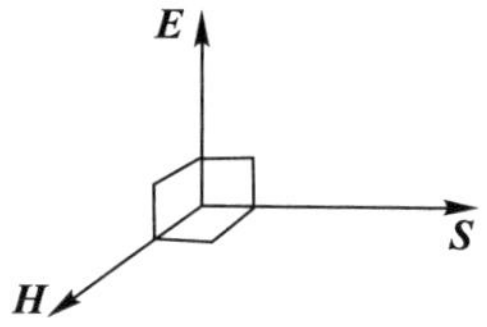

图 5-8　能流密度矢量

【例 5-5】　同轴线的内导体半径为 a、外导体的内半径为 b，其间填充均匀的理想介质。设内外导体间的电压为 U，导体中流过的电流为 I。

(1)在导体为理想导体的情况下，计算同轴线中传输的功率；

(2)当导体的电导率 σ 为有限值时，计算通过内导体表面进入每单位长度内导体的功率。

解：(1)在内、外导体为理想导体的情况下，电场和磁场只存在于内、外导体之间的理想介质中，内、外导体表面的电场无切向分量，只有电场的径向分量。利用高斯定理和安培环路定理，容易求得内外导体之间的电场和磁场分别为

$$\boldsymbol{E} = \boldsymbol{e}_r \frac{U}{r\ln(b/a)} \quad (a < r < b)$$

$$\boldsymbol{H} = \boldsymbol{e}_\varphi \frac{I}{2\pi r} \quad (a < r < b)$$

内、外导体之间任意横截面上的坡印廷矢量为

$$\boldsymbol{S} = \boldsymbol{E} \times \boldsymbol{H} = \left[\boldsymbol{e}_r \frac{U}{r\ln(b/a)}\right] \times \left(\boldsymbol{e}_\varphi \frac{I}{2\pi r}\right) = \boldsymbol{e}_z \frac{UI}{2\pi r^2 \ln(b/a)}$$

电磁能量在内外导体之间的介质中沿 z 轴方向流动，即由电源流向负载，如图 5-9 所示。穿过任意横截面的功率为

$$P = \int_S \boldsymbol{S} \cdot \boldsymbol{e}_z \mathrm{d}S = \int_a^b \frac{UI}{2\pi r^2 \ln(b/a)} 2\pi r \mathrm{d}r = UI$$

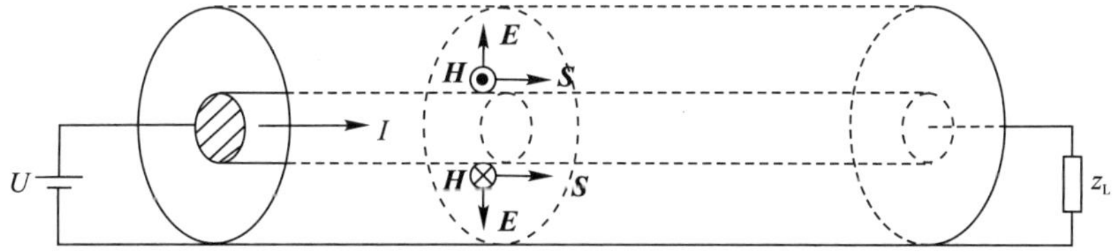

图 5-9　同轴线中的电场、磁场和坡印廷矢量(理想导体情况)

与电路中的分析结果相吻合。可见，同轴线传输的功率是通过内外导体间的电磁场传递到负载，而不是经过导体内部传递的。

(2)当导体的电导率 σ 为有限值时，导体内部存在沿电流方向的电场

$$\boldsymbol{E}_{内} = \frac{\boldsymbol{J}}{\sigma} = \boldsymbol{e}_z \frac{I}{\pi a^2 \sigma}$$

根据边界条件，在内导体表面上电场的切向分量连续，即 $E_{内z} = E_{外z}$。因此，在内导体表面外侧的电场为

$$\boldsymbol{E}_{外}\Big|_{r=a} = \boldsymbol{e}_r \frac{U}{a\ln(b/a)} + \boldsymbol{e}_z \frac{I}{\pi a^2 \sigma}$$

磁场则仍为

$$\boldsymbol{H}_{外}\Big|_{r=a} = \boldsymbol{e}_\varphi \frac{I}{2\pi a}$$

内导体表面外侧的坡印廷矢量为

$$\boldsymbol{S}_{外}\Big|_{r=a} = \boldsymbol{E}_{外} \times \boldsymbol{H}_{外}\Big|_{r=a} = -\boldsymbol{e}_r \frac{I^2}{2\pi^2 a^3 \sigma} + \boldsymbol{e}_z \frac{UI}{2\pi a^2 \ln(b/a)}$$

由此可见，内导体表面外侧的坡印廷矢量既有轴向分量，也有径向分量，如图 5-10 所示。

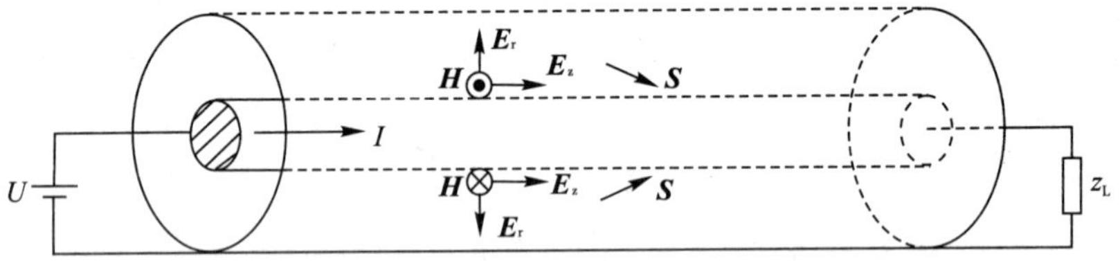

图 5-10　同轴线中的电场、磁场和坡印廷矢量(非理想导体情况)

进入每单位长度内导体的功率为

$$P = \int_S \boldsymbol{S}_{外}\Big|_{r=a} \cdot (-\boldsymbol{e}_r)\mathrm{d}S = \int_0^1 \frac{I^2}{2\pi^2 a^3 \sigma} 2\pi a \mathrm{d}z = \frac{I^2}{\pi a^2 \sigma} = RI^2$$

上式中 $R = \dfrac{1}{\pi a^2 \sigma}$ 是单位长度内导体的电阻。由此可见，进入内导体中的功率等于这段导体的焦耳损耗功率。

例 5-5 的分析表明，电磁能量是通过电磁场传输的，导体仅起着定向引导电磁能流的作用。当导体的电导率为有限值时，进入导体中的功率全部被导体所吸收，从而成为导体中的焦耳热损耗功率。

5.8　时谐电磁场

在时变电磁场中，如果场源（电荷或电流）以一定的角频率 ω 随时间作正弦变化，则它所激发的电磁场也以相同的角频率随时间作正弦变化，这种以一定频率作正弦变化的场，称为正弦场或时谐电磁场（time-harmonic electromagnetic field）。例如，广播、电视和通信的载波，都是正弦电磁波。一般情况下，即使电磁场不是正弦场，也可以通过傅立叶变换展成正弦场来研究。所以，研究时谐电磁场具有重要的意义。

5.8.1　正弦场的复数表示

电磁场随时间作正弦变化时，在直角坐标系下，电场强度的三个分量可用余弦形式表示为

$$E_x(\boldsymbol{r},t)=E_{xm}(\boldsymbol{r})\cos[\omega t+\psi_x(\boldsymbol{r})] \tag{5-72a}$$

$$E_y(\boldsymbol{r},t)=E_{ym}(\boldsymbol{r})\cos[\omega t+\psi_y(\boldsymbol{r})] \tag{5-72b}$$

$$E_z(\boldsymbol{r},t)=E_{zm}(\boldsymbol{r})\cos[\omega t+\psi_z(\boldsymbol{r})] \tag{5-72c}$$

将上述单一频率的时谐场表示为复数形式，需应用欧拉公式

$$\mathrm{e}^{\mathrm{j}\psi}=\cos\psi+\mathrm{j}\sin\psi \tag{5-73}$$

1. 复数振幅

电场的三个分量用复数的实部表示为

$$E_x(\boldsymbol{r},t)=\mathrm{Re}[E_{xm}(\boldsymbol{r})\mathrm{e}^{\mathrm{j}(\omega t+\psi_x(\boldsymbol{r}))}]=\mathrm{Re}[\dot{E}_{xm}\mathrm{e}^{\mathrm{j}\omega t}] \tag{5-74a}$$

$$E_y(\boldsymbol{r},t)=\mathrm{Re}[E_{ym}(\boldsymbol{r})\mathrm{e}^{\mathrm{j}(\omega t+\psi_y(\boldsymbol{r}))}]=\mathrm{Re}[\dot{E}_{ym}\mathrm{e}^{\mathrm{j}\omega t}] \tag{5-74b}$$

$$E_z(\boldsymbol{r},t)=\mathrm{Re}[E_{zm}(\boldsymbol{r})\mathrm{e}^{\mathrm{j}(\omega t+\psi_z(\boldsymbol{r}))}]=\mathrm{Re}[\dot{E}_{zm}\mathrm{e}^{\mathrm{j}\omega t}] \tag{5-74c}$$

式(5-74)中

$$\dot{E}_{xm}(\boldsymbol{r})=E_{xm}(\boldsymbol{r})\mathrm{e}^{\mathrm{j}\psi_x(\boldsymbol{r})} \tag{5-75a}$$

$$\dot{E}_{ym}(\boldsymbol{r})=E_{ym}(\boldsymbol{r})\mathrm{e}^{\mathrm{j}\psi_y(\boldsymbol{r})} \tag{5-75b}$$

$$\dot{E}_{zm}(\boldsymbol{r})=E_{zm}(\boldsymbol{r})\mathrm{e}^{\mathrm{j}\psi_z(\boldsymbol{r})} \tag{5-75c}$$

称为复数振幅。

显然，对时谐变化的任何标量，例如电荷分布，也应有

$$\dot{\rho}_m(\boldsymbol{r}) = \rho_m(\boldsymbol{r})\mathrm{e}^{\mathrm{j}\psi(\boldsymbol{r})} \tag{5-75d}$$

2. 复矢量

$$\begin{aligned}\boldsymbol{E}(\boldsymbol{r},t) &= E_x(\boldsymbol{r},t)\,\boldsymbol{e}_x + E_y(\boldsymbol{r},t)\,\boldsymbol{e}_y + E_z(\boldsymbol{r},t)\,\boldsymbol{e}_z \\ &= \mathrm{Re}\{[\dot{E}_{xm}(\boldsymbol{r})\,\boldsymbol{e}_x + \dot{E}_{ym}(\boldsymbol{r})\,\boldsymbol{e}_y + \dot{E}_{zm}(\boldsymbol{r})\,\boldsymbol{e}_z]\mathrm{e}^{\mathrm{j}\omega t}\} \\ &= \mathrm{Re}[\dot{\boldsymbol{E}}_m(\boldsymbol{r})\mathrm{e}^{\mathrm{j}\omega t}]\end{aligned} \tag{5-76}$$

式(5-76)中$\dot{\boldsymbol{E}}_m(\boldsymbol{r})=\dot{E}_{xm}(\boldsymbol{r})\boldsymbol{e}_x+\dot{E}_{ym}(\boldsymbol{r})\boldsymbol{e}_y+\dot{E}_{zm}(\boldsymbol{r})\boldsymbol{e}_z$ 称为电场强度复矢量。

同理可得 $\boldsymbol{H},\boldsymbol{D},\boldsymbol{B},\boldsymbol{J}$ 的复数表示

$$\boldsymbol{H}(\boldsymbol{r},t) = \mathrm{Re}[\dot{\boldsymbol{H}}_m(\boldsymbol{r})\mathrm{e}^{\mathrm{j}\omega t}] \tag{5-77}$$

$$\boldsymbol{D}(\boldsymbol{r},t) = \mathrm{Re}[\dot{\boldsymbol{D}}_m(\boldsymbol{r})\mathrm{e}^{\mathrm{j}\omega t}] \tag{5-78}$$

$$\boldsymbol{B}(\boldsymbol{r},t) = \mathrm{Re}[\dot{\boldsymbol{B}}_m(\boldsymbol{r})\mathrm{e}^{\mathrm{j}\omega t}] \tag{5-79}$$

$$\boldsymbol{J}(\boldsymbol{r},t) = \mathrm{Re}[\dot{\boldsymbol{J}}_m(\boldsymbol{r})\mathrm{e}^{\mathrm{j}\omega t}] \tag{5-80}$$

顾名思义，复矢量是每个“分量”都是复数的“矢量”。它不像实矢量一样用三维空间中的箭矢表示，也不像每个复数振幅用复平面上的一个复数来表示，而是二者的特点兼而有之。因此，它只是一个记号。复矢量之间应首先按矢量的规则运算，然后还要按复数的规则运算。

3. 场量对时间微积分的复数表示

$$\frac{\partial \boldsymbol{E}(\boldsymbol{r},t)}{\partial t} = \mathrm{Re}\left\{\frac{\partial}{\partial t}[\dot{\boldsymbol{E}}_m(\boldsymbol{r})\mathrm{e}^{\mathrm{j}\omega t}]\right\} = \mathrm{Re}[\mathrm{j}\omega\dot{\boldsymbol{E}}_m(\boldsymbol{r})\mathrm{e}^{\mathrm{j}\omega t}] \tag{5-81}$$

$$\frac{\partial^2 \boldsymbol{E}(\boldsymbol{r},t)}{\partial t^2} = \mathrm{Re}\left\{\frac{\partial^2}{\partial t^2}[\dot{\boldsymbol{E}}_m(\boldsymbol{r})\mathrm{e}^{\mathrm{j}\omega t}]\right\} = \mathrm{Re}[-\omega^2\dot{\boldsymbol{E}}_m(\boldsymbol{r})\mathrm{e}^{\mathrm{j}\omega t}] \tag{5-82}$$

$$\int \boldsymbol{E}(\boldsymbol{r},t)\mathrm{d}t = \int \mathrm{Re}[\dot{\boldsymbol{E}}_m(\boldsymbol{r})\mathrm{e}^{\mathrm{j}\omega t}]\mathrm{d}t = \mathrm{Re}[\frac{1}{\mathrm{j}\omega}\dot{\boldsymbol{E}}_m(\boldsymbol{r})\mathrm{e}^{\mathrm{j}\omega t}] \tag{5-83}$$

场量为标量时的运算也同此，如

$$\frac{\partial \rho(\boldsymbol{r},t)}{\partial t} = \mathrm{Re}[\mathrm{j}\omega\dot{\rho}_m(\boldsymbol{r})\mathrm{e}^{\mathrm{j}\omega t}] \tag{5-84}$$

4. 场量对空间坐标求导的复数表示

$$\nabla\cdot\boldsymbol{E}(\boldsymbol{r},t) = \nabla\cdot[\mathrm{Re}(\dot{\boldsymbol{E}}_m(\boldsymbol{r})\mathrm{e}^{\mathrm{j}\omega t})] = \mathrm{Re}[\nabla\cdot\dot{\boldsymbol{E}}_m(\boldsymbol{r})\mathrm{e}^{\mathrm{j}\omega t}] \tag{5-85}$$

$$\nabla\times\boldsymbol{E}(\boldsymbol{r},t) = \nabla\times[\mathrm{Re}(\dot{\boldsymbol{E}}_m(\boldsymbol{r})\mathrm{e}^{\mathrm{j}\omega t})] = \mathrm{Re}[\nabla\times\dot{\boldsymbol{E}}_m(\boldsymbol{r})\mathrm{e}^{\mathrm{j}\omega t}] \tag{5-86}$$

式(5-85)、式(5-86)中的“∇”是对空间坐标的微分运算，而“Re”是取实部的符号，故两者的运算顺序可调换。

5.8.2 麦克斯韦方程组的复数形式

将时谐场的上述复数表示法代入麦克斯韦方程组，以式(5-13a)为例，可写为

$$\mathrm{Re}\{\nabla\times[\dot{\boldsymbol{H}}_m(\boldsymbol{r})\mathrm{e}^{\mathrm{j}\omega t}]\}=\mathrm{Re}\{[\dot{\boldsymbol{J}}_m(\boldsymbol{r})+\mathrm{j}\omega\dot{\boldsymbol{D}}_m(\boldsymbol{r})]\mathrm{e}^{\mathrm{j}\omega t}\}$$

一般来说，仅实部相等并不意味着复数相等。但上式必须在任意时刻都成立，所以等式两边的复数相等，即

$$\nabla\times\dot{\boldsymbol{H}}_m(\boldsymbol{r})=\dot{\boldsymbol{J}}_m(\boldsymbol{r})+\mathrm{j}\omega\dot{\boldsymbol{D}}_m(\boldsymbol{r}) \tag{5-87}$$

为了书写方便，复数不再加点，并去掉下标 m，即得麦克斯韦方程组的复数形式

$$\nabla\times\boldsymbol{H}=\boldsymbol{J}+\mathrm{j}\omega\boldsymbol{D} \tag{5-88a}$$

$$\nabla\times\boldsymbol{E}=-\mathrm{j}\omega\boldsymbol{B} \tag{5-88b}$$

$$\nabla\cdot\boldsymbol{B}=0 \tag{5-88c}$$

$$\nabla\cdot\boldsymbol{D}=\rho \tag{5-88d}$$

由于麦克斯韦方程组的复数形式没有时间因子，所以方程变量就减少了一个。把麦克斯韦方程组由四维问题简化为三维问题，时域问题变为频域问题。

【例 5-6】 把下列场矢量的瞬时值改为复数，复数改为瞬时值。

(1)$\boldsymbol{H}=H_x\sin(kz-\omega t)\boldsymbol{e}_x+H_z\cos(kz-\omega t)\boldsymbol{e}_z$

(2)$E_{xm}=-2\mathrm{j}E_0\cos\theta\sin(\beta z\cos\theta)\mathrm{e}^{-\mathrm{j}\beta x\sin\theta}$

解：(1)因为 $\cos(kz-\omega t)=\cos(\omega t-kz)$

$$\sin(kz-\omega t)=\cos(kz-\omega t-\pi/2)=\cos(\omega t-kz+\pi/2)$$

故 $\boldsymbol{H}_m=H_x\mathrm{e}^{-\mathrm{j}kz+\mathrm{j}\frac{\pi}{2}}\boldsymbol{e}_x+H_z\mathrm{e}^{-\mathrm{j}kz}\boldsymbol{e}_z=\mathrm{j}H_x\mathrm{e}^{-\mathrm{j}kz}\boldsymbol{e}_x+H_z\mathrm{e}^{-\mathrm{j}kz}\boldsymbol{e}_z=H_{xm}\boldsymbol{e}_x+H_{zm}\boldsymbol{e}_z$

(2)$E_{xm}(x,z)=2E_0\cos\theta\sin(\beta z\cos\theta)\mathrm{e}^{-\mathrm{j}(\beta x\sin\theta+\pi/2)}$

$$E_x(x,z,t)=2E_0\cos\theta\sin(\beta z\cos\theta)\sin(\omega t-\beta x\sin\theta)$$

5.8.3 波动方程的复数形式

对于时谐电磁场，将$\partial/\partial t$ 变成 $j\omega$，$\partial^2/\partial t^2$ 变成$-\omega^2$，代入式(5-43)与式(5-44)，可直接得出波动方程的复数形式，也称亥姆霍兹方程

$$\nabla^2 \boldsymbol{E} + k^2 \boldsymbol{E} = 0 \tag{5-89}$$

$$\nabla^2 \boldsymbol{H} + k^2 \boldsymbol{H} = 0 \tag{5-90}$$

式(5-89)、式(5-90)中

$$k^2 = \omega^2 \mu \varepsilon$$

5.8.4 达朗贝尔方程的复数形式

由于场量随时间按正弦规律变化，动态矢量位 $\boldsymbol{A}$ 与标量位ϕ也应按正弦规律变化，也可以写成复数形式

$$\phi(\boldsymbol{r},t) = \mathrm{Re}[\dot{\phi}_m(\boldsymbol{r})\mathrm{e}^{j\omega t}] \tag{5-91}$$

$$\boldsymbol{A}(\boldsymbol{r},t) = \mathrm{Re}[\dot{\boldsymbol{A}}_m(\boldsymbol{r})\mathrm{e}^{j\omega t}] \tag{5-92}$$

式中$\dot{\phi}_m = \phi_m(\boldsymbol{r})\mathrm{e}^{j\psi_\phi(\boldsymbol{r})}$，$\dot{\boldsymbol{A}}_{xm}(\boldsymbol{r}) = A_{xm}(\boldsymbol{r})\mathrm{e}^{j\psi_{A_x}(\boldsymbol{r})}$，$\dot{\boldsymbol{A}}_{ym} = A_{ym}(\boldsymbol{r})\mathrm{e}^{j\psi_{A_y}(\boldsymbol{r})}$，$\dot{\boldsymbol{A}}_{zm} = A_{zm}(\boldsymbol{r})\mathrm{e}^{j\psi_{A_z}(\boldsymbol{r})}$，$\dot{\boldsymbol{A}}_m = \dot{A}_{xm}\boldsymbol{e}_x + \dot{A}_{ym}\boldsymbol{e}_y + \dot{A}_{zm}\boldsymbol{e}_z$，$\dot{\phi}_m$、$\dot{\boldsymbol{A}}_m$ 去掉下标 m 与宗量$(\boldsymbol{r})$并不打点，则

$$\boldsymbol{B} = \nabla \times \boldsymbol{A} \quad \boldsymbol{E} = -\nabla\phi - j\omega\boldsymbol{A} \tag{5-93}$$

将复数形式的动态位代入达朗贝尔方程(5-56)与(5-57)，得

$$\nabla^2 \phi + k^2 \phi = -\frac{\rho}{\varepsilon} \tag{5-94a}$$

$$\nabla^2 \boldsymbol{A} + k^2 \boldsymbol{A} = -\mu \boldsymbol{J} \tag{5-94b}$$

这就是达朗贝尔方程的复数形式，实际上是非齐次的亥姆霍兹方程。

另外，式(5-53)表示的洛伦兹条件也可以写成复数形式，即

$$\nabla \cdot \boldsymbol{A} + j\omega\mu\varepsilon\,\phi = 0 \tag{5-95}$$

类似地，可以得到滞后位的复数形式分别为

$$\phi = \frac{1}{4\pi\varepsilon}\int_V \frac{\rho\,\mathrm{e}^{-j\omega R/v}}{R}\mathrm{d}V'$$

$$\boldsymbol{A} = \frac{\mu}{4\pi}\int_V \frac{\boldsymbol{J}\,\mathrm{e}^{-j\omega R/v}}{R}\mathrm{d}V'$$

将 $\omega/v=k$ 代入，得

$$\phi=\frac{1}{4\pi\varepsilon}\int_V\frac{\rho\,\mathrm{e}^{-\mathrm{j}kR}}{R}\mathrm{d}V' \tag{5-96}$$

$$\boldsymbol{A}=\frac{\mu}{4\pi}\int_V\frac{\boldsymbol{J}\,\mathrm{e}^{-\mathrm{j}kR}}{R}\mathrm{d}V' \tag{5-97}$$

5.8.5 坡印廷定理的复数形式

在正弦电磁场的情况下，坡印廷定理可以用复数表示。由恒等式

$$\nabla\cdot(\boldsymbol{E}\times\boldsymbol{H}^*)=\boldsymbol{H}^*\cdot(\nabla\times\boldsymbol{E})-\boldsymbol{E}\cdot(\nabla\times\boldsymbol{H}^*)$$

以及麦克斯韦方程组(5-88a)、(5-88b)，并进行适当的整理，得

$$-\nabla\cdot\left(\frac{1}{2}\boldsymbol{E}\times\boldsymbol{H}^*\right)=-\mathrm{j}2\omega\left(\frac{1}{4}\boldsymbol{E}\cdot\boldsymbol{D}^*-\frac{1}{4}\boldsymbol{B}\cdot\boldsymbol{H}^*\right)+\frac{1}{2}\boldsymbol{J}^*\cdot\boldsymbol{E}$$

将上式在体积 V 内积分，并利用高斯散度定理，得

$$-\oint_S\left(\frac{1}{2}\boldsymbol{E}\times\boldsymbol{H}^*\right)\cdot\mathrm{d}\boldsymbol{S}=-\mathrm{j}2\omega\int_V\left(\frac{1}{4}\boldsymbol{E}\cdot\boldsymbol{D}^*-\frac{1}{4}\boldsymbol{B}\cdot\boldsymbol{H}^*\right)\mathrm{d}V+\int_V\frac{1}{2}\boldsymbol{J}^*\cdot\boldsymbol{E}\mathrm{d}V \tag{5-98}$$

式(5-98)称为坡印廷定理的复数形式。其中左端被积函数称为坡印廷矢量的复数形式，即

$$\boldsymbol{S}_C=\frac{1}{2}\boldsymbol{E}\times\boldsymbol{H}^* \tag{5-99}$$

5.8.6 坡印廷矢量的平均值

式(5-71)给出的坡印廷矢量是瞬时值，表示瞬时功率流密度矢量。在正弦电磁场中，计算平均功率流密度矢量更有意义。

正弦电磁场一般表示为

$$\begin{aligned}\boldsymbol{E}=&E_{xm}(\boldsymbol{r})\cos[\omega t+\psi_{xE}(\boldsymbol{r})]\,\boldsymbol{e}_x+E_{ym}(\boldsymbol{r})\cos[\omega t+\psi_{yE}(\boldsymbol{r})]\,\boldsymbol{e}_y+\\&E_{zm}(\boldsymbol{r})\cos[\omega t+\psi_{zE}(\boldsymbol{r})]\,\boldsymbol{e}_z\end{aligned}$$

$$\begin{aligned}\boldsymbol{H}=&H_{xm}(\boldsymbol{r})\cos[\omega t+\psi_{xH}(\boldsymbol{r})]\,\boldsymbol{e}_x+H_{ym}(\boldsymbol{r})\cos[\omega t+\psi_{yH}(\boldsymbol{r})]\,\boldsymbol{e}_y+\\&H_{zm}(\boldsymbol{r})\cos[\omega t+\psi_{zH}(\boldsymbol{r})]\,\boldsymbol{e}_z\end{aligned}$$

求一个周期内坡印廷矢量 $\boldsymbol{S}=\boldsymbol{E}\times\boldsymbol{H}$ 的 x 分量的平均值

$$\begin{aligned}
S_{xav} &= \frac{1}{T}\int_0^T S_x \mathrm{d}t \\
&= \frac{1}{T}\int_0^T \{E_{ym}(\boldsymbol{r})H_{zm}(\boldsymbol{r})\cos[\omega t+\psi_{yE}(\boldsymbol{r})]\cos[\omega t+\psi_{zH}(\boldsymbol{r})] \\
&\quad - E_{zm}(\boldsymbol{r})H_{ym}(\boldsymbol{r})\cos[\omega t+\psi_{zE}(\boldsymbol{r})]\cos[\omega t+\psi_{yH}(\boldsymbol{r})]\}\mathrm{d}t \\
&= \frac{1}{2}\{E_{ym}(\boldsymbol{r})H_{zm}(\boldsymbol{r})\cos[\psi_{yE}(\boldsymbol{r})-\psi_{zH}(\boldsymbol{r})]- \\
&\quad E_{zm}(\boldsymbol{r})H_{ym}(\boldsymbol{r})\cos[\psi_{zE}(\boldsymbol{r})-\psi_{yH}(\boldsymbol{r})]\} \\
&= \frac{1}{2}\mathrm{Re}[\dot{E}_y\dot{H}_z^* - \dot{E}_z\dot{H}_y^*]
\end{aligned}$$

它表示 x 方向的平均功率流密度。上式中

$\dot{E}_y = E_{ym}(\boldsymbol{r})\mathrm{e}^{\mathrm{j}\psi_{yE}(\boldsymbol{r})}$，$\dot{E}_z = E_{zm}(\boldsymbol{r})\mathrm{e}^{\mathrm{j}\psi_{zE}(\boldsymbol{r})}$

$\dot{H}_y^* = H_{ym}(\boldsymbol{r})\mathrm{e}^{-\mathrm{j}\psi_{yH}(\boldsymbol{r})}$ 是 $\dot{H}_y = H_{ym}(\boldsymbol{r})\mathrm{e}^{\mathrm{j}\psi_{yH}(\boldsymbol{r})}$ 的共轭值

$\dot{H}_z^* = H_{zm}(\boldsymbol{r})\mathrm{e}^{-\mathrm{j}\psi_{zH}(\boldsymbol{r})}$ 是 $\dot{H}_z = H_{zm}(\boldsymbol{r})\mathrm{e}^{\mathrm{j}\psi_{zH}(\boldsymbol{r})}$ 的共轭值

同样可导出

$$S_{yav} = \frac{1}{2}\mathrm{Re}[\dot{E}_z\dot{H}_x^* - \dot{E}_x\dot{H}_z^*]$$

$$S_{zav} = \frac{1}{2}\mathrm{Re}[\dot{E}_x\dot{H}_y^* - \dot{E}_y\dot{H}_x^*]$$

则得坡印廷矢量的平均值

$$\begin{aligned}
\boldsymbol{S}_{av} &= S_{xav}\boldsymbol{e}_x + S_{yav}\boldsymbol{e}_y + S_{zav}\boldsymbol{e}_z \\
&= \frac{1}{2}\mathrm{Re}[(\dot{E}_y\dot{H}_z^* - \dot{E}_z\dot{H}_y^*)\boldsymbol{e}_x + (\dot{E}_z\dot{H}_x^* - \dot{E}_x\dot{H}_z^*)\boldsymbol{e}_y + \\
&\quad (\dot{E}_x\dot{H}_y^* - \dot{E}_y\dot{H}_x^*)\boldsymbol{e}_z] \\
&= \frac{1}{2}\mathrm{Re}[\dot{\boldsymbol{E}}\times\dot{\boldsymbol{H}}^*]
\end{aligned}$$

称为平均坡印廷矢量，为书写方便，去掉点号，上式可表示为

$$\boldsymbol{S}_{av} = \frac{1}{2}\mathrm{Re}[\boldsymbol{E}\times\boldsymbol{H}^*] \tag{5-100}$$

【例 5-7】 在无源 $\rho=0$、$\boldsymbol{J}=0$ 的自由空间中,已知电场强度复矢量

$$\boldsymbol{E}(z)=\boldsymbol{e}_y E_0 \mathrm{e}^{-\mathrm{j}kz}\ (\mathrm{V/m})$$

式中 k 和 E_0 为常数。求:

(1)磁场强度复矢量 $\boldsymbol{H}(z)$;

(2)瞬时坡印廷矢量 $\boldsymbol{S}$;

(3)平均坡印廷矢量$\boldsymbol{S}_{av}$。

解:(1)由$\nabla\times\boldsymbol{E}=-\mathrm{j}\omega\mu_0\boldsymbol{H}$,得

$$\boldsymbol{H}(z)=-\frac{1}{\mathrm{j}\omega\mu_0}\nabla\times\boldsymbol{E}=\frac{1}{\mathrm{j}\omega\mu_0}\frac{\partial}{\partial z}(E_0\,\mathrm{e}^{-\mathrm{j}kz})\boldsymbol{e}_x=-\frac{kE_0}{\omega\mu_0}\mathrm{e}^{-\mathrm{j}kz}\,\boldsymbol{e}_x$$

(2)电场、磁场的瞬时值为

$$\boldsymbol{E}(z,t)=\mathrm{Re}[\boldsymbol{E}(z)\,\mathrm{e}^{\mathrm{j}\omega t}]=E_0\cos(\omega t-kz)\,\boldsymbol{e}_y$$

$$\boldsymbol{H}(z,t)=\mathrm{Re}[\boldsymbol{H}(z)\,\mathrm{e}^{\mathrm{j}\omega t}]=-\frac{kE_0}{\omega\mu_0}\cos(\omega t-kz)\,\boldsymbol{e}_x$$

所以,瞬时坡印廷矢量 $\boldsymbol{S}$ 为

$$\boldsymbol{S}=\boldsymbol{E}\times\boldsymbol{H}=\frac{kE_0^2}{\omega\mu_0}\cos^2(\omega t-kz)\,\boldsymbol{e}_z$$

(3)由式(5-100),可得平均坡印廷矢量

$$\boldsymbol{S}_{av}=\frac{1}{2}\mathrm{Re}\left[\boldsymbol{e}_y E_0\mathrm{e}^{-\mathrm{j}kz}\times\left(-\boldsymbol{e}_x\frac{kE_0}{\omega\mu_0}\mathrm{e}^{-\mathrm{j}kz}\right)^*\right]$$

$$=\frac{1}{2}\mathrm{Re}\left[\boldsymbol{e}_z\frac{kE_0^2}{\omega\mu_0}\right]=\boldsymbol{e}_z\frac{kE_0^2}{2\,\omega\mu_0}$$

5.9 电与磁的对偶性

在研究电磁场的过程中会发现,电与磁经常是成对出现的,电场与磁场的分析方法也有相当的一致性。例如,在静电场中,为了简化电场的计算而引入标量电位,在恒定磁场中,仿照静电场也可以在无源区引入标量磁位,并将静电场标量电位解的形式直接套用,因为它们均满足拉普拉斯方程,因此解的形式也必然相同。其理论依据是二重性原理,所谓二重性原理就是:如果描述两种不同物理现象的方程具有相同的数学形式,它们的解答也必取相同的数学形式。

在求解电磁场问题时，如果能将电场与磁场的方程完全对应起来，即电场和磁场所满足的方程在形式上完全一样，则在相同的条件下，解的数学形式也必然相同。若电场或磁场的解已知，则可以很方便地得到另一场量的解。

如果用磁偶极子的磁荷模型来代替安培模型，即将磁偶极子视为一对相距很近的极性相反的磁荷（迄今为止还不能肯定在自然界中有孤立的磁荷），而将磁荷的运动定义为磁流。这样电荷与磁荷相对应，电流与磁流相对应，因而磁场各物理量就和电场各物理量一一对应起来，麦克斯韦方程组和许多场量方程式都以对称的形式出现，即

$$\nabla\times\boldsymbol{H}=\frac{\partial\boldsymbol{D}}{\partial t}+\boldsymbol{J}_e \tag{5-101}$$

$$\nabla\times\boldsymbol{E}=-\frac{\partial\boldsymbol{B}}{\partial t}-\boldsymbol{J}_m \tag{5-102}$$

$$\nabla\cdot\boldsymbol{B}=\rho_m \tag{5-103}$$

$$\nabla\cdot\boldsymbol{D}=\rho_e \tag{5-104}$$

式(5-101)、式(5-102)、式(5-103)、式(5-104)中下标 m 表示磁量，e 表示电量。$\boldsymbol{J}_m$ 是磁流密度，它的量纲是伏特每平方米（$\mathrm{V/m^2}$），ρ_m 是磁荷密度，它的量纲是韦伯每立方米（$\mathrm{Wb/m^3}$）。

式(5-101)表示产生磁场的旋涡源是电流和位移电流（变化的电场），式(5-102)表示产生电场的旋涡源是磁流和位移磁流（变化的磁场），式(5-103)表示产生磁场的散度源是磁荷，式(5-104)表示产生电场的散度源是电荷。式(5-101)等号右边用正号，而式(5-102)的等号右边用负号，表示前者的电流与磁场之间有右手螺旋关系，而后者的磁流与电场之间有左手螺旋关系。

假使将电场 $\boldsymbol{E}$（或磁场 $\boldsymbol{H}$）写成是由电源产生的电场$\boldsymbol{E}_e$（或磁场$\boldsymbol{H}_e$）与由磁源产生的电场$\boldsymbol{E}_m$（或磁场$\boldsymbol{H}_m$）二者之和，即

$$\begin{cases}\boldsymbol{E}=\boldsymbol{E}_e+\boldsymbol{E}_m & \boldsymbol{D}=\boldsymbol{D}_e+\boldsymbol{D}_m\\ \boldsymbol{H}=\boldsymbol{H}_e+\boldsymbol{H}_m & \boldsymbol{B}=\boldsymbol{B}_e+\boldsymbol{B}_m\end{cases} \tag{5-105}$$

则有

$$\begin{cases}\nabla\times \boldsymbol{E}_e = -\dfrac{\partial \boldsymbol{B}_e}{\partial t}, & \nabla\cdot \boldsymbol{B}_e = 0\\[2ex] \nabla\times \boldsymbol{H}_e = \dfrac{\partial \boldsymbol{D}_e}{\partial t} + \boldsymbol{J}_e, & \nabla\cdot \boldsymbol{D}_e = \rho_e\end{cases} \tag{5-106}$$

$$\begin{cases}\nabla\times \boldsymbol{E}_m = -\dfrac{\partial \boldsymbol{B}_m}{\partial t} - \boldsymbol{J}_m, & \nabla\cdot \boldsymbol{B}_m = \rho_m\\[2ex] \nabla\times \boldsymbol{H}_m = \dfrac{\partial \boldsymbol{D}_m}{\partial t}, & \nabla\cdot \boldsymbol{D}_m = 0\end{cases} \tag{5-107}$$

从式(5-106)、式(5-107)可以看到电场和磁场的对偶性(或称二重性)。

与此相仿,对应矢量磁位 $\boldsymbol{A}$,有矢量电位 $\boldsymbol{F}$;对应标量电位 ϕ,有标量磁位 ϕ_m。即对应于

$$\begin{cases}\boldsymbol{H}_e = \dfrac{1}{\mu}\nabla\times \boldsymbol{A}\\[2ex] \boldsymbol{E}_e = -\nabla\phi - \dfrac{\partial \boldsymbol{A}}{\partial t}\\[2ex] \boldsymbol{A} = \dfrac{u}{4\pi}\displaystyle\int_V \dfrac{\boldsymbol{J}_e\left(\boldsymbol{r}', t - \dfrac{|\boldsymbol{r}-\boldsymbol{r}'|}{v}\right)}{|\boldsymbol{r}-\boldsymbol{r}'|}\mathrm{d}V'\\[2ex] \phi = \dfrac{1}{4\pi\varepsilon}\displaystyle\int_V \dfrac{\rho_e\left(\boldsymbol{r}', t - \dfrac{|\boldsymbol{r}-\boldsymbol{r}'|}{v}\right)}{|\boldsymbol{r}-\boldsymbol{r}'|}\mathrm{d}V'\end{cases} \tag{5-108}$$

有

$$\begin{cases}\boldsymbol{E}_m = -\dfrac{1}{\varepsilon}\nabla\times \boldsymbol{F}\\[2ex] \boldsymbol{H}_m = -\nabla\phi_m - \dfrac{\partial \boldsymbol{F}}{\partial t}\\[2ex] \boldsymbol{F} = \dfrac{\varepsilon}{4\pi}\displaystyle\int_V \dfrac{\boldsymbol{J}_m\left(\boldsymbol{r}', t - \dfrac{|\boldsymbol{r}-\boldsymbol{r}'|}{v}\right)}{|\boldsymbol{r}-\boldsymbol{r}'|}\mathrm{d}V'\\[2ex] \phi_m = \dfrac{1}{4\pi\mu}\displaystyle\int_V \dfrac{\rho_m\left(\boldsymbol{r}', t - \dfrac{|\boldsymbol{r}-\boldsymbol{r}'|}{v}\right)}{|\boldsymbol{r}-\boldsymbol{r}'|}\mathrm{d}V'\end{cases} \tag{5-109}$$

当电源量和磁源量同时存在时，总场量应为它们分别产生的场量和。

$$\boldsymbol{E} = -\nabla\phi - \frac{\partial \boldsymbol{A}}{\partial t} - \frac{1}{\varepsilon}\nabla\times\boldsymbol{F} \tag{5-110}$$

$$\boldsymbol{H} = -\nabla\phi_m - \frac{\partial \boldsymbol{F}}{\partial t} + \frac{1}{\mu}\nabla\times\boldsymbol{A} \tag{5-111}$$

式(5-101)与式(5-102)写成积分形式为

$$\oint_C \boldsymbol{H}\cdot \mathrm{d}\boldsymbol{l} = \frac{\partial \Phi_e}{\partial t} + I \tag{5-112}$$

$$\oint_C \boldsymbol{E}\cdot \mathrm{d}\boldsymbol{l} = -\frac{\partial \Phi_m}{\partial t} - I_m \tag{5-113}$$

式(5-112)、式(5-113)中 Φ_e 代表电通量，它的量纲是库伦(C)；Φ_m 代表磁通量，它的量纲是韦伯(Wb)；$\boldsymbol{I}_m$ 是磁流，它的量纲是伏特(V)。

此外，相应于电磁场的边界条件可写为

$$\begin{cases} \boldsymbol{e}_n\times(\boldsymbol{H}_1-\boldsymbol{H}_2) = \boldsymbol{J}_S \\ \boldsymbol{e}_n\times(\boldsymbol{E}_1-\boldsymbol{E}_2) = -\boldsymbol{J}_{mS} \\ \boldsymbol{e}_n\cdot(\boldsymbol{B}_1-\boldsymbol{B}_2) = \rho_{mS} \\ \boldsymbol{e}_n\cdot(\boldsymbol{D}_1-\boldsymbol{D}_2) = \rho_S \end{cases} \tag{5-114}$$

根据以上电源量和磁源量之间的对偶关系，不难找出它们之间的互换原则：由一电源量的公式求出它的磁源量的对偶公式，或相反。

互换的规则是将原式中的 $\boldsymbol{E}$、$\boldsymbol{H}$、$\boldsymbol{A}$、ε、μ、ρ_e、η 用 $\boldsymbol{H}$、$-\boldsymbol{E}$、$\boldsymbol{F}$、μ、ε、ρ_m、$\frac{1}{\eta}$来代替，具体对应关系见表 5-2 所示。

表 5-2　电磁场的对偶量表

电荷、电流及其电磁场	磁荷、磁流及其电磁场
电荷量 q	磁荷量 q_m
电流强度 I	磁流强度 I_m
电偶极矩 $\boldsymbol{p}$	磁偶极矩 $\boldsymbol{p}_m$
电流元 $I\mathrm{d}\boldsymbol{l}$	磁流元 $I_m\mathrm{d}\boldsymbol{l}$
电荷密度 ρ	磁荷密度 ρ_m
电流密度 $\boldsymbol{J}$	磁流密度 $\boldsymbol{J}_m$

续表

电荷、电流及其电磁场	磁荷、磁流及其电磁场
矢量磁位 $\boldsymbol{A}$	矢量电位 $\boldsymbol{F}$
介电常数 ε	磁导率 μ
磁导率 μ	介电常数 ε
波阻抗 η	波导纳 $1/\eta$
波导纳 $1/\eta$	波阻抗 η
电场强度 $\boldsymbol{E}$	磁场强度 $\boldsymbol{H}$
磁场强度 $\boldsymbol{H}$	负电场强度 $-\boldsymbol{E}$
电位移 $\boldsymbol{D}$	磁感应强度 $\boldsymbol{B}$
磁感应强度 $\boldsymbol{B}$	负电位移 $-\boldsymbol{D}$

◇◆◇ 本章小结 ◇◆◇

1. 法拉第电磁感应定律表征的是变化的磁场产生电场的规律。对于磁场中的任意闭合回路有 $\oint_C \boldsymbol{E}\cdot \mathrm{d}\boldsymbol{l}=-\int_S \frac{\partial \boldsymbol{B}}{\partial t}\cdot \mathrm{d}\boldsymbol{S}$，其微分形式为 $\nabla\times\boldsymbol{E}=-\frac{\partial \boldsymbol{B}}{\partial t}$。

2. 麦克斯韦提出位移电流的假说，对安培环路定律作了修正，它表征变化的电场产生磁场

$\oint_C \boldsymbol{H}\cdot \mathrm{d}\boldsymbol{l}=\int_S \boldsymbol{J}\cdot \mathrm{d}\boldsymbol{S}+\int_S \frac{\partial \boldsymbol{D}}{\partial t}\cdot \mathrm{d}\boldsymbol{S}$，微分形式为 $\nabla\times\boldsymbol{H}=\boldsymbol{J}+\frac{\partial \boldsymbol{D}}{\partial t}$

3. 麦克斯韦方程组是经典电磁理论的基本定律。

积分形式

$$
\begin{cases}
\oint_C \boldsymbol{H}\cdot \mathrm{d}\boldsymbol{l}=\int_S\left(\boldsymbol{J}+\frac{\partial \boldsymbol{D}}{\partial t}\right)\cdot \mathrm{d}\boldsymbol{S}\\
\oint_C \boldsymbol{E}\cdot \mathrm{d}\boldsymbol{l}=-\int_S \frac{\partial \boldsymbol{B}}{\partial t}\cdot \mathrm{d}\boldsymbol{S}\\
\oint_S \boldsymbol{B}\cdot \mathrm{d}\boldsymbol{S}=0\\
\oint_S \boldsymbol{D}\cdot \mathrm{d}\boldsymbol{S}=q
\end{cases}
$$

微分形式

$$\begin{cases}\nabla\times \boldsymbol{H} = \boldsymbol{J} + \dfrac{\partial \boldsymbol{D}}{\partial t}\\ \nabla\times \boldsymbol{E} = -\dfrac{\partial \boldsymbol{B}}{\partial t}\\ \nabla\cdot \boldsymbol{B} = 0\\ \nabla\cdot \boldsymbol{D} = \rho\end{cases}$$

本构关系

$$\boldsymbol{D} = \varepsilon \boldsymbol{E}$$

$$\boldsymbol{B} = \mu \boldsymbol{H}$$

$$\boldsymbol{J} = \sigma \boldsymbol{E}$$

只有代入本构关系，麦克斯韦方程才可以求解。

4. 麦克斯韦方程组的复数形式为

$$\nabla\times \boldsymbol{H} = \boldsymbol{J} + \mathrm{j}\omega \boldsymbol{D}$$

$$\nabla\times \boldsymbol{E} = -\mathrm{j}\omega \boldsymbol{B}$$

$$\nabla\cdot \boldsymbol{B} = 0$$

$$\nabla\cdot \boldsymbol{D} = \rho$$

5. 分界面上的边界条件

法向分量的边界条件

$$\boldsymbol{e}_n \cdot (\boldsymbol{D}_1 - \boldsymbol{D}_2) = \rho_S,\ \boldsymbol{e}_n \cdot (\boldsymbol{B}_1 - \boldsymbol{B}_2) = 0$$

若分界面上 $\rho_S=0$，则 $\boldsymbol{e}_n \cdot (\boldsymbol{D}_1-\boldsymbol{D}_2)=0$

切向分量的边界条件

$$\boldsymbol{e}_n \times (\boldsymbol{E}_1 - \boldsymbol{E}_2) = 0 \text{ 和 } \boldsymbol{e}_n \times (\boldsymbol{H}_1 - \boldsymbol{H}_2) = \boldsymbol{J}_S$$

若分界面上 $\boldsymbol{J}_S=0$，则 $\boldsymbol{e}_n\times(\boldsymbol{H}_1-\boldsymbol{H}_2)=0$

对于理想导体 $\sigma=0$ 表面，边界条件为 $\boldsymbol{e}_n\times\boldsymbol{E}_1=0$ 和 $\boldsymbol{e}_n\times\boldsymbol{H}_1=\boldsymbol{J}_S$

6. 在时变电磁场中，通常规定矢量位 $\boldsymbol{A}$ 的散度为

$$\nabla\cdot \boldsymbol{A} = -\mu\varepsilon \frac{\partial \phi}{\partial t}$$

称其为洛伦兹条件。

7. 坡印廷定理是电磁场中的能量守恒关系，单位时间内体积中能量的增加量与体积内变为焦耳热的功率之和等于从表面进入体积的功率

$$-\oint_S (\boldsymbol{E}\times\boldsymbol{H})\cdot \mathrm{d}\boldsymbol{S} = \frac{\mathrm{d}}{\mathrm{d}t}\int_V (w_e + w_m)\mathrm{d}V + \int_V \sigma E^2 \mathrm{d}V$$

能流矢量表示沿能流方向的单位表面的功率的矢量

$$\boldsymbol{S} = \boldsymbol{E}\times\boldsymbol{H}(\text{瞬时值})$$

平均坡印廷矢量是坡印廷矢量在一个周期内的平均值，代表平均功率流密度

$$\boldsymbol{S}_{av} = \frac{1}{T}\int_0^T \boldsymbol{S}\mathrm{d}t = \frac{1}{2}\mathrm{Re}[\boldsymbol{E}\times\boldsymbol{H}^*]$$

8. 在无源区域内，$\boldsymbol{E}$、$\boldsymbol{H}$ 的波动方程为

$$\nabla^2\boldsymbol{E} - \mu\varepsilon\frac{\partial^2\boldsymbol{E}}{\partial t^2} = 0$$

$$\nabla^2\boldsymbol{H} - \mu\varepsilon\frac{\partial^2\boldsymbol{H}}{\partial t^2} = 0$$

波动方程的复数形式为

$$\nabla^2\boldsymbol{E} + k^2\boldsymbol{E} = 0$$

$$\nabla^2\boldsymbol{H} + k^2\boldsymbol{H} = 0$$

$$k^2 = \omega^2\mu\varepsilon$$

9. 动态位 $\boldsymbol{A}$ 与 ϕ 满足的达朗贝尔方程与解

$$\nabla^2\boldsymbol{A} - \mu\varepsilon\frac{\partial^2\boldsymbol{A}}{\partial t^2} = -\mu\boldsymbol{J}$$

$$\nabla^2\phi - \mu\varepsilon\frac{\partial^2\phi}{\partial t^2} = -\frac{\rho}{\varepsilon}$$

$$\boldsymbol{A}(\boldsymbol{r},t) = \frac{\mu}{4\pi}\int_V \frac{\boldsymbol{J}\left(\boldsymbol{r}',t-\frac{|\boldsymbol{r}-\boldsymbol{r}'|}{v}\right)}{|\boldsymbol{r}-\boldsymbol{r}'|}\mathrm{d}V'$$

$$\phi(\boldsymbol{r},t) = \frac{1}{4\pi\varepsilon}\int_V \frac{\rho\left(\boldsymbol{r}',t-\frac{|\boldsymbol{r}-\boldsymbol{r}'|}{v}\right)}{|\boldsymbol{r}-\boldsymbol{r}'|}\mathrm{d}V'$$

达朗贝尔方程的复数形式为

$$\nabla^2 \phi + k^2 \phi = -\frac{\rho}{\varepsilon}$$

$$\nabla^2 \mathbf{A} + k^2 \mathbf{A} = -\mu \boldsymbol{J}$$

10. 电磁对偶性：利用电与磁的对偶性和互换规则可以由一场量的方程写出另一场量的方程。

◇◆◇ 习 题 ◇◆◇

5-1 如图所示，有一导体滑片在两根平行的轨道上滑动，整个装置位于正弦时变磁场 $\boldsymbol{B}=5\cos\omega t\boldsymbol{e}_z$ mT 中。滑片的位置由 $x=[0.35(1-\cos\omega t)]$ m 确定，轨道终端接有电阻 $R=0.2\ \Omega$，试求 I。

5-2 一根半径为 a 的长圆柱形介质棒放入均匀磁场 $\boldsymbol{B}_0=B_0\boldsymbol{e}_z$ 中与 z 轴平行。设棒以角速度 ω 绕轴作等速旋转，求介质内的极化强度、体积内和表面上单位长度的极化电荷。

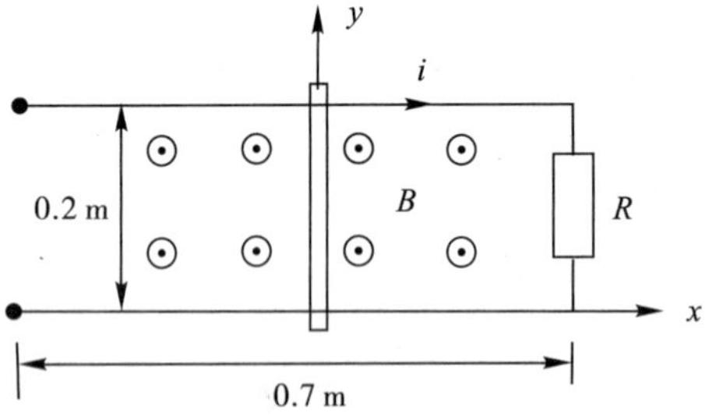

习题 5-1 图

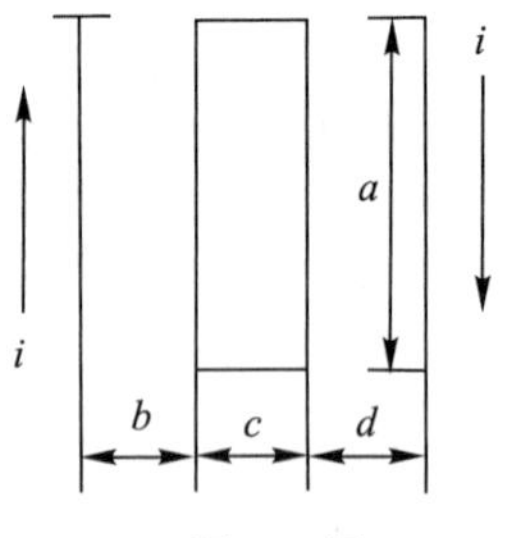

习题 5-3 图

5-3 平行双线传输线与一矩形回路共面。如图所示。设 $a=0.2$ m，$b=c=d=0.1$ m，$i=1.0\cos(2\pi\times10^7 t)$ A，求回路中的感应电动势。

5-4 一圆柱形电容器，内导体半径和外导体半径分别为 a 和 b，长为 l。设外加电压 $V_0\sin\omega t$，试计算电容器极板间的总位移电流，证明它等于电容器的电流。

5-5 证明 $\boldsymbol{E}=E_0\cos\left(\omega t-\frac{\omega}{c}z\right)\boldsymbol{e}_x$ 满足真空中的无源波动方程

$$\nabla^2 \boldsymbol{E} - \frac{1}{c^2}\frac{\partial^2 \boldsymbol{E}}{\partial t^2} = 0$$

5-6 已知空气中 $\boldsymbol{E}=0.1\sin(10\pi x)\cos(6\pi\times10^9 t-\beta z)\boldsymbol{e}_y$，求 $\boldsymbol{H}$ 和 β。提示：将 $\boldsymbol{E}$ 代入直角坐标中的波动方程，可求得 β。

5-7 已知在自由空间中球面波的电场为 $\boldsymbol{E}=\dfrac{E_0}{r}\sin\theta\cos(\omega t-kr)\boldsymbol{e}_\theta$，求 $\boldsymbol{H}$ 和 k。

5-8 两个无限大的平面理想导电壁之间的区域 $0\leqslant z\leqslant d$ 存在着如下的电磁场

$$E_y = E_0\sin\frac{\pi z}{d}\cos(\omega t - k_x x)$$

$$H_x = \frac{\pi E_0}{\omega\mu_0 \mathrm{d}}\cos\frac{\pi z}{d}\sin(\omega t - k_x x)$$

$$H_z = \frac{k_x E_0}{\omega\mu_0}\sin\frac{\pi z}{d}\cos(\omega t - k_x x)$$

式中，$\omega^2\mu_0\varepsilon_0=k_x^2+\left(\dfrac{\pi}{\mathrm{d}}\right)^2$，$d$、$k_x$、$\omega$、$E_0$ 均为常数

(1)验证该电磁波满足无源区的麦克斯韦方程；

(2)验证它满足理想导体表面的边界条件，并求出表面电荷与感应面电流；

(3)求空间的位移电流分布。

5-9 在应用电磁位时，如果不采用洛伦兹条件，而采用所谓的库仑规范，令$\nabla\cdot\boldsymbol{A}=0$。写出 $\boldsymbol{A}$ 和$\boldsymbol{\phi}$所满足的微分方程。

5-10 设电场强度和磁场强度分别为 $\boldsymbol{E}=\boldsymbol{E}_0\cos(\omega t+\psi_e)$ 和 $\boldsymbol{H}=\boldsymbol{H}_0\cos(\omega t+\psi_m)$，证明其坡印廷矢量的平均值为

$$\boldsymbol{S}_{av} = \frac{1}{2}\boldsymbol{E}_0\times\boldsymbol{H}_0\cos(\psi_e-\psi_m)。$$

5-11 证明在无源空间($\rho=0$，$\boldsymbol{J}=0$)中，可以引入一矢量位$\boldsymbol{A}_m$，定义为 $\boldsymbol{D}=-\nabla\times\boldsymbol{A}_m$，$\boldsymbol{H}=-\nabla\boldsymbol{\phi}_m-\dfrac{\partial\boldsymbol{A}_m}{\partial t}$，推导$\boldsymbol{A}_m$ 和$\boldsymbol{\phi}_m$ 的微分方程。

5-12 导出各向同性均匀媒质(无运流电流存在)中的 $\boldsymbol{E}$ 和 $\boldsymbol{H}$ 满足的非齐次波动方程：

$$\nabla^2\boldsymbol{H}-\mu\varepsilon\frac{\partial^2\boldsymbol{H}}{\partial t^2}=-\nabla\times\boldsymbol{J}_C$$

$$\nabla^2\boldsymbol{E}-\mu\varepsilon\frac{\partial^2\boldsymbol{E}}{\partial t^2}=\mu\frac{\partial\boldsymbol{J}_C}{\partial t}+\frac{1}{\varepsilon}\nabla\rho$$

5-13 已知正弦电磁场的电场瞬时值

$$\boldsymbol{E} = \boldsymbol{E}_1(z,t) + \boldsymbol{E}_2(z,t)$$

式中

$$\boldsymbol{E}_1(z,t) = 0.03\sin(10^8\pi t - kz)\,\boldsymbol{e}_x$$

$$\boldsymbol{E}_2(z,t) = 0.04\cos(10^8\pi t - kz - \frac{\pi}{3})\,\boldsymbol{e}_x$$

试求:(1)电场的复矢量;

(2)磁场的复矢量和瞬时值。

5-14 已知一电磁场的复数形式为

$$\boldsymbol{E} = \mathrm{j}E_0\sin(kz)\,\boldsymbol{e}_x$$

$$\boldsymbol{H} = \sqrt{\frac{\varepsilon_0}{\mu_0}}\,E_0\cos kz\,\boldsymbol{e}_y$$

式中,$k=\frac{2\pi}{\lambda}=\frac{\omega}{c}$,$c$ 是真空中的光速,λ 是波长。

求:(1)$z=0,\frac{\lambda}{8},\frac{\lambda}{4}$各点处的坡印廷矢量的瞬时值;

(2)上述各点处的平均坡印廷矢量。

5-15 已知自由空间的电磁场为

$$\boldsymbol{E} = 1000\cos(\omega t - \beta z)\,\boldsymbol{e}_x\ \mathrm{V/m}$$

$$\boldsymbol{H} = 2.65\cos(\omega t - \beta z)\,\boldsymbol{e}_y\ \mathrm{A/m}$$

式中,$\beta=\omega\sqrt{\mu_0\varepsilon_0}=0.42\,\mathrm{rad/m}$。

求:(1)坡印廷矢量的瞬时值;

(2)平均坡印廷矢量;

(3)任意时刻流入如图所示的六面体(长为 1 m,横截面积为 0.25 m^2)中的净功率。

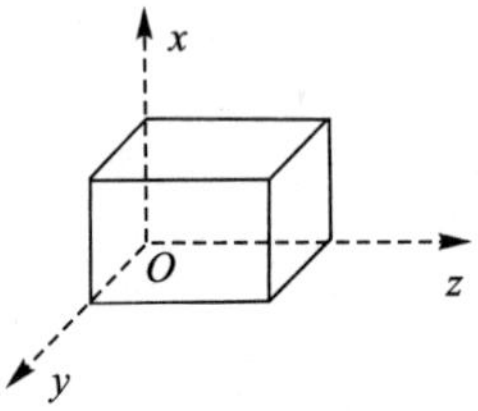

习题 5-15 图

5-16 证明在无源的自由空间中,电磁场作如下变换

$$\boldsymbol{E}(r,t) \rightarrow \sqrt{\frac{\mu_0}{\varepsilon_0}}\boldsymbol{H}(r,t)$$

$$\boldsymbol{H}(r,t) \rightarrow -\sqrt{\frac{\varepsilon_0}{\mu_0}}\boldsymbol{E}(r,t)$$

后,也满足麦克斯韦方程组。

5-17　有下列方程

$$\nabla^2 \boldsymbol{H} - \mu\varepsilon \frac{\partial^2 \boldsymbol{H}}{\partial t^2} = 0$$

$$\nabla \cdot \boldsymbol{J} = -\frac{\partial \rho}{\partial t},$$

式中 $\boldsymbol{H}, \boldsymbol{J}, \rho$ 都是有一定的物理意义的量，且随时间作简谐变化，试写出相应的复矢量方程。

本章习题答案

第6章 平面电磁波

第 5 章介绍的麦克斯韦方程表明变化的电场激发变化的磁场，变化的磁场激发变化的电场，这种相互激发并在空间传播变化的电磁场称为电磁波（electromagnetic wave）。无线电波、电视信号、雷达波束、激光、X 射线和γ射线等都是电磁波。

电磁波可以按等相位面的形状分为平面波、柱面波和球面波。等相位面是指空间振动相位相同的点所组成的面，等相位面是平面的电磁波称为平面波（plane wave）。平面波是一种最简单、最基本的电磁波，它具有电磁波的普遍性质和规律，实际存在的电磁波均可以分解成许多平面波，因此，平面波是研究电磁波的基础，有着十分重要的理论价值。均匀平面波（uniform plane wave）是电磁波的一种理想情况，它是指电磁波的场矢量只沿着波的传播方向变化，在与传播方向垂直的无限大平面内，电场强度 $\boldsymbol{E}$ 和磁场强度 $\boldsymbol{H}$ 的方向、振幅和相位都保持不变。

本章将介绍平面波在无限大的无耗媒质和有耗媒质中的传播特性；平面电磁波极化的概念；最后分析平面电磁波的反射和折射。

学习这一章应重视不同媒质对平面波传播的影响。实际空间中充满了各种不同电磁特性的媒质，电磁波在不同媒质中传播表现出不同的特性，人们正是通过这些不同的特性获取介质或目标性质。平面波传播是无线通信、遥感、目标定位和环境监测的基础。

6.1　理想介质中的均匀平面波

理想介质是指电导率 $\sigma=0$，ε、μ 为实常数的媒质，$\sigma\to\infty$ 的媒质称为理想导体，σ 介于两者之间的媒质称为有耗媒质或导电媒质。本节介绍最简单的情况，即无源、均匀（homogeneous）（媒质参数与位置无关）、线性（linear）（媒质参数与场强大小无关）、各向同性（isotropic）（媒质参数与场强方向无关）的无限大理想介质中的时谐平面波。

6.1.1　波动方程的解

假设讨论的区域为无源区，即 $\rho=0$、$\boldsymbol{J}=0$，在线性、均匀、各向同性的理想介质中，时谐电磁场满足复数形式的波动方程：

$$\nabla^2\boldsymbol{E}+k^2\boldsymbol{E}=0 \tag{6-1}$$

其中

$$k=\omega\sqrt{\mu\varepsilon} \tag{6-2}$$

下面研究该方程的一种最简单的解，即均匀平面波解。假设均匀平面波在直角坐标系中沿 z 方向传播，电场强度 $\boldsymbol{E}$ 只是坐标变量 z 的函数，与坐标变量 x、y 无关，即 $\dfrac{\partial\boldsymbol{E}}{\partial x}=\dfrac{\partial\boldsymbol{E}}{\partial y}=0$，则式(6-1)可简化为

$$\frac{\mathrm{d}^2\boldsymbol{E}}{\mathrm{d}z^2}+k^2\boldsymbol{E}=0 \tag{6-3}$$

其解为

$$\boldsymbol{E}=\boldsymbol{E}_0\mathrm{e}^{-\mathrm{j}kz}+\boldsymbol{E}'_0\mathrm{e}^{\mathrm{j}kz} \tag{6-4}$$

其中$\boldsymbol{E}_0$、E'_0是复常矢。为简单起见，考察电场的一个分量 E_x，对应的瞬时值为

$$E_x(z,t)=E_{xm}\cos(\omega t-kz+\varphi_x)+E'_{xm}\cos(\omega t+kz+\varphi'_x)$$

右端第一项的相位是 $\theta=\omega t-kz+\varphi_x$，若 t 增大时 z 也随之增大，就可保持 θ 为常数，场量值相同，换句话说，同一个场值随时间的增加向 z 增大的方向推移，因此，上式右端第一项表示向正 z 方向传播的波。同理，第二项表示向负 z 方向传播的波。用复数形式表示，则式中含 $\mathrm{e}^{-\mathrm{j}kz}$ 因子的解，表示向正 z 方向传播的波，而含 $\mathrm{e}^{\mathrm{j}kz}$ 因子的解表示向负 z 方

向传播的波。

在无界的无限大空间，反射波不存在(第 6.4 节考虑有边界的情况，则存在入射波与反射波)，这里只考虑向正 z 方向传播的行波(travelling wave，是指没有反射波只往一个方向传播的波)，因此可取 $\boldsymbol{E}'_0=0$，于是

$$\boldsymbol{E} = \boldsymbol{E}_0 \mathrm{e}^{-\mathrm{j}kz} \tag{6-5}$$

将上式代入 $\nabla \cdot \boldsymbol{E}=0$，可得

$$\nabla \cdot (\boldsymbol{E}_0 \mathrm{e}^{-\mathrm{j}kz}) = \boldsymbol{E}_0 \cdot \nabla \mathrm{e}^{-\mathrm{j}kz} = -\mathrm{j}k\boldsymbol{E} \cdot \boldsymbol{e}_z = 0 \tag{6-6}$$

上式表明电场矢量垂直于 $\boldsymbol{e}_z$，即 $E_z=0$，电场只存在横向分量

$$\boldsymbol{E} = E_x \boldsymbol{e}_x + E_y \boldsymbol{e}_y = (E_{xm}\, \mathrm{e}^{\mathrm{j}\varphi_x} \boldsymbol{e}_x + E_{ym}\, \mathrm{e}^{\mathrm{j}\varphi_y} \boldsymbol{e}_y)\mathrm{e}^{-\mathrm{j}kz} \tag{6-7}$$

其中 $E_x=E_{xm}\mathrm{e}^{\mathrm{j}\varphi_x}\mathrm{e}^{-\mathrm{j}kz}$、$E_y=E_{ym}\mathrm{e}^{\mathrm{j}\varphi_y}\mathrm{e}^{-\mathrm{j}kz}$ 是电场强度各分量的复数振幅。

同理，磁场强度 $\boldsymbol{H}$ 可以由麦克斯韦方程 $\nabla \times \boldsymbol{E}=-\mathrm{j}\omega\mu \boldsymbol{H}$ 求得

$$\boldsymbol{H} = \frac{\nabla \times \boldsymbol{E}}{-\mathrm{j}\omega\mu} = \frac{\nabla \times (\boldsymbol{E}_0 \mathrm{e}^{-\mathrm{j}kz})}{-\mathrm{j}\omega\mu} = \frac{\nabla \mathrm{e}^{-\mathrm{j}kz} \times \boldsymbol{E}_0}{-\mathrm{j}\omega\mu}$$

$$= \frac{-\mathrm{j}k\mathrm{e}^{-\mathrm{j}kz}\, \boldsymbol{e}_z \times \boldsymbol{E}_0}{-\mathrm{j}\omega\mu} = \sqrt{\frac{\varepsilon}{\mu}}\, \boldsymbol{e}_z \times \boldsymbol{E}$$

即

$$\boldsymbol{H} = \frac{1}{\eta} \boldsymbol{e}_z \times \boldsymbol{E} = \frac{1}{\eta}(-E_y \boldsymbol{e}_x + E_x \boldsymbol{e}_y) \tag{6-8}$$

式(6-8)中 $\eta=\sqrt{\mu/\varepsilon}$，具有阻抗的量纲，单位为欧姆(Ω)，它的值仅与媒质的参数有关，因此被称为媒质的本征阻抗(intrinsic impedance)。在自由空间中，$\eta_0=\sqrt{\mu_0/\varepsilon_0}=120\pi=377\ \Omega$。

另外，定义波的横向电场与横向磁场之比为波阻抗，具有阻抗的量纲，单位为欧姆(Ω)。

由式(6-8)可知

$$\frac{E_x}{H_y} = -\frac{E_y}{H_x} = \eta \tag{6-9}$$

可见，均匀平面波的波阻抗等于媒质的本征阻抗。

式(6-6)和式(6-8)说明均匀平面波的电场、磁场和传播方向 $\boldsymbol{e}_z$ 三者彼此正交，符合右手螺旋关系。由于电场强度和磁场强度之间满足式(6-8)，所以讨论均匀平面波问题时，只需讨论其电场(或磁场)即可。

6.1.2 均匀平面波的传播特性

由上一小节的分析知，在无限大理想介质中传播的均匀平面波具有以下传播特性：

(1)电场强度 $\boldsymbol{E}$、磁场强度 $\boldsymbol{H}$、传播方向 $\boldsymbol{e}_z$ 三者相互垂直，成右手螺旋关系，传播方向上没有电磁场分量，称为横电磁波(transverse electromagnetic wave)，记为 TEM 波。

(2)$\boldsymbol{E}$、$\boldsymbol{H}$ 处处同相，两者复振幅之比为媒质的本征阻抗 η，η 是实数。

(3)为简单起见，考察电场的一个分量 E_x，由式(6-7)可写出其瞬时值表达式

$$E_x(z,t) = E_{xm}\cos(\omega t - kz + \varphi_x) \tag{6-10}$$

式(6-10)中 ωt 称为时间相位，kz 称为空间相位，φ_x 是 $z=0$ 处在 $t=0$ 时刻的初始相位。空间相位相同的点所组成的曲面称为等相位面(plane of constant phase)、波前或波阵面。这里，$z=$常数的平面就是等相位面，因此这种波称为平面波。又因为场量与 x、y 无关，在 $z=$常数的等相位面上，各点场强相等，这种等相位面上场强处处相等的平面波称为均匀平面波。

图 6-1 是式(6-10)所表达的均匀平面波在空间的传播情况。

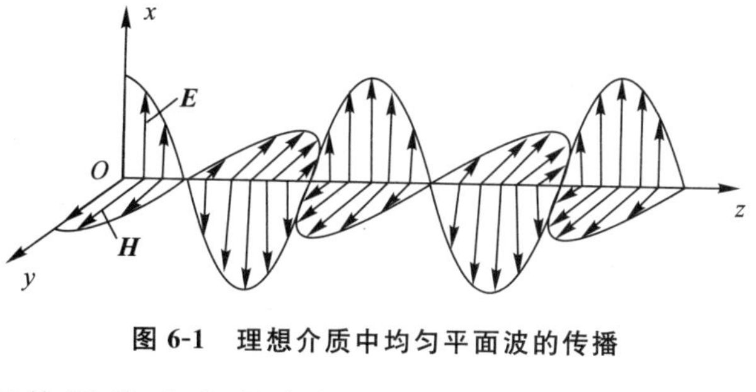

图 6-1 理想介质中均匀平面波的传播

等相位面传播的速度称为相速(phase speed)。等相位面方程为 $\omega t - kz + \varphi_x = \text{const}$，由此可得 $\omega \mathrm{d}t - k\mathrm{d}z = 0$，故相速为

$$v_p = \frac{\mathrm{d}z}{\mathrm{d}t} = \frac{\omega}{k} = \frac{1}{\sqrt{\mu\varepsilon}} \tag{6-11}$$

在真空中，电磁波的相速为

$$v_p=\frac{1}{\sqrt{\mu_0\varepsilon_0}}=\frac{1}{\sqrt{4\pi\times10^{-7}\times\frac{1}{36\pi}\times10^{-9}}}=3\times10^8(\mathrm{m/s})$$

可见，电磁波在真空中的相速等于真空中的光速。由式(6-11)可得

$$k=\frac{\omega}{v_p}=\frac{2\pi f}{v_p}=\frac{2\pi}{\lambda}\tag{6-12}$$

式(6-12)中，$\lambda=v_p/f$ 为电磁波的波长。k 称为波数(wave number)，因为空间相位 kz 变化 2π 相当于一个全波，k 表示单位长度内具有的全波数。k 也称为相位常数(phase constant)，因为 k 可表示单位长度内的相位变化。

(4)均匀平面波传输的平均功率流密度矢量可由式(6-7)和式(6-8)得到

$$\begin{aligned}\boldsymbol{S}_{av}&=\frac{1}{2}\mathrm{Re}(\boldsymbol{E}\times\boldsymbol{H}^*)=\frac{1}{2\eta}\mathrm{Re}[\boldsymbol{E}\times(\boldsymbol{e}_z\times\boldsymbol{E}^*)]\\&=\frac{1}{2\eta}\mathrm{Re}[(\boldsymbol{E}\cdot\boldsymbol{E}^*)\boldsymbol{e}_z-(\boldsymbol{E}\cdot\boldsymbol{e}_z)\boldsymbol{E}^*]\\&=\frac{1}{2\eta}|\boldsymbol{E}|^2\boldsymbol{e}_z=\frac{1}{2\eta}(|E_x|^2+|E_y|^2)\boldsymbol{e}_z\end{aligned}\tag{6-13}$$

(5)电磁场中电场能量密度、磁场能量密度的瞬时值是

$$w_e(z,t)=\frac{1}{2}\varepsilon[E_x^2(z,t)+E_y^2(z,t)]$$

$$\begin{aligned}w_m(z,t)&=\frac{1}{2}\mu[H_x^2(z,t)+H_y^2(z,t)]\\&=\frac{1}{2}\mu\frac{[E_x^2(z,t)+E_y^2(z,t)]}{\mu/\varepsilon}=w_e(z,t)\end{aligned}$$

由上式可知，空间任一点、任一时刻电场能量密度等于磁场能量密度。

总电磁能量密度的平均值是

$$\begin{aligned}w_{av}&=\frac{1}{T}\int_0^T[w_e(z,t)+w_m(z,t)]\mathrm{d}t=\frac{1}{2}\varepsilon(E_{xm}^2+E_{ym}^2)\\&=\frac{1}{2}\mu(H_{xm}^2+H_{ym}^2)\end{aligned}\tag{6-14}$$

式(6-14)中 T 为电磁波周期。

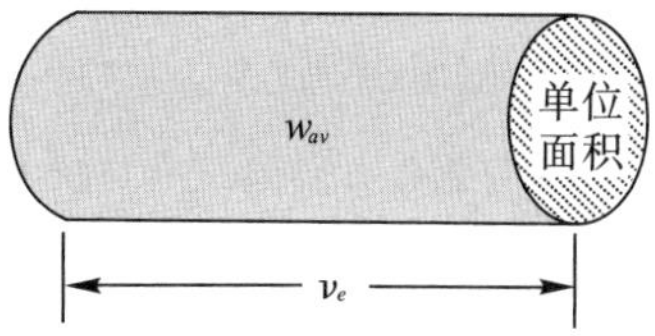

图 6-2　平面波的能量速度

电磁波能量传播的速度称为能速 v_e。如图 6-2 所示，以单位面积为底、长度为 v_e 的柱体中储存的平均能量，将在单位时间内全部通过单位面积，所以这部分能量值应等于平均功率流密度，即 $S_{av}=v_e w_{av}$，由式(6-13)和式(6-14)可得能速

$$v_e=\frac{S_{av}}{w_{av}}=\frac{1}{\varepsilon\eta}=\frac{1}{\sqrt{\mu\varepsilon}}=v_p \tag{6-15}$$

即能速等于相速。

(6)理想介质中与真空中的波数、波长、相速、本征阻抗的关系如下

$$k=\omega\sqrt{\mu\varepsilon}=k_0\sqrt{\mu_r\varepsilon_r} \tag{6-16a}$$

$$\lambda=\frac{2\pi}{k}=\frac{\lambda_0}{\sqrt{\mu_r\varepsilon_r}} \tag{6-16b}$$

$$v_p=\frac{1}{\sqrt{\mu\varepsilon}}=\frac{c}{\sqrt{\mu_r\varepsilon_r}} \tag{6-16c}$$

$$\eta=\sqrt{\frac{\mu}{\varepsilon}}=\eta_0\sqrt{\frac{\mu_r}{\varepsilon_r}} \tag{6-16d}$$

【例 6-1】 频率为 100 MHz 的均匀平面电磁波，在一无耗媒质中沿 $+z$ 方向传播，其电场 $\boldsymbol{E}=\boldsymbol{e}_x E_x$。已知该媒质的相对介电常数 $\varepsilon_r=4$，相对磁导率 $\mu_r=1$，且当 $t=0$ 时，电场在 $z=1/8$ m 处达到振幅值为 10^{-4} V/m。求：(1)$\boldsymbol{E}$ 的瞬时表示式；(2)$\boldsymbol{H}$ 的瞬时表示式。

解：(1)设 $\boldsymbol{E}$ 的瞬时表示式为

$$\boldsymbol{E}(z,t)=E_x(z,t)\,\boldsymbol{e}_x=10^{-4}\cos(\omega t-kz+\varphi_x)\boldsymbol{e}_x$$

式中

$$\omega=2\pi f=2\pi\times10^8\ \text{rad/s}$$

$$k=\omega\sqrt{\mu\varepsilon}=\frac{\omega}{c}\sqrt{\mu_r\varepsilon_r}=\frac{2\pi\times10^8}{3\times10^8}\sqrt{4}=\frac{4}{3}\pi\,(\text{rad/m})$$

对于余弦函数，当相位为零时振幅值最大。因此，考虑到 $t=0$，$z=1/8$ m 时电场达到振幅值，有

$$\varphi_x=kz=\frac{4\pi}{3}\times\frac{1}{8}=\frac{\pi}{6}$$

所以

$$\boldsymbol{E}(z,t) = 10^{-4}\cos\left(2\pi\times 10^{8}t - \frac{4\pi}{3}z + \frac{\pi}{6}\right)\boldsymbol{e}_x$$

$$= 10^{-4}\cos\left[2\pi\times 10^{8}t - \frac{4\pi}{3}\left(z - \frac{1}{8}\right)\right]\boldsymbol{e}_x(\text{V/m})$$

(2) $\boldsymbol{H}$ 的瞬时表示式为

$$\boldsymbol{H} = H_y\boldsymbol{e}_y = \frac{1}{\eta}E_x\boldsymbol{e}_y$$

式中

$$\eta = \sqrt{\frac{\mu}{\varepsilon}} = 60\pi(\Omega)$$

因此

$$\boldsymbol{H}(z,t) = \frac{10^{-4}}{60\pi}\cos\left[2\pi\times 10^{8}t - \frac{4}{3}\pi\left(z - \frac{1}{8}\right)\right]\boldsymbol{e}_y(\text{A/m})$$

【例 6-2】 自由空间中平面波的电场强度 $\boldsymbol{E}=50\cos(\omega t-kz)\boldsymbol{e}_x(\text{V/m})$，求在 $z=z_0$ 处垂直穿过半径 $R=2.5\,\text{m}$ 的圆平面的平均功率。

解: 电场强度 $\boldsymbol{E}$ 的复数表示式为

$$\boldsymbol{E} = 50\,\mathrm{e}^{-\mathrm{j}kz}\,\boldsymbol{e}_x$$

自由空间的本征阻抗为

$$\eta_0 = 120\pi$$

所以该平面波的磁场强度

$$\boldsymbol{H} = \frac{E}{\eta}\boldsymbol{e}_y = \frac{5}{12\pi}\mathrm{e}^{-\mathrm{j}kz}\boldsymbol{e}_y(\text{A/m})$$

于是，平均坡印廷矢量

$$\boldsymbol{S}_{av} = \frac{1}{2}\mathrm{Re}(\boldsymbol{E}\times\boldsymbol{H}^*) = \frac{1}{2}\times 50\times\frac{5}{12\pi}\boldsymbol{e}_z = \frac{125}{12\pi}\boldsymbol{e}_z(\text{W/m}^2)$$

垂直穿过半径 $R=2.5\,\text{m}$ 的圆平面的平均功率

$$P_{av} = \int_S \boldsymbol{S}_{av}\cdot\mathrm{d}\boldsymbol{S} = \frac{125}{12\pi}\times\pi R^2 = \frac{125}{12\pi}\times\pi\times(2.5)^2 = 65.1(\text{W})$$

6.2　导电媒质中的均匀平面波

导电媒质中的电导率 $\sigma\neq0$，电磁波在导电媒质中传播时必然有传导电流 $\boldsymbol{J}=\sigma\boldsymbol{E}$ 产生电磁能量损耗。本节将研究均匀平面波在线性、均匀、各向同性、无源的无限大有损耗媒质中的传播特性。

6.2.1　导电媒质中的平面波场解

在无源的有损耗媒质中，时谐电磁场满足的麦克斯韦方程组是

$$\nabla\times\boldsymbol{H}=\sigma\boldsymbol{E}+\mathrm{j}\omega\varepsilon\boldsymbol{E}=\mathrm{j}\omega\tilde{\varepsilon}\boldsymbol{E} \tag{6-17a}$$

$$\nabla\times\boldsymbol{E}=-\mathrm{j}\omega\mu\boldsymbol{H} \tag{6-17b}$$

$$\nabla\cdot\boldsymbol{H}=0 \tag{6-17c}$$

$$\nabla\cdot\boldsymbol{E}=0 \tag{6-17d}$$

式(6-17a)中 $\tilde{\varepsilon}$ 为复介电常数。

$$\tilde{\varepsilon}=\varepsilon-\mathrm{j}\frac{\sigma}{\omega}=\varepsilon\left(1-\mathrm{j}\frac{\sigma}{\omega\varepsilon}\right) \tag{6-17e}$$

式(6-17d)利用了导电媒质内部的自由电荷密度趋于零这一规律，下面对此进行说明。若假设导电媒质内部存在自由电荷密度 ρ，由欧姆定律和高斯定理，可得如下关系

$$\nabla\cdot\boldsymbol{J}=\sigma\nabla\cdot\boldsymbol{E}=\frac{\sigma}{\varepsilon}\rho \tag{6-18}$$

将电流连续性方程代入式(6-18)，可得

$$\frac{\partial\rho}{\partial t}=-\frac{\sigma}{\varepsilon}\rho \tag{6-19a}$$

解得

$$\rho(t)=\rho_0\mathrm{e}^{-(\sigma/\varepsilon)t}=\rho_0\mathrm{e}^{-t/\tau} \tag{6-19b}$$

其中 ρ_0 为 $t=0$ 时刻的初始电荷密度。式(6-19b)表明导电媒质中的自由电荷密度随时间按指数规律衰减，与电磁波的形式和变化规律无关，只与媒质的电磁参数(σ,ε)有关。由于初始时媒质内部电荷密度一般为零，因此导电媒质中不存在自由电荷。即使初始电荷密度不为零，随时间的增加也将被衰减，例如铜 $\tau=1.52\times10^{-19}$ s($\sigma=5.8\times10^{7}$ S/m)，石墨

$\tau=3.68\times10^{-10}$ s($\sigma=0.12$ S/m,$\varepsilon_r=5$),τ 表示电荷密度减小到初始值的 1/e 所经过的时间,称为弛豫时间,可见媒质内部自由电荷将迅速趋于零。

方程组(6-17)与理想介质中的麦克斯韦方程组相比较,仅有 ε 与 $\tilde{\varepsilon}$ 的区别,因此只要将 $\tilde{\varepsilon}$ 取代上一节方程中的 ε,即可得导电媒质中平面波的解

$$\boldsymbol{E}=(E_{xm}\mathrm{e}^{\mathrm{j}\varphi_x}\boldsymbol{e}_x+E_{ym}\mathrm{e}^{\mathrm{j}\varphi_y}\boldsymbol{e}_y)\mathrm{e}^{-\gamma z} \tag{6-20a}$$

$$\boldsymbol{H}=\frac{1}{\eta}\boldsymbol{e}_z\times\boldsymbol{E} \tag{6-20b}$$

其中

$$\gamma=\mathrm{j}\omega\sqrt{\mu\tilde{\varepsilon}} \tag{6-20c}$$

$$\eta=\sqrt{\frac{\mu}{\tilde{\varepsilon}}} \tag{6-20d}$$

γ 称为传播常数(propagation constant),γ 和 η 都是复数。式(6-20)说明,在导电媒质中传播的平面波,电场、磁场和传播方向三者相互垂直,成右手螺旋关系,仍是 TEM 波。

6.2.2 传播常数和本征阻抗的意义

导电媒质中电磁波的传播常数 γ 和本征阻抗 η 都是复数。设 $\gamma=\alpha+\mathrm{j}\beta$,由式(6-20c)得

$$(\alpha+\mathrm{j}\beta)^2=\alpha^2-\beta^2+2\mathrm{j}\alpha\beta=-\omega^2\mu\varepsilon(1-\mathrm{j}\sigma/\omega\varepsilon)$$

上式两边虚、实部分别相等,可得

$$\alpha=\sqrt{\frac{\omega^2\mu\varepsilon}{2}}\sqrt{\sqrt{1+\left(\frac{\sigma}{\omega\varepsilon}\right)^2}-1} \tag{6-21a}$$

$$\beta=\sqrt{\frac{\omega^2\mu\varepsilon}{2}}\sqrt{\sqrt{1+\left(\frac{\sigma}{\omega\varepsilon}\right)^2}+1} \tag{6-21b}$$

为讨论方便起见,假设电场只有 x 方向分量,因而电磁波的解为

$$E_x=E_{xm}\mathrm{e}^{\mathrm{j}\varphi_x}\mathrm{e}^{-\gamma z}=E_{xm}\mathrm{e}^{-\alpha z}\mathrm{e}^{-\mathrm{j}\beta z+\mathrm{j}\varphi_x} \tag{6-22a}$$

$$H_y=\frac{E_{xm}\mathrm{e}^{\mathrm{j}\varphi_x}\mathrm{e}^{-\gamma z}}{\eta}=\frac{E_{xm}\mathrm{e}^{-\alpha z}\mathrm{e}^{-\mathrm{j}(\beta z+\psi)+\mathrm{j}\varphi_x}}{|\eta|} \tag{6-22b}$$

$$\eta=|\eta|\mathrm{e}^{\mathrm{j}\psi} \tag{6-22c}$$

式(6-22)中 ψ 为本征阻抗的幅角。电磁波的瞬时值为

$$E_x(z,t) = E_{xm}\mathrm{e}^{-\alpha z}\cos(\omega t - \beta z + \varphi_x) \tag{6-23a}$$

$$H_y(z,t) = \frac{E_{xm}\mathrm{e}^{-\alpha z}}{|\eta|}\cos(\omega t - \beta z - \psi + \varphi_x) \tag{6-23b}$$

式(6-23)说明：

(1)在导电媒质中，沿平面波的传播方向，平面波的振幅按指数衰减，故 α 称为衰减常数(attenuation constant)。工程上常用分贝(dB)或奈培(Np)来计算衰减量，其定义为

$$\alpha z = 20\lg\frac{E_{xm}}{|E_x|}(\mathrm{dB}) \tag{6-24a}$$

$$\alpha z = \ln\frac{E_{xm}}{|E_x|}(\mathrm{Np}) \tag{6-24b}$$

当 $E_{xm}/|E_x| = \mathrm{e} = 2.7183$ 时，衰减量为 1 Np，或 20 lg2.7183＝8.686 dB，故 1 Np＝8.686dB。衰减常数的单位是奈培/米(Np/m)或分贝/米(dB/m)。

波的振幅不断衰减的物理原因是电导率 σ 引起的焦耳热损耗，有一部分电磁能量转换成了热能。

(2)由式(6-23)还可得出，电磁波传播的相速是

$$v_p = \omega/\beta \tag{6-25}$$

β 称为相位常数，即单位长度上的相移量。与理想介质中的波数 k 具有相同的意义。由于 β 是频率的复杂函数，故不同的频率，波的相速也不同，这样，携带信号的电磁波其不同的频率分量将以不同的相速传播，经过一段距离的传播，它们的相位关系将发生变化，从而导致信号失真，这一现象称为色散，这是理想介质中所没有的现象。

(3)本征阻抗 $\eta = |\eta|\mathrm{e}^{\mathrm{j}\psi}$ 的振幅和幅角可导出如下

$$|\eta| = \sqrt{\frac{\mu}{\varepsilon}}\left[1 + \left(\frac{\sigma}{\omega\varepsilon}\right)^2\right]^{-1/4} \tag{6-26a}$$

$$\psi = \frac{1}{2}\arctan\left(\frac{\sigma}{\omega\varepsilon}\right) \tag{6-26b}$$

一般把 $\arctan\left(\dfrac{\sigma}{\omega\varepsilon}\right)$ 称为媒质的损耗角。

本征阻抗的幅角表示磁场强度的相位比电场强度滞后 ψ，σ 越大则

滞后越大。电磁波在有损耗媒质中的传播情况如图 6-3 所示。

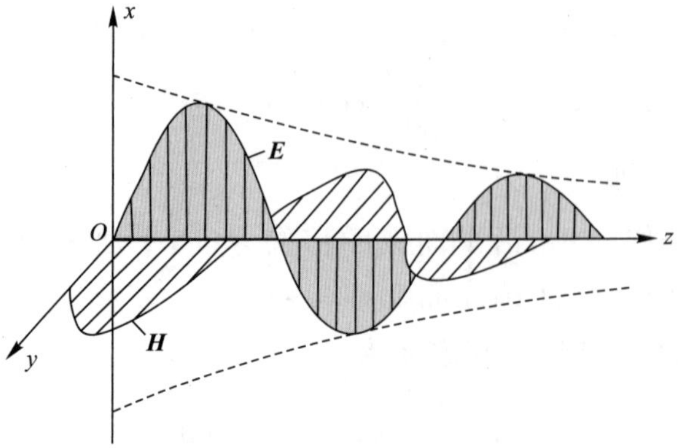

图 6-3 有损耗媒质中平面波的传播

(4)导电媒质中平均功率流密度矢量为

$$\boldsymbol{S}_{av}=\frac{1}{2}\mathrm{Re}(\boldsymbol{E}\times\boldsymbol{H}^{*})=\frac{1}{2|\eta|}E_{xm}^{2}\mathrm{e}^{-2\alpha z}\cos\psi\boldsymbol{e}_{z}\tag{6-27}$$

随着波的传播,由于媒质的损耗,电磁波的功率流密度逐渐减小。

由衰减常数 α 的表达式可知:频率增大时,电磁波随距离的衰减变快,使得波的传播距离变近;在相同的频率下,导电率越大,电磁波的衰减也越快,传播距离变近。含水物质对微波具有较强的吸收作用,大家熟知的一个应用是家庭中利用微波炉来烹制食物,微波加热已广泛用于皮革、纸张、木材、粮食、食品和茶叶等的加热干燥,用于血浆和冷藏器官的解冻,等等。加热频率的选择,考虑到若频率过高,则穿透深度小,不能对深部位加热,若频率过低,则物质吸收小,也不能有效地加热,同时为了防止对雷达和通信等产生干扰,我国和世界大多数国家规定的工业、科学与医疗专用频率为:915 MHz、2450 MHz、5800 MHz 和 22125 MHz。目前我国主要用 915 MHz 和 2450 MHz。

(5)储存在导电媒质中的电磁波的电场能量密度和磁场能量密度的平均值分别是

$$(w_{av})_{e}=\frac{1}{4}\varepsilon E_{xm}^{2}\mathrm{e}^{-2\alpha z}\tag{6-28a}$$

$$(w_{av})_{m}=\frac{\mu}{4}\frac{E_{xm}^{2}}{|\eta|^{2}}\mathrm{e}^{-2\alpha z}=\frac{1}{4}\varepsilon E_{xm}^{2}\mathrm{e}^{-2\alpha z}\sqrt{1+\left(\frac{\sigma}{\omega\varepsilon}\right)^{2}}\tag{6-28b}$$

由此可见,导电媒质中磁场能量密度大于电场能量密度。这正是由于 $\sigma\neq0$ 所引起的传导电流所致,因为它激发了附加的磁场。

(6)能量的传播速度，即能速是

$$v_e=\frac{S_{av}}{(w_{av})_e+(w_{av})_m}$$

$$=\frac{2}{\sqrt{\mu\varepsilon}}\left[1+\left(\frac{\sigma}{\omega\varepsilon}\right)^2\right]^{1/4}\left\{\left[1+\left(\frac{\sigma}{\omega\varepsilon}\right)^2\right]^{1/2}+1\right\}^{-1}\cos\psi$$

由式(6-26)知

$$\cos\psi=\cos\left[\frac{1}{2}\arctan^{-1}\left(\frac{\sigma}{\omega\varepsilon}\right)\right]$$

$$=\frac{1}{\sqrt{2}}\left[1+\left(\frac{\sigma}{\omega\varepsilon}\right)^2\right]^{-1/4}\left\{\left[1+\left(\frac{\sigma}{\omega\varepsilon}\right)^2\right]^{1/2}+1\right\}^{1/2}$$

因此

$$v_e=\left(\frac{2}{\mu\varepsilon}\right)^{1/2}\left\{\left[1+\left(\frac{\sigma}{\omega\varepsilon}\right)^2\right]^{1/2}+1\right\}^{-1/2}=\frac{\omega}{\beta}=v_p \tag{6-29}$$

能量传播的速度等于相速。

(7)对于低损耗媒质，例如聚乙烯、聚四氟乙烯、聚苯乙烯、有机玻璃和石英等，在高频和超高频以上均有$\frac{\sigma}{\omega\varepsilon}<10^{-2}$，因此，衰减常数、相位常数、波阻抗可近似为

$$\alpha\approx\sqrt{\frac{\omega^2\mu\varepsilon}{2}}\sqrt{\sqrt{1+\left(\frac{\sigma}{\omega\varepsilon}\right)^2}-1}\approx\frac{\sigma}{2}\sqrt{\frac{\mu}{\varepsilon}} \tag{6-30a}$$

$$\beta\approx\sqrt{\frac{\omega^2\mu\varepsilon}{2}}\sqrt{1+\frac{1}{2}\left(\frac{\sigma}{\omega\varepsilon}\right)^2+1}\approx\sqrt{\omega^2\mu\varepsilon}\left[1+\frac{1}{8}\left(\frac{\sigma}{\omega\varepsilon}\right)^2\right]\approx\omega\sqrt{\mu\varepsilon} \tag{6-30b}$$

$$\eta\approx\sqrt{\frac{\mu}{\varepsilon}} \tag{6-30c}$$

由此可见，在低损耗媒质中，平面波的传播特性，除了有微弱的损耗引起的衰减之外，其他与理想介质的相同。

6.2.3 良导电媒质中的平面波

良导电媒质(又称良导体)是指 σ 很大的媒质，如铜($\sigma=5.8\times10^7$ S/m)、银($\sigma=6.17\times10^7$ S/m)等金属，在整个无线电频率范围内满足$\frac{\sigma}{\omega\varepsilon}>100$。

电磁波在良导电媒质中传播时能量将集中在表面薄层内。

1. 传播常数和本征阻抗的近似表达式

因为在良导电媒质中，$\frac{\sigma}{\omega\varepsilon}>100$，式(6-21)和式(6-20d)可近似为

$$\alpha \approx \sqrt{\frac{\omega^2\mu\varepsilon}{2}}\sqrt{\frac{\sigma}{\omega\varepsilon}-1} \approx \sqrt{\frac{\omega\mu\sigma}{2}} \tag{6-31}$$

$$\beta \approx \sqrt{\frac{\omega^2\mu\varepsilon}{2}}\sqrt{\frac{\sigma}{\omega\varepsilon}+1} \approx \sqrt{\frac{\omega\mu\sigma}{2}} \tag{6-32}$$

$$\eta = \sqrt{\frac{\mu}{\varepsilon\left(1-\mathrm{j}\frac{\sigma}{\omega\varepsilon}\right)}} \approx \sqrt{\frac{\mathrm{j}\omega\mu}{\sigma}} = \sqrt{\frac{\omega\mu}{2\sigma}}(1+\mathrm{j}) \tag{6-33}$$

2. 波在良导电媒质中的传播特性

在良导体中，电磁波的相速为

$$v_P = \frac{\omega}{\beta} \approx \sqrt{\frac{2\omega}{\mu\sigma}}$$

由式(6-31)可知，电磁波的衰减常数随电磁波的频率、媒质的磁导率和电导率的增加而增大。因此，高频电磁波在良导体中的衰减常数非常大。例如，频率 $f=3$ MHz 时，电磁波在铜($\sigma=5.8\times10^7$ S/m、$\mu_r=1$)中的 $\alpha\approx2.62\times10^4$ Np/m。由于电磁波在良导体中的衰减很快，故在传播很短的一段距离后就几乎衰减完了。

因此，良导体中的电磁波局限于导体表面附近的区域，这种现象称为趋肤效应。工程上常用趋肤深度 δ(或穿透深度)来表征电磁波的趋肤程度，其定义为电磁波的幅值衰减为表面值的 1/e(或 0.368)时电磁波所传播的距离，即

$$\mathrm{e}^{-\alpha\delta} = 1/\mathrm{e} \tag{6-34a}$$

故

$$\delta = \frac{1}{\alpha} = \sqrt{\frac{2}{\omega\mu\sigma}} = \frac{1}{\sqrt{\pi f\mu\sigma}} \tag{6-34b}$$

对于良导体，$\alpha\approx\beta$，故 δ 也可写为

$$\delta \approx \frac{1}{\beta} = \frac{\lambda}{2\pi} \tag{6-34c}$$

由式(6-34b)可知，在良导体中，电磁波的趋肤深度随着电磁波频率、媒质的磁导率和电导率的增加而减小。在高频时，良导体的趋肤深度非常小，以致在实际中可以认为电流仅存在于导体表面很薄的一层内，这与恒定电流或低频电流均匀分布于导体横截面上的情况不同。在高频时，导体的实际载流截面减小了，因而导体的高频电阻大于直流或低频电阻。

下面举例说明趋肤深度的计算和应用。

【例 6-3】 当电磁波的频率分别为 50 Hz、10^5 Hz 时，试计算电磁波在海水中的穿透深度。已知海水的 $\sigma=4$ S/m，$\varepsilon_r=81$，$\mu_r=1$。

解：频率为 10^5 Hz 时

$$\frac{\sigma}{\omega\varepsilon}=\frac{4}{2\pi\times10^5\times81\times8.854\times10^{-12}}=8.88\times10^3>10^2$$

显然频率愈低愈能满足上述表达式，于是

$$\delta_1=\left(\frac{2}{2\pi\times50\times4\pi\times10^{-7}\times4}\right)^{1/2}=35.6(\text{m})$$

$$\delta_2=\left(\frac{2}{2\pi\times10^5\times4\pi\times10^{-7}\times4}\right)^{1/2}=0.796(\text{m})$$

结果说明：由于海水中电磁能量的损耗和趋肤效应，海底通信必须使用很低频率的无线电波，或者将收发天线上浮至海水表面附近。

【例 6-4】 当电磁波的频率分别为 50 Hz、464 kHz、10 GHz 时，试计算电磁波在铜导体中的穿透深度。

解：利用式(6-34)，当电磁波频率为交流电频率，即 $f_1=50$ Hz 时

$$\delta_1=\left(\frac{2}{2\pi\times50\times4\pi\times10^{-7}\times5.8\times10^7}\right)^{1/2}=9.34(\text{mm})$$

当电磁波频率为中频，即 $f_2=464$ kHz 时

$$\delta_2=\left(\frac{2}{2\pi\times464\times10^3\times4\pi\times10^{-7}\times5.8\times10^7}\right)^{1/2}=97(\mu\text{m})$$

当电磁波频率处于微波波段，即 $f_3=10^{10}$ Hz 时

$$\delta_3=\left(\frac{2}{2\pi\times10^{10}\times4\pi\times10^{-7}\times5.8\times10^7}\right)^{1/2}=0.66(\mu\text{m})$$

上述数据表明：一般厚度的金属外壳在无线电频段有很好的屏蔽

作用,如中频变压器的铝罩、晶体管的金属外壳等都很好地起屏蔽作用,但对低频无工程意义。低频时可采用铁磁性导体(如铁 $\sigma=10^7$ S/m, $\mu_r=10^4$, $\varepsilon_r=1$)进行屏蔽。

趋肤效应在工程上有重要应用,例如用于表面热处理:高频强电流通过一块金属,由于趋肤效应,它的表面首先被加热,迅速达到淬火的温度,而内部温度较低,这时立即淬火使之冷却,表面就会变得很硬,而内部仍保持原有的韧性。

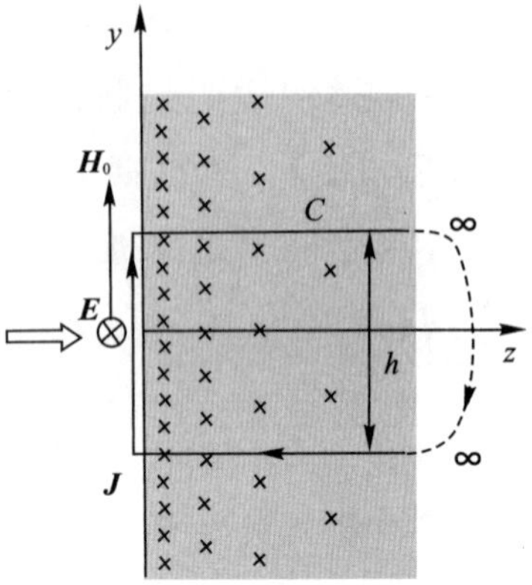

图 6-4 导体平面的表面阻抗

3. 良导电媒质的表面阻抗

由于趋肤效应,电流集中于导体表面,导体内部的电流则随深度增加而迅速减小,经过数个穿透深度后,电流近似地等于零。

如图 6-4 所示,在导体内单位宽度、单位长度的表面阻抗称为导体的表面阻抗率

$$Z_S = \sqrt{\frac{\omega\mu}{2\sigma}}(1+\mathrm{j}) = \eta \tag{6-35a}$$

它的实数部分称为表面电阻率 R_S,虚数部分称为表面电抗率 X_S,其计算表达式为

$$R_S = X_S = \sqrt{\frac{\omega\mu}{2\sigma}} = \frac{1}{\sigma\delta} \tag{6-35b}$$

显然,频率越高,表面电阻率 R_S越大,这进一步说明高频率能量不能在导体内部传输。计算有限面积的表面阻抗,应等于 Z_S乘以沿电场方向的长度除以沿磁场方向的宽度。

从导体中电磁波的能量损耗也可以看出表面电阻率的意义。在图 6-4所示的导体中,沿 z 方向传输的电磁波为

$$H_y = H_0 \mathrm{e}^{-\gamma z}$$

$$E_x = \eta H_0 \mathrm{e}^{-\gamma z}$$

其中 H_0是电磁波在导体表面上的磁场强度大小。通过单位面积传输

进入导体的平均功率

$$\boldsymbol{S}_{av}=\frac{1}{2}\mathrm{Re}(\boldsymbol{E}\times\boldsymbol{H}^{*})\Big|_{z=0}=\frac{1}{2}|H_0|^2\mathrm{Re}(\eta)\,\boldsymbol{e}_z$$

$$=\frac{1}{2}|H_0|^2R_S\,\boldsymbol{e}_z(\mathrm{W/m^2})\tag{6-36}$$

上式就是单位表面积导体中的损耗功率。沿图 6-4 所示的路径 C 积分，可得全电流 $I_x=\oint_C\boldsymbol{H}\cdot\mathrm{d}\boldsymbol{l}=H_0h$，这个电流也是传导电流，因为导体中位移电流远小于传导电流。由于这个电流绝大部分集中在导体的表面附近，所以被称为表面电流，其表面电流密度就是 $J_S=H_0$，因此可用下式计算单位表面积的导体中电磁波的损耗功率

$$S_{av}=\frac{1}{2}|J_S|^2R_S=\frac{1}{2}|J_S|^2\frac{1}{\sigma\delta}\tag{6-37}$$

式(6-37)可设想为面电流 J_S 均匀地集中在导体表面 δ 厚度内，对应的导体直流电阻所吸收的功率，就等于电磁波垂直传入导体所耗散的热损耗功率。

6.2.4 电磁波的色散与波速

1. 色散现象

在导电媒质中，衰减常数和相位常数都是频率的函数，因而相速也是频率的函数。电磁波在媒质中传播的相速随频率变化的现象称为色散(dispersive)。色散的名称来源于光学，当一束太阳光入射至三棱镜上时，则在三棱镜的另一边就可看到散开的七色光，其原因是不同频率的光在同一媒质中具有不同的折射率，亦即具有不同的相速。

色散会使已调制的无线电信号波形发生畸变。一个调制波可认为是由许多不同频率的时谐波合成的波群，不同频率的时谐波相速不同，衰减也不同，传播一段距离后，必然会有新的相位和振幅关系，所以合成波将可能发生失真。

2. 波速的一般概念

电磁波的传播速度或波速是一个统称，通常有相速、能速、群速和信号速度之分，其大小和相互关系依赖于媒质特性与导波系统的结构。

只有在非色散媒质中,均匀平面波的能速、群速与相速相等,可以笼统地称之为波速,若媒质为真空,则波速等于光速。

(1)相速

相速定义为电磁波等相位面的传播速度,对于电场 $E(z,t)=E_m\cos(\omega t-\beta z)$,其等相位面为 $\omega t-\beta z=$常数。则相速为

$$v_p=\frac{\mathrm{d}z}{\mathrm{d}t}=\frac{\omega}{\beta}$$

由上式知,相速取决于相位常数 β。若电磁波在媒质中传播的相速与频率无关,称为非色散媒质。如在理想介质中,$\beta=\omega\sqrt{\mu\varepsilon}$ 与角频率 ω 呈线性关系,$v_p=1/\sqrt{\mu\varepsilon}$ 与频率无关,即理想介质是非色散的。若电磁波在媒质中传播的相速随频率变化,则称该媒质为色散媒质。在导电媒质中,电磁波的相速随频率变化,因此导电媒质是色散媒质。

(2)群速

一般一个承载信息的信号总是由许多不同的频率组成,因此要确定一个信号在色散系统中的传播速度是非常困难的,需要引入群速的概念,它代表信号能量传播的速度。单频正弦波是不能传递任何信息的,信号之所以能够传递,是由于对波进行调制的结果。调制波传播的速度才是信号传递的速度。

以一种简单情况为例,假设信号由两个振幅相同、角频率分别为 $\omega_0+\Delta\omega(\Delta\omega\ll\omega_0)$ 和 $\omega_0-\Delta\omega$ 的时谐波组成。由于角频率不同,两个波的相位常数也不同,分别为 $\beta_0+\Delta\beta$ 和 $\beta_0-\Delta\beta$,则合成波为

$$\begin{aligned}E(z,t)&=E_0\cos[(\omega_0+\Delta\omega)t-(\beta_0+\Delta\beta)z]+\\&\quad E_0\cos[(\omega_0-\Delta\omega)t-(\beta_0-\Delta\beta)z]\\&=2E_0\cos(\Delta\omega t-\Delta\beta z)\cos(\omega_0 t-\beta_0 z)\end{aligned}$$

合成波的振幅随时间按余弦变化,这个按余弦变化的调制波称为包络(envelope)或波群。该包络移动的相速度定义为群速(group velocity)v_g。由调制波的相位 $\Delta\omega t-\Delta\beta z=$常数,可得

$$v_g=\frac{\mathrm{d}z}{\mathrm{d}t}=\frac{\Delta\omega}{\Delta\beta}$$

当 $\Delta\omega\to 0$ 时,可得群速

$$v_g=\frac{\mathrm{d}\omega}{\mathrm{d}\beta}\tag{6-38}$$

由于群速是波的包络的传播速度，所以只有当包络的形状不随波的传播而变化（即不失真）时，群速才有意义。包络不失真的条件是：在频带内衰减常数为恒定值，不随频率变化；相位常数与频率呈线性函数关系，即包络传播速度一致。若信号频谱很宽不能满足上述条件，则信号包络在传播过程中将发生畸变。

虽然理论上只要 $\beta(\omega)$ 在任一个频率 ω 有导数 $\mathrm{d}\beta/\mathrm{d}\omega$，就可以由式(6-38)计算 v_g，但是只有满足包络不失真条件时，严格的群速概念才成立。

进一步分析表明，在包络不失真群速有确定意义时，电磁波的能量传播速度等于群速。

(3)群速与相速的关系

群速与相速的关系可推导如下

$$v_g=\frac{\mathrm{d}\omega}{\mathrm{d}\beta}=\frac{\mathrm{d}(\beta v_p)}{\mathrm{d}\beta}=v_p+\beta\frac{\mathrm{d}\,v_p}{\mathrm{d}\beta}=v_p+\beta\frac{\mathrm{d}\,v_p}{\mathrm{d}\omega}\frac{\mathrm{d}\omega}{\mathrm{d}\beta}$$

故

$$v_g=\frac{v_p}{1-\beta\dfrac{\mathrm{d}\,v_p}{\mathrm{d}\omega}}=\frac{v_p}{1-\dfrac{\omega}{v_p}\dfrac{\mathrm{d}\,v_p}{\mathrm{d}\omega}}$$

可见，

当 $\mathrm{d}\,v_p/\mathrm{d}\omega=0$，即无色散时，群速才等于相速。

当 $\mathrm{d}\,v_p/\mathrm{d}\omega<0$ 时，频率越高相速越小，则有群速小于相速，称为正常色散。

当 $\mathrm{d}\,v_p/\mathrm{d}\omega>0$ 时，频率越高相速越大，则有群速大于相速，称为反常色散。

6.3　均匀平面波的极化

假设均匀平面波沿 z 方向传播，其电场矢量位于 xy 平面，一般情况下，电场有沿 x 方向和 y 方向的两个分量，可表示为

$$\boldsymbol{E}=E_{xm}\mathrm{e}^{\mathrm{j}\varphi_x}\mathrm{e}^{-\mathrm{j}kz}\boldsymbol{e}_x+E_{ym}\mathrm{e}^{\mathrm{j}\varphi_y}\mathrm{e}^{-\mathrm{j}kz}\boldsymbol{e}_y \tag{6-39}$$

其瞬时值为

$$E_x(z,t)=E_{xm}\cos(\omega t-kz+\varphi_x) \tag{6-40a}$$

$$E_y(z,t)=E_{ym}\cos(\omega t-kz+\varphi_y) \tag{6-40b}$$

这两个分量叠加的结果随 φ_x、φ_y、E_{xm}、E_{ym} 的不同而不同。

在空间任一点上，合成波电场强度矢量 $\boldsymbol{E}$ 的大小和方向随时间变化，称为电磁波的极化(polarization)，在物理学中称之为偏振。电磁波的极化用电场强度矢量的端点随时间变化的轨迹来描述，根据其轨迹的形状可分为直线极化、圆极化和椭圆极化三种。

6.3.1 均匀平面波的三种极化形式

1. 直线极化

若电场的 E_x 分量和 E_y 分量的相位相同或相差 π，即 $\varphi_x-\varphi_y$ 等于 0 或等于 $\pm\pi$ 时，则合成波为直线极化波。

当 $\varphi_x-\varphi_y=0$ 时，可得到合成波电场强度的大小为

$$E=\sqrt{E_x^2+E_y^2}=\sqrt{E_{xm}^2+E_{ym}^2}\cos(\omega t-kz+\varphi_x) \tag{6-41}$$

合成波电场 $\boldsymbol{E}$ 与 E_x 分量之间的夹角为

$$\theta=\arctan\left(\frac{E_y}{E_x}\right)=\arctan\left(\frac{E_{ym}}{E_{xm}}\right) \tag{6-42}$$

由此可见，合成波电场 $\boldsymbol{E}$ 的大小虽然随时间变化，但其矢端轨迹与 E_x 分量的夹角始终保持不变，因此为直线极化波，如图 6-5(a)所示。

对于 $\varphi_x-\varphi_y=\pm\pi$ 的情况，可类似讨论，如图 6-5(b)所示。

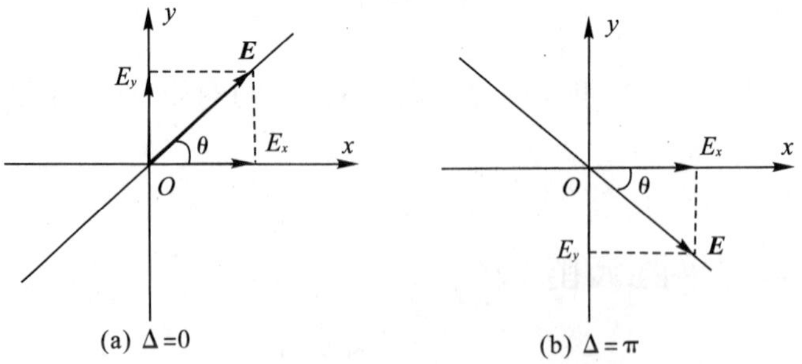

图 6-5 直线极化波电场的振动轨迹

从以上讨论可以得出结论：任何两个同频率、同传播方向且极化方

向互相垂直的线极化波，当它们的相位相同或相差为 π 时，其合成波为线极化波。

在工程上，常将垂直于大地的直线极化波称为垂直极化波，而将与大地平行的直线极化波称为水平极化波。例如，中波广播天线架设与地面垂直，发射垂直极化波。收听者要得到最佳的收听效果，就应将收音机的天线调整到与电场 $\boldsymbol{E}$ 平行的位置，即与大地垂直；电视发射天线与大地平行，发射水平极化波，这时电视接收天线应调整到与大地平行的位置，电视共用天线就是按照这个原理架设的。

2. 圆极化

若电场的 E_x 分量和 E_y 分量的振幅相等、相位差为 $\pi/2$，即 $E_{xm}=E_{ym}=E_m$、$\varphi_x-\varphi_y=\pm\pi/2$ 时，则合成波为圆极化波。

当 $\varphi_x-\varphi_y=\pi/2$ 时，可得

$$E_x = E_m\cos(\omega t - kz + \varphi_x) \tag{6-43a}$$

$$E_y = E_m\cos\left(\omega t - kz + \varphi_x - \frac{\pi}{2}\right) = E_m\sin(\omega t - kz + \varphi_x) \tag{6-43b}$$

故合成波电场强度的大小

$$E = \sqrt{E_x^2 + E_y^2} = E_m \tag{6-44}$$

合成波电场 $\boldsymbol{E}$ 与 E_x 分量之间的夹角为

$$\theta = \arctan\left(\frac{E_y}{E_x}\right) = \omega t - kz + \varphi_x \tag{6-45}$$

由此可见，合成波电场的大小不随时间改变，但方向却随时间变化，其端点轨迹是一个圆，故为圆极化波。如图 6-6 所示。

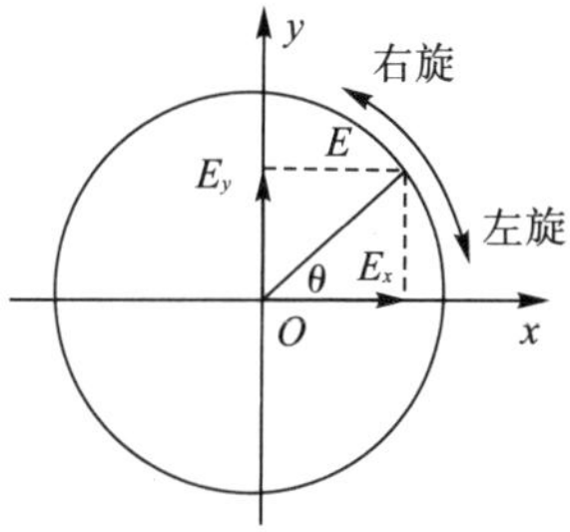

图 6-6　圆极化波电场的振动轨迹

圆极化波又有左旋和右旋之分。若以左手大拇指朝向波的传播方向，其余四指的转向与电场矢量的端点随时间旋转的方向一致，即为满足左手螺旋关系的圆极化波，称为左旋圆极化波。若以右手大拇指朝向波的传播方向，其余四指的转向与电场矢量的端点随时间旋转的方向一致，即为满足右手螺旋关系的圆极化波，称为右旋圆极化波。

当时间 t 的值逐渐增加时，电场 $\boldsymbol{E}$ 的端点沿逆时针方向旋转，即由

相位超前的 E_x 分量朝相位落后的 E_y 分量旋转。由于电磁波传播方向为 $\boldsymbol{e}_z$，这表明电场矢量的端点旋转的方向与电磁波传播方向满足右手螺旋关系，故为右旋圆极化波。如果用 $\boldsymbol{e}_x \times \boldsymbol{e}_y$ 表示此时电场矢端旋转的方式，则有 $(\boldsymbol{e}_x \times \boldsymbol{e}_y) \cdot \boldsymbol{e}_z > 0$。

对于 $\varphi_x - \varphi_y = -\pi/2$ 的情况，可类似讨论。此时，合成波电场 $\boldsymbol{E}$ 与 E_x 分量之间的夹角为

$$\theta = \arctan\left(\frac{E_y}{E_x}\right) = -(\omega t - kz + \varphi_x) \tag{6-46}$$

由此可见，当时间 t 的值逐渐增加时，电场 $\boldsymbol{E}$ 的端点沿顺时针方向旋转，即由相位超前的 E_y 分量向相位落后的 E_x 分量旋转。由于电磁波传播方向为 $\boldsymbol{e}_z$，这表明电场矢量的端点旋转的方向与电磁波传播方向满足左手螺旋关系，故为左旋圆极化波。如果用 $\boldsymbol{e}_y \times \boldsymbol{e}_x$ 表示此时电场矢端旋转的方式，则有 $(\boldsymbol{e}_y \times \boldsymbol{e}_x) \cdot \boldsymbol{e}_z < 0$。

从以上讨论可以得出结论：任何两个同频率、同传播方向且极化方向互相垂直的线极化波，当它们的振幅相等且相位差为 $\pm\pi/2$ 时，其合成波为圆极化波。

如果时间固定，场强的大小和方向随位置的变化情况称为空间变化。图 6-7 表示圆极化波的电场矢量随距离 z 的变化情况。

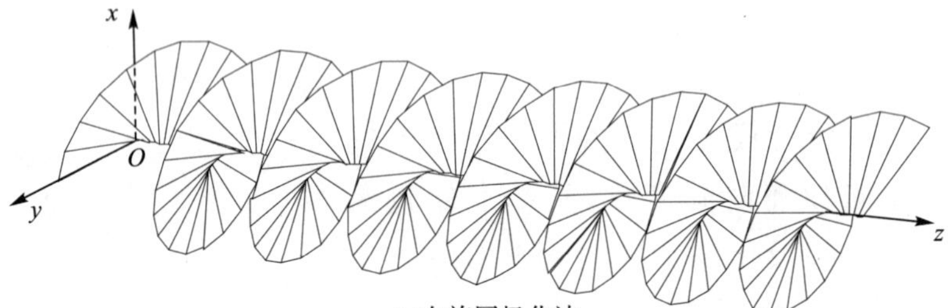

(a)右旋圆极化波

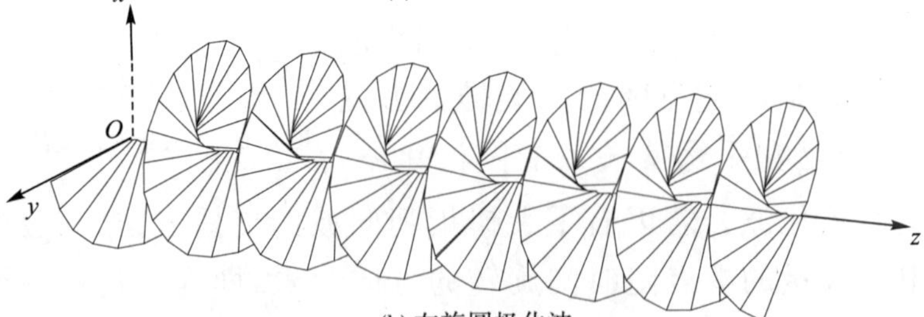

(b) 左旋圆极化波

图 6-7 圆极化波的空间极化

3. 椭圆极化

最一般的情况是 $\varphi_x-\varphi_y$ 不等于 0、$\pm\pi$ 和 $\pm\pi/2$，或 $\varphi_x-\varphi_y=\pm\pi/2$ 但 $E_{xm}\neq E_{ym}$，这时就构成了椭圆极化波。

此时，电场两个分量的振幅和相位为任意值。从式(6-40)中消去 $\omega t-kz$，电场变化的轨迹方程推导如下：

$$\frac{E_x}{E_{xm}}=\cos(\omega t-kz)\cos\varphi_x-\sin(\omega t-kz)\sin\varphi_x$$

$$\frac{E_y}{E_{ym}}=\cos(\omega t-kz)\cos\varphi_y-\sin(\omega t-kz)\sin\varphi_y$$

把上述两式分别乘 $\sin\varphi_y$ 和 $\sin\varphi_x$ 并相减，得

$$\frac{E_x}{E_{xm}}\sin\varphi_y-\frac{E_y}{E_{ym}}\sin\varphi_x=-\cos(\omega t-kz)\sin(\varphi_x-\varphi_y) \quad (6\text{-}47\text{a})$$

同理可得

$$\frac{E_x}{E_{xm}}\cos\varphi_y-\frac{E_y}{E_{ym}}\cos\varphi_x=-\sin(\omega t-kz)\sin(\varphi_x-\varphi_y) \quad (6\text{-}47\text{b})$$

把以上两式两边平方后相加，得

$$\left(\frac{E_x}{E_{xm}}\right)^2-2\left(\frac{E_x}{E_{xm}}\right)\left(\frac{E_y}{E_{ym}}\right)\cos(\varphi_x-\varphi_y)+\left(\frac{E_y}{E_{ym}}\right)^2=\sin^2(\varphi_x-\varphi_y) \quad (6\text{-}48)$$

这是一个椭圆方程，因此合成波电场 $\boldsymbol{E}$ 的矢量端点在一个椭圆上旋转，故称为椭圆极化波，如图 6-8 所示。

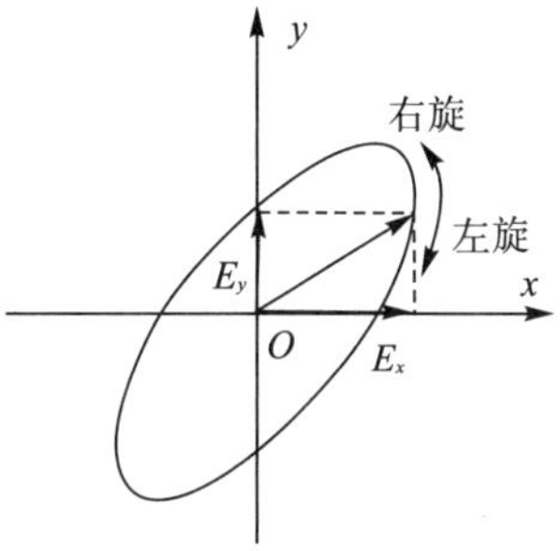

图 6-8　椭圆极化波电场的振动轨迹

对于椭圆极化波，同样可分为左旋和右旋，由电场矢端的旋转方向和电磁波的传播方向共同决定，方法与前面判断圆极化波的旋向相同。由于电磁波传播方向为 $\boldsymbol{e}_z$，若 E_x 分量的相位超前于 E_y 分量，即由 $\boldsymbol{e}_x$ 旋向 $\boldsymbol{e}_y$，则 $(\boldsymbol{e}_x\times\boldsymbol{e}_y)\cdot\boldsymbol{e}_z>0$ 为右旋椭圆极化波。若 E_y 分量的相位超前于 E_x 分量，即由 $\boldsymbol{e}_y$ 旋向 $\boldsymbol{e}_x$，则 $(\boldsymbol{e}_y\times\boldsymbol{e}_x)\cdot\boldsymbol{e}_z<0$ 为左旋椭圆极化波。

6.3.2 均匀平面波的合成分解及应用

根据前面对线极化波的讨论,式(6-40)的 $E_x(z,t)$ 和 $E_y(z,t)$ 可以看成两个线极化的电磁波。这两个正交的线极化波可以合成其他形式的极化波,如椭圆极化和圆极化。反之亦然,任意一个椭圆极化波或圆极化波都可以分解为两个线极化波。

容易证明,一个线极化的电磁波,可以分解成两个幅度相等但旋转方向相反的圆极化波。两个旋向相反的圆极化波可以合成一个椭圆极化波,反之,一个椭圆极化波可分解为两个旋向相反的圆极化波。

电磁波的极化特性,在工程上获得广泛的应用。

无线电技术中,利用天线发射和接收电磁波的极化特性,实现无线电信号的最佳发射和接收。电场垂直于地面的线极化波沿地球表面传播时,其损耗小于电场平行于地面传播时的损耗,所以调幅电台发射的电磁波的电场强度矢量是与地面垂直的线极化波,收听者想得到最佳的收音效果,应将收音机的天线调整到与电场平行的位置,即与大地垂直。

在移动通信或微波通信中使用的极化分集接收技术,就是利用了极化方向相互正交的两个线极化的电平衰落统计特性的不相关性进行合成,以减少信号的衰落深度。

在军事上为了干扰和侦察对方的通信或雷达目标,需要应用圆极化天线,因为使用一副圆极化天线可以接收任意取向的线极化波。

如果通信的一方或双方处于方向、位置不定的状态,例如在剧烈摆动或旋转的运载体(如飞行器等)上,为了提高通信的可靠性,收发天线之一应采用圆极化天线。在人造卫星和弹道导弹的空间遥测系统中,信号穿过电离层传播后,因法拉第旋转效应产生极化畸变,这也要求地面上安装圆极化天线作发射或接收天线。

在电视中为了克服杂乱反射所产生的重影,也可采用圆极化天线,因为当圆极化波入射到一个平面上或球面上时,其反射波旋向相反,天线只能接收旋向相同的直射波,抑制了反射波传来的重影信号。当然,这需要对整个电视天线系统做改造,目前,应用的仍是水平线极化天线

(电视信号为空间直接波传播，不是地面波传播，不同于上述水平极化波在地球表面传播损耗大的情况)，电视接收天线应调整到与地面平行的位置。而由国际通信卫星转发的卫星电视信号是圆极化的。在雷达中，可利用圆极化波来消除云雨的干扰，因为水滴近似呈球形，对圆极化波的反射是反旋的，不会被雷达天线所接收；而雷达目标(如飞机、舰船等)一般是非简单对称体，其反射波是椭圆极化波，必有同旋向的圆极化成分，因而能收到。在气象雷达中可利用雨滴的散射极化的不同响应来识别目标。

此外，有些微波器件的功能就是利用电磁波的极化特性获得的，例如铁氧体环行器和隔离器等。在分析化学中利用某些物质对于传播其中的电磁波具有改变极化方向的特性来实现物质结构的分析。

【例 6-5】 判断下列均匀平面波的极化形式

(1) $\boldsymbol{E}(z,t)=E_m\sin\left(\omega t-kz-\dfrac{\pi}{4}\right)\boldsymbol{e}_x+E_m\cos\left(\omega t-kz+\dfrac{\pi}{4}\right)\boldsymbol{e}_y$；

(2) $\boldsymbol{E}(z,t)=E_m\cos(\omega t-kz)\,\boldsymbol{e}_x+E_m\sin\left(\omega t-kz+\dfrac{\pi}{4}\right)\boldsymbol{e}_y$。

解：(1)对于电场水平分量

$$E_x(z,t)=E_m\sin\left(\omega t-kz-\frac{\pi}{4}\right)=E_m\cos\left(\omega t-kz-\frac{\pi}{4}-\frac{\pi}{2}\right)$$
$$=E_m\cos\left(\omega t-kz-\frac{3\pi}{4}\right)$$

所以

$$\varphi_x-\varphi_y=-\pi$$

这是一个线极化波，合成波电场 $\boldsymbol{E}$ 与 E_x 分量之间的夹角为

$$\theta=\arctan\left(\frac{E_y}{E_x}\right)=\arctan(-1)=-\frac{\pi}{4}$$

(2)由于 $E_y(z,t)=E_m\sin(\omega t-kz+\pi/4)=E_m\cos(\omega t-kz-\pi/4)$，所以 $\varphi_x=0$，$\varphi_y=-\pi/4$ 为椭圆极化波。因为 φ_x 超前 φ_y，电场矢端由 $\boldsymbol{e}_x$ 旋向 $\boldsymbol{e}_y$，由于波沿 $+\boldsymbol{e}_z$ 方向传播，于是 $(\boldsymbol{e}_x\times\boldsymbol{e}_y)\cdot\boldsymbol{e}_z>0$，为右旋极化，所以这是一个右旋椭圆极化波。

6.4 均匀平面波对平面边界的垂直入射

前面讨论了均匀平面波在单一媒质中的传播规律。然而，电磁波在传播过程中不可避免地会碰到不同形状的分界面，为此需要研究波在分界面上所遵循的规律和传播特性。

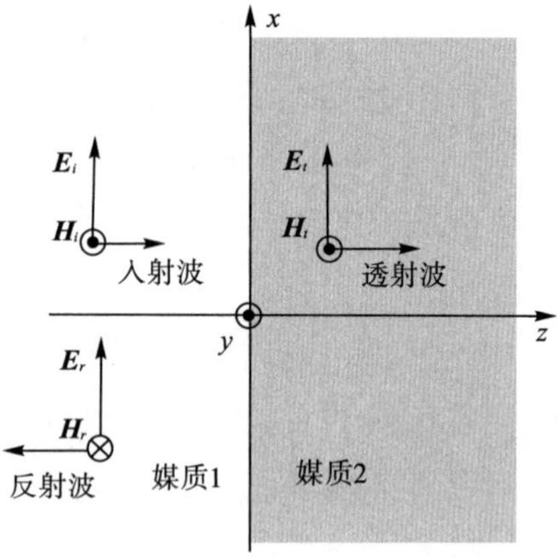

图 6-9　均匀平面波的垂直入射

假设分界面为无限大的平面，如图 6-9 所示，在分界面上取一点作坐标原点，取 z 轴与分界面垂直，并由媒质 1 指向媒质 2。在第一种媒质中投射到分界面的波称为入射波(incident wave)，透过分界面在第二种媒质中传播的波称为透射波(transmitted wave)，从分界面上返回到第一种媒质中传播的波称为反射波(reflected wave)。

6.4.1　对理想导体的垂直入射

设图 6-9 中媒质 1 是理想介质($\sigma_1=0$)，媒质 2 是理想导体($\sigma_2\to\infty$)，均匀平面波由媒质 1 沿 z 轴向媒质 2 垂直入射，由于电磁波不能穿入理想导体，全部电磁能量都将被边界反射回来。为简化讨论，假设入射波是沿 x 轴的线极化波，取电场强度的方向为 x 轴的正方向，则入射波的一般表达式为

$$\boldsymbol{E}_i = E_{i0}\mathrm{e}^{-\mathrm{j}k_1 z}\boldsymbol{e}_x \tag{6-49}$$

$$\boldsymbol{H}_i = \frac{1}{\eta_1}\boldsymbol{e}_z\times\boldsymbol{E}_i = \frac{E_{i0}}{\eta_1}\mathrm{e}^{-\mathrm{j}k_1 z}\boldsymbol{e}_y \tag{6-50}$$

式(6-50)中 $k_1=\omega\sqrt{\mu_1\varepsilon_1}$、$\eta_1=\sqrt{\mu_1/\varepsilon_1}$，$E_{i0}$ 为分界面上入射电场的复振幅。为了满足理想导体表面上电场强度切向分量为零的边界条件，反射波的电场也应是 x 方向线极化，其电磁场表达式为

$$\boldsymbol{E}_r = E_{r0}\mathrm{e}^{\mathrm{j}k_1 z}\boldsymbol{e}_x \tag{6-51a}$$

$$\boldsymbol{H}_r = \frac{1}{\eta_1}(-\boldsymbol{e}_z)\times\boldsymbol{E}_r = -\frac{E_{r0}}{\eta_1}\mathrm{e}^{\mathrm{j}k_1 z}\boldsymbol{e}_y \tag{6-51b}$$

其中 E_{r0} 为 $z=0$ 处的反射波的电场复振幅。注意上式中反射波沿 $-z$ 方向传播，反射波磁场矢量指向 $-y$ 方向。利用理想导体表面的边界条件，在 $z=0$ 处由式(6-50)和式(6-51)可得

$$E_{i0}+E_{r0}=0,\text{即 } E_{r0}=-E_{i0} \tag{6-52}$$

故在 $z<0$ 的媒质 1 中合成波为

$$E_x=E_{i0}(\mathrm{e}^{-\mathrm{j}k_1z}-\mathrm{e}^{\mathrm{j}k_1z})=-2\mathrm{j}E_{i0}\sin(k_1z) \tag{6-53a}$$

$$H_y=\frac{2E_{i0}}{\eta_1}\cos(k_1z) \tag{6-53b}$$

瞬时值为

$$E_x(z,t)=2|E_{i0}|\sin(k_1z)\cos\left(\omega t-\frac{\pi}{2}+\varphi_1\right) \tag{6-54a}$$

$$H_y(z,t)=\frac{2|E_{i0}|}{\eta_1}\cos(k_1z)\cos(\omega t+\varphi_1) \tag{6-54b}$$

式(6-54)中 φ_1 是 E_{i0} 的初相角，电磁波的振幅是

$$|E_x|=|2E_{i0}\sin(k_1z)| \tag{6-55a}$$

$$|H_y|=\left|\frac{2E_{i0}}{\eta_1}\cos(k_1z)\right| \tag{6-55b}$$

由式(6-55)可知，在 $k_1z=-n\pi(n=0,1,2,\cdots)$，即 $z=-n\lambda_1/2$ 处，电场的振幅等于零，而且这些零点的位置都不随时间变化，称为电场的波节点(nodal point)。

而在 $k_1z=-(n\pi+\pi/2)$，即 $z=-(n\lambda_1/2+\lambda_1/4)$ 处，电场的振幅最大，这些最大值的位置也不随时间变化，称为电场的波腹点(antinodal point)。

由式(6-55)画出电磁波的振幅分布，如图 6-10 所示，理想导体表面为电场波节点，电场波腹点和波节点每隔 $\lambda_1/4$ 交替出现，两个相邻波节点之间的距离为 $\lambda_1/2$。磁场强度的波节点对应于电场的波腹点，而磁场强度的波腹点对应于电场的波节点。把这种波节点和波腹点位置都固定不变的电磁波，称为驻波(standing wave)。从物理上看，驻波是振幅相等的两个反向波(入射波和反射波)相互叠加的结果。在电场波腹点，两个电场同相叠加，呈现最大振幅 $2|E_{i0}|$，而在电场波节点，两个电场反相叠加，故相消为零。

媒质 1 中的平均功率流密度矢量为

$$\boldsymbol{S}_{av}=\frac{1}{2}\mathrm{Re}(\boldsymbol{E}\times\boldsymbol{H}^*)=\frac{1}{2}\mathrm{Re}\left[-\mathrm{j}\,\frac{4\,|E_{i0}|^2}{\eta_1}\sin(k_1z)\cos(k_1z)\,\boldsymbol{e}_z\right]=0 \tag{6-56}$$

可见，驻波不传输能量，只存在电场能和磁场能的相互转换。

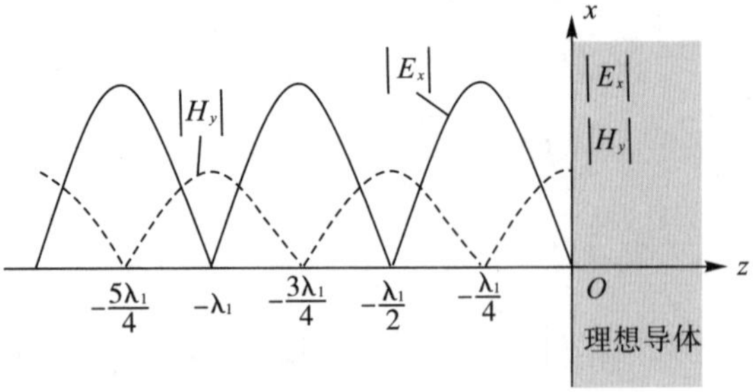

图 6-10　驻波的振幅分布示意图

由于媒质 2 中没有电磁场，在理想导体表面两侧的磁场切向分量不连续，因而分界面上存在面电流，根据边界条件得理想导体表面的面电流密度为

$$\boldsymbol{J}_S=\boldsymbol{e}_n\times\boldsymbol{H}\big|_{z=0}=\frac{2E_{i0}}{\eta_1}\,\boldsymbol{e}_x=2H_{i0}\,\boldsymbol{e}_x \tag{6-57}$$

是入射场 H_{i0} 的 2 倍。

6.4.2　对理想介质的垂直入射

参考图 6-9，设媒质 1 和媒质 2 都是理想介质，即 $\sigma_1=\sigma_2=0$，介电常数和磁导率分别是 ε_1,μ_1 和 ε_2,μ_2。当沿 x 方向极化的平面波由媒质 1 向媒质 2 垂直入射时，在边界处既有向 z 方向传播的透射波，又有向 $-z$ 方向传播的反射波。由于电场的切向分量在边界面两侧是连续的，反射波和透射波的电场也只有 x 方向的分量。入射波和反射波的电磁场强度的表达式与式(6-49)、式(6-50)和式(6-51)相同。所以媒质 2 中的透射波为

$$\boldsymbol{E}_t=E_{t0}\mathrm{e}^{-\mathrm{j}k_2z}\,\boldsymbol{e}_x \tag{6-58a}$$

$$\boldsymbol{H}_t=\frac{E_{t0}}{\eta_2}\mathrm{e}^{-\mathrm{j}k_2z}\,\boldsymbol{e}_y \tag{6-58b}$$

式(6-58)中 E_{t0} 为 $z=0$ 处透射波的复振幅。在分界面上，电场、磁场的切向分量连续，于是有

$$E_{i0}+E_{r0}=E_{t0}$$

$$\frac{E_{i0}}{\eta_1}-\frac{E_{r0}}{\eta_1}=\frac{E_{t0}}{\eta_2}$$

解得

$$\frac{E_{r0}}{E_{i0}}=\frac{\eta_2-\eta_1}{\eta_2+\eta_1} \tag{6-59a}$$

$$\frac{E_{t0}}{E_{i0}}=\frac{2\eta_2}{\eta_2+\eta_1} \tag{6-59b}$$

定义反射波电场复振幅与入射波电场复振幅的比值为反射系数(reflection coefficient)，用 R 表示；透射波电场复振幅与入射波电场复振幅的比值为透射系数(transmission coefficient)，用 T 表示。由式(6-59)得

$$R=\frac{E_{r0}}{E_{i0}}=\frac{\eta_2-\eta_1}{\eta_2+\eta_1} \tag{6-60a}$$

$$T=\frac{E_{t0}}{E_{i0}}=\frac{2\eta_2}{\eta_2+\eta_1} \tag{6-60b}$$

$$1+R=T \tag{6-60c}$$

于是媒质 1 中合成电场和合成磁场分别为

$$\boldsymbol{E}_1=E_{i0}(\mathrm{e}^{-\mathrm{j}k_1z}+R\mathrm{e}^{\mathrm{j}k_1z})\,\boldsymbol{e}_x \tag{6-61a}$$

$$\boldsymbol{H}_1=\frac{E_{i0}}{\eta_1}(\mathrm{e}^{-\mathrm{j}k_1z}-R\mathrm{e}^{\mathrm{j}k_1z})\,\boldsymbol{e}_y \tag{6-61b}$$

在媒质 2 中有

$$\boldsymbol{E}_t=E_{i0}T\mathrm{e}^{-\mathrm{j}k_2z}\,\boldsymbol{e}_x \tag{6-61c}$$

$$\boldsymbol{H}_t=\frac{E_{i0}}{\eta_2}T\mathrm{e}^{-\mathrm{j}k_2z}\,\boldsymbol{e}_y \tag{6-61d}$$

由式(6-61a)和式(6-61b)可得

$$|\boldsymbol{E}_1|=|E_{i0}|\,|1+R\mathrm{e}^{2\mathrm{j}k_1z}|=|E_{i0}|\sqrt{1+|R|^2+2|R|\cos(2k_1z+\varphi_r)} \tag{6-62a}$$

$$|\boldsymbol{H}_1|=\frac{|E_{i0}|}{\eta_1}\sqrt{1+|R|^2-2|R|\cos(2k_1z+\varphi_r)} \tag{6-62b}$$

其中，$R=|R|e^{j\varphi_r}$。若 $\eta_2>\eta_1$ 则 $\varphi_r=0$，若 $\eta_2<\eta_1$ 则 $\varphi_r=\pi$。电磁波振幅分布如图 6-11 所示，图中假设 $\eta_2<\eta_1$，在 $2k_1z=-2n\pi$，即 $z=-\dfrac{n\lambda_1}{2}$ $(n=0,1,2,\cdots)$处，电场振幅达到最小值，为电场波节点，而磁场的振幅达到最大值，有

$$|\boldsymbol{E}_1|_{\min}=|E_{i0}|(1-|R|) \tag{6-63a}$$

$$|\boldsymbol{H}_1|_{\max}=\frac{|E_{i0}|}{\eta_1}(1+|R|) \tag{6-63b}$$

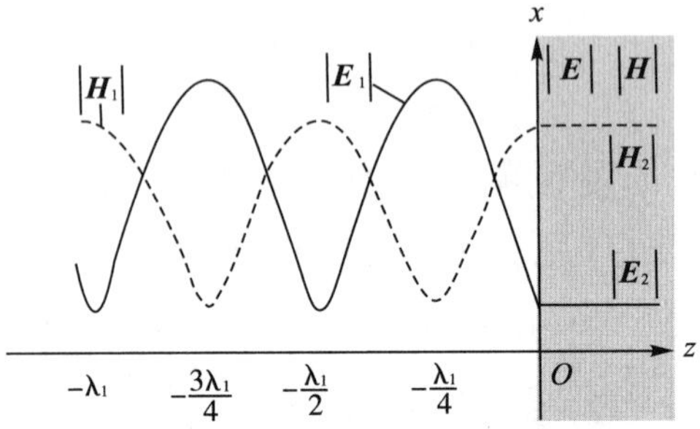

图 6-11　行驻波的振幅分布示意图

而在 $2k_1z=-2n\pi-\pi$，即 $z=-\dfrac{n\lambda_1}{2}-\dfrac{\lambda_1}{4}$处，电场振幅最大，为电场波腹点，磁场振幅最小，有

$$|\boldsymbol{E}_1|_{\max}=|E_{i0}|(1+|R|) \tag{6-63c}$$

$$|\boldsymbol{H}_1|_{\min}=\frac{|E_{i0}|}{\eta_1}(1-|R|) \tag{6-63d}$$

在电场波腹点处，反射波电场与入射波电场同相，因而合成场最大。而在电场波节点处，反射波电场与入射波电场反相，从而形成最小值。这些值的位置都不随时间而变化，具有驻波特性。但反射波的振幅比入射波的振幅小，反射波只与入射波的一部分形成驻波，因而电场振幅最小值不为零而最大值也不为 $2|E_{i0}|$，这时既有驻波成分，又有行波成分，故称之为行驻波。媒质 1 中合成波电场还可以写成

$$\begin{aligned}E_{x1}&=E_{i0}(e^{-jk_1z}+Re^{jk_1z})\\&=E_{i0}(1-R)e^{-jk_1z}+E_{i0}R(e^{-jk_1z}+e^{jk_1z})\\&=E_{i0}(1-R)e^{-jk_1z}+2E_{i0}R\cos(k_1z)\end{aligned} \tag{6-64}$$

式(6-64)中右端第一项是向 z 方向传播的行波,第二项是驻波。为了反映行驻波状态的驻波成分大小,定义电场振幅的最大值与最小值之比为驻波比(standing wave ratio),用 ρ 表示

$$\rho = \frac{E_{\max}}{E_{\min}} = \frac{1+|R|}{1-|R|} \tag{6-65a}$$

也可以用驻波比表示反射系数

$$|R| = \frac{\rho-1}{\rho+1} \tag{6-65b}$$

下面讨论功率的传输。利用式(6-61a)和式(6-61b),在媒质 1 中,向 z 方向传输的平均功率密度为

$$\boldsymbol{S}_{av1} = \frac{1}{2}\mathrm{Re}(\boldsymbol{E}_1 \times \boldsymbol{H}_1^*) = \frac{|E_{i0}|^2}{2\eta_1}(1-|R|^2)\,\boldsymbol{e}_z \tag{6-66}$$

它等于入射波传输的功率减去反射波向相反方向传输的功率。在媒质 2 中,向 z 方向透射的平均功率密度是

$$\boldsymbol{S}_{av2} = \frac{1}{2}\mathrm{Re}(\boldsymbol{E}_t \times \boldsymbol{H}_t^*) = \frac{|E_{i0}|^2}{2\eta_2}T^2\boldsymbol{e}_z \tag{6-67}$$

将反射系数和透射系数的计算公式代入以上两式,可以得出,媒质 1 中向 z 方向传输的功率等于媒质 2 中向 z 方向透射的功率,符合能量守恒定律。

前面波阻抗主要是针对电磁波沿一个方向传播的情况。如果媒质 1 中同时存在双向传播的电磁波,定义电场复振幅与磁场复振幅之比为等效波阻抗

$$\eta_{ef} = \frac{E_{x1}}{H_{y1}} = \eta_1\frac{\mathrm{e}^{-\mathrm{j}k_1z}+R\mathrm{e}^{\mathrm{j}k_1z}}{\mathrm{e}^{-\mathrm{j}k_1z}-R\mathrm{e}^{\mathrm{j}k_1z}} = \eta_1\frac{\eta_2-\mathrm{j}\eta_1\tan(k_1z)}{\eta_1-\mathrm{j}\eta_2\tan(k_1z)}(z<0) \tag{6-68}$$

等效波阻抗是一个复数,说明电场和磁场相位一般不相同。等效波阻抗对于计算多层媒质的垂直入射问题带来很大方便。

6.4.3 对多层介质的垂直入射

本小节将讨论均匀平面波对三种不同媒质的垂直入射，如图 6-12 所示，第一个分界面位于 $z=-d$ 处，第二个分界面位于 $z=0$ 处。设媒质中电场只有 x 分量，磁场只有 y 分量，媒质 1 中的电磁波为

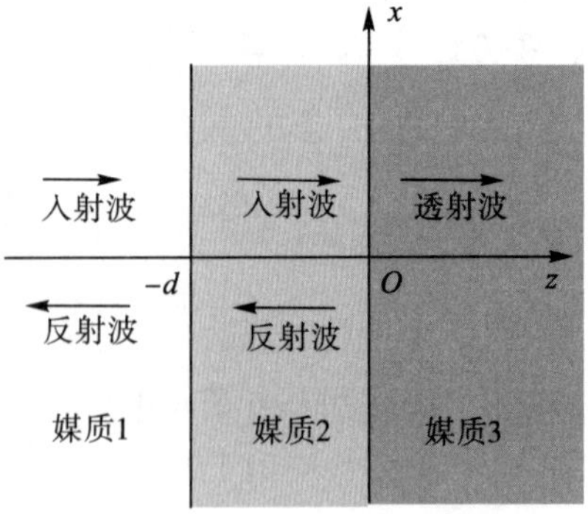

图 6-12 平面波对多层介质的垂直入射

$$E_{x1}=E_{i1}\mathrm{e}^{-\mathrm{j}k_1(z+d)}+E_{r1}\mathrm{e}^{\mathrm{j}k_1(z+d)} \tag{6-69a}$$

$$H_{y1}=\frac{1}{\eta_1}[E_{i1}\mathrm{e}^{-\mathrm{j}k_1(z+d)}-E_{r1}\mathrm{e}^{\mathrm{j}k_1(z+d)}] \tag{6-69b}$$

媒质 2 中的电磁波为

$$E_{x2}=E_{i2}\mathrm{e}^{-\mathrm{j}k_2z}+E_{r2}\mathrm{e}^{\mathrm{j}k_2z} \tag{6-69c}$$

$$H_{y2}=\frac{1}{\eta_2}(E_{i2}\mathrm{e}^{-\mathrm{j}k_2z}-E_{r2}\mathrm{e}^{\mathrm{j}k_2z}) \tag{6-69d}$$

媒质 3 中的电磁波为

$$E_{x3}=E_{i3}\mathrm{e}^{-\mathrm{j}k_3z} \tag{6-69e}$$

$$H_{y3}=\frac{1}{\eta_3}E_{i3}\mathrm{e}^{-\mathrm{j}k_3z} \tag{6-69f}$$

式(6-69)中 E_{i1} 是 $z=-d$ 处入射波电场复振幅，假设是已知的。由两个分界面上电场、磁场切向分量连续的四个边界条件，可解出四个未知量 E_{r1}、E_{i2}、E_{r2}、E_{i3}。下面主要求解 E_{r1}，在 $z=0$ 的分界面上，电场、磁场的切向分量连续，于是有

$$E_{i2}+E_{r2}=E_{i3} \tag{6-70a}$$

$$\frac{E_{i2}-E_{r2}}{\eta_2}=\frac{E_{i3}}{\eta_3} \tag{6-70b}$$

可得第二个分界面上的反射系数

$$R_2=\frac{E_{r2}}{E_{i2}}=\frac{\eta_3-\eta_2}{\eta_3+\eta_2} \tag{6-71}$$

在 $z=-d$ 分界面上，利用边界条件可得

$$E_{i1}+E_{r1}=E_{i2}(e^{jk_2d}+R_2e^{-jk_2d}) \tag{6-72a}$$

$$\frac{E_{i1}-E_{r1}}{\eta_1}=\frac{E_{i2}(e^{jk_2d}-R_2e^{-jk_2d})}{\eta_2} \tag{6-72b}$$

将上两式相除，即为第一分界面上总的电场强度与总的磁场强度之比，称之为等效波阻抗

$$\eta_{ef}=\eta_1\frac{E_{i1}+E_{r1}}{E_{i1}-E_{r1}}=\eta_2\frac{e^{jk_2d}+R_2e^{-jk_2d}}{e^{jk_2d}-R_2e^{-jk_2d}} \tag{6-73}$$

将 R_2 的计算公式(6-71)代入上式，可得

$$\eta_{ef}=\eta_2\frac{\eta_3+j\eta_2\tan k_2d}{\eta_2+j\eta_3\tan k_2d} \tag{6-74}$$

再由式(6-73)左端可得

$$R_1=\frac{E_{r1}}{E_{i1}}=\frac{\eta_{ef}-\eta_1}{\eta_{ef}+\eta_1} \tag{6-75}$$

将上式与式(6-60a)比较可知，对于媒质 1 的入射波来说，媒质 2 和后续媒质的影响相当于一个波阻抗为 η_{ef} 的媒质。

下面介绍几种重要应用。

1. 半波长介质窗

如图 6-13 所示，媒质 1 与媒质 3 相同，即 $\eta_3=\eta_1$，当媒质 2 的厚度 $d=\lambda_2/2$ 时，有

$$\tan(k_2\mathrm{d})=\tan\left(\frac{2\pi}{\lambda_2}\frac{\lambda_2}{2}\right)=\tan\pi=0 \tag{6-76}$$

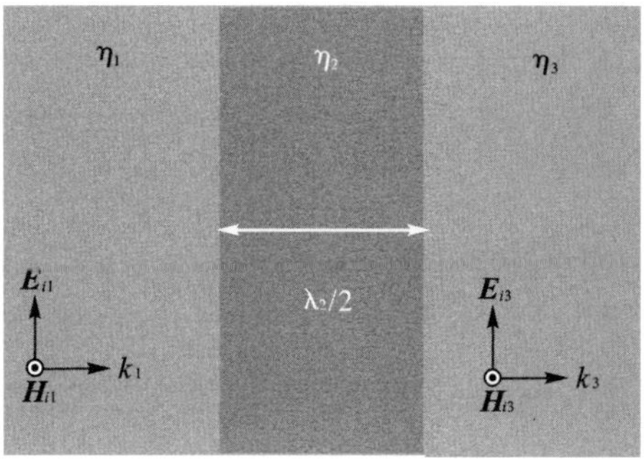

图 6-13　半波长介质窗

由式(6-74)可得

$$\eta_{ef}=\eta_3=\eta_1 \tag{6-77}$$

由此得到媒质 1 与媒质 2 的分界面上的反射系数$R_1=0$,即当电磁波从媒质 1 入射到第一个分界面时不产生反射。

将 $k_2d=\pi$ 代入式(6-72a),则有 $E_{i1}=E_{i2}(-1-R_2)$,再由式(6-70a)得 $E_{i2}(1+R_2)=E_{i3}$,因此 $E_{i3}=-E_{i1}$,这说明电磁波可以无损耗地通过厚度为 $\lambda_2/2$ 的媒质层。因此,这种厚度 $d=\lambda_2/2$ 的媒质层又称为半波长媒质窗。雷达天线罩的设计就利用了这个原理。为了使雷达天线免受恶劣环境的影响,通常用天线罩将天线保护起来,若将天线罩的媒质层厚度设计为该媒质中电磁波的半个波长,就可以消除天线罩对电磁波的反射。

此外,如果夹层媒质的相对介电常数等于相对磁导率,即 $\varepsilon_r=\mu_r$,那么,夹层媒质的本征阻抗等于真空的本征阻抗。当这种夹层置于空气中,平面波向其表面正入射时,无论夹层的厚度如何,反射现象均不可能发生。换言之,这种媒质对于电磁波似乎是完全“透明”的。若使用这种媒质制成天线罩,其电磁特性十分优越。但是,普通媒质的磁导率很难与介电常数达到同一数量级,而近年来研发的新型磁性材料可以接近这种需求。

2. 四分之一波长的匹配层

如图 6-14 所示,在两种不同媒质之间插入一层厚度为四分之一波长、本征阻抗为 η_2 的媒质,即 $d=\lambda_2/4$。这时

$$\tan(k_2\mathrm{d})=\tan\left(\frac{2\pi}{\lambda_2}\frac{\lambda_2}{4}\right)=\tan\frac{\pi}{2}\to\infty \tag{6-78}$$

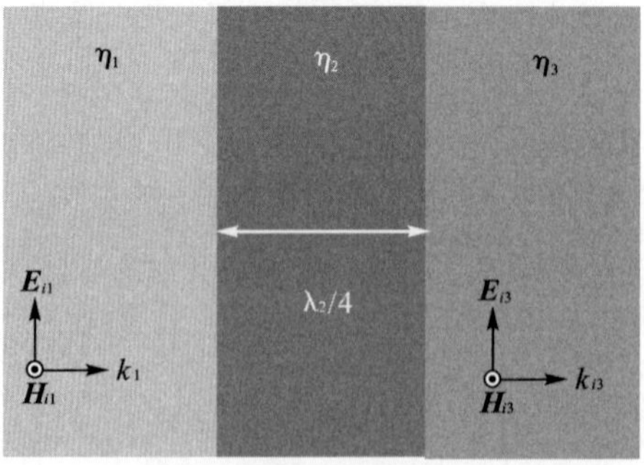

图 6-14　用于消除反射的四分之一波长匹配层

由式(6-74)，可得

$$\eta_{ef} = \frac{\eta_2^2}{\eta_3}$$

若取媒质 2 的本征阻抗

$$\eta_2 = \sqrt{\eta_1 \eta_3}$$

则有 $\eta_{ef}=\eta_1$，由此得到媒质 1 与媒质 2 分界面上的反射系数

$$R_1 = 0$$

这表明，若在两种不同媒质之间插入一层厚度 $d=\lambda_2/4$ 的媒质，只要$\eta_2=\sqrt{\eta_1\eta_3}$，就能消除媒质 1 表面上的反射。这种厚度 $d=\lambda_2/4$ 的媒质通常用于两种不同媒质间的无反射阻抗匹配，称为 1/4 波长匹配层。例如，在照相机的镜头上都有这种消除反射的敷层。

6.5 均匀平面波对平面边界的斜入射

6.5.1 沿任意方向传播的平面电磁波

沿 z 方向传播的均匀平面波可表示为

$$\boldsymbol{E} = \boldsymbol{E}_0 \mathrm{e}^{-\mathrm{j}kz} \tag{6-79}$$

$$\boldsymbol{H} = \frac{1}{\eta} \boldsymbol{e}_z \times \boldsymbol{E} \tag{6-80}$$

因为 $kz=$常数，就是 $z=$常数，所以等相位面是垂直于 z 轴的平面，如图 6-15(a)所示，等相位面上任一点的矢径为 $\boldsymbol{r}=x\boldsymbol{e}_x+y\boldsymbol{e}_y+z\boldsymbol{e}_z$，则等相位面也可表示成 $\boldsymbol{r}\cdot\boldsymbol{e}_z=$常数。因此沿 z 方向传播的电场可表示成

$$\boldsymbol{E} = \boldsymbol{E}_0 \mathrm{e}^{-\mathrm{j}k\boldsymbol{e}_z\cdot\boldsymbol{r}} \tag{6-81}$$

如果平面波沿任意方向$\boldsymbol{e}_n$ 传播，如图 6-15(b)所示，等相位面是 $\boldsymbol{r}\cdot\boldsymbol{e}_n=$常数的平面，与$\boldsymbol{e}_n$ 垂直。仿照上式，可写出电磁波的表达式

$$\boldsymbol{E} = \boldsymbol{E}_0\, \mathrm{e}^{-\mathrm{j}k\boldsymbol{e}_n\cdot\boldsymbol{r}} = \boldsymbol{E}_0\, \mathrm{e}^{-\mathrm{j}\boldsymbol{k}\cdot\boldsymbol{r}} \tag{6-82a}$$

$$\boldsymbol{H} = \frac{1}{\eta} \boldsymbol{e}_n \times \boldsymbol{E} \tag{6-82b}$$

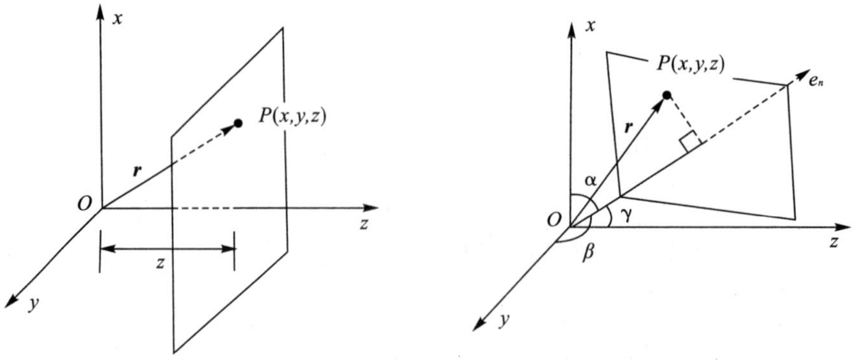

(a)沿 z 方向传播 (b)沿任意方向传播

图 6-15 平面波的等相位面

其中

$$\boldsymbol{e}_n = \cos\alpha\,\boldsymbol{e}_x + \cos\beta\,\boldsymbol{e}_y + \cos\gamma\,\boldsymbol{e}_z \tag{6-82c}$$

$$\boldsymbol{k} = k\,\boldsymbol{e}_n \tag{6-82d}$$

$$\boldsymbol{E}_0 \cdot \boldsymbol{e}_n = 0 \tag{6-82e}$$

式(6-82c)中 $\cos\alpha$、$\cos\beta$、$\cos\gamma$ 是传播方向单位矢量$\boldsymbol{e}_n$ 的方向余弦，$\boldsymbol{k}$ 称为传播矢量(propagation vector)，或波矢量，其方向和模分别表示电磁波的传播方向和传播常数。

由式(6-82a)知，沿任意方向$\boldsymbol{e}_n$ 传播的平面波可表示为

$$\boldsymbol{E} = \boldsymbol{E}_0\,\mathrm{e}^{-\mathrm{j}kx\cos\alpha}\,\mathrm{e}^{-\mathrm{j}ky\cos\beta}\,\mathrm{e}^{-\mathrm{j}kz\cos\gamma}$$

如果取沿 z 方向的传播常数为 $k\cos\gamma$，则

$$v_z = \frac{\omega}{k\cos\gamma} = \frac{v}{\cos\gamma} \geqslant v \tag{6-83}$$

v_z 称为 z 方向的视在相速。v_z 只表示波的等相位面沿 z 轴移动的速度，并不表示能量的传播速度，如图 6-16 所示，P' 点的能量是由后面的 A 点按光速传播而来的，并不是由 P 点传来的。

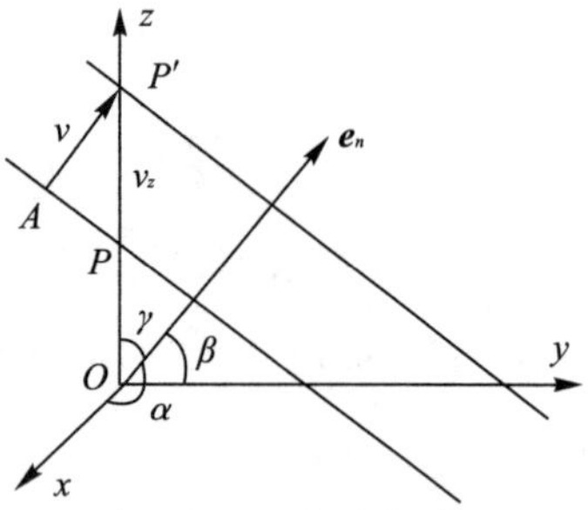

图 6-16 视在相速

6.5.2 平面波对理想介质的斜入射

当电磁波以任意角度入射到平面边界上时，称之为斜入射(oblique incidence)。把由入射波传播方向与分界面法线方向组成的平面称为

入射平面(plane of incidence)。若入射波电场矢量垂直于入射平面,称为垂直极化波(perpendicularly polarized wave);若电场矢量平行于入射平面,称为平行极化波(parallel polarized wave)。任意极化的平面波都可以分解为垂直极化波和平行极化波的合成。

1. 垂直极化波的斜入射

如图 6-17(a)所示,设媒质 1 的电磁参数为 ε_1、μ_1,媒质 2 的电磁参数为 ε_2、μ_2。入射平面位于 xz 平面,电场与入射平面垂直,以入射角 θ_i 入射到理想介质平面上,则入射波的传播方向为$\boldsymbol{e}_i = \sin\theta_i \boldsymbol{e}_x + \cos\theta_i \boldsymbol{e}_z$,入射电磁波可表示为

$$\boldsymbol{E}_i = E_{i0}\mathrm{e}^{-\mathrm{j}k_1 \boldsymbol{e}_i \cdot \boldsymbol{r}} \boldsymbol{e}_y = E_{i0}\mathrm{e}^{-\mathrm{j}k_1 (x\sin\theta_i + z\cos\theta_i)} \boldsymbol{e}_y \tag{6-84a}$$

$$\boldsymbol{H}_i = \frac{1}{\eta_1} \boldsymbol{e}_i \times \boldsymbol{E}_i \tag{6-84b}$$

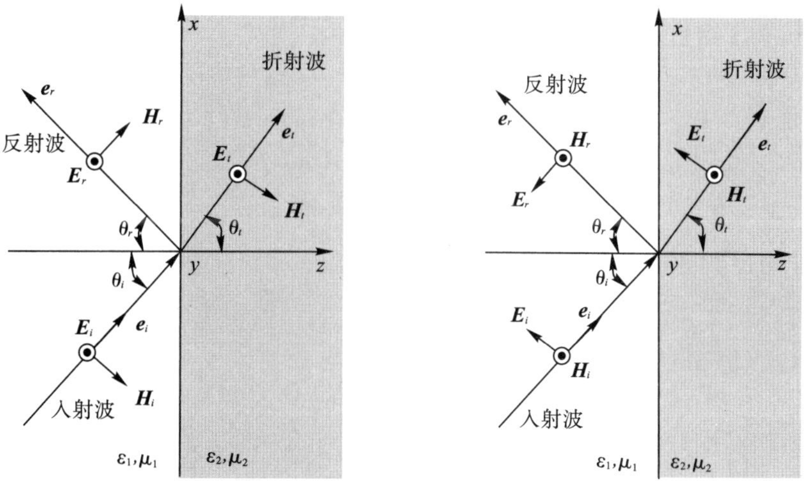

图 6-17　对理想介质平面的斜入射

a. 垂直极化波; b. 平行极化波

反射波和折射波的电场与入射波一样只有 y 分量,这是由入射波和边界条件决定的,垂直极化的入射波只能产生垂直极化的反射波和折射波。反射波可表示为

$$\boldsymbol{E}_r = E_{r0}\mathrm{e}^{-\mathrm{j}k_1 \boldsymbol{e}_r \cdot \boldsymbol{r}} \boldsymbol{e}_y \tag{6-84c}$$

$$\boldsymbol{H}_r = \frac{1}{\eta_1} \boldsymbol{e}_r \times \boldsymbol{E}_r \tag{6-84d}$$

其中$\boldsymbol{e}_r$ 表示反射波的传播方向。媒质 2 中的折射波(refracted wave)可

表示为

$$\boldsymbol{E}_t = E_{t0}\mathrm{e}^{-\mathrm{j}k_2\boldsymbol{e}_t\cdot\boldsymbol{r}}\boldsymbol{e}_y \tag{6-84e}$$

$$\boldsymbol{H}_t = \frac{1}{\eta_2}\boldsymbol{e}_t \times \boldsymbol{E}_t \tag{6-84f}$$

其中$\boldsymbol{e}_t$ 表示折射波传播方向。

在 $z=0$ 的分界面上，电场的切向分量连续，于是有

$$E_{i0}\mathrm{e}^{-\mathrm{j}k_1\boldsymbol{e}_i\cdot\boldsymbol{r}_0} + E_{r0}\mathrm{e}^{-\mathrm{j}k_1\boldsymbol{e}_r\cdot\boldsymbol{r}_0} = E_{t0}\mathrm{e}^{-\mathrm{j}k_2\boldsymbol{e}_t\cdot\boldsymbol{r}_0} \tag{6-85}$$

其中$\boldsymbol{r}_0=x\boldsymbol{e}_x+y\boldsymbol{e}_y$。式(6-85)对分界面上任意的 x、y 都成立，即电场在$z=0$处空间变化必须相同，式中的各指数项必须相等，因而有

$$E_{i0} + E_{r0} = E_{t0} \tag{6-86a}$$

$$k_1\,\boldsymbol{e}_i\cdot\boldsymbol{r}_0 = k_1\,\boldsymbol{e}_r\cdot\boldsymbol{r}_0 = k_2\,\boldsymbol{e}_t\cdot\boldsymbol{r}_0 \tag{6-86b}$$

式(6-86b)称为界面相位匹配条件。由式(6-82b)前一个等式可得

$$x\sin\theta_i = x\cos\alpha_r + y\cos\beta_r$$

其中 $\cos\alpha_r$、$\cos\beta_r$ 是$\boldsymbol{e}_r$ 的方向余弦。由于上式在分界面上任意点都成立，于是有

$$\cos\beta_r = 0\text{，即 }\beta_r = \pi/2 \tag{6-87a}$$

$$\sin\theta_i = \cos\alpha_r = \sin\theta_r\text{，即 }\theta_i = \theta_r \tag{6-87b}$$

上式说明反射波也在入射平面内，反射角 θ_r 等于入射角 θ_i，此即反射定律。

由式(6-86b)后一个等式可得

$$k_1 x\sin\theta_i = k_2(x\cos\alpha_t + y\cos\beta_t)$$

同理有 $\cos\beta_t=0$，即 $\beta_t=\pi/2$，说明折射波也在入射平面内。同时还有

$$k_1\sin\theta_i = k_2\cos\alpha_t = k_2\sin\theta_t$$

即

$$\frac{\sin\theta_i}{v_1} = \frac{\sin\theta_t}{v_2} \tag{6-88}$$

式(6-88)称为斯耐尔(Snell)折射定律。由电磁波边界条件推导出的反射定律、折射定律与光学中的相同，这再一次说明了光波也是电磁波。

由分界面上磁场切向分量连续的边界条件得

$$-\frac{E_{i0}\cos\theta_i}{\eta_1} + \frac{E_{r0}\cos\theta_i}{\eta_1} = -\frac{E_{t0}\cos\theta_t}{\eta_2}$$

由上式和式(6-86a)，可解得反射系数和折射系数(refraction coefficient)

$$R_{\perp}=\frac{E_{r0}}{E_{i0}}=\frac{\eta_2\cos\theta_i-\eta_1\cos\theta_t}{\eta_2\cos\theta_i+\eta_1\cos\theta_t} \tag{6-89a}$$

$$T_{\perp}=\frac{E_{t0}}{E_{i0}}=\frac{2\eta_2\cos\theta_i}{\eta_2\cos\theta_i+\eta_1\cos\theta_t} \tag{6-89b}$$

式(6-89a)和式(6-89b)称为垂直极化波的菲涅耳(A. J. Fresnel)公式。两系数之间的关系如下

$$1+R_{\perp}=T_{\perp} \tag{6-89c}$$

2. 平行极化波的斜入射

如图 6-17(b)所示，入射波的电场与入射面平行，仿照垂直极化波的分析方法，利用边界条件可以得出相同的反射定律和折射定律。平行极化波的菲涅耳公式是

$$R_{/\!/}=\frac{\eta_1\cos\theta_i-\eta_2\cos\theta_t}{\eta_1\cos\theta_i+\eta_2\cos\theta_t} \tag{6-90a}$$

$$T_{/\!/}=\frac{2\eta_2\cos\theta_i}{\eta_1\cos\theta_i+\eta_2\cos\theta_t} \tag{6-90b}$$

$$1+R_{/\!/}=\frac{\eta_1}{\eta_2}T_{/\!/} \tag{6-90c}$$

对于非铁磁性媒质，$\mu_1=\mu_2$，利用折射定律，反射系数、折射系数又可写成

$$R_{/\!/}=\frac{n^2\cos\theta_i-\sqrt{n^2-\sin^2\theta_i}}{n^2\cos\theta_i+\sqrt{n^2-\sin^2\theta_i}} \tag{6-91a}$$

$$T_{/\!/}=\frac{2n\cos\theta_i}{n^2\cos\theta_i+\sqrt{n^2-\sin^2\theta_i}} \tag{6-91b}$$

式(6-91)中 $n=\sqrt{\varepsilon_2/\varepsilon_1}$，称为相对折射率。

图 6-18 画出了 $n=2$ 时，反射系数的模随入射角 θ_i 的变化曲线。由图可见，平行极化波的反射系数在某一入射角变为零，即发生全折射现象，无反射。

发生全折射时的入射角称为布儒斯特角(Brewster angle)，记为 θ_B。由式(6-91a)分子为零可得

$$\theta_B=\arctan n=\arctan(\sqrt{\varepsilon_2/\varepsilon_1}) \tag{6-92}$$

对于垂直极化波，若 $\mu_1=\mu_2$，由式(6-89a)可得反射系数

$$R_{\perp}=\frac{\cos\theta_i-\sqrt{n^2-\sin^2\theta_i}}{\cos\theta_i+\sqrt{n^2-\sin^2\theta_i}} \tag{6-93}$$

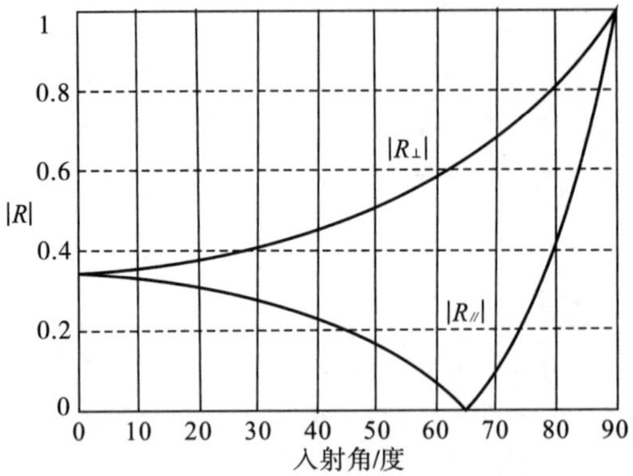

图 6-18　反射系数的模随入射角的变化

可见，除非 $n=1$，即 $\varepsilon_2=\varepsilon_1$，否则反射系数 $R_{\perp}$ 不为零。因此，只有平行极化波斜入射时才发生全折射现象(针对 $\mu_1=\mu_2$ 而言)。

当一个任意极化波以 θ_B 斜入射时，反射波中将只存在垂直极化波，这就是极化滤除效应。

6.5.3　平面波对理想导体的斜入射

1. 垂直极化波的斜入射

如图 6-19(a)所示，入射平面位于 xz 平面，电场与入射平面垂直，以入射角θ_i入射到理想导体平面上，与理想介质分界面斜入射的区别只是在理想导体中电场等于零。由边界条件 $E_{i0}+E_{r0}=0$，得

$$R_{\perp}=-1,T_{\perp}=0 \tag{6-94}$$

左半空间合成电磁波为

$$\begin{aligned}\boldsymbol{E}&=(E_{i0}\mathrm{e}^{-\mathrm{j}k_1\boldsymbol{e}_i\cdot\boldsymbol{r}}-E_{i0}\mathrm{e}^{-\mathrm{j}k_1\boldsymbol{e}_r\cdot\boldsymbol{r}})\,\boldsymbol{e}_y\\&=-2\mathrm{j}E_{i0}\sin(k_1z\cos\theta_i)\mathrm{e}^{-\mathrm{j}k_1x\sin\theta_i}\,\boldsymbol{e}_y\end{aligned} \tag{6-95a}$$

$$\begin{aligned}\boldsymbol{H}&=\frac{1}{\eta_1}(\boldsymbol{e}_i\times\boldsymbol{e}_yE_{i0}\mathrm{e}^{-\mathrm{j}k_1\boldsymbol{e}_i\cdot\boldsymbol{r}}-\boldsymbol{e}_r\times\boldsymbol{e}_yE_{i0}\mathrm{e}^{-\mathrm{j}k_1\boldsymbol{e}_r\cdot\boldsymbol{r}})\\&=-\frac{2E_{i0}}{\eta_1}\cos\theta_i\cos(k_1z\cos\theta_i)\mathrm{e}^{-\mathrm{j}k_1x\sin\theta_i}\,\boldsymbol{e}_x\\&\quad-\frac{2jE_{i0}}{\eta_1}\sin\theta_i\sin(k_1z\cos\theta_i)\mathrm{e}^{-\mathrm{j}k_1x\sin\theta_i}\,\boldsymbol{e}_z\end{aligned} \tag{6-95b}$$

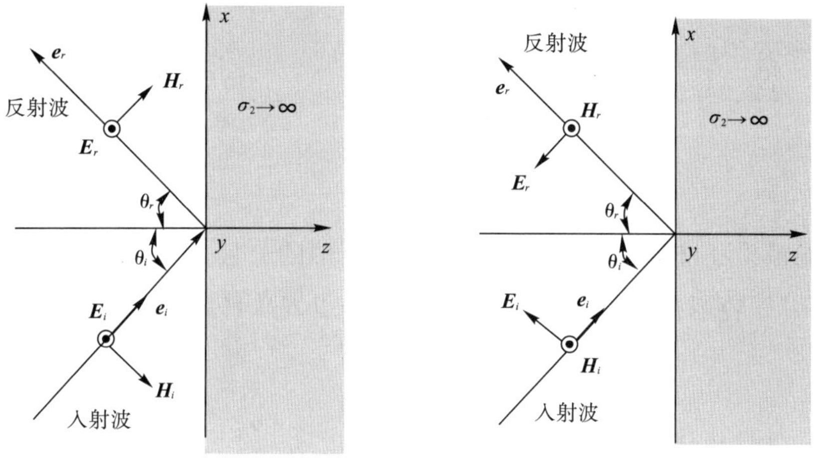

图 6-19　对理想导体平面的斜入射

a. 垂直极化波；b. 平行极化波

式(6-95)说明在媒质 1 中合成波具有如下特点：

(1)合成电磁波是沿 x 方向传播的平面波，在 z 方向是一驻波。在传播方向上，无电场分量但存在磁场分量，这种波称为横电波(transverse electric wave)，记为 TE 波。沿 x 方向的相位常数为 $k_1\sin\theta_i$，则相速

$$v_p = \frac{\omega}{k_1 \sin\theta_i} = \frac{v_1}{\sin\theta_i} \geqslant v_1 \tag{6-96}$$

v_p 大于媒质 1 中的速度 v_1，其实 v_p 是沿 x 方向观察时的“视在相速”，可以大于 v_1，但这个速度不是能量传播的速度。由于其相速大于 v_1，所以称这种波为快波。

(2)合成波电磁场分量是 z 的函数，是非均匀平面波。

(3)当 $\sin(k_1 z\cos\theta_i)=0$ 时，$E_y=0$。因此，在 $z=-\dfrac{n\lambda_1}{2\cos\theta_i}$ 处插入一块导体板，将不会改变原来的场分布。这就是构成平行板波导的原理。如果垂直于 y 轴再放置两块理想导体平板，由于电场 $E_y=0$ 与该表面垂直，因此也满足边界条件，这样，四块理想导体平板形成矩形波导，传播 TE 波。

(4)合成波的平均功率流密度矢量为

$$\boldsymbol{S}_{av} = \frac{1}{2}\mathrm{Re}(\boldsymbol{E}\times\boldsymbol{H}^*) = \frac{2|E_{i0}|^2}{\eta_1}\sin\theta_i \sin^2(k_1 z\cos\theta_i)\,\boldsymbol{e}_x \tag{6-97}$$

合成波的能量只沿着 x 方向传播。能量传播速度为

$$v_e=\frac{S_{av}}{w_{av}}=\frac{\frac{2|E_{i0}|^2}{\eta_1}\sin\theta_i\ \sin^2(k_1 z\cos\theta_i)}{\frac{1}{2}\varepsilon_1\ |2E_{i0}\sin(k_1 z\cos\theta_i)|^2}=\frac{\sin\theta_i}{\eta_1\varepsilon_1}=v_1\sin\theta_i\leqslant v_1 \tag{6-98}$$

说明能量沿 x 方向的传播速度是 v_1 沿 x 轴的分量，即 $v_e=v_1\sin\theta_i$。

(5)导体表面上存在感应面电流。由边界条件 $\boldsymbol{J}_S=\boldsymbol{e}_n\times\boldsymbol{H}|_{z=0}$ 可得

$$\boldsymbol{J}_S=\frac{2E_{i0}}{\eta_1}\cos\theta_i\mathrm{e}^{-\mathrm{j}k_1 x\sin\theta_i}\ \boldsymbol{e}_y \tag{6-99}$$

2. 平行极化波的斜入射

如图 6-19(b)所示，当平行极化波对理想导体表面斜入射时，因为理想导体的电导率 $\sigma_2\to\infty$，故 $\eta_2\to 0$，代入式(6-90)可得

$$R_{/\!/}=1,T_{/\!/}=0 \tag{6-100}$$

重复上面的分析步骤，可得出左半空间合成电磁场表达式

$$E_x=-2\mathrm{j}E_{i0}\cos\theta_i\sin(k_1 z\cos\theta_i)\mathrm{e}^{-\mathrm{j}k_1 x\sin\theta_i} \tag{6-101a}$$

$$E_z=-2E_{i0}\sin\theta_i\cos(k_1 z\cos\theta_i)\mathrm{e}^{-\mathrm{j}k_1 x\sin\theta_i} \tag{6-101b}$$

$$H_y=\frac{2E_{i0}}{\eta_1}\cos(k_1 z\cos\theta_i)\mathrm{e}^{-\mathrm{j}k_1 x\sin\theta_i} \tag{6-101c}$$

说明合成波仍然是沿 x 方向传播的快波，在 z 方向是驻波。不过在传播方向上没有磁场分量，却有电场分量，称之为横磁波(transverse magnetic wave)，记为 TM 波。

6.5.4 全反射

1. 全反射现象

对于非铁磁性媒质，若 $\varepsilon_1>\varepsilon_2$，即入射波从光密媒质入射到光疏媒质，由折射定律可以看出折射角大于入射角，随着入射角 θ_i 的增大，折射角 θ_t 将先于 θ_i 达到 90°，对应于 $\theta_t=90°$ 的入射角称为临界角(critical angle)，记为 θ_c。由折射定律知，临界角为

$$\sin\theta_c=\sqrt{\frac{\varepsilon_2}{\varepsilon_1}}=n \tag{6-102}$$

当 $\theta_i \geqslant \theta_c$ 时，$\sin\theta_i \geqslant n$，由式(6-93)和式(6-91a)可得垂直极化波和平行极化波的反射系数是复数，模都是 1，说明发生了全反射(total reflection)现象。那么$\theta_i \geqslant \theta_c$时，媒质 2 中还有电磁波吗？

2. 表面波概念

下面以垂直极化波为例，分析折射波的场分布特点。当$\theta_i < \theta_c$时，折射波为

$$\boldsymbol{E}_t = E_{t0}\mathrm{e}^{-\mathrm{j}k_2\boldsymbol{e}_t\cdot\boldsymbol{r}}\boldsymbol{e}_y = E_{t0}\mathrm{e}^{-\mathrm{j}k_2(x\sin\theta_t + z\cos\theta_t)}\boldsymbol{e}_y \tag{6-103a}$$

$$\boldsymbol{H}_t = \frac{1}{\eta_2}\boldsymbol{e}_t \times \boldsymbol{E}_t \tag{6-103b}$$

$$\boldsymbol{e}_t = \sin\theta_t\,\boldsymbol{e}_x + \cos\theta_t\,\boldsymbol{e}_z \tag{6-103c}$$

当$\theta_i > \theta_c$时，θ_t无实数解。若θ_t取复数值，折射定律仍成立。令

$$\sin\theta_t = \frac{1}{n}\sin\theta_i = M > 1 \tag{6-104a}$$

应用复数角的三角公式，则

$$\cos\theta_t = -\mathrm{j}\sqrt{M^2 - 1} \tag{6-104b}$$

式(6-104b)中取负值，是为了防止当 $z \to \infty$时，场强振幅趋于无穷大。因此在全反射条件下，折射波可表示为

$$\boldsymbol{E}_t = E_{t0}\mathrm{e}^{-k_2\sqrt{M^2-1}z}\mathrm{e}^{-\mathrm{j}k_2Mx}\boldsymbol{e}_y \tag{6-105a}$$

$$\boldsymbol{H}_t = \frac{E_{t0}}{\eta_2}\mathrm{e}^{-k_2\sqrt{M^2-1}z}\mathrm{e}^{-\mathrm{j}k_2Mx}(\mathrm{j}\sqrt{M^2-1}\,\boldsymbol{e}_x + M\boldsymbol{e}_z) \tag{6-105b}$$

由式(6-105)可得出以下结论：

(1)发生全反射时，仍有折射波存在，折射波的传播方向是 x 方向，相速为

$$v_p = \frac{\omega}{k_2M} = \frac{v_2}{M} < v_2 \tag{6-106}$$

即小于无界媒质 2 中平面波的相速，称之为慢波。

(2)慢波的振幅沿 z 方向指数衰减，这种波称为表面波(surface wave)。

(3)能量只沿着界面 x 方向传播，沿 z 方向无能量传播。折射波沿 z 方向的衰减与欧姆损耗引起的衰减不同，并没有能量损耗掉，媒质 2 中的这种波称为凋落波(evanescent wave)。

(4)这种表面波是 TE 波。

还可以导出媒质 1 中的合成波也是沿界面 x 方向传播的，沿 z 方向呈驻波分布。结合折射波只沿界面方向传播、能量只集中于界面附近的特点，说明介质分界面也可引导电磁波传播。

对平行极化波也有类似的特点。

全反射理论在工程中有重要应用。如图 6-20(a)所示，空气中有一介质板，在介质板内，当平面电磁波以$\theta_i > \theta_c$入射到与空气交界的顶面和底面上时，必然会发生全反射。电磁波被约束在介质板内，不断反射前进，能量沿介质板传输。介质板外的场量沿垂直于板面的方向作指数规律衰减，没有辐射。介质板可引导电磁波的传播，称之为介质波导(dielectric waveguide)。将极低损耗介质做成细线状结构，用以引导光波的介质波导也称作光纤(optical fiber)。为了减小光纤外的表面波对光纤传播性能的影响，实用的光纤通常都做成多层结构。光纤的一种简单结构如图 6-20(b)所示，其中心部分用介电常数 ε_1 较大的介质制成，称为核。核外部是介电常数 ε_2 较小的介质涂层，以便满足产生全反射的条件，最外层涂上吸收材料形成无反射条件。

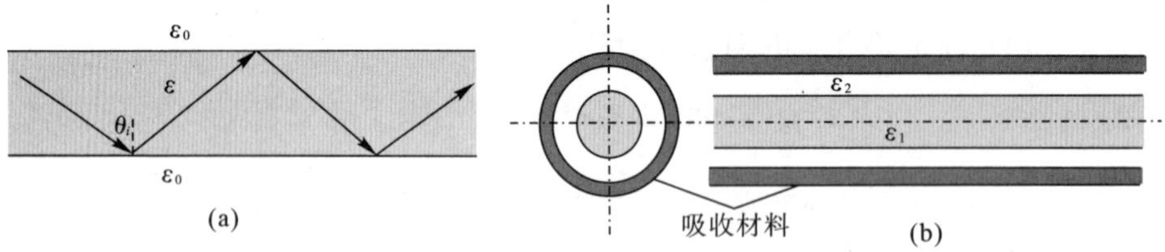

图 6-20　全反射原理的应用

a. 平板介质； b. 光纤

6.5.5* 人工电磁材料

负折射率(negative refractive index)材料，是指介电常数 ε 和磁导率 μ 同时为负值的人工合成电磁材料，又称为“左手材料”(left-handed material)。由于与常规材料的特性不同，负折射率材料又称为超材料(metamaterial)，其中拉丁语根“meta-”表示超出、另类等含义。一般文献中给出人工电磁材料是具有天然材料所不具备的超常物理性质的人工复合结构或复合材料。

在自然界中，绝大部分材料的介电常数和磁导率均大于零。但在某些特殊情况下，材料的 ε 和 μ 可能为负值。例如当频率小于等离子体临界频率 ω_p 时，等离子体的等效介电常数为负值；而在铁磁性材料中，当频率在铁磁共振频率附近时磁导率为负数。然而，在天然材料中，还未观察到 ε 和 μ 同时为负值的情形。

负折射率材料的概念最初是由苏联科学家 V. G. Veselago 于 1968 年提出的，他系统分析了双负媒质中电磁波的传播特性，理论预测了一些奇异的电磁调控现象。例如折射光和入射光在法线的同一侧，而不是像正常材料中那样在法线的两侧，这一现象称为逆折射效应。电磁波的传播方向和功率流密度矢量的方向相反，即 $\boldsymbol{E}$、$\boldsymbol{H}$、$\boldsymbol{k}$ 之间满足左手法则，因此将这种 ε 和 μ 同时为负值的材料称为“左手材料”。由于媒质的折射率 $n=\sqrt{\mu_r \varepsilon_r}$，当 ε 和 μ 同时为负时，不同于一般材料，折射率取为负值，故称之为负折射率材料。除此之外，负折射率材料的奇异电磁行为还表现为逆 Doppler 效应、负辐射压力等。

负折射率材料在其概念提出后的几十年间因无法检验而成为一种假说。1996 年，J. B. Pendry 实现并验证了负磁导率。1999 年，美国 D. F. Sievenpiper 教授提出了蘑菇型结构的高阻抗表面。构造了一种由一定尺寸的分裂环谐振器和金属带条构成的空间阵列，其等效的 ε 和 μ 在微波波段可以同时为负数，并在实验上证实了这种材料具有逆折射率效应。

此后，这类人工电磁材料一直成为物理学和电磁学界的研究热点，目前世界各国的学者和研究机构正在对此课题做深入的研究。尤其是近年来，智能超表面得到广泛研究，通过在周期性电磁单元上的可调元件施加控制信号，以可编程的方式对空间电磁波进行主动智能调控，形成相位、幅度、极化和频率可控制的电磁场。智能超表面技术由于能够灵活操控信道环境中的电磁特性，可用于智能无线环境，重构未来无线网络。

◇◆◇ 本章小结 ◇◆◇

1. 均匀平面波在无界理想介质中传播时，电场和磁场的振幅不变，它们在时间上同相，在空间相互垂直，并与传播方向构成右手螺旋关

系，是 TEM 波。均匀平面波可表示为

$$\boldsymbol{E}=\boldsymbol{E}_0\mathrm{e}^{-\mathrm{j}k\boldsymbol{e}_n\cdot\boldsymbol{r}},\quad \boldsymbol{e}_n\cdot\boldsymbol{E}=0$$

$$\boldsymbol{H}=\frac{1}{\eta}\boldsymbol{e}_n\times\boldsymbol{E}$$

式中 $k=\omega\sqrt{\mu\varepsilon}=2\pi/\lambda$，$\eta=\sqrt{\mu/\varepsilon}$。

理想介质中，电磁波的能速等于相速，$v_e=v_p=1/\sqrt{\mu\varepsilon}$。

2. 均匀平面波在有损耗媒质中传播时，电场、磁场和传播方向三者相互垂直，成右手螺旋关系，是 TEM 波。但电场和磁场的振幅按指数衰减，它们在时间上不再同相。此外电磁波的波长变短，相速减慢。

3. 在良导体中存在趋肤效应，穿透深度为 $\delta=\sqrt{\dfrac{2}{\omega\mu\sigma}}$。导体的表面电阻为 $R_S=\sqrt{\dfrac{\omega\mu}{2\sigma}}=\dfrac{1}{\sigma\delta}$。单位表面积的导体中的损耗功率是 $\dfrac{1}{2}|J_S|^2R_S$。

4. 相速是等相位面传播的速度，$v_p=\omega/\beta$。相速随频率变化的现象称为色散。群速是波群移动的速度，$v_g=\dfrac{\mathrm{d}\omega}{\mathrm{d}\beta}$。当群速有意义时，群速等于能速。

5. 极化是用电场合成矢量的端点随时间变化的轨迹来描述，电场两正交分量同相或反相时为线极化波，两分量振幅相等且相位差 $\pm 90°$ 时为圆极化波，除此之外为椭圆极化波。

6. 垂直入射时，反射系数为 $R=\dfrac{\eta_2-\eta_1}{\eta_2+\eta_1}$，透射系数为 $T=\dfrac{2\eta_2}{\eta_1+\eta_2}=1+R$。

7. 对多层媒质垂直入射时，可将后面几层媒质等效为一个波阻抗为 η_{ef} 的媒质。对于三层媒质，后两层的等效波阻抗为

$$\eta_{ef}=\eta_2\frac{\eta_3+\mathrm{j}\eta_2\tan(k_2d)}{\eta_2+\mathrm{j}\eta_3\tan(k_2d)}$$

8. 任意极化的均匀平面波斜入射于两种媒质的分界面时，都可分解为垂直极化波和平行极化波。反射波和折射波场量的振幅和相位取决于分界面两侧媒质的参量、入射波的极化和入射角的大小。

9. 对非磁性媒质，平行极化波以布儒斯特角 $\theta_B=\arctan\sqrt{\varepsilon_2/\varepsilon_1}$ 入

射时，将没有反射，发射全折射。无论是平行极化波还是垂直极化波，当从光密媒质斜入射到光疏媒质且入射角大于临界角 $\theta_c = \arcsin\sqrt{\varepsilon_2/\varepsilon_1}$ 时，将发生全反射。

◇◆◇ 习 题 ◇◆◇

6-1 在 $\mu_r=1$、$\varepsilon_r=4$、$\sigma=0$ 的媒质中，均匀平面波的电场强度

$$E(z,t) = E_m \sin\left(\omega t - kz + \frac{\pi}{3}\right)$$

若已知 $f=150\,\text{MHz}$，波在任意点的平均功率流密度为 $0.265\,\mu\text{W/m}^2$，试求：

(1)该电磁波的波数 k，相速 v_p，波长 λ，波阻抗 η。

(2)$t=0$，$z=0$ 的电场 $E(0,0)$。

(3)时间经过 $0.1\,\mu\text{s}$ 之后电场 $E(0,0)$ 值在什么地方？

(4)时间在 $t=0$ 时刻之前 $0.1\,\mu\text{s}$，电场 $E(0,0)$ 值在什么地方？

6-2 一个在自由空间传播的均匀平面波，电场强度的复振幅是

$\boldsymbol{E}=10^{-4}\mathrm{e}^{-\mathrm{j}20\pi z}\boldsymbol{e}_x+10^{-4}\mathrm{e}^{\mathrm{j}\left(\frac{\pi}{2}-20\pi z\right)}\boldsymbol{e}_y\,(\text{V/m})$

试求：

(1)电磁波的传播方向。

(2)电磁波的相速 v_p，波长 λ，频率 f。

(3)磁场强度 $\boldsymbol{H}$。

(4)沿传播方向单位面积流过的平均功率。

6-3 证明在均匀线性无界无源的理想介质中，不可能存在 $\boldsymbol{E}=E_0\mathrm{e}^{-\mathrm{j}kz}\boldsymbol{e}_z$ 的均匀平面电磁波。

6-4 在微波炉外面附近的自由空间某点测得泄漏电场有效值为 $1\,\text{V/m}$，试问该点的平均电磁功率密度是多少？该电磁辐射对于一个站在此处的人的健康有危险吗？（根据美国国家标准，人暴露在微波下的限制量为 $10^{-2}\ \text{W/m}^2$ 不超过 6 分钟，我国的暂行标准规定每 8 小时连续照射，不超过 $3.8\times10^{-2}\ \text{W/m}^2$。）

6-5 在自由空间中，有一波长为 12 cm 的均匀平面波，当该波进入到某无损耗媒质时，其波长变为 8 cm，且此时 $|\boldsymbol{E}|=31.41$ V/m，$|\boldsymbol{H}|=0.125$ A/m。求平面波的频率以及无损耗媒质的 ε_r 和 μ_r。

6-6 若有一个点电荷在自由空间以远小于光速的速度 v 运动，同时一个均匀平面波也沿 v 的方向传播。试求该电荷所受的磁场力与电场力的比值。

6-7 一个频率为 $f=3$ GHz，$\boldsymbol{e}_y$ 方向极化的均匀平面波在 $\varepsilon_r=2.5$，损耗角正切值为 10^{-2} 的非磁性媒质中，沿正 $\boldsymbol{e}_x$ 方向传播。

(1) 求波的振幅衰减一半时传播的距离；

(2) 求媒质的波阻抗、波的相速和波长；

(3) 设在 $x=0$ 处的 $\boldsymbol{E}=50\sin\left(6\pi\times10^9 t+\dfrac{\pi}{3}\right)\boldsymbol{e}_y$，写出 $\boldsymbol{H}(x,t)$ 的表示式。

6-8 微波炉利用磁控管输出的 2.45 GHz 频率的微波加热食品，在该频率上，牛排的等效复介电常数 $\tilde{\varepsilon}_r=40(1-0.3\text{j})$。求：

(1) 微波传入牛排的穿透深度 δ，在牛排内 8 mm 处的微波场强是表面处的百分之几？

(2) 微波炉中盛牛排的盘子是发泡聚苯乙烯制成的，其等效复介电常数 $\tilde{\varepsilon}_r=1.03(1-\text{j}0.3\times10^{-4})$。说明：为何用微波加热时，牛排被烧熟而盘子并没有被毁。

6-9 已知海水的 $\sigma=4$ S/m，$\varepsilon_r=81$，$\mu_r=1$，在其中分别传播 $f=100$ MHz、$f=10$ kHz 的平面电磁波时，试求：α、β、v_p、λ。

6-10 证明电磁波在良导电媒质中传播时，场强每经过一个波长衰减 54.54 dB。

6-11 为了得到有效的电磁屏蔽，屏蔽层的厚度通常取所用屏蔽材料中电磁波的一个波长，即

$$d=2\pi\delta$$

式中 δ 是穿透深度。试计算

(1) 收音机内中频变压器的铝屏蔽罩的厚度。

(2) 电源变压器铁屏蔽罩的厚度。

(3)若中频变压器用铁而电源变压器用铝作屏蔽罩是否也可以？

(铝：$\sigma=3.72\times10^7$ S/m，$\varepsilon_r=1$，$\mu_r=1$；铁：$\sigma=10^7$ S/m，$\varepsilon_r=1$，$\mu_r=10^4$，$f=464$ kHz。)

6-12 在要求导线的高频电阻很小的场合通常使用多股纱包线代替单股线。证明：相同截面积的 N 股纱包线的高频电阻只有单股线的 $\dfrac{1}{\sqrt{N}}$。

6-13 已知群速与相速的关系是

$$v_g = v_p + \beta\frac{\mathrm{d}v_p}{\mathrm{d}\beta}$$

式中 β 是相移常数，证明下式也成立

$$v_g = v_p - \lambda\frac{\mathrm{d}v_p}{\mathrm{d}\lambda}$$

6-14 判断下列各式所表示的均匀平面波的传播方向和极化方式

(1)$\boldsymbol{E}=\mathrm{j}E_1\mathrm{e}^{\mathrm{j}kz}\boldsymbol{e}_x+\mathrm{j}E_1\mathrm{e}^{\mathrm{j}kz}\boldsymbol{e}_y$；

(2)$\boldsymbol{E}=E_0\mathrm{e}^{-\mathrm{j}kz}\boldsymbol{e}_x-\mathrm{j}E_0\mathrm{e}^{-\mathrm{j}kz}\boldsymbol{e}_y$；

(3)$\boldsymbol{E}(z,t)=E_m\sin(\omega t-kz)\boldsymbol{e}_x+E_m\cos(\omega t-kz)\boldsymbol{e}_y$。

6-15 证明一个直线极化波可以分解为两个振幅相等旋转方向相反的圆极化波。

6-16 证明任意一圆极化波的坡印廷矢量瞬时值是个常数。

6-17 有两个频率相同传播方向也相同的圆极化波，试问：

(1)如果旋转方向相同振幅也相同，但初相位不同，其合成波是什么极化？

(2)如果上述三个条件中只是旋转方向相反其他条件都相同，其合成波是什么极化？

(3)如果在所述三个条件中只是振幅不相等，其合成波是什么极化波？

6-18 一个圆极化的均匀平面波，电场

$$\boldsymbol{E} = E_0\mathrm{e}^{-\mathrm{j}kz}(\boldsymbol{e}_x+\mathrm{j}\,\boldsymbol{e}_y)$$

垂直入射到 $z=0$ 处的理想导体平面。试求：

(1)反射波电场、磁场表达式；

(2)合成波电场、磁场表达式；

(3)合成波沿 z 方向传播的平均功率流密度。

6-19 当均匀平面波由空气向理想介质($\mu_r=1,\sigma=0$)垂直入射时，有84%的入射功率输入此介质，试求介质的相对介电常数 ε_r。

6-20 当平面波从第一种理想介质向第二种理想介质垂直入射时，若媒质本征阻抗 $\eta_2>\eta_1$，证明分界面处为电场波腹点；若 $\eta_2<\eta_1$，则分界面处为电场波节点。

6-21 均匀平面波从空气垂直入射于一非磁性介质墙上。在此墙前方测得的电场振幅分布如图所示，求：(1)介质墙的 ε_r；(2)电磁波频率 f。

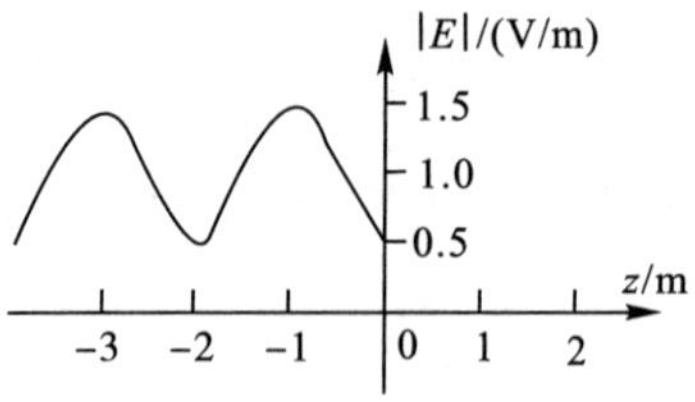

习题 6-21 图

6-22 若在 $\varepsilon_r=4$ 的玻璃表面镀上一层透明的介质以消除红外线的反射，红外线的波长为 0.75 μm，试求：

(1)该介质膜的介电常数及厚度；

(2)当波长为 0.42 μm 的紫外线照射该镀膜玻璃时，反射功率与入射功率之比。

6-23 证明在无源区中向 $\boldsymbol{k}$ 方向传播的均匀平面波满足的麦克斯韦方程可简化为下列方程

$$\boldsymbol{k}\times\boldsymbol{H}=-\omega\varepsilon\boldsymbol{E}$$

$$\boldsymbol{k}\times\boldsymbol{E}=\omega\mu\boldsymbol{H}$$

$$\boldsymbol{k}\cdot\boldsymbol{E}=0$$

$$\boldsymbol{k}\cdot\boldsymbol{H}=0$$

6-24 已知平面波的电场强度

$$\boldsymbol{E}=[(2+\mathrm{j}3)\,\boldsymbol{e}_x+4\,\boldsymbol{e}_y+3\,\boldsymbol{e}_z]\mathrm{e}^{\mathrm{j}(1.8y-2.4z)}\ (\mathrm{V/m})$$

试确定其传播方向和极化状态，是否是横电磁波？

6-25 证明两种介质($\mu_1=\mu_2=\mu_0$)的交界面对斜入射的均匀平面波的反射、折射系数可写成

$$R_{\perp}=\frac{-\sin(\theta_i-\theta_t)}{\sin(\theta_i+\theta_t)},T_{\perp}=\frac{2\sin\theta_t\cos\theta_i}{\sin(\theta_i+\theta_t)}$$

$$R_{/\!/}=\frac{\tan(\theta_i-\theta_t)}{\tan(\theta_i+\theta_t)},T_{/\!/}=\frac{2\sin\theta_t\cos\theta_i}{\sin(\theta_i+\theta_t)\cos(\theta_i-\theta_t)}$$

式中 θ_i 是入射角，θ_t 是折射角。

6-26 当平面波向理想介质边界斜入射时，试证布儒斯特角与相应的折射角之和为 $\pi/2$。

6-27 当频率 $f=0.3\,\text{GHz}$ 的均匀平面波由媒质 $\varepsilon_r=4$、$\mu_r=1$ 斜入射到与自由空间的交界面时，试求：

(1)临界角 θ_c。

(2)当垂直极化波以 $\theta_i=60°$ 入射时，在自由空间中的折射波传播方向如何？相速 v_p 等于多少？

(3)当圆极化波以 $\theta_i=60°$ 入射时，反射波是什么极化的？

6-28 一个线极化平面波由自由空间入射到 $\varepsilon_r=4$、$\mu_r=1$ 的介质分界面，如果入射波的电场与入射面的夹角是45°。试求：

(1)当入射角 θ_i 为多少时反射波只有垂直极化波。

(2)这时反射波的平均功率流密度是入射波的百分之几？

6-29 证明当垂直极化波由空气斜入射到一块绝缘的磁性物质上 $(\mu_r>1、\varepsilon_r>1、\sigma=0)$ 时，其布儒斯特角应满足下列关系

$$\tan^2\theta_B=\frac{\mu_r(\mu_r-\varepsilon_r)}{\varepsilon_r\mu_r-1}$$

而对于平行极化波则满足关系

$$\tan^2\theta_B=\frac{\varepsilon_r(\varepsilon_r-\mu_r)}{\varepsilon_r\mu_r-1}$$

6-30 设 $z>0$ 区域中理想介质参数为 $\varepsilon_{r1}=4$、$\mu_{r1}=1$；$z<0$ 区域中理想介质参数为 $\varepsilon_{r2}=9$、$\mu_{r2}=1$。若入射波的电场强度为

$$\boldsymbol{E}=\mathrm{e}^{-\mathrm{j}6(\sqrt{3}x+z)}(\boldsymbol{e}_x+\boldsymbol{e}_y-\sqrt{3}\,\boldsymbol{e}_z)$$

试求：

(1)平面波的频率；

(2)反射角和折射角；

(3)反射波和折射波。

本章习题答案

第7章 导行电磁波

上一章讨论了电磁波在无限大空间和半无限大空间的传播规律。本章将要讨论电磁波在有界空间传播的问题。将电磁波约束在有界空间内从一处传播到另一处的装置称为导波系统(wave guiding system),沿导波系统传播的电磁波称为导行电磁波(guided electromagnetic wave)。

常用的导波系统如图7-1所示,其中平行双导线是由两根相互平行的金属导线构成;同轴线是由两根同轴的圆柱导体构成,两导体之间可以填充空气或介质;金属波导是由单根空心的金属管构成,截面形状为矩形的称为矩形波导,截面形状为圆形的称为圆波导;带状线是由两块接地板和中间的导体带构成;微带线是由介质基片及其两侧的导体带和接地板构成;介质波导是由单根的介质棒构成。

电磁波在不同的导行系统中传播具有不同的特点,分析方法也不相同。本章主要讨论电磁波在矩形波导、圆波导和同轴线中传播的规律以及功率传输、损耗问题。最后讨论谐振腔的工作原理和基本参数。

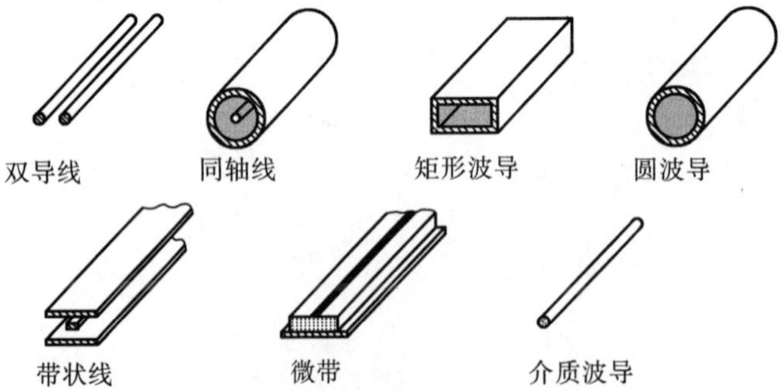

图 7-1 常用的导波系统

7.1　电磁波沿均匀导波系统传播的一般解

7.1.1　直角坐标系下横向场分量与纵向场分量之间的关系

如图 7-2 所示，假设电磁波沿 z 方向传播，若导波系统的横截面形状、尺寸、填充的媒质沿 z 方向处处一样，则称之为均匀导波系统(uniform wave guiding system)。假设均匀导波系统内填充线性、均匀、各向同性的媒质，没有外源分布，即 $\rho=0$，$\boldsymbol{J}=0$，场量随时间作正弦变化，则均匀导波系统内的电磁场可以表示为

$$\boldsymbol{E}(x,y,z) = \boldsymbol{E}_0(x,y)\,\mathrm{e}^{-\gamma z} \tag{7-1a}$$

$$\boldsymbol{H}(x,y,z) = \boldsymbol{H}_0(x,y)\,\mathrm{e}^{-\gamma z} \tag{7-1b}$$

式(7-1)中 γ 为传播常数。一般情况下，$\gamma=\alpha+\mathrm{j}\beta$。在直角坐标中，

$$\boldsymbol{E}_0 = E_{0x}\boldsymbol{e}_x + E_{0y}\boldsymbol{e}_y + E_{0z}\boldsymbol{e}_z \tag{7-2a}$$

$$\boldsymbol{H}_0 = H_{0x}\boldsymbol{e}_x + H_{0y}\boldsymbol{e}_y + H_{0z}\boldsymbol{e}_z \tag{7-2b}$$

由麦克斯韦旋度方程 $\nabla\times\boldsymbol{E}=-\mathrm{j}\omega\mu\boldsymbol{H}$ 得

$$\begin{cases}\dfrac{\partial E_{0z}}{\partial y}+\gamma E_{0y}=-\mathrm{j}\omega\mu H_{0x}\\[2mm] -\gamma E_{0x}-\dfrac{\partial E_{0z}}{\partial x}=-\mathrm{j}\omega\mu H_{0y}\\[2mm] \dfrac{\partial E_{0y}}{\partial x}-\dfrac{\partial E_{0x}}{\partial y}=-\mathrm{j}\omega\mu H_{0z}\end{cases} \tag{7-3}$$

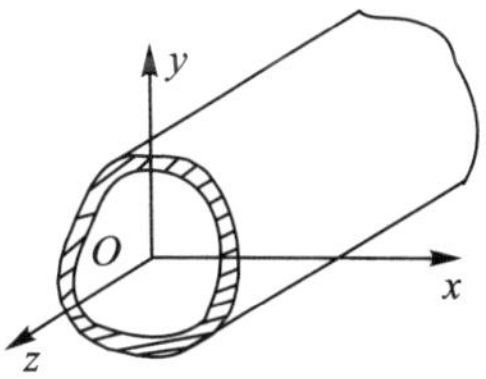

图 7-2　任意截面的均匀导波系统

由 $\nabla\times\boldsymbol{H}=\mathrm{j}\omega\varepsilon\boldsymbol{E}$ 得

$$\begin{cases}\dfrac{\partial H_{0z}}{\partial y}+\gamma H_{0y}=\mathrm{j}\omega\varepsilon E_{0x}\\[2mm] -\gamma H_{0x}-\dfrac{\partial H_{0z}}{\partial x}=\mathrm{j}\omega\varepsilon E_{0y}\\[2mm] \dfrac{\partial H_{0y}}{\partial x}-\dfrac{\partial H_{0x}}{\partial y}=\mathrm{j}\omega\varepsilon E_{0z}\end{cases} \tag{7-4}$$

根据上述方程，可以求得均匀导波系统中横向场分量 E_{0x}、E_{0y}、

H_{0x}、H_{0y}和纵向场分量E_{0z}、H_{0z}之间的关系，即

$$E_{0x}=-\frac{1}{k_c^2}\left(\gamma\frac{\partial E_{0z}}{\partial x}+\mathrm{j}\omega\mu\frac{\partial H_{0z}}{\partial y}\right) \tag{7-5a}$$

$$E_{0y}=\frac{1}{k_c^2}\left(-\gamma\frac{\partial E_{0z}}{\partial y}+\mathrm{j}\omega\mu\frac{\partial H_{0z}}{\partial x}\right) \tag{7-5b}$$

$$H_{0x}=\frac{1}{k_c^2}\left(\mathrm{j}\omega\varepsilon\frac{\partial E_{0z}}{\partial y}-\gamma\frac{\partial H_{0z}}{\partial x}\right) \tag{7-5c}$$

$$H_{0y}=-\frac{1}{k_c^2}\left(\mathrm{j}\omega\varepsilon\frac{\partial E_{0z}}{\partial x}+\gamma\frac{\partial H_{0z}}{\partial y}\right) \tag{7-5d}$$

式中$k_c^2=\gamma^2+k^2$，$k^2=\omega^2\mu\varepsilon$。

由式(7-5)可见：如果能够求出导波系统中电磁场的纵向分量，那么导波系统中的其他横向分量即可由上式得到。电磁场的纵向分量又如何求呢？

已知均匀无耗($\sigma=0$)媒质无源区域中的波动方程

$$\nabla^2\boldsymbol{E}+k^2\boldsymbol{E}=0$$

$$\nabla^2\boldsymbol{H}+k^2\boldsymbol{H}=0$$

在直角坐标系下，上述波动方程可以展开成

$$\nabla_{xy}^2\boldsymbol{E}+\frac{\partial^2\boldsymbol{E}}{\partial z^2}+k^2\boldsymbol{E}=0$$

$$\nabla_{xy}^2\boldsymbol{H}+\frac{\partial^2\boldsymbol{H}}{\partial z^2}+k^2\boldsymbol{H}=0$$

再将式(7-1)和式(7-2)代入，得

$$\nabla_{xy}^2\boldsymbol{E}+(\gamma^2+k^2)\boldsymbol{E}=0$$

$$\nabla_{xy}^2\boldsymbol{H}+(\gamma^2+k^2)\boldsymbol{H}=0$$

即

$$\nabla_{xy}^2\boldsymbol{E}+k_c^2\boldsymbol{E}=0 \tag{7-6}$$

$$\nabla_{xy}^2\boldsymbol{H}+k_c^2\boldsymbol{H}=0 \tag{7-7}$$

上式中$\nabla_{xy}^2=\frac{\partial^2}{\partial x^2}+\frac{\partial^2}{\partial y^2}$，称为横向拉普拉斯算符(transverse Laplacian operator)。

因此有

$$\nabla_{xy}^2E_{0z}+k_c^2E_{0z}=0 \tag{7-8a}$$

$$\nabla_{xy}^2H_{0z}+k_c^2H_{0z}=0 \tag{7-8b}$$

7.1.2　电磁波沿均匀导波系统传播的一般解

对于沿 z 方向传播的电磁波：

(1)如果电磁波在传播方向上没有电场和磁场分量，$E_z=0$，$H_z=0$，即电磁场完全限制在横截面内，这种电磁波称为横电磁波（transverse electromagnetic waves），简称“TEM 波”；

(2)如果电磁波在传播方向上有电场分量，没有磁场分量，$E_z\neq0$，$H_z=0$，即磁场限制在横截面内，这种电磁波称为横磁波（transverse magnetic waves），简称“TM 波”；

(3)如果电磁波在传播方向上有磁场分量，没有电场分量，$E_z=0$，$H_z\neq0$，即电场限制在横截面内，这种电磁波称为横电波（tansverse electric waves），简称“TE 波”。

由式(7-1)、式(7-2)、式(7-5)，可见当 $E_z=0$，$H_z=0$ 时，E_x、E_y、H_x、H_y存在的条件是

$$k_c^2=\gamma^2+k^2=0$$

得

$$\gamma=\mathrm{j}k=\mathrm{j}\omega\sqrt{\mu\varepsilon} \tag{7-9}$$

与无界空间无耗媒质中均匀平面波的传播常数相同，因此 TEM 波的传播速度为

$$v=\frac{\omega}{k}=\frac{1}{\sqrt{\mu\varepsilon}} \tag{7-10}$$

当$k_c^2=0$ 时，式(7-6)变为

$$\nabla_{xy}^2\boldsymbol{E}=0 \tag{7-11}$$

表明传播 TEM 波的导波系统中，电场必须满足横向拉普拉斯方程。

已知静电场$\boldsymbol{E}_s$在无源区域中满足拉普拉斯方程，即

$$\nabla^2\boldsymbol{E}_s=0 \tag{7-12}$$

对于沿 z 方向均匀一致的导波系统，$\dfrac{\partial^2\boldsymbol{E}_s}{\partial z^2}=0$，因此

$$\nabla_{xy}^2\boldsymbol{E}_s=0 \tag{7-13}$$

比较式(7-11)与式(7-13)，可见 TEM 波电场所满足的微分方程与同一系统处在静态场中其电场所满足的微分方程相同，又由于它们的边

界条件相同，因此，它们的电场分布具有相同的结构，由此可知：任何能建立静电场的导波系统必然能够传输 TEM 波。

显然，平行双导线、同轴线以及带状线等能够建立静电场，因此它们可以传输 TEM 波。而由单根导体构成的金属波导中不可能存在静电场，因此金属波导不能传输 TEM 波。

对于 TM 波，根据方程(7-8a)和导波系统的边界条件，求出 E_{0z}后，再将 $H_{0z}=0$ 代入式(7-5)，可得 TM 波的其他横向场分量为

$$E_{0x}=-\frac{\gamma}{k_c^2}\frac{\partial E_{0z}}{\partial x} \tag{7-14a}$$

$$E_{0y}=-\frac{\gamma}{k_c^2}\frac{\partial E_{0z}}{\partial y} \tag{7-14b}$$

$$H_{0x}=\frac{\mathrm{j}\omega\varepsilon}{k_c^2}\frac{\partial E_{0z}}{\partial y} \tag{7-14c}$$

$$H_{0y}=-\frac{\mathrm{j}\omega\varepsilon}{k_c^2}\frac{\partial E_{0z}}{\partial x} \tag{7-14d}$$

对于 TE 波，根据方程(7-8b)和导波系统的边界条件，求出 H_{0z}后，再将 $E_{0z}=0$ 代入式(7-5)，可得 TE 波的其他横向场分量为

$$E_{0x}=-\frac{\mathrm{j}\omega\mu}{k_c^2}\frac{\partial H_{0z}}{\partial y} \tag{7-15a}$$

$$E_{0y}=\frac{\mathrm{j}\omega\mu}{k_c^2}\frac{\partial H_{0z}}{\partial x} \tag{7-15b}$$

$$H_{0x}=-\frac{\gamma}{k_c^2}\frac{\partial H_{0z}}{\partial x} \tag{7-15c}$$

$$H_{0y}=-\frac{\gamma}{k_c^2}\frac{\partial H_{0z}}{\partial y} \tag{7-15d}$$

7.2 矩形波导

矩形波导(rectangular waveguide)的形状如图 7-3 所示，其宽壁的内尺寸为 a，窄壁的内尺寸为 b，波导内填充介电常数为 ε、磁导率为 μ 的理想介质，波导壁为理想导体。建立直角坐标系，令宽壁沿 x 轴，窄壁沿 y 轴，电磁波传播

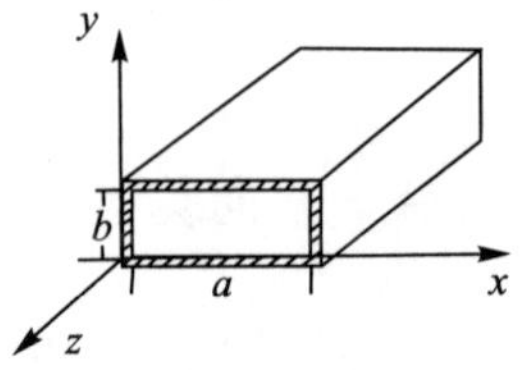

图 7-3 矩形波导

方向沿 z 轴。由上节分析知道，金属波导中只能传输 TE、TM 波，下面分别讨论这两种波在矩形波导中的传播特性。

7.2.1　矩形波导中的场量表达式

1. TM **波**

对于 TM 波，$H_z=0$。按照上节介绍的纵向场法，先求解电场的纵向分量 E_{0z}，然后再根据式(7-5)求出横向分量。对于理想介质，令 $\gamma=\mathrm{j}\beta=\mathrm{j}k_z$，由式(7-1)知，电场强度的纵向分量 E_z 可以表示为

$$E_z(x,y,z)=E_{0z}(x,y)\,\mathrm{e}^{-\mathrm{j}k_z z} \tag{7-16}$$

纵向分量 E_{0z} 满足方程(7-8a)，即

$$\nabla_{xy}^2 E_{0z}=\frac{\partial^2 E_{0z}}{\partial x^2}+\frac{\partial^2 E_{0z}}{\partial y^2}=-k_c^2 E_{0z} \tag{7-17}$$

采用分离变量法求解上述偏微分方程，令

$$E_{0z}(x、y)=f(x)g(y) \tag{7-18}$$

代入式(7-17)，得

$$g(y)\,f''(x)+f(x)g''(y)=-k_c^2 f(x)g(y) \tag{7-19}$$

式(7-19)中 $f''(x)$ 表示 $f(x)$ 对 x 的二阶导数，$g''(y)$ 表示 $g(y)$ 对 y 的二阶导数。上式两边同除以 $f(x)g(y)$，得

$$\frac{f''(x)}{f(x)}+\frac{g''(y)}{g(y)}=-k_c^2 \tag{7-20}$$

式(7-20)左边第一项仅为 x 的函数，第二项仅为 y 的函数，因此欲使上式对所有的 x、y 值均成立，只有每一项分别等于常数。令

$$\frac{f''(x)}{f(x)}=-k_x^2 \tag{7-21}$$

$$\frac{g''(y)}{g(y)}=-k_y^2 \tag{7-22}$$

式(7-21)和式(7-22)中 k_x、k_y 称为分离常数，且

$$k_x^2+k_y^2=k_c^2 \tag{7-23}$$

式(7-21)和式(7-22)为二阶常微分方程，它们的通解分别为

$$f(x)=C_1\cos k_x x+C_2\sin k_x x \tag{7-24}$$

$$g(y)=C_3\cos k_y y+C_4\sin k_y y \tag{7-25}$$

则

$$\begin{aligned} E_{0z} &= f(x)g(y) \\ &= C_1 C_3 \cos k_x x \cos k_y y + C_1 C_4 \cos k_x x \sin k_y y \\ &\quad + C_2 C_3 \sin k_x x \cos k_y y + C_2 C_4 \sin k_x x \sin k_y y \end{aligned} \tag{7-26}$$

式(7-26)中积分常数C_1、C_2、C_3、C_4和分离常数k_x、k_y由矩形波导的边界条件确定。矩形波导的边界条件是理想导体壁的切向电场等于零，即

$$x = 0, a \text{ 时}; E_{0z} = 0$$

$$y = 0, b \text{ 时}; E_{0z} = 0$$

为了满足 $x=0$ 时 $E_{0z}=0$ 的边界条件，由式(7-26)得

$$C_1 C_3 \cos k_y y + C_1 C_4 \sin k_y y = 0$$

欲使上式对于所有的 y 值均成立，要求$C_1=0$。那么

$$E_{0z} = C_2 C_3 \sin k_x x \cos k_y y + C_2 C_4 \sin k_x x \sin k_y y \tag{7-27}$$

为了满足 $y=0$ 时 $E_{0z}=0$ 的边界条件，由式(7-27)得

$$C_2 C_3 \sin k_x x = 0$$

欲使上式对于所有的 x 值成立，要求$C_2=0$ 或$C_3=0$。当$C_2=0$ 时，$E_{0z}=0$，这与 TM 波不符，因此，只能取$C_3=0$。此时

$$E_{0z} = C_2 C_4 \sin k_x x \sin k_y y$$

或者写成

$$E_{0z} = E_0 \sin k_x x \sin k_y y \tag{7-28}$$

式(7-28)中 E_0 由激励源决定。

当 $x=a$ 时，$E_{0z}=0$。由式(7-28)得

$$E_0 \sin k_x a \sin k_y y = 0$$

欲使上式对于所有的 y 值均成立，要求 $\sin k_x a=0$，即

$$k_x = \frac{m\pi}{a}, m = 1,2,3,\cdots \tag{7-29}$$

当 $y=b$ 时，$E_{0z}=0$。由式(7-28)得

$$E_0 \sin k_x x \sin k_y b = 0$$

欲使上式对于所有的 x 值均成立，要求 $\sin k_y b=0$，即

$$k_y = \frac{n\pi}{b}, n = 1,2,3,\cdots \tag{7-30}$$

将式(7-29)和式(7-30)代入式(7-28)得

$$E_{0z} = E_0 \sin\left(\frac{m\pi}{a}x\right)\sin\left(\frac{n\pi}{b}y\right) \tag{7-31}$$

将式(7-31)代入式(7-14)，求得矩形波导中沿 z 方向传输的 TM 波场量表达式为

$$\begin{aligned}
E_z &= E_0 \sin\left(\frac{m\pi}{a}x\right)\sin\left(\frac{n\pi}{b}y\right)\mathrm{e}^{-\mathrm{j}k_z z} \\
E_x &= -\mathrm{j}\,\frac{k_z E_0}{k_c^2}\left(\frac{m\pi}{a}\right)\cos\left(\frac{m\pi}{a}x\right)\sin\left(\frac{n\pi}{b}y\right)\mathrm{e}^{-\mathrm{j}k_z z} \\
E_y &= -\mathrm{j}\,\frac{k_z E_0}{k_c^2}\left(\frac{n\pi}{b}\right)\sin\left(\frac{m\pi}{a}x\right)\cos\left(\frac{n\pi}{b}y\right)\mathrm{e}^{-\mathrm{j}k_z z} \\
H_x &= \mathrm{j}\,\frac{\omega\varepsilon E_0}{k_c^2}\left(\frac{n\pi}{b}\right)\sin\left(\frac{m\pi}{a}x\right)\cos\left(\frac{n\pi}{b}y\right)\mathrm{e}^{-\mathrm{j}k_z z} \\
H_y &= -\mathrm{j}\,\frac{\omega\varepsilon E_0}{k_c^2}\left(\frac{m\pi}{a}\right)\cos\left(\frac{m\pi}{a}x\right)\sin\left(\frac{n\pi}{b}y\right)\mathrm{e}^{-\mathrm{j}k_z z}
\end{aligned} \tag{7-32}$$

式(7-32)中

$$k_c^2 = k_x^2 + k_y^2 = \left(\frac{m\pi}{a}\right)^2 + \left(\frac{n\pi}{b}\right)^2 \tag{7-33}$$

由式(7-32)可见：

(1)m 和 n 可以取不同的值，m 和 n 每取一组值，式(7-32)就表示波导中 TM 波的一种传播模式，以 TM_{mn} 表示，所以波导中可以有无穷多个 TM 模式。

(2)m 表示场量在波导宽壁上变化的半个驻波的数目，n 表示场量在波导窄壁上变化的半个驻波的数目。由 E_z 的表达式可以看出 m 和 n 不能取为零，所以矩形波导中最低阶的 TM 模式是 TM_{11} 波。

(3)波导中的电磁波沿 x、y 方向为驻波分布，沿 z 方向为行波分布。

2. TE 波

对于 TE 波，$E_z=0$。仿照 TM 波场量表达式的求解步骤，可以推导出矩形波导中沿 z 方向传输的 TE 波场量表达式为

$$H_z = H_0 \cos\left(\frac{m\pi}{a}x\right)\cos\left(\frac{n\pi}{b}y\right)\mathrm{e}^{-\mathrm{j}k_z z}$$

$$H_x = \mathrm{j}\,\frac{k_z H_0}{k_c^2}\left(\frac{m\pi}{a}\right)\sin\left(\frac{m\pi}{a}x\right)\cos\left(\frac{n\pi}{b}y\right)\mathrm{e}^{-\mathrm{j}k_z z}$$

$$H_y = \mathrm{j}\,\frac{k_z H_0}{k_c^2}\left(\frac{n\pi}{b}\right)\cos\left(\frac{m\pi}{a}x\right)\sin\left(\frac{n\pi}{b}y\right)\mathrm{e}^{-\mathrm{j}k_z z} \tag{7-34}$$

$$E_x = \mathrm{j}\,\frac{\omega\mu H_0}{k_c^2}\left(\frac{n\pi}{b}\right)\cos\left(\frac{m\pi}{a}x\right)\sin\left(\frac{n\pi}{b}y\right)\mathrm{e}^{-\mathrm{j}k_z z}$$

$$E_y = -\mathrm{j}\,\frac{\omega\mu H_0}{k_c^2}\left(\frac{m\pi}{a}\right)\sin\left(\frac{m\pi}{a}x\right)\cos\left(\frac{n\pi}{b}y\right)\mathrm{e}^{-\mathrm{j}k_z z}$$

式(7-34)中$k_c^2=\left(\frac{m\pi}{a}\right)^2+\left(\frac{n\pi}{b}\right)^2$。$m,n=0,1,2,\cdots$,但两者不能同时为零,所以矩形波导中最低阶的 TE 模式是 TE_{10} 波或 TE_{01} 波。

7.2.2 矩形波导中的电磁波传播特性

由$k_c^2=\gamma^2+k^2$,$k^2=\omega^2\mu\varepsilon$,$k_c^2=\left(\frac{m\pi}{a}\right)^2+\left(\frac{n\pi}{b}\right)^2$,得到矩形波导中每个 TE_{mn} 和 TM_{mn} 模式的传播常数为

$$\gamma = \sqrt{k_c^2 - k^2} = \sqrt{\left(\frac{m\pi}{a}\right)^2+\left(\frac{n\pi}{b}\right)^2 - k^2} \tag{7-35}$$

传播常数 $\gamma=0$ 所对应的频率称为截止频率(cutoff frequency),以f_c表示,那么

$$k_c^2 = k^2 = \omega^2\mu\varepsilon = (2\pi f_c)^2\mu\varepsilon$$

即

$$f_c = \frac{k_c}{2\pi\sqrt{\mu\varepsilon}} = \frac{1}{2\pi\sqrt{\mu\varepsilon}}\sqrt{\left(\frac{m\pi}{a}\right)^2+\left(\frac{n\pi}{b}\right)^2} \tag{7-36}$$

传播常数 $\gamma=0$ 所对应的波长称为截止波长(cutoff wavelength),以λ_c表示,那么

$$k_c^2 = k^2 = \left(\frac{2\pi}{\lambda_c}\right)^2$$

即

$$\lambda_c = \frac{2\pi}{k_c} = \frac{2\pi}{\sqrt{\left(\frac{m\pi}{a}\right)^2+\left(\frac{n\pi}{b}\right)^2}} \tag{7-37}$$

式(7-36)表明,截止频率 f_c 与波导尺寸、模式以及填充媒质有关。式(7-37)表明,截止波长 λ_c 与波导尺寸 a,b 和模式 m,n 有关。

当工作频率 $f>f_c$ 时,即 $k^2>k_c^2$ 时,γ 为纯虚数,令 $\gamma=\mathrm{j}\beta=\mathrm{j}k_z$,电磁波可以在波导中沿 z 方向传播。其中

$$k_z=\sqrt{k^2-k_c^2}=k\sqrt{1-\left(\frac{f_c}{f}\right)^2}=k\sqrt{1-\left(\frac{\lambda}{\lambda_c}\right)^2} \tag{7-38}$$

当工作频率 $f<f_c$ 时,即 $k^2<k_c^2$ 时,γ 为实数,令 $\gamma=\alpha$,此时 $e^{-\gamma z}$ 表示衰减,电磁波不可能在波导中传播。所以电磁波在波导中传播的条件是 $f>f_c$ 或 $\lambda<\lambda_c$。

电磁波在波导中的相速度(phase velocity)v_p 为

$$v_p=\frac{\omega}{k_z}=\frac{v}{\sqrt{1-\left(\frac{f_c}{f}\right)^2}}=\frac{v}{\sqrt{1-\left(\frac{\lambda}{\lambda_c}\right)^2}} \tag{7-39}$$

式(7-39)中 $v=\dfrac{1}{\sqrt{\mu\varepsilon}}$ 为无限大媒质中的电磁波速度。

由式(7-39)可见,波导中的相速不仅与波导中填充的媒质特性有关,还与频率有关。因此,与导电媒质一样,携带信号的电磁波在波导中传播时会出现色散现象。

电磁波在波导中传播时所对应的波长称为波导波长(guide wavelength),以 λ_g 表示,则

$$\lambda_g=\frac{2\pi}{k_z}=\frac{\lambda}{\sqrt{1-\left(\frac{f_c}{f}\right)^2}}=\frac{\lambda}{\sqrt{1-\left(\frac{\lambda}{\lambda_c}\right)^2}} \tag{7-40}$$

式(7-40)中 λ 为电磁波在参数为 μ,ε 的无限大媒质中传播时的波长,也称为工作波长。而波导波长与波导尺寸、工作模式有关。

波导中的横向电场与横向磁场之比定义为波导的波阻抗(wave impedance)。由式(7-32)可以求得 TM 波的波阻抗为

$$Z_{\mathrm{TM}}=\frac{E_x}{H_y}=-\frac{E_y}{H_x}=\frac{k_z}{\omega\varepsilon}=\eta\sqrt{1-\left(\frac{f_c}{f}\right)^2}=\eta\sqrt{1-\left(\frac{\lambda}{\lambda_c}\right)^2} \tag{7-41}$$

式(7-41)中 $\eta=\sqrt{\dfrac{\mu}{\varepsilon}}$。

同理，由(7-34)可以求得TE波的波阻抗为

$$Z_{TE}=\frac{\omega\mu}{k_z}=\frac{\eta}{\sqrt{1-\left(\frac{f_c}{f}\right)^2}}=\frac{\eta}{\sqrt{1-\left(\frac{\lambda}{\lambda_c}\right)^2}} \tag{7-42}$$

由式(7-41)和式(7-42)可见，当$f<f_c(\lambda>\lambda_c)$时，波阻抗Z_{TM}和Z_{TE}均为纯虚数，表明横向电场与横向磁场有$\frac{\pi}{2}$相位差，因此，沿z方向没有能量流动，这就意味着此时电磁波的传播被截止。

截止波长相同的模式称为简并模，在矩形波导中下标m和n($m,n=1,2,\cdots$)相同的TE_{mn}和TM_{mn}模具有相同的截止波长，所以TE_{mn}和TM_{mn}模简并。

【例7-1】 矩形波导横截面尺寸为$a=7.2$ cm，$b=3.4$ cm，工作频率为3 GHz。

(1)空气填充波导，波导中可传输哪些模式？

(2)$\mu_r=1$、$\varepsilon_r=2.25$的均匀介质填充波导，此时波导中可传输哪些模式？

解：已知$\lambda_c=\dfrac{2}{\sqrt{\left(\frac{m}{a}\right)^2+\left(\frac{n}{b}\right)^2}}$

$m=1,n=0$，　$\lambda_c=2a=14.4$ cm

$m=2,n=0$，　$\lambda_c=a=7.2$ cm

$m=0,n=1$，　$\lambda_c=2b=6.8$ cm

$m=0,n=2$，　$\lambda_c=b=3.4$ cm

$m=1,n=1$，　$\lambda_c=\dfrac{2}{\sqrt{\left(\frac{1}{a}\right)^2+\left(\frac{1}{b}\right)^2}}=6.15$ cm

(1)空气填充时，$\lambda=\dfrac{c}{f}=\dfrac{3\times10^{10}}{3\times10^{9}}=10$ cm，满足传输条件$\lambda<\lambda_c$的模式有TE_{10}。

(2)均匀介质填充时，$\lambda'=\dfrac{v}{f}=\dfrac{\lambda}{\sqrt{\mu_r\varepsilon_r}}=\dfrac{10}{\sqrt{2.25}}=6.67$ cm，满足传输条件$\lambda'<\lambda_c$的模式有TE_{10}、TE_{20}、TE_{01}。

7.2.3　矩形波导中的主模

1. 主模与单模传播

一般情况下矩形波导中 $a>b$，所以 TE_{10} 波的截止频率要比 TE_{01} 波的截止频率低。具有最低截止频率的模式称为主模(dominant mode)，所以 TE_{10} 波是矩形波导的主模。

由前面介绍知道，工作波长小于截止波长的模式都可以在矩形波导中传播。因此，对于给定的工作波长，波导中可以存在多种传播模式。图 7-4 为矩形波导中各种模式的截止波长分布图，分为三个区域：

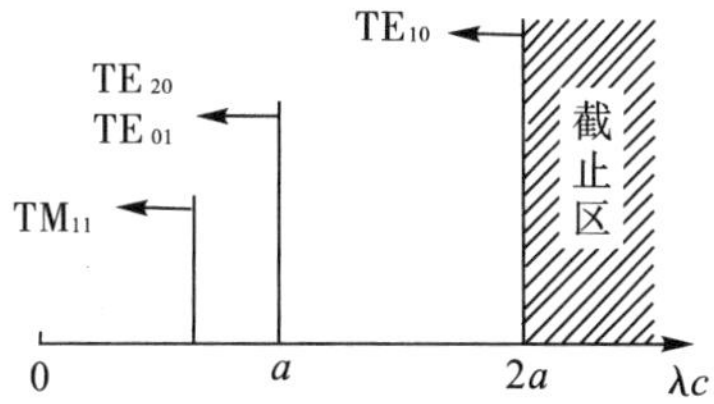

图 7-4　矩形波导截止波长分布($a=2b$)

Ⅰ区：工作波长 $\lambda \geqslant 2a$，波导中不能传播任何模式的波，称为截止区；

Ⅱ区：$a<\lambda<2a$，波导中只能传输 TE_{10} 波，称为单模工作区；

Ⅲ区：$0<\lambda<a$，波导中可以传输多个模式的波，称为多模工作区。

大多数情况下，要求矩形波导工作在单模工作区，即要求以 TE_{10} 波传输。因此，为了保证矩形波导中仅仅传输 TE_{10} 波，$a<\lambda<2a$，$2b<\lambda$。给定工作波长，矩形波导的宽壁尺寸应满足

$$\frac{\lambda}{2}<a<\lambda \tag{7-43}$$

窄壁尺寸应满足

$$b<\frac{\lambda}{2} \tag{7-44}$$

工程上常取 $a=0.7\lambda$，$b=(0.4\sim0.5)a$。

2. 主模的场结构

将 $m=1$，$n=0$ 代入式(7-34)，可以得到 TE_{10} 波的场量表达式为

$$\begin{aligned} E_y &= -\mathrm{j}\frac{\omega\mu H_0}{k_c^2}\left(\frac{\pi}{a}\right)\sin\left(\frac{\pi}{a}x\right)\mathrm{e}^{-\mathrm{j}k_z z} \\ H_x &= \mathrm{j}\frac{k_z H_0}{k_c^2}\left(\frac{\pi}{a}\right)\sin\left(\frac{\pi}{a}x\right)\mathrm{e}^{-\mathrm{j}k_z z} \end{aligned} \tag{7-45}$$

$$H_z = H_0 \cos\left(\frac{\pi}{a}x\right) e^{-jk_z z}$$

$$H_y = E_x = E_z = 0$$

各分量对应的瞬时表达式为

$$E_y(x,y,z,t) = \frac{\omega\mu H_0}{k_c^2}\left(\frac{\pi}{a}\right)\sin\left(\frac{\pi}{a}x\right)\sin(\omega t - k_z z)$$

$$H_x(x,y,z,t) = -\frac{k_z H_0}{k_c^2}\left(\frac{\pi}{a}\right)\sin\left(\frac{\pi}{a}x\right)\sin(\omega t - k_z z) \quad (7\text{-}46)$$

$$H_z(x,y,z,t) = H_0 \cos\left(\frac{\pi}{a}x\right)\cos(\omega t - k_z z)$$

由式(7-46)可见，TE_{10} 波只有 E_y、H_x、H_z 三个分量不等于零，且这三个分量均与 y 无关，即电磁场沿 y 方向没有变化。电场 E_y 沿 x 方向呈正弦分布，在波导宽壁有半个驻波分布，且在 $x=0$ 和 $x=a$ 处电场为零，在 $x=\frac{a}{2}$ 处电场值最大。TE_{10} 波的磁场有 H_x、H_z 两个分量。H_x 在 x 方向和 z 方向都呈正弦分布，在波导宽壁有半个驻波分布，且在 $x=0$ 和 $x=a$ 处为零，在 $x=\frac{a}{2}$ 处有最大值；H_z 在 x 方向和 z 方向都呈余弦分布，在波导宽壁有半个驻波分布，且在 $x=0$ 和 $x=a$ 处有最大值，在 $x=\frac{a}{2}$ 处为零，所以磁力线是在 xOz 平面内的闭合曲线。矩形波导中 TE_{10} 波的电磁场分布如图 7-5 所示。

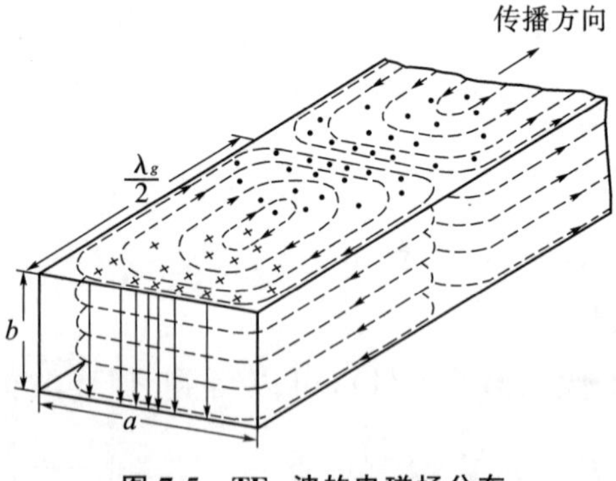

图 7-5 TE_{10} 波的电磁场分布

3. 主模的管壁电流

当电磁波在波导中传播时，在波导内壁表面上将产生感应电流，称之为管壁电流。在微波频率下，由于趋肤效应使管壁电流集中在波导内壁很薄的表面上流动，所以这种管壁电流可视为表面电流，其面电流密度由下式的理想导体边界条件确定：

$$\boldsymbol{J}_S = \boldsymbol{e}_n \times \boldsymbol{H} \tag{7-47}$$

式(7-47)中$\boldsymbol{e}_n$为波导内壁上的单位法向矢量，由波导壁指向波导内，$\boldsymbol{H}$为波导内壁处的磁场。

在波导下底面 $y=0$，$\boldsymbol{e}_n=\boldsymbol{e}_y$，则有

$$\begin{aligned}\boldsymbol{J}_S\big|_{y=0} &= \boldsymbol{e}_y \times (H_x\boldsymbol{e}_x + H_z\boldsymbol{e}_z)\big|_{y=0} = (H_z\boldsymbol{e}_x - H_x\boldsymbol{e}_z)\big|_{y=0} \\ &= \left[H_0\cos\left(\frac{\pi}{a}x\right)\boldsymbol{e}_x - \mathrm{j}\,\frac{k_z H_0}{k_c^2}\left(\frac{\pi}{a}\right)\sin\left(\frac{\pi}{a}x\right)\boldsymbol{e}_z\right]\mathrm{e}^{-\mathrm{j}k_z z}\end{aligned} \tag{7-48a}$$

在波导上底面 $y=b$，$\boldsymbol{e}_n=-\boldsymbol{e}_y$，则有

$$\begin{aligned}\boldsymbol{J}_S\big|_{y=b} &= -\boldsymbol{e}_y \times (H_x\boldsymbol{e}_x + H_z\boldsymbol{e}_z)\big|_{y=b} = (-H_z\boldsymbol{e}_x + H_x\boldsymbol{e}_z)\big|_{y=b} \\ &= \left[-H_0\cos\left(\frac{\pi}{a}x\right)\boldsymbol{e}_x + \mathrm{j}\,\frac{k_z H_0}{k_c^2}\left(\frac{\pi}{a}\right)\sin\left(\frac{\pi}{a}x\right)\boldsymbol{e}_z\right]\mathrm{e}^{-\mathrm{j}k_z z}\end{aligned} \tag{7-48b}$$

在波导左侧壁 $x=0$，$\boldsymbol{e}_n=\boldsymbol{e}_x$，则有

$$\boldsymbol{J}_S\big|_{x=0} = \boldsymbol{e}_x \times H_z\boldsymbol{e}_z\big|_{x=0} = -H_z\boldsymbol{e}_y\big|_{x=0} = -H_0\,\mathrm{e}^{-\mathrm{j}k_z z}\,\boldsymbol{e}_y \tag{7-48c}$$

在波导右侧壁 $x=a$，$\boldsymbol{e}_n=-\boldsymbol{e}_x$，则有

$$\boldsymbol{J}_S\big|_{x=a} = -\boldsymbol{e}_x \times H_z\boldsymbol{e}_z\big|_{x=a} = H_z\boldsymbol{e}_y\big|_{x=a} = -H_0\,\mathrm{e}^{-\mathrm{j}k_z z}\,\boldsymbol{e}_y \tag{7-48d}$$

根据式(7-48)可以绘出矩形波导 TE_{10} 的管壁电流分布，如图 7-6 所示。

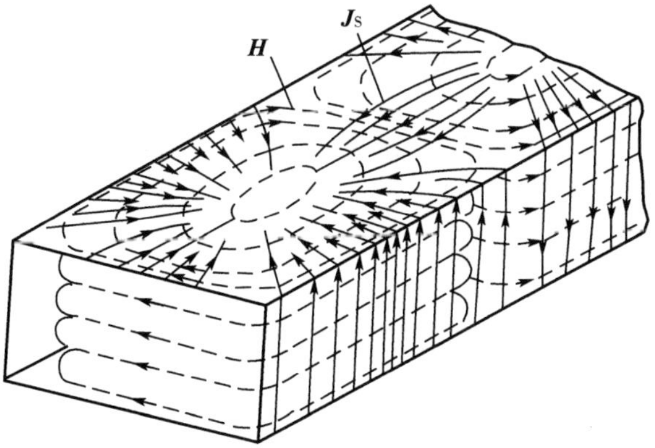

图 7-6　TE_{10} 模的管壁电流分布

由图 7-6 可知，当矩形波导中传播 TE_{10} 模时，在左右两侧壁内的管壁电流只有 y 方向分量，且大小相等方向相同；在上下两侧壁内的管壁电流由 x 方向分量和 z 方向分量合成。在波导宽壁中央的面电流只有 z 方向分量，如果在波导宽壁中央沿 z 方向开一个纵向窄缝，不会切断高频电流的通路，因此 TE_{10} 波的电磁能量不会从该纵向窄缝辐射出来，波导内的电磁场分布也不会改变，在微波技术中正是利用这一特点制成驻波测量线的。相反，波导缝隙天线在波导壁上所开的缝隙必须切断内壁电流，以激励天线向外辐射电磁波。

7.3 圆波导

圆波导(circular waveguide)的形状如图 7-7 所示。波导的半径为 a，波导内填充介电常数为 ε、磁导率为 μ 的线性、均匀、各向同性的媒质，波导壁为理想导体。假设电磁波沿 z 方向传播，导波系统内的电磁场可以表示为

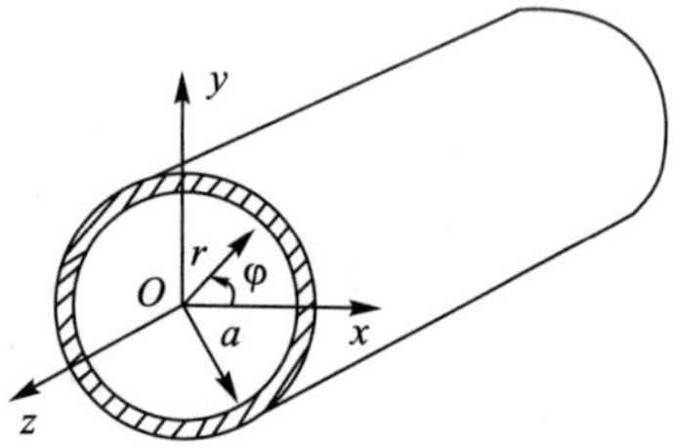

图 7-7 圆波导

$$\boldsymbol{E}(r,\varphi,z)=\boldsymbol{E}_0(r,\varphi)\,\mathrm{e}^{-\gamma z} \tag{7-49}$$

$$\boldsymbol{H}(r,\varphi,z)=\boldsymbol{H}_0(r,\varphi)\,\mathrm{e}^{-\gamma z} \tag{7-50}$$

由于圆波导为单导体系统，因此波导中只能传播 TE、TM 波，下面将分别讨论这两种波在圆波导中的传播特性。

7.3.1 圆柱坐标系下横向场分量与纵向场分量之间的关系

与 7.1.1 节直角坐标系下横向场与纵向场之间的关系式的推导过程相类似，分别从麦克斯韦两个旋度方程出发，可以得到圆柱坐标系下横向场与纵向场之间的关系式

$$E_{0r}=-\frac{1}{k_c^2}\left(\gamma\frac{\partial E_{0z}}{\partial r}+\mathrm{j}\,\frac{\omega\mu}{r}\,\frac{\partial H_{0z}}{\partial\varphi}\right) \tag{7-51a}$$

$$E_{0\varphi}=\frac{1}{k_c^2}\left(-\frac{\gamma}{r}\,\frac{\partial E_{0z}}{\partial\varphi}+\mathrm{j}\omega\mu\,\frac{\partial H_{0z}}{\partial r}\right) \tag{7-51b}$$

$$H_{0r}=\frac{1}{k_c^2}\left(\mathrm{j}\,\frac{\omega\varepsilon}{r}\,\frac{\partial E_{0z}}{\partial\varphi}-\gamma\,\frac{\partial H_{0z}}{\partial r}\right)\tag{7-51c}$$

$$H_{\varphi}=-\frac{1}{k_c^2}\left(\mathrm{j}\omega\varepsilon\,\frac{\partial E_{0z}}{\partial r}+\frac{\gamma}{r}\,\frac{\partial H_{0z}}{\partial\varphi}\right)\tag{7-51d}$$

式(7-51)中$k_c^2=\gamma^2+k^2$，$k^2=\omega^2\mu\varepsilon$。

同样可以根据波动方程推导出圆波导中电磁场纵向分量所满足的方程

$$\nabla_{r\varphi}^2 E_{0z}+k_c^2 E_{0z}=0\tag{7-52a}$$

$$\nabla_{r\varphi}^2 H_{0z}+k_c^2 H_{0z}=0\tag{7-52b}$$

式(7-52)中$\nabla_{r\varphi}^2=\frac{1}{r}\frac{\partial}{\partial r}\left(r\,\frac{\partial}{\partial r}\right)+\frac{1}{r^2}\frac{\partial^2}{\partial\varphi^2}$。

7.3.2　圆波导中的场量表达式

1. TM 波

对于 TM 波，$H_z=0$，先求出电场的纵向分量 E_z，然后根据式(7-51)便可求出每个横向分量。假设波导中填充的媒质为理想介质，则$\gamma=\mathrm{j}\beta=\mathrm{j}k_z$。根据式(7-49)，电场强度的纵向分量 E_z可以表示为

$$E_z(r,\varphi,z)=E_{0z}(r,\varphi)\,\mathrm{e}^{-\mathrm{j}k_z z}\tag{7-53}$$

纵向分量 E_{0z}满足方程(7-52a)，即

$$\nabla_{r\varphi}^2 E_{0z}=\frac{\partial^2 E_{0z}}{\partial r^2}+\frac{1}{r}\,\frac{\partial E_{0z}}{\partial r}+\frac{1}{r^2}\,\frac{\partial^2 E_{0z}}{\partial\varphi^2}=-k_c^2 E_{0z}\tag{7-54}$$

采用分离变量法求解上述方程，令

$$E_{0z}(r,\varphi)=f(r)g(\varphi)\tag{7-55}$$

代入式(7-54)，得

$$g(\varphi)\,f''(r)+\frac{g(\varphi)}{r}\,f'(r)+\frac{f(r)}{r^2}\,g''(\varphi)=-k_c^2 f(r)g(\varphi)\tag{7-56}$$

式(7-56)中$f''(r)$和$f'(r)$分别表示 $f(r)$对 r 的二阶和一阶导数，$g''(\varphi)$表示$g(\varphi)$对 φ 的二阶导数。等式两边同乘以$\frac{r^2}{f(r)g(\varphi)}$，得

$$\frac{r^2\,f''(r)}{f(r)}+\frac{r\,f'(r)}{f(r)}+k_c^2\,r^2=-\frac{g''(\varphi)}{g(\varphi)}\tag{7-57}$$

式(7-57)中左边仅为 r 的函数，右边仅为 $g(\varphi)$的函数，因此欲使上式对

所有的 r、φ 均成立，必须等式两边等于同一个常数，令此常数为 m^2，得

$$-\frac{g''(\varphi)}{g(\varphi)} = m^2$$

$$\frac{r^2 f''(r)}{f(r)} + \frac{r f'(r)}{f(r)} + k_c^2 r^2 = m^2$$

即

$$\frac{\mathrm{d}^2 g(\varphi)}{\mathrm{d}\varphi^2} + m^2 g(\varphi) = 0 \tag{7-58}$$

$$r^2 \frac{\mathrm{d}^2 f(r)}{\mathrm{d}r^2} + r\frac{\mathrm{d}f(r)}{\mathrm{d}r} + (k_c^2 r^2 - m^2) f(r) = 0 \tag{7-59}$$

方程(7-58)的通解为

$$g(\varphi) = A_1 \cos m\varphi + A_2 \sin m\varphi = A\begin{cases}\cos m\varphi \\ \sin m\varphi\end{cases} \tag{7-60}$$

为了满足圆波导中同一点场量必须单值的要求，场量沿 φ 方向变化应具有 2π 周期性，m 应取整数，即 $m=0,1,2,\cdots$。

方程(7-59)为贝塞尔方程，它的通解为

$$f(r) = B\,\mathrm{J}_m(k_c r) + C\,\mathrm{Y}_m(k_c r) \tag{7-61}$$

式(7-61)中 $\mathrm{J}_m(k_c r)$ 为第一类 m 阶贝塞尔函数，$\mathrm{Y}_m(k_c r)$ 为第二类 m 阶贝塞尔函数。它们随自变量的变化曲线如图 7-8 所示。

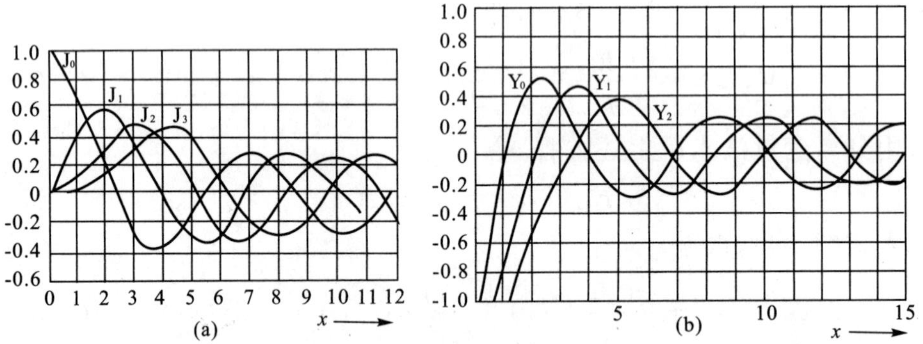

图 7-8 自变量的变化曲线

a. 第一类贝塞尔函数的变化曲线；b. 第二类贝塞尔函数的变化曲线

由图 7-8(b)可见，当 $r=0$ 时，$Y_m(0)\to-\infty$，而波导中心处的场量为有限值，所以积分常数 $C=0$，于是得到

$$E_{0z}(r,\varphi) = AB\mathrm{J}_m(k_c r)\begin{cases}\cos m\varphi \\ \sin m\varphi\end{cases} = E_0 \mathrm{J}_m(k_c r)\begin{cases}\cos m\varphi \\ \sin m\varphi\end{cases} \tag{7-62}$$

式(7-62)中 E_0 由激励源决定。

根据理想导体边界条件 $E_z\big|_{r=a}=0$，可以得到 $J_m(k_c a)=0$。令 u_{mn} 为第一类 m 阶贝塞尔函数的第 n 个根，则

$$k_c = \frac{u_{mn}}{a} \tag{7-63}$$

式(7-63)中下标 $m=0,1,2,\cdots,n=1,2,3,\cdots$；$u_{mn}\neq 0$，否则 $k_c=0$。表 7-1 列出了部分 u_{mn} 的值。

表 7-1　贝塞尔函数 $J_m(k_c r)=0$ 的根 u_{mn}

m \ n	1	2	3	4
0	2.405	5.520	8.654	11.792
1	3.832	7.016	10.173	13.324
2	5.136	8.417	11.620	14.796
3	6.370	9.761	13.015	16.223

将式(7-62)以及 $H_z=0$、$\gamma=\mathrm{j}k_z$ 代入式(7-51)，得圆波导中 TM 波沿 z 方向传播的场量表达式为

$$E_z = E_0\, J_m(k_c r)\begin{Bmatrix}\cos m\varphi \\ \sin m\varphi\end{Bmatrix} e^{-\mathrm{j}k_z z} \tag{7-64a}$$

$$E_r = -\mathrm{j}\,\frac{k_z E_0}{k_c}\, J'_m(k_c r)\begin{Bmatrix}\cos m\varphi \\ \sin m\varphi\end{Bmatrix} e^{-\mathrm{j}k_z z} \tag{7-64b}$$

$$E_\varphi = \mathrm{j}\,\frac{k_z m E_0}{k_c^2 r}\, J_m(k_c r)\begin{Bmatrix}\sin m\varphi \\ -\cos m\varphi\end{Bmatrix} e^{-\mathrm{j}k_z z} \tag{7-64c}$$

$$H_r = \mathrm{j}\,\frac{\omega\varepsilon m E_0}{k_c^2 r}\, J_m(k_c r)\begin{Bmatrix}-\sin m\varphi \\ \cos m\varphi\end{Bmatrix} e^{-\mathrm{j}k_z z} \tag{7-64d}$$

$$H_\varphi = -\mathrm{j}\,\frac{\omega\varepsilon E_0}{k_c}\, J'_m(k_c r)\begin{Bmatrix}\cos m\varphi \\ \sin m\varphi\end{Bmatrix} e^{-\mathrm{j}k_z z} \tag{7-64e}$$

式(7-64)中 $J'_m(k_c r)$ 为第一类贝塞尔函数 $J_m(k_c r)$ 的一阶导数。

2. TE 波

对于 TE 波，$E_z=0$。仿照 TM 波场量表达式的求解步骤，可以推导出圆波导中 TE 波沿 z 方向传播的场量表达式为

$$H_z = H_0 \mathrm{J}_m(k_c r)\begin{Bmatrix}\cos m\varphi \\ \sin m\varphi\end{Bmatrix}\mathrm{e}^{-\mathrm{j}k_z z} \tag{7-65a}$$

$$H_r = -\mathrm{j}\frac{k_z H_0}{k_c}\mathrm{J}'_m(k_c r)\begin{Bmatrix}\cos m\varphi \\ \sin m\varphi\end{Bmatrix}\mathrm{e}^{-\mathrm{j}k_z z} \tag{7-65b}$$

$$H_\varphi = \mathrm{j}\frac{k_z m H_0}{k_c^2 r}\mathrm{J}_m(k_c r)\begin{Bmatrix}\sin m\varphi \\ -\cos m\varphi\end{Bmatrix}\mathrm{e}^{-\mathrm{j}k_z z} \tag{7-65c}$$

$$E_r = \mathrm{j}\frac{\omega\mu m H_0}{k_c^2 r}\mathrm{J}_m(k_c r)\begin{Bmatrix}\sin m\varphi \\ -\cos m\varphi\end{Bmatrix}\mathrm{e}^{-\mathrm{j}k_z z} \tag{7-65d}$$

$$E_\varphi = \mathrm{j}\frac{\omega\mu H_0}{k_c}\mathrm{J}'_m(k_c r)\begin{Bmatrix}\cos m\varphi \\ \sin m\varphi\end{Bmatrix}\mathrm{e}^{-\mathrm{j}k_z z} \tag{7-65e}$$

为了满足理想导体的边界条件$E_\varphi|_{r=a}=0$，由式(7-65e)知，要求$\mathrm{J}'_m(k_c a)=0$。令u'_{mn}为第一类m阶贝塞尔函数一阶导数的第n个根，则

$$k_c = \frac{u'_{mn}}{a} \tag{7-66}$$

式(7-66)中下标$m=0,1,2,\cdots,n=1,2,3,\cdots$。表7-2列出了部分$u'_{mn}$的值。

表7-2　贝塞尔函数$\mathrm{J}'_m(k_c r)=0$的根u'_{mn}

m \ n	1	2	3	4
0	3.832	7.016	10.173	13.324
1	1.841	5.331	8.536	11.706
2	3.054	6.706	9.965	13.170
3	4.201	8.015	11.346	14.586

由前面介绍可知，圆波导中存在无穷多个TE_{mn}和TM_{mn}模式，场量沿圆周方向按三角函数规律变化，沿半径方向按贝塞尔函数或贝塞尔函数导数的规律变化，其中m表示场量沿圆周方向分布的整驻波数，n示场量沿半径方向分布的最大值个数。

7.3.3　圆波导中的电磁波传播特性

与矩形波导一样，电磁波在圆波导中传播也存在截止现象，其截止频率和截止波长分别为

$$f_c=\frac{k_c}{2\pi\sqrt{\mu\varepsilon}}=\begin{cases}\dfrac{u_{mn}}{2\pi a\sqrt{\mu\varepsilon}} & \text{TM 波}\\[2ex]\dfrac{u'_{mn}}{2\pi a\sqrt{\mu\varepsilon}} & \text{TE 波}\end{cases}\tag{7-67}$$

$$\lambda_c=\frac{2\pi}{k_c}=\begin{cases}\dfrac{2\pi a}{u_{mn}} & \text{TM 波}\\[2ex]\dfrac{2\pi a}{u'_{mn}} & \text{TE 波}\end{cases}\tag{7-68}$$

求出圆波导中的截止频率、截止波长后，其相速、波导波长和波阻抗与矩形波导相应的计算公式相同，可以直接引用。

图 7-9 给出了圆波导中各种模式的截止波长分布图。由图可见，TE_{11} 模截止波长最长，其次是 TM_{01} 模，根据式(7-67)和式(7-68)以及表 7-1 和表 7-2可以求得它们的截止波长分别为 3.41a 和 2.62a。当 2.62$a<\lambda<$3.41a 时，圆波导中只能传播 TE_{11} 模，即可实现 TE_{11} 模的单模传播。因此，TE_{11} 模是圆波导的主模。

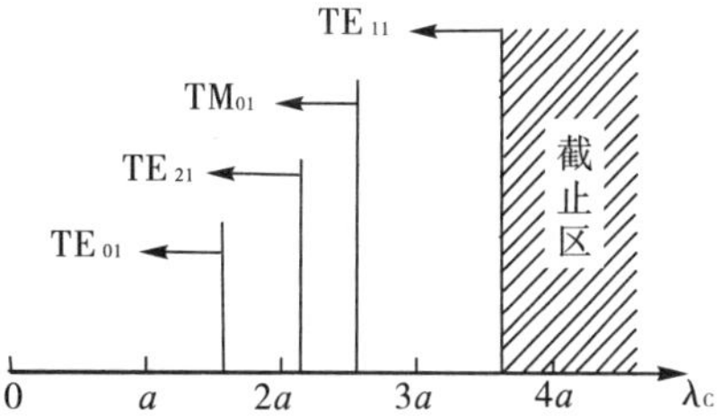

图 7-9　圆波导截止波长的分布

圆波导中也存在简并现象，一种是 E-H 简并，另一种是极化简并。

由于贝塞尔函数具有性质：$J'_0(x)=-J_1(x)$，所以 $u'_{0n}=u_{1n}$，根据式(7-68)知，TE_{0n} 模与 TM_{1n} 模的截止波长相同，即 TE_{0n} 模与 TM_{1n} 模简并，称这种简并为 E-H 简并。

由式(7-64)和式(7-65)可见，在圆波导的 TE 模和 TM 模中，都含有 $\cos m\varphi$ 和 $\sin m\varphi$ 两个线性无关的独立成分，这两个独立成分具有相同的截止波长、传输特性和场结构，称这种简并为极化简并。显然，除了 $m=0$ 的模式外，其他所有的 TE_{mn} 和 TM_{mn} 模都存在极化简并。

7.3.4　圆波导中的三种常用模式

1. 圆波导中的主模 TE_{11} 模

圆波导中 TE_{11} 模的 $\lambda_c=3.41a$，截止波长最长，所以 TE_{11} 模是圆波

导的主模。将 $m=1$、$n=1$，$u'_{11}=1.841$ 代入式(7-65)，可以得到 TE_{11} 模的场量表达式为

$$H_z = H_0 \mathrm{J}_1\left(\frac{1.841}{a}r\right)\begin{cases}\cos\varphi \\ \sin\varphi\end{cases} e^{-jk_z z} \tag{7-69a}$$

$$H_r = -\mathrm{j}\frac{k_z H_0}{k_c} \mathrm{J}'_1\left(\frac{1.841}{a}r\right)\begin{cases}\cos\varphi \\ \sin\varphi\end{cases} e^{-jk_z z} \tag{7-69b}$$

$$H_\varphi = \mathrm{j}\frac{k_z H_0}{k_c^2 r} \mathrm{J}_1\left(\frac{1.841}{a}r\right)\begin{cases}\sin\varphi \\ -\cos\varphi\end{cases} e^{-jk_z z} \tag{7-69c}$$

$$E_r = \mathrm{j}\frac{\omega\mu H_0}{k_c^2 r} \mathrm{J}_1\left(\frac{1.841}{a}r\right)\begin{cases}\sin\varphi \\ -\cos\varphi\end{cases} e^{-jk_z z} \tag{7-69d}$$

$$E_\varphi = \mathrm{j}\frac{\omega\mu H_0}{k_c} \mathrm{J}'_1\left(\frac{1.841}{a}r\right)\begin{cases}\cos\varphi \\ \sin\varphi\end{cases} e^{-jk_z z} \tag{7-69e}$$

根据式(7-69)可以画出其场结构，如图 7-10 所示，由图可见，圆波导 TE_{11} 模的场结构与矩形波导 TE_{10} 模的场结构相似，因此圆波导 TE_{11} 模很容易通过矩形波导 TE_{10} 模过渡得到。

TE_{11} 模虽然是圆波导的主模，可以通过选择波导尺寸 $2.62a<\lambda<3.41a$ 实现圆波导中只有 TE_{11} 模传播，其他模式处于截止状态的，但由于 TE_{11} 模具有极化简并，所以在实用中不用圆波导传输信号。

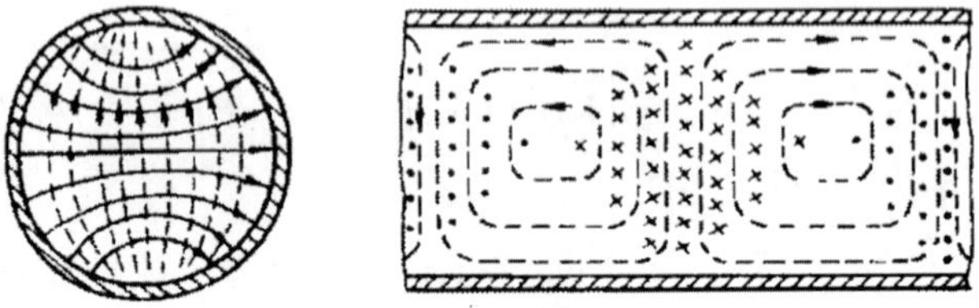

(a)　　　　　　　　(b)

图 7-10　圆波导中 TE_{11} 模的场结构分布图

2. 圆波导中的 TE_{01} 模

TE_{01} 模的截止波长 $\lambda_c=1.64a$，将 $m=0$、$n=1$，$u'_{01}=3.832$ 代入式(7-65)，可以得到 TE_{01} 模的场量表达式为

$$H_z = H_0 \mathrm{J}_0\left(\frac{3.832}{a}r\right) e^{-jk_z z} \tag{7-70a}$$

$$H_r = \mathrm{j}\,\frac{k_z H_0}{k_c}\,\mathrm{J}_1\left(\frac{3.832}{a}r\right)\mathrm{e}^{-\mathrm{j}k_z z} \tag{7-70b}$$

$$E_\varphi = -\mathrm{j}\,\frac{\omega\mu H_0}{k_c}\,\mathrm{J}_1\left(\frac{3.832}{a}r\right)\mathrm{e}^{-\mathrm{j}k_z z} \tag{7-70c}$$

$$E_r = E_z = H_\varphi = 0 \tag{7-70d}$$

TE_{01}模的场结构如图 7-11 所示。由图可见，TE_{01}模场结构具有特点：(1)电磁场沿 φ 方向不变化，场分布具有轴对称，不存在极化简并；(2)电场只有 E_φ分量，电力线在横截面内是一些同心圆，在波导中心和波导壁附近为零；(3)在管壁附近只有 H_z 分量，所以管壁电流只有J_φ分量；(4)TE_{01}模的导体损耗功率随频率的升高而单调下降(见图 7-16)，因此，TE_{01}模适合远距离传输。

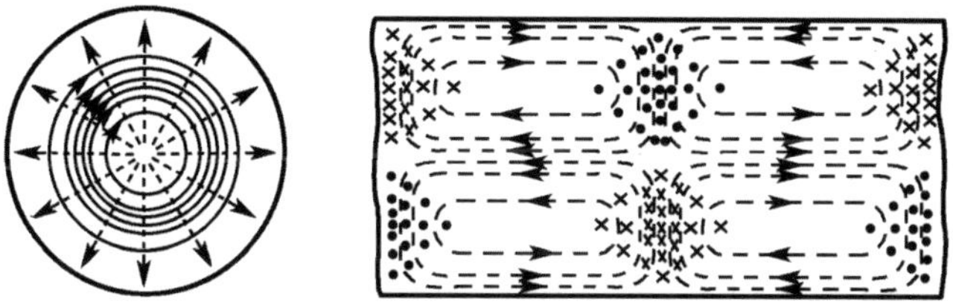

图 7-11　圆波导中 TE_{01} 模的场结构分布图

3. 圆波导中的 TM_{01} 模

TM_{01}模的截止波长$\lambda_c=2.62a$，将 $m=0$、$n=1$，$u_{01}=2.405$ 代入式(7-64)，可以得到 TM_{01}模的场量表达式为

$$E_z = E_0\,\mathrm{J}_0(k_c r)\,\mathrm{e}^{-\mathrm{j}k_z z} \tag{7-71a}$$

$$E_r = \mathrm{j}\,\frac{k_z E_0}{k_c}\,\mathrm{J}_1(k_c r)\,\mathrm{e}^{-\mathrm{j}k_z z} \tag{7-71b}$$

$$H_\varphi = \mathrm{j}\,\frac{\omega\varepsilon E_0}{k_c}\,\mathrm{J}_1(k_c r)\,\mathrm{e}^{-\mathrm{j}k_z z} \tag{7-71c}$$

$$E_\varphi = H_r = H_z = 0 \tag{7-71d}$$

式(7-71)中$k_c=\dfrac{2.405}{a}$，其场结构如图 7-12 所示。由图可见，TM_{01}模场结构具有特点：(1)电磁场沿 φ 方向不变化，场分布具有轴对称，不存在极化简并；(2)磁场只有 H_φ分量，磁力线在横截面内是一些同心

圆，$r=0$ 处，$H_\varphi=0$，管壁电流只有 J_z 分量。

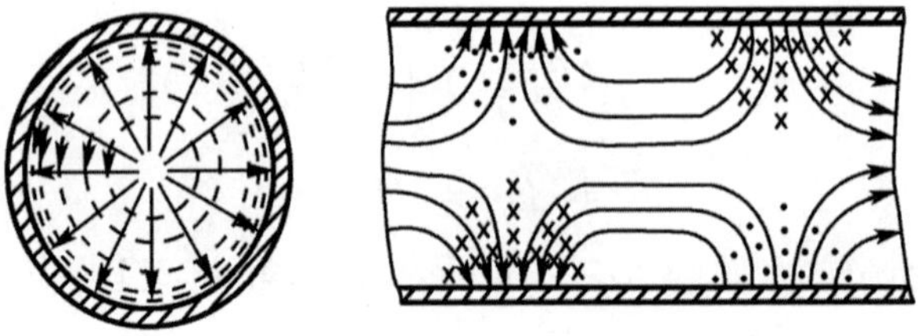

图 7-12 圆波导中 TM_{01} 模的场结构分布图

7.4 同轴线

同轴线(coaxial line)的形状如图 7-13 所示，其内导体半径为 a，外导体内半径为 b，内外导体之间填充介电常数为 ε、磁导率为 μ 的理想介质，内外导体为理想导体，电磁波在内外导体之间传播。由于同轴线为双导体系统，可以建立静电场，因此可以传播 TEM 波，所以同轴线的主模是 TEM 模。

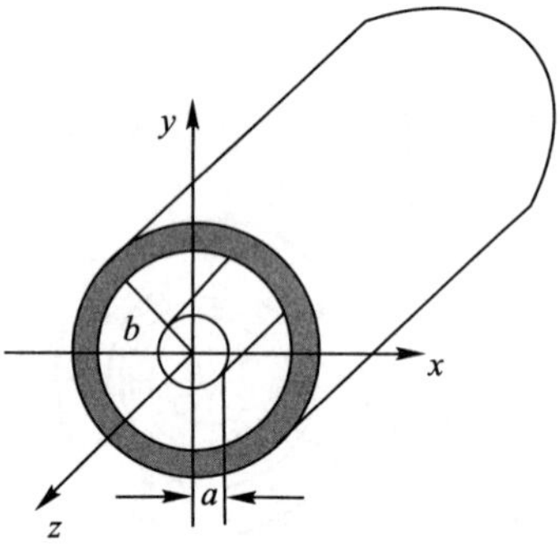

图 7-13 同轴线

7.4.1 同轴线中的 TEM 波

根据前面介绍知道，TEM 波在横截面上的场分布与同一结构中的相应静态场分布一致。根据高斯定律，可以求得两导体间的电场

$$E_r=\frac{U}{r\ln\frac{b}{a}}$$

所以同轴线中沿 z 方向传播的 TEM 波的电场分量可以写成

$$\boldsymbol{E}=E_r\boldsymbol{e}_r=\frac{U}{r\ln\frac{b}{a}}\boldsymbol{e}_r\,\mathrm{e}^{-\mathrm{j}k_z z}=\frac{E_m}{r}\mathrm{e}^{-\mathrm{j}k_z z}\boldsymbol{e}_r \tag{7-72}$$

将式(7-72)代入麦克斯韦方程，可得

$$\boldsymbol{H}=\frac{1}{-\mathrm{j}\omega\mu}\nabla\times\boldsymbol{E}=\frac{E_r}{\eta}\boldsymbol{e}_\varphi=\frac{E_m}{\eta r}\mathrm{e}^{-\mathrm{j}k_z z}\boldsymbol{e}_\varphi \tag{7-73}$$

式中 $\eta=\sqrt{\dfrac{\mu}{\varepsilon}}$。根据同轴线的场量表达式(7-72)和(7-73)，可以画出同轴线中 TEM 波的场结构，如图 7-14 所示。

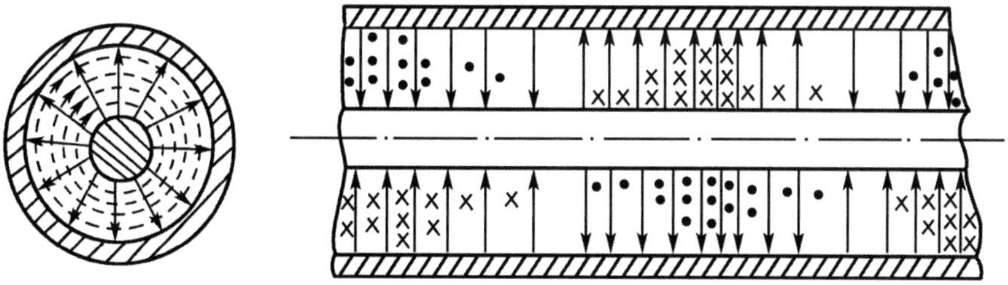

图 7-14　同轴线中 TEM 波的场结构分布图

由 7.1.2 节知道，TEM 波存在的条件是 $k_c=0$，这就意味着 TEM 波的截止波长为无穷大，即 $\lambda_c=\dfrac{2\pi}{k_c}=\infty$，同轴线不存在截止现象。

传播常数

$$\gamma=\mathrm{j}k=\mathrm{j}\beta=\mathrm{j}\omega\sqrt{\mu\varepsilon} \tag{7-74}$$

相速度

$$v_p=\frac{v}{\sqrt{1-\left(\dfrac{\lambda}{\lambda_c}\right)^2}}=v=\frac{1}{\sqrt{\mu\varepsilon}} \tag{7-75}$$

波导波长

$$\lambda_g=\frac{\lambda}{\sqrt{1-\left(\dfrac{\lambda}{\lambda_c}\right)^2}}=\lambda \tag{7-76}$$

波阻抗

$$Z_{\mathrm{TEM}}=\frac{|E_r|}{|H_\varphi|}=\eta \tag{7-77}$$

7.4.2　同轴线中的高次模

同轴线中除了可以传播 TEM 波外，还可以传播 TE 波和 TM 波。同轴线中 TE 波和 TM 波的分析方法和圆波导类似，但由于同轴线中自变量 r 的变化范围是从 a 到 b，所以 E_z 或 H_z 的解必须包括第一类和第二类贝塞尔函数。

对于 TM 波

$$E_z(r,\varphi) = [B\,\mathrm{J}_m(k_c r) + C\,\mathrm{Y}_m(k_c r)]\begin{cases}\cos m\varphi \\ \sin m\varphi\end{cases} \mathrm{e}^{-\mathrm{j}k_z z}$$

根据理想导体边界条件，$r=a$ 和 $r=b$ 时，$E_z=0$，得

$$B\,\mathrm{J}_m(k_c a) + C\,\mathrm{Y}_m(k_c a) = 0 \tag{7-78a}$$

$$B\,\mathrm{J}_m(k_c b) + C\,\mathrm{Y}_m(k_c b) = 0 \tag{7-78b}$$

由式(7-78)可得

$$\frac{\mathrm{J}_m(k_c a)}{\mathrm{J}_m(k_c b)} = \frac{\mathrm{Y}_m(k_c a)}{\mathrm{Y}_m(k_c b)} \tag{7-79}$$

这是一个超越方程，有无穷多个根，每个根决定一个k_c值，即确定一个截止波长。要严格求解方程(7-79)是很困难的，利用贝塞尔函数的渐近公式可近似得到 TM 波的k_c值，即

$$k_c \approx \frac{n\pi}{b-a}(n = 1,2,3,\cdots)$$

相应的截止波长为

$$\lambda_c = \frac{2\pi}{k_c} \approx \frac{2(b-a)}{n} \tag{7-80}$$

由此可见，最低阶的 TM 模是 TM_{01} 模，其截止波长为

$$\lambda_c \approx 2(b-a) \tag{7-81}$$

对于同轴线中的 TE 波，同理可得关于k_c的特征方程

$$\frac{\mathrm{J}'_m(k_c a)}{\mathrm{J}'_m(k_c b)} = \frac{\mathrm{Y}'_m(k_c a)}{\mathrm{Y}'_m(k_c b)} \tag{7-82}$$

用近似的方法可以求得 TE_{m1} 的截止波长为

$$\lambda_c \approx \frac{\pi(a+b)}{m}(m = 1,2,3,\cdots) \tag{7-83}$$

最低阶的 TE 模是 TE_{11} 模，其截止波长为

$$\lambda_c \approx \pi(a+b) \tag{7-84}$$

由式(7-81)和式(7-84)可见，TE_{11} 模是同轴线中的最低阶高次模，因此设计同轴线尺寸时，为了保证同轴线工作于主模 TEM，必须满足

$$\lambda > \pi(a+b)$$

即

$$(a+b) < \frac{\lambda}{\pi}$$

7.5　波导中的传输功率与损耗

7.5.1　波导中的传输功率

根据波导中的横向电场和横向磁场，可以得到波导中沿纵向传播的电磁波的平均能流密度矢量，再对波导横截面进行积分，即可以得到波导中的传输功率

$$P=\int_S \frac{1}{2}\mathrm{Re}(\boldsymbol{E}\times\boldsymbol{H}^*)\cdot\mathrm{d}\boldsymbol{S}=\frac{1}{2}\mathrm{Re}\int_S(\boldsymbol{E}_t\times\boldsymbol{H}_t^*)\cdot\boldsymbol{e}_z\mathrm{d}S \tag{7-85}$$

式(7-85)中 $\boldsymbol{E}_t$、$\boldsymbol{H}_t$ 为波导内的横向电场和横向磁场。当波导中填充理想介质时，波阻抗Z_{TE}和Z_{TM}为实数，波导内的横向电场与横向磁场相位相同，因此式(7-85)可以写成

$$P=\frac{1}{2Z}\int_S|E_t|^2\mathrm{d}S=\frac{Z}{2}\int_S|H_t|^2\mathrm{d}S \tag{7-86}$$

式(7-86)中 Z 代表波阻抗Z_{TE}和Z_{TM}。

对于矩形波导

$$\begin{aligned}P&=\frac{1}{2Z}\int_0^a\int_0^b(|E_x|^2+|E_y|^2)\mathrm{d}x\mathrm{d}y\\&=\frac{Z}{2}\int_0^a\int_0^b(|H_x|^2+|H_y|^2)\mathrm{d}x\mathrm{d}y\end{aligned} \tag{7-87}$$

对于圆波导

$$\begin{aligned}P&=\frac{1}{2Z}\int_0^a\int_0^{2\pi}(|E_r|^2+|E_\varphi|^2)r\mathrm{d}r\mathrm{d}\varphi\\&=\frac{Z}{2}\int_0^a\int_0^{2\pi}(|H_r|^2+|H_\varphi|^2)r\mathrm{d}r\mathrm{d}\varphi\end{aligned} \tag{7-88}$$

以矩形波导中的主模 TE_{10}波为例，由式(7-45)知，电场只有 E_y 分量，且可以表示为

$$E_y=E_m\sin\left(\frac{\pi}{a}x\right)\mathrm{e}^{-\mathrm{j}k_z z}$$

将上式代入式(7-87)，并且波阻抗 Z 用Z_{TE}代替，得

$$P=\frac{1}{2Z_{\mathrm{TE}}}\int_0^a\int_0^b E_m^2\sin^2\left(\frac{\pi}{a}x\right)\mathrm{d}x\mathrm{d}y=\frac{abE_m^2}{4Z_{\mathrm{TE}}} \tag{7-89}$$

若波导的击穿电场强度为 E_b，则矩形波导中能够传输的最大功率为

$$P_b = \frac{abE_b^2}{4Z_{\mathrm{TE}}} \tag{7-90}$$

实际中，为了安全起见，一般取传输功率

$$P = \left(\frac{1}{3} \sim \frac{1}{5}\right)P_b \tag{7-91}$$

7.5.2 波导中的功率损耗

前面的讨论中都是假定波导壁为理想导体，波导中填充的介质为理想介质。然而，实际波导内壁的电导率很大，但并不是无穷大，波导内填充的介质也不是完全理想的，因此电磁波在波导内传播时将伴有能量损耗。由于在一般情况下波导内填充的是空气，介质损耗很小，可以忽略不计。

要严格计算波导壁引起的损耗非常复杂，通常可近似地认为波导中的实际场强与在理想导体壁下得到的场强相同，但由于波导内壁的电导率为有限值，波导内的场强沿传播方向是以衰减常数按指数规律衰减的，设其衰减常数为 α，则电场强度的振幅可以表示为

$$E = E_m \mathrm{e}^{-\alpha z} \tag{7-92}$$

由于传输功率与场强振幅的平方成正比，因此波导内的传输功率可以表示为

$$P = P_0 \mathrm{e}^{-2\alpha z} \tag{7-93}$$

式(7-93)中 P_0 是 $z=0$ 处的功率。

式(7-93)对 z 求导，可得波导壁内单位长度的损耗功率，用 P_l 表示，则

$$P_l = -\frac{\partial P}{\partial z} = 2\alpha P \tag{7-94}$$

由此可得衰减常数 α 为

$$\alpha = \frac{P_l}{2P} \tag{7-95}$$

式(7-95)表明，计算衰减常数 α 必须计算单位长度的损耗功率。由式(6-37)知道，要严格计算损耗功率 P_l 是困难的，可以采用如下近似

方法计算，即先假定波导壁为理想导体，计算波导内的场量分布，进而得到波导壁表面电流的大小和单位长度的损耗功率，再按式(7-95)便可计算出衰减常数 α。

图 7-15 和图 7-16 给出了矩形波导和圆波导的衰减常数 α 与频率 f 间的曲线。由图 7-15 可见，当矩形波导的尺寸 $\dfrac{b}{a}$ 一定时，TE_{10} 波的衰减比 TM_{11} 波的小，并且对于同一模式，$\dfrac{b}{a}$ 愈小，衰减愈大。由图7-16 可见，随着频率的升高，圆波导中 TE_{01} 波的衰减反而是减小的，这一特性使 TE_{01} 波在远距离传输中具有重要的实用价值。

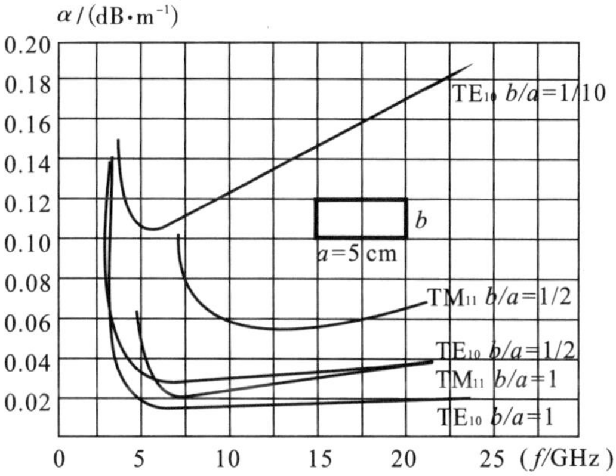

图 7-15　矩形波导的衰减

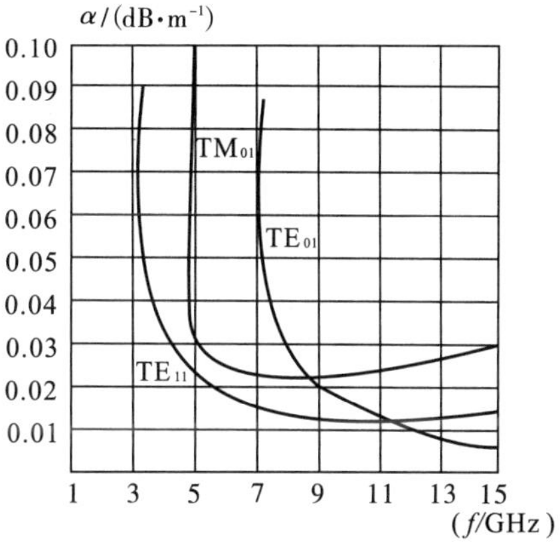

图 7-16　圆波导的衰减

【例 7-2】　计算 TE_{10} 波在矩形波导中传播时的衰减常数 α。

解：当矩形波导中传播 TE_{10} 时，由式(7-48)知，波导宽壁上的电流具有 x 和 z 分量，而窄壁上的电流只有 y 分量，因此在波导宽壁上单位长度的损耗功率为

$$P_{la} = 2\left[\int_0^a \frac{R_S}{2} |J_{Sx}|^2 \mathrm{d}x + \int_0^a \frac{R_S}{2} |J_{Sz}|^2\right]$$

波导窄壁上单位长度的损耗功率为

$$P_{lb} = 2\left[\int_0^b \frac{R_S}{2} |J_{Sy}|^2 \mathrm{d}y\right]$$

因此单位长度的总损耗功率为

$$P_l = P_{la} + P_{lb}$$

将上式和式(7-89)代入式(7-95)，可以求得衰减常数为

$$\alpha = \frac{R_S}{b\eta\sqrt{1-\left(\frac{\lambda}{2a}\right)^2}}\left[1+2\,\frac{b}{a}\,\left(\frac{\lambda}{2a}\right)^2\right]$$

式中

$$R_S = \sqrt{\frac{\pi f\mu}{\sigma}}$$

由上式可见：

(1)衰减与波导材料有关，要选电导率高的非铁磁性材料，使 R_S 尽量小。

(2)衰减与工作频率有关，给定矩形波导尺寸时，随着频率提高，衰减先是减小，出现极小点后再逐步上升，如图 7-15 所示。

(3)当波导宽边尺寸一定时，b 越大衰减越小。但当 $b>a/2$ 时，单模工作频带变窄，故衰减与频带应综合考虑。

7.6 谐振腔

众所周知，低频时可以用电感和电容的并联构成 LC 振荡回路，其谐振频率 $f_0=\frac{1}{2\pi\sqrt{LC}}$。由此可见，随着频率的升高，用 LC 振荡回路将会遇到许多问题：

(1)要求 LC 振荡回路中的电感和电容很小，这给结构加工带来困难。

(2)当回路的尺寸与工作波长相近时，回路容易产生电磁辐射，品质因数下降。

(3)在微波频率下，LC 回路的欧姆损耗和介质损耗都很大，回路的品质因数显著下降。

因此，为了克服上述缺点，在微波波段可采用一段纵向两端封闭的传输线或波导(称之为谐振腔)实现高品质因数的微波谐振电路。谐振腔(resonant cavity)的种类很多，按结构可分为传输线型谐振腔和非传输线型谐振腔两类，常用的传输线型谐振腔有矩形波导谐振腔、圆形波导谐振腔等，下面介绍矩形波导谐振腔的场量表达式和主要参量。

7.6.1　矩形波导谐振腔的场量表达式

矩形波导谐振腔是由一段两端短路的矩形波导构成，如图 7-17 所示。

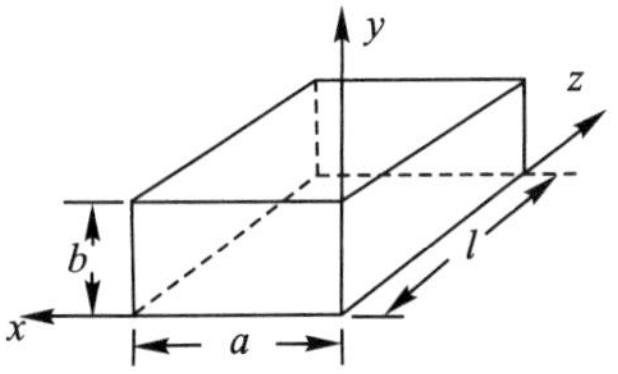

图 7-17　矩形波导谐振腔

矩形波导谐振腔里的场量可以看作是由矩形波导中相应的入射波和反射波叠加而成。已知矩形波导中 TE_{mn} 模式的纵向场量表达式为

$$H_z = H_0 \cos\left(\frac{m\pi}{a}x\right)\cos\left(\frac{n\pi}{b}y\right)\mathrm{e}^{-\mathrm{j}k_z z}$$

$$k_z = \sqrt{k^2 - k_c^2} = \sqrt{k^2 - \left(\frac{m\pi}{a}\right)^2 - \left(\frac{n\pi}{b}\right)^2}$$

因此，矩形波导谐振腔中 TE 模的纵向场 H_z 可以写成

$$H_z = H_0 \cos\left(\frac{m\pi}{a}x\right)\cos\left(\frac{n\pi}{b}y\right)\mathrm{e}^{-\mathrm{j}k_z z} + H_{r0}\cos\left(\frac{m\pi}{a}x\right)\cos\left(\frac{n\pi}{b}y\right)\mathrm{e}^{\mathrm{j}k_z z} \tag{7-96}$$

将边界条件 $H_z\big|_{z=0}=0$ 代入上式得

$$H_{r0} = -H_0$$

则

$$H_z = -2\mathrm{j}H_0 \cos\left(\frac{m\pi}{a}x\right)\cos\left(\frac{n\pi}{b}y\right)\sin(k_z z) \tag{7-97}$$

再将边界条件 $H_z\big|_{z=l}=0$ 代入上式得

$$k_z = \frac{p\pi}{l} \quad (p = 1,2,3,\cdots) \tag{7-98}$$

则

$$H_z = -2\mathrm{j}H_0 \cos\left(\frac{m\pi}{a}x\right)\cos\left(\frac{n\pi}{b}y\right)\sin\left(\frac{p\pi}{l}z\right) \tag{7-99a}$$

其他横向分量也可由式(7-34)的表达式以及 $z=0,l$ 处的边界条件类似地得到，即

$$E_x = \frac{2\omega\mu}{k_c^2}\left(\frac{n\pi}{b}\right)H_0 \cos\left(\frac{m\pi}{a}x\right)\sin\left(\frac{n\pi}{b}y\right)\sin\left(\frac{p\pi}{l}z\right) \tag{7-99b}$$

$$E_y = -\frac{2\omega\mu}{k_c^2}\left(\frac{m\pi}{a}\right)H_0 \sin\left(\frac{m\pi}{a}x\right)\cos\left(\frac{n\pi}{b}y\right)\sin\left(\frac{p\pi}{l}z\right) \tag{7-99c}$$

$$H_x = \mathrm{j}\,\frac{2}{k_c^2}\left(\frac{m\pi}{a}\right)\left(\frac{p\pi}{l}\right)H_0\sin\left(\frac{m\pi}{a}x\right)\cos\left(\frac{n\pi}{b}y\right)\cos\left(\frac{p\pi}{l}z\right) \tag{7-99d}$$

$$H_y = \mathrm{j}\,\frac{2}{k_c^2}\left(\frac{n\pi}{b}\right)\left(\frac{p\pi}{l}\right)H_0\cos\left(\frac{m\pi}{a}x\right)\sin\left(\frac{n\pi}{b}y\right)\cos\left(\frac{p\pi}{l}z\right) \tag{7-99e}$$

类似地可以推导出矩形波导谐振腔中 TM 振荡模式的场量表达式

$$E_z = 2E_0\sin\left(\frac{m\pi}{a}x\right)\sin\left(\frac{n\pi}{b}y\right)\cos\left(\frac{p\pi}{l}z\right) \tag{7-100a}$$

$$E_x = -\frac{2}{k_c^2}\left(\frac{m\pi}{a}\right)\left(\frac{p\pi}{l}\right)E_0\cos\left(\frac{m\pi}{a}x\right)\sin\left(\frac{n\pi}{b}y\right)\sin\left(\frac{p\pi}{l}z\right) \tag{7-100b}$$

$$E_y = -\frac{2}{k_c^2}\left(\frac{n\pi}{b}\right)\left(\frac{p\pi}{l}\right)E_0\sin\left(\frac{m\pi}{a}x\right)\cos\left(\frac{n\pi}{b}y\right)\sin\left(\frac{p\pi}{l}z\right) \tag{7-100c}$$

$$H_x = \mathrm{j}\,\frac{2\omega\varepsilon}{k_c^2}\left(\frac{n\pi}{b}\right)E_0\sin\left(\frac{m\pi}{a}x\right)\cos\left(\frac{n\pi}{b}y\right)\cos\left(\frac{p\pi}{l}z\right) \tag{7-100d}$$

$$H_y = -\mathrm{j}\,\frac{2\omega\varepsilon}{k_c^2}\left(\frac{m\pi}{a}\right)E_0\cos\left(\frac{m\pi}{a}x\right)\sin\left(\frac{n\pi}{b}y\right)\cos\left(\frac{p\pi}{l}z\right) \tag{7-100e}$$

$$H_z = 0 \tag{7-100f}$$

式(7-100)中 $k_c^2 = k_x^2 + k_y^2 = \left(\frac{m\pi}{a}\right)^2 + \left(\frac{n\pi}{b}\right)^2$。

由式(7-99)和式(7-100)可见：

(1)矩形波导谐振腔中的场量沿 x、y、z 方向均为驻波。

(2)矩形波导谐振腔中可以存在无穷多个振荡模式，用 TE_{mnp} 和 TM_{mnp} 表示。

(3)下标 m、n、p 分别表示场量沿 x、y、z 方向变化的半驻波数。

(4)对于 TE 振荡模式，下标 m、n 可以为零，但不能同时从零开始取整数，p 从 1 开始取整数。

(5)对于 TM 振荡模式，下标 m、n 从 1 开始取整数，p 可以从零开始取整数。

7.6.2 矩形波导谐振腔的谐振频率

由式(7-98)可以看出，谐振腔中的相位常数 $k_z = \frac{p\pi}{l}$ 为离散值，将其代入

$$k_z^2 = k^2 - k_c^2 = k^2 - \left(\frac{m\pi}{a}\right)^2 - \left(\frac{n\pi}{b}\right)^2$$

得

$$k=\sqrt{\left(\frac{m\pi}{a}\right)^2+\left(\frac{n\pi}{b}\right)^2+\left(\frac{p\pi}{l}\right)^2}$$

又知 $k=\frac{2\pi}{\lambda}=2\pi f\sqrt{\mu\varepsilon}$，那么由上式可以求得谐振频率(resonant frequency)和谐振波长(resonant wavelength)分别为

$$f_{mnp}=\frac{1}{2\pi\sqrt{\mu\varepsilon}}\sqrt{\left(\frac{m\pi}{a}\right)^2+\left(\frac{n\pi}{b}\right)^2+\left(\frac{p\pi}{l}\right)^2} \tag{7-101}$$

$$\lambda_{mnp}=\frac{2\pi}{\sqrt{\left(\frac{m\pi}{a}\right)^2+\left(\frac{n\pi}{b}\right)^2+\left(\frac{p\pi}{l}\right)^2}} \tag{7-102}$$

由此可见，谐振波长与谐振腔的尺寸和工作模式有关，而谐振频率不仅与谐振腔的尺寸、工作模式有关，而且还与谐振腔中填充的媒质参数有关。

7.6.3 矩形波导谐振腔的品质因数

品质因数(quality factor)是谐振腔的另一个重要参数，它表征了谐振腔的频率选择性和能量损耗程度，其定义为

$$Q=\omega_0\frac{W}{P_l} \tag{7-103}$$

式(7-103)中 ω_0 为谐振角频率，W 为腔中总储能，P_l 为腔中的损耗功率。

谐振腔的总储能为电场储能与磁场储能之和，可以证明谐振腔内的电场储能等于磁场储能，所以

$$W=W_e+W_m=\frac{1}{2}\int_V\mu\ |H|^2\mathrm{d}V \tag{7-104}$$

式(7-104)中 V 为谐振腔的体积。

能量损耗一般包括导体损耗、介质损耗和辐射损耗。对于闭合的谐振腔，其辐射损耗不存在。假设介质是无耗的，则谐振腔的损耗仅为腔壁的欧姆损耗，即

$$P_l=\frac{1}{2}\oint_S|J_S|^2R_S\mathrm{d}S=\frac{1}{2}\oint_S|H_t|^2R_S\mathrm{d}S \tag{7-105}$$

式(7-105)中 S 为空腔内表面，R_S 为腔壁表面电阻，J_S 为腔壁表面电流，H_t 为腔壁表面切向磁场。

由式(7-104)和式(7-105)得

$$Q=\omega_0\frac{\mu\int_V|H|^2\mathrm{d}V}{R_S\oint_S|H_t|^2\mathrm{d}S} \tag{7-106}$$

下面以矩形波导谐振腔中的 TE_{101} 模为例，计算其品质因数。

由式(7-99)可以得到矩形波导谐振腔中 TE_{101} 模的场量表达式为

$$E_y=-\frac{2\omega\mu}{k_c^2}\left(\frac{\pi}{a}\right)H_0\sin\left(\frac{\pi}{a}x\right)\sin\left(\frac{\pi}{l}z\right)$$

$$H_x=\mathrm{j}\frac{2}{k_c^2}\left(\frac{\pi}{a}\right)\left(\frac{\pi}{l}\right)H_0\sin\left(\frac{\pi}{a}x\right)\cos\left(\frac{\pi}{l}z\right)$$

$$H_z=-2\mathrm{j}H_0\cos\left(\frac{\pi}{a}x\right)\sin\left(\frac{\pi}{l}z\right)$$

代入式(7-104)得

$$W=\frac{\mu}{2}\int_V|H|^2\mathrm{d}V=\frac{\mu}{2}\int_V(|H_x|^2+|H_z|^2)\mathrm{d}V$$

$$=\frac{\mu}{2}\int_0^a\int_0^b\int_0^l(|H_x|^2+|H_z|^2)\mathrm{d}x\mathrm{d}y\mathrm{d}z=\frac{\mu H_0^2(a^2+l^2)ab}{2l}$$

对于 $z=0$ 和 $z=l$ 两个腔壁，

$$|H_t|^2=|H_x|^2=4\left(\frac{a}{l}\right)^2H_0^2\sin^2\left(\frac{\pi}{a}x\right)$$

损耗功率为

$$P_{l1}=2\times\frac{R_S}{2}\int_0^a\int_0^b|H_x|^2\mathrm{d}x\mathrm{d}y=2\frac{a^3b}{l^2}R_SH_0^2$$

对于 $y=0$ 和 $y=b$ 两个腔壁，

$$|H_t|^2=|H_x|^2+|H_z|^2$$

$$=4\left(\frac{a}{l}\right)^2H_0^2\sin^2\left(\frac{\pi}{a}x\right)\cos^2\left(\frac{\pi}{l}z\right)+4H_0^2\cos^2\left(\frac{\pi}{a}x\right)\sin^2\left(\frac{\pi}{l}z\right)$$

损耗功率为

$$P_{l2}=2\times\frac{R_S}{2}\int_0^a\int_0^l(|H_x|^2+|H_z|^2)\mathrm{d}x\mathrm{d}z=a^2\left(\frac{a}{l}+\frac{l}{a}\right)R_SH_0^2$$

对于 $x=0$ 和 $x=a$ 两个腔壁，

$$|H_t|^2 = |H_z|^2 = 4H_0^2\sin^2\left(\frac{\pi}{l}z\right)$$

损耗功率为

$$P_{l3} = 2\times\frac{R_S}{2}\int_0^b\int_0^l |H_z|^2\mathrm{d}y\mathrm{d}z = 2bl R_S H_0^2$$

总的损耗功率为

$$P_l = P_{l1} + P_{l2} + P_{l3}$$

代入式(7-103)得

$$Q = \omega_0\frac{W}{P_l} = \frac{\omega_0\mu}{2R_S}\frac{abl(a^2+l^2)}{2b(a^3+l^3)+al(a^2+l^2)}$$

◇◆◇ 本章小结 ◇◆◇

1. 在不同的导波系统中可以传播不同模式的电磁波，任何能建立静态场的均匀导波系统，也能维持 TEM 波。平行双导线、同轴线以及带状线等能够建立静电场，因此可以传播 TEM 波，而由单根导体构成的金属波导中不可能存在静电场，因此金属波导不能传播 TEM 波，只能传播 TE、TM 波。

2. 波导中 TE、TM 波沿 z 方向传播的场量表达式可用纵向场法求解，即先由给定的波导边界条件和方程 $\nabla_{xy}^2 E_{0z}+k_c^2E_{0z}=0$ 或 $\nabla_{xy}^2 H_{0z}+k_c^2H_{0z}=0$，求解电场的纵向分量 E_{0z} 或磁场的纵向分量 H_{0z}，再由横向场和纵向场之间的关系式，求出其余横向场分量，最后加上行波因子 $\mathrm{e}^{-\mathrm{j}k_z z}$。

对于矩形波导，求出的纵向场表达式为

$E_z=E_0\sin\left(\frac{m\pi}{a}x\right)\sin\left(\frac{n\pi}{b}y\right)\mathrm{e}^{-\mathrm{j}k_z z}$，TM 波（$H_z=0$），$m$ 和 n 不能为零；

$H_z=H_0\cos\left(\frac{m\pi}{a}x\right)\cos\left(\frac{n\pi}{b}y\right)\mathrm{e}^{-\mathrm{j}k_z z}$，TE 波（$E_z=0$），$m$ 和 n 不能同时为零。

对于圆波导，求出的纵向场表达式为

$$E_z=E_0 J_m(k_c r)\begin{cases}\cos m\varphi\\ \sin m\varphi\end{cases} e^{-jk_z z}，\text{TM 波}(H_z=0)，k_c=\frac{u_{mn}}{a}，m=0,1,$$

$2,\cdots,n=1,2,3,\cdots$。

$$H_z=H_0 J_m(k_c r)\begin{cases}\cos m\varphi\\ \sin m\varphi\end{cases} e^{-jk_z z}，\text{TE 波}(E_z=0)，k_c=\frac{u'_{mn}}{a}，m=0,1,$$

$2,\cdots,n=1,2,3,\cdots$。

3. TEM 波($E_z=0,H_z=0$)在横截面上的场分布与同一结构中的相应静态场分布一致，因此可用前面章节介绍的二维静态场的求解方法得到 TEM 波沿 z 方向传播的横向场分量表达式，最后加上行波因子 $e^{-jk_z z}$ 即可。

4. TEM 波和 TE、TM 波的主要传播参数如下表所示。

TEM 波	TE 或 TM 波
$k_c=0$	$k_c\neq 0$
$f_c=0$	$f_c=\dfrac{k_c}{2\pi\sqrt{\mu\varepsilon}}\neq 0$
$\lambda_c=\infty$	$\lambda_c=\dfrac{2\pi}{k_c}$
$\beta=k=\omega\sqrt{\mu\varepsilon}$	$\beta=k_z=k\sqrt{1-\left(\dfrac{\lambda}{\lambda_c}\right)^2}$
$v_p=v$	$v_p=\dfrac{\omega}{k_z}=\dfrac{v}{\sqrt{1-\left(\dfrac{\lambda}{\lambda_c}\right)^2}}>v$
$\lambda_g=\lambda$	$\lambda_g=\dfrac{\lambda}{\sqrt{1-\left(\dfrac{\lambda}{\lambda_c}\right)^2}}>\lambda$
$Z_{TEM}=\eta=\sqrt{\dfrac{\mu}{\varepsilon}}$	$Z_{TM}=\eta\sqrt{1-\left(\dfrac{\lambda}{\lambda_c}\right)^2}$ $Z_{TE}=\dfrac{\eta}{\sqrt{1-\left(\dfrac{\lambda}{\lambda_c}\right)^2}}$

5. 波导是一种高通滤波器，只有当工作频率高于截止频率时，电磁波才能在波导中传播。矩形波导的主模是 TE_{10} 波，圆波导的主模是 TE_{11}，合理设计波导的尺寸，可以实现波导内单模传播。

6. 波导中的衰减常数 $\alpha=\dfrac{P_l}{2P}$，P_l 为波导内单位长度的损耗功率，P 为波导中的传输功率。

7. 谐振腔是一种适用于特高频以及更高频率的谐振元件。谐振腔内可以有无穷多个振荡模式，无穷多个振荡频率。谐振腔按结构可分为传输线型谐振腔和非传输线型谐振腔两类。常用的传输线型谐振腔有矩形波导谐振腔和圆波导谐振腔等，传输线型谐振腔里的场量可以看作是由导波系统中相应的入射波和反射波叠加而成。谐振腔的主要参量有谐振频率和品质因数。对于矩形波导谐振腔，其谐振频率和谐振波长分别为

$$f_{mnp}=\frac{1}{2\pi\sqrt{\mu\varepsilon}}\sqrt{\left(\frac{m\pi}{a}\right)^2+\left(\frac{n\pi}{b}\right)^2+\left(\frac{p\pi}{l}\right)^2}$$

$$\lambda_{mnp}=\frac{2\pi}{\sqrt{\left(\frac{m\pi}{a}\right)^2+\left(\frac{n\pi}{b}\right)^2+\left(\frac{p\pi}{l}\right)^2}}$$

谐振腔的品质因数定义为 $Q=\omega_0\dfrac{W}{P_l}$，其中 ω_0 为谐振角频率，W 为腔中总储能，P_l 为腔中的损耗功率。

◇◆◇ 习　题 ◇◆◇

7-1　为什么一般矩形波导测量线的纵槽开在波导宽壁的中线上？

7-2　推导矩形波导中 TE_{mn} 波的场量表达式。

7-3　已知空气填充的矩形波导截面尺寸为 $a\times b=23\times 10\ \text{mm}^2$，求工作波长 $\lambda=20\ \text{mm}$ 时，波导中能传输哪些模式？$\lambda=30\ \text{mm}$ 时波导中能传输哪些模式？

7-4　已知空气填充的矩形波导截面尺寸为 $a\times b=8\times 4\ \text{cm}^2$，当工作频率 $f=5\ \text{GHz}$ 时，求波导中能传输哪些模式？若波导中填充介质，传输模式有无变化？为什么？

7-5 已知矩形波导的尺寸为 $a\times b$,若在 $z\geqslant 0$ 区域中填充相对介电常数为 ε_r 的理想介质,在 $z<0$ 区域中为真空。当 TE_{10} 波自真空向介质表面投射时,试求边界上的反射波与透射波。

7-6 试证波导中相速 v_p 与群速 v_g 的关系为

$$v_g=v_p-\lambda_g\frac{dv_p}{d\lambda_g}$$

7-7 试证波导中的工作波长 λ、波导波长 λ_g 与截止波长 λ_c 之间满足下列关系

$$\frac{1}{\lambda_g^2}+\frac{1}{\lambda_c^2}=\frac{1}{\lambda^2}$$

7-8 何谓波导的简并模?矩形波导和圆波导中的简并有何异同?

7-9 圆波导中 TE_{11}、TE_{01} 和 TM_{01} 模的特点是什么?有何应用?

7-10 已知空气填充的圆波导直径 $d=50\,mm$,当工作频率 $f=6.725\,GHz$ 时,求波导中能传输哪些模式?若填充相对介电常数 $\varepsilon_r=1.69$ 的介质,此时波导中能传输哪些模式?

7-11 空气填充的圆波导中传输 TE_{01} 模,已知 $\lambda/\lambda_c=0.9$,工作频率 $f=5\,GHz$,

(1)求 λ_g 和 k_z。

(2)若波导半径扩大一倍,k_z 将如何变化?

7-12 矩形波导的横截面尺寸为 $a\times b=23\times 10\,mm^2$,由紫铜制作,工作频率 $f=10\,GHz$。试计算

(1)当波导内为空气填充且传输 TE_{10} 波时,每米衰减多少分贝?

(2)当波导内填充 $\varepsilon_r=2.54$ 的介质,仍传输 TE_{10} 波时,每米衰减多少分贝?

7-13 已知空气填充的铜质矩形波导尺寸为 $7.2\times 3.4\,cm^2$,工作于主模,工作频率 $f=3\,GHz$,试求(1)截止频率、波导波长;(2)场强振幅衰减一半时的距离。

7-14 已知空气填充的铜质圆波导直径 $d=50\,mm$,工作于主模,工作频率 $f=4\,GHz$,求(1)截止频率、波导波长;(2)场强振幅衰减一半时的距离。

7-15 已知空气填充的矩形波导尺寸为 $20\times 10\ \mathrm{mm}^2$，工作频率 $f=10\,\mathrm{GHz}$。若空气的击穿场强为 $3\times 10^6\ \mathrm{V/m}$，求该波导能够传输的最大功率。

7-16 已知空气填充矩形波导谐振腔的尺寸为 $8\,\mathrm{cm}\times 6\,\mathrm{cm}\times 5\,\mathrm{cm}$，求发生谐振的 4 个最低模式及谐振频率。

7-17 已知空气填充矩形波导谐振腔的尺寸为 $25\,\mathrm{mm}\times 12.5\,\mathrm{mm}\times 60\,\mathrm{mm}$，谐振于 TE_{102} 模式，若在腔内填充介质，则在同一工作频率将谐振于 TE_{103} 模式，求介质的相对介电常数 ε_r 应为多少？

7-18 设计一个矩形谐振腔，在 1 GHz 和 1.5 GHz 分别谐振于两个不同的模式。

7-19 证明波导谐振腔中电场储能最大值等于磁场储能最大值。

本章习题答案

第8章 电磁波辐射

第 6 章讨论了电磁波在无限大空间的传播问题和在分界面上的反射与透射问题，第 7 章讨论了电磁波在有界的均匀导波系统内的传播问题，所有这些讨论都是假定电磁波已经建立，那么电磁波究竟是如何产生的呢？本章将着手讨论该问题。

产生电磁波的振荡源一般称为天线（antenna）。对于天线，所关心的是它的辐射场强、方向性、辐射功率和效率等。

天线按结构可分为线天线和面天线两大类。线状天线，如八木天线、拉杆天线等，称为线天线。面状天线，如抛物面天线等，称为面天线。

本章将首先从滞后位出发，根据矢量位求电流元和电流环产生的电磁场，再介绍天线的电参数和对称振子天线以及天线阵。

8.1 电流元的辐射

如图 8-1 所示，设一个时变电流元 $\boldsymbol{I}\boldsymbol{l}$ 位于坐标原点，沿 z 轴放置，空间的媒质为线性均匀各向同性的理想介质。所谓电流元是指 l 很短，沿 l 上的电流振幅相等，相位相同。由第 5 章介绍的滞后位知：电流元 $\boldsymbol{I}\boldsymbol{l}$ 产生的矢量位为

$$\boldsymbol{A}(\boldsymbol{r}) = \frac{\mu I l}{4\pi r}\mathrm{e}^{-\mathrm{j}kr}\boldsymbol{e}_z = A_z\boldsymbol{e}_z \tag{8-1}$$

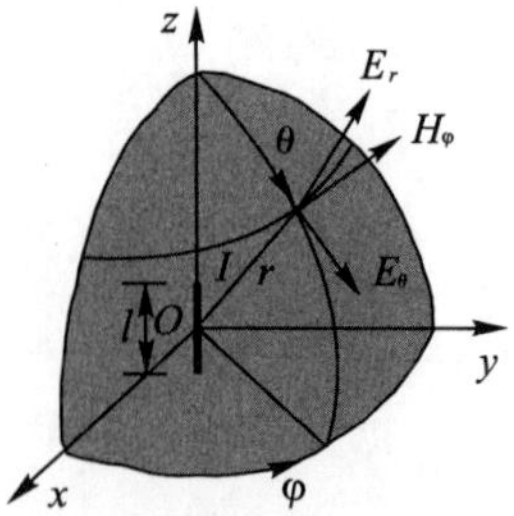

图 8-1　电流元的坐标

利用球坐标与直角坐标单位矢量之间的互换关系，可得矢量位 $\boldsymbol{A}$ 在球坐标系中的三个分量为

$$\begin{cases} A_r = A_z \cos\theta \\ A_\theta = -A_z \sin\theta \\ A_\varphi = 0 \end{cases} \tag{8-2}$$

则电流元产生的磁场强度为

$$\boldsymbol{H} = \frac{1}{\mu}\nabla\times\boldsymbol{A} = \frac{1}{\mu r^2 \sin\theta}\begin{vmatrix} \boldsymbol{e}_r & r\boldsymbol{e}_\theta & r\sin\theta\,\boldsymbol{e}_\varphi \\ \dfrac{\partial}{\partial r} & \dfrac{\partial}{\partial\theta} & \dfrac{\partial}{\partial\varphi} \\ A_r & rA_\theta & 0 \end{vmatrix}$$

将式(8-2)代入上式，得

$$\begin{cases} H_r = 0 \\ H_\theta = 0 \\ H_\varphi = \dfrac{Il\sin\theta}{4\pi r}\left(\mathrm{j}k + \dfrac{1}{r}\right)\mathrm{e}^{-\mathrm{j}kr} \end{cases} \tag{8-3}$$

将式(8-3)代入麦克斯韦方程$\nabla\times\boldsymbol{H} = \mathrm{j}\omega\varepsilon\boldsymbol{E}$，得

$$\boldsymbol{E} = \frac{1}{\mathrm{j}\omega\varepsilon}\nabla\times\boldsymbol{H} = \frac{1}{\mathrm{j}\omega\varepsilon r^2\sin\theta}\begin{vmatrix} \boldsymbol{e}_r & r\boldsymbol{e}_\theta & r\sin\theta\,\boldsymbol{e}_\varphi \\ \dfrac{\partial}{\partial r} & \dfrac{\partial}{\partial\theta} & \dfrac{\partial}{\partial\varphi} \\ 0 & 0 & r\sin\theta H_\varphi \end{vmatrix}$$

$$= E_r\boldsymbol{e}_r + E_\theta\boldsymbol{e}_\theta + E_\varphi\boldsymbol{e}_\varphi$$

其中

$$E_r = -\mathrm{j}\frac{Il\cos\theta}{2\pi\omega\varepsilon r^2}\left(\mathrm{j}k + \frac{1}{r}\right)\mathrm{e}^{-\mathrm{j}kr} \tag{8-4a}$$

$$E_\theta = -\mathrm{j}\frac{Il\sin\theta}{4\pi\omega\varepsilon r^2}\left(-k^2 r + \mathrm{j}k + \frac{1}{r}\right)\mathrm{e}^{-\mathrm{j}kr} \tag{8-4b}$$

$$E_\varphi = 0 \tag{8-4c}$$

下面分别讨论电流元附近和远距离处的电磁场表达式。这里所讲的远近是相对于波长而言，距离远小于波长($r \ll \lambda$)的区域称为近区，反

之,距离远大于波长($r\gg\lambda$)的区域称为远区。

(1)当 $r\ll\lambda$,即 $kr\ll 1$ 或 $k\ll\frac{1}{r}$ 时,$e^{-jkr}\approx 1$,那么由式(8-3)和式(8-4)得

$$H_{\varphi}=\frac{Il\sin\theta}{4\pi r^{2}} \tag{8-5a}$$

$$E_{r}=-j\frac{Il\cos\theta}{2\pi\omega\varepsilon r^{3}} \tag{8-5b}$$

$$E_{\theta}=-j\frac{Il\sin\theta}{4\pi\omega\varepsilon r^{3}} \tag{8-5c}$$

从以上结果可以看出,式(8-5a)与恒定电流元 $\boldsymbol{Il}$ 产生的磁场相同。考虑到 $I=j\omega q$,式(8-5b)和式(8-5c)与电偶极子 ql 产生的静电场相同。所以可把时变电流元产生的近区场称为似稳场。

由式(8-5)还可以看出,电场与磁场的相位差为$\frac{\pi}{2}$,平均能流密度矢量

$$\boldsymbol{S}_{av}=\frac{1}{2}\mathrm{Re}[\boldsymbol{E}\times\boldsymbol{H}^{*}]=0$$

这表明近区场没有电磁能量向外辐射,能量被束缚在源的周围,因此近区场又称为束缚场。

(2)当 $r\gg\lambda$,即 $kr\gg 1$ 或 $k\gg\frac{1}{r}$ 时,式(8-3)和式(8-4)中的$\frac{1}{r^{2}}$及其高次项可以忽略,并将 $k=\frac{2\pi}{\lambda}$代入得

$$H_{\varphi}=j\frac{Il}{2\lambda r}\sin\theta\, e^{-jkr} \tag{8-6a}$$

$$E_{\theta}=j\frac{Il}{2\lambda r}\eta\sin\theta\, e^{-jkr} \tag{8-6b}$$

式(8-6)中 $\eta=\sqrt{\frac{\mu}{\varepsilon}}$为媒质的本征阻抗。

由此式可见,电流元产生的远区场具有如下特点:

(1)在远区,平均能流密度矢量

$$\boldsymbol{S}_{av}=\frac{1}{2}\mathrm{Re}[\boldsymbol{E}\times\boldsymbol{H}^{*}]=\frac{1}{2}\mathrm{Re}[E_{\theta}\boldsymbol{e}_{\theta}\times H_{\varphi}^{*}\boldsymbol{e}_{\varphi}]$$

$$=\frac{|E_{\theta}|^{2}}{2\eta}\boldsymbol{e}_{r}=\frac{\eta}{2}\left|\frac{Il}{2\lambda r}\sin\theta\right|^{2}\boldsymbol{e}_{r}$$

这表明有电磁能量沿径向辐射，所以远区场又称为辐射场。

(2)远区电场与磁场相互垂直，且与传播方向垂直，电场与磁场的比值等于媒质的本征阻抗，即$\dfrac{E_\theta}{H_\varphi}=\eta$。

(3)远区电磁场只有横向分量，在传播方向上的分量等于零，所以远区场为 TEM 波。

(4)远区场的振幅不仅与距离有关，而且还与观察点的方位有关，即在离开电流元一定距离处，场强随角度变化的函数称为方向图函数(pattern function)，用 $f(\theta,\varphi)$表示。由式(8-6)可见，沿 z 轴放置的电流元的方向图函数为 $f(\theta,\varphi)=\sin\theta$，在电流元的轴线方向($\theta=0°$)上辐射为零，在垂直于电流元轴线的方向($\theta=90°$)上辐射最强。电流元的辐射场强与方位角 φ 无关。

下面讨论电流元在远区产生的辐射功率(radiated power)。用一个球面将电流元包围起来，电流元的辐射功率将全部穿过球面，则电流元产生的总辐射功率为

$$P_r=\oint_S \boldsymbol{S}_{av}\cdot \mathrm{d}\boldsymbol{S}=\int_0^{2\pi}\int_0^{\pi}\frac{\eta}{2}\left|\frac{Il}{2\lambda r}\sin\theta\right|^2 r^2\sin\theta\mathrm{d}\theta\mathrm{d}\varphi=\frac{\pi\eta}{3}\left(\frac{Il}{\lambda}\right)^2$$

将 $\eta=\eta_0=120\pi$ 代入上式，可得自由空间电流元的辐射功率为

$$P_r=40\pi^2 I^2\left(\frac{l}{\lambda}\right)^2 \tag{8-7}$$

此辐射功率是由与电流元相连的电源供给的，可用一个电阻上的消耗功率来等效，则此等效电阻称为辐射电阻(radiation resistance)。根据

$$P_r=\frac{1}{2}I^2R_r$$

和式(8-7)，可得电流元的辐射电阻为

$$R_r=80\pi^2\left(\frac{l}{\lambda}\right)^2 \tag{8-8}$$

辐射电阻是用来衡量天线辐射能力的，辐射电阻越大意味着天线向外辐射的功率越大，天线的辐射能力越强。

8.2 天线的电参数

8.2.1 方向图函数和方向图

在离开天线一定距离处，辐射场在空间随角度变化的函数称为天线的方向图函数，用 $f(\theta,\varphi)$ 表示。根据方向图函数绘制的图形称为天线方向图(antenna pattern)。由于天线的辐射场分布在整个空间，所以天线的方向图通常是一个三维的立体图形。要绘制这样的三维立体方向图是不方便的，通常工程上采用两个相互垂直的主平面上的方向图来表示，即 E 面方向图(E-plane pattern)和 H 面方向图(H-plane pattern)。E 面是指电场强度矢量所在并包含最大辐射方向的平面，H 面是指磁场强度矢量所在并包含最大辐射方向的平面。

对于上节介绍的电流元，其方向图函数为 $f(\theta,\varphi)=\sin\theta$。采用极坐标，以 θ 为变量，在 φ 等于常数的平面内，方向图函数 $f(\theta,\varphi)=\sin\theta$ 的变化轨迹为两个圆，如图 8-2(a)所示。

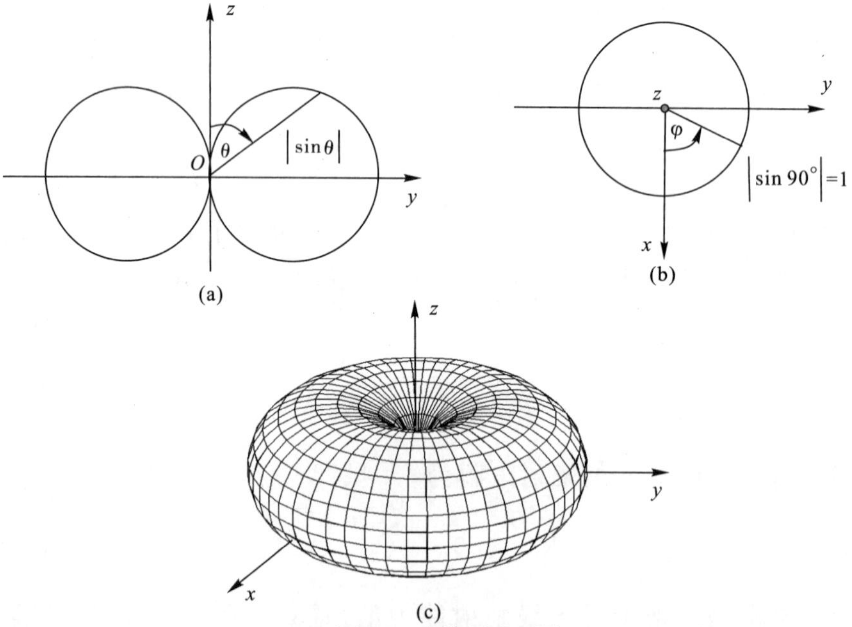

图 8-2 电流元方向图

a. 电流元 E 面方向图；b. 电流元 H 面方向图；c. 电流元立体方向图

由于方向图函数与 φ 无关，所以在 $\theta=\frac{\pi}{2}$ 的平面内，方向图函数的变化轨迹为一个圆，如图 8-2(b)所示。电流元的立体方向图如图 8-2(c)所示。

实际天线的方向图要比图 8-2 复杂。图 8-3 为某天线的方向图，它有很多波瓣，分别称为主瓣、副瓣和后瓣。其中最大辐射方向的波瓣称为主瓣，其他波瓣统称为副瓣，把位于主瓣正后方的波瓣称为后瓣。

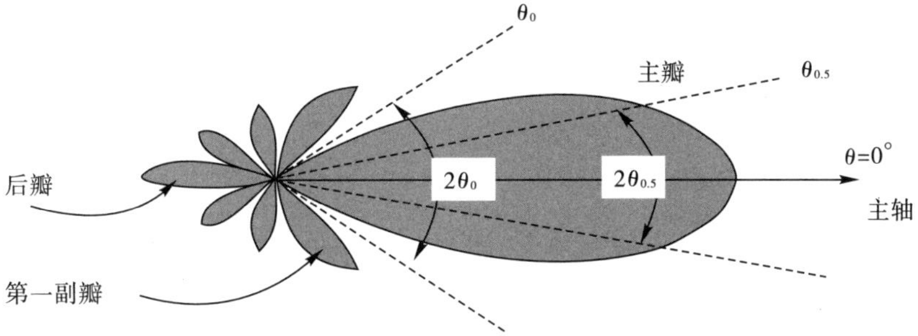

图 8-3　天线方向图的一般形状

主瓣最大辐射方向两侧的两个半功率点（即场强为最大值的 $1/\sqrt{2}$ 倍）之间的夹角，称为主瓣宽度，也称半功率波瓣宽度，用 $2\theta_{0.5}$ 表示。主瓣宽度愈小，天线辐射的电磁能量愈集中，定向性愈好。在主瓣最大方向两侧，两个零辐射方向之间的夹角，称为零功率波瓣宽度，用 $2\theta_0$ 表示。由图 8-2 可见，电流元的主瓣宽度 $2\theta_{0.5}=90°$，零功率波瓣宽度 $2\theta_0=180°$。

副瓣最大辐射方向上的功率密度与主瓣最大辐射方向上的功率密度之比的对数值，称为副瓣电平。通常离主瓣近的副瓣电平要比远的高，所以副瓣电平通常是指第一副瓣电平。一般要求副瓣电平尽可能低。

主瓣最大辐射方向上的功率密度与后瓣最大辐射方向上的功率密度之比的对数值，称为前后比。前后比越大，天线辐射的电磁能量越集中于主辐射方向。

8.2.2　方向性系数

为了从数量上说明天线辐射功率的集中程度，可用方向性系数

(directivity coefficient)来衡量。方向性系数的定义为:在相同的辐射功率下,天线在其最大辐射方向上产生的功率密度与理想的无方向性天线在同一点产生的功率密度之比,即

$$D = \left.\frac{S_{max}}{S_0}\right|_{P_r=P_{r0}} = \left.\frac{|E_{max}|^2}{|E_0|^2}\right|_{P_r=P_{r0}} \tag{8-9}$$

式(8-9)中 S_{max} 和 E_{max} 分别表示被研究天线的辐射功率密度和场强,S_0 和 E_0 分别表示理想无方向性天线的辐射功率密度和场强。

天线的方向性系数也可以定义为:在天线最大辐射方向上产生相同电场强度的条件下,理想的无方向性天线所需的辐射功率 P_{r0} 与被研究天线的辐射功率 P_r 之比,即

$$D = \left.\frac{P_{r0}}{P_r}\right|_{|E_{max}|=|E_0|} \tag{8-10}$$

对于被研究的天线,其辐射功率

$$\begin{aligned} P_r &= \oint_S \boldsymbol{S}_{av} \cdot \mathrm{d}\boldsymbol{S} = \oint_S \frac{1}{2}\frac{|E(\theta,\varphi)|^2}{\eta_0}\mathrm{d}S \\ &= \frac{1}{2}\int_0^{2\pi}\int_0^{\pi}\frac{|E_{max}|^2 F^2(\theta,\varphi)}{\eta_0} r^2\sin\theta\mathrm{d}\theta\mathrm{d}\varphi \\ &= \frac{|E_{max}|^2 r^2}{2\eta_0}\int_0^{2\pi}\int_0^{\pi} F^2(\theta,\varphi)\sin\theta\mathrm{d}\theta\mathrm{d}\varphi \end{aligned} \tag{8-11}$$

式(8-11)中 $F(\theta,\varphi)$ 为归一化的方向图函数,其定义为

$$F(\theta,\varphi) = \frac{f(\theta,\varphi)}{f_m}$$

f_m 为方向图函数 $f(\theta,\varphi)$ 的最大值。

对于理想的无方向性天线,其辐射功率为

$$P_{r0} = \frac{|E_0|^2}{2\eta_0}4\pi r^2 \tag{8-12}$$

将式(8-11)和式(8-12)代入式(8-10)得

$$D = \frac{4\pi}{\int_0^{2\pi}\int_0^{\pi} F^2(\theta,\varphi)\sin\theta\mathrm{d}\theta\mathrm{d}\varphi} \tag{8-13}$$

由式(8-13)可以求得电流元的方向性系数为 1.5。

8.2.3　辐射效率

实际使用的天线均具有一定的损耗。根据能量守恒定律,天线的输入功率一部分向空间辐射,一部分被天线自身消耗。因此,实际天线的输入功率大于辐射功率。天线的辐射功率 P_r 与输入功率 P_{in}之比称为天线的辐射效率(radiation efficiency),用 η_A 表示,即

$$\eta_A = \frac{P_r}{P_{in}} \tag{8-14}$$

8.2.4　增益

方向性系数是表征天线辐射电磁能量的集中程度,辐射效率则是表征天线的能量转换效率,将两者结合起来就可以得到天线的增益(gain),其定义为:在相同的输入功率下,天线在其最大辐射方向上产生的功率密度与理想的无方向性天线在同一点产生的功率密度之比,即

$$G = \left.\frac{S_{max}}{S_0}\right|_{P_{in}=P_{in0}} = \left.\frac{|E_{max}|^2}{|E_0|^2}\right|_{P_{in}=P_{in0}} \tag{8-15}$$

增益系数也可以定义为:在天线最大辐射方向上产生相等电场强度的条件下,理想的无方向性天线所需的输入功率 P_{in0} 与被研究天线的输入功率 P_{in}之比,即

$$G = \left.\frac{P_{in0}}{P_{in}}\right|_{|E_{max}|=|E_0|} \tag{8-16}$$

若假定理想的无方向性天线的效率 $\eta_{A0}=1$,那么由上述关系,可得

$$G = \eta_A D \tag{8-17}$$

8.2.5　输入阻抗

天线的输入阻抗(input impedance)定义为天线输入端电压与电流的比值,即

$$Z_{in} = \frac{U_{in}}{I_{in}} = R_{in} + \mathrm{j}\, X_{in} \tag{8-18}$$

式(8-18)中R_{in}表示输入电阻,X_{in}表示输入电抗。

输入阻抗是天线的一个重要参数，与天线的几何形状、激励方式等有关。天线作为馈线的负载，通常要求达到阻抗匹配。

8.2.6 频带宽度

天线的电参数与工作频率有关，当工作频率偏离设计的中心频率时，往往要引起电参数的变化。天线频带宽度(frequency bandwidth)的定义是：当频率改变时，天线的电参数保持在规定的技术要求范围内所对应的频率范围，称为天线的频带宽度，简称带宽。

不同的电子设备对天线电参数的要求也不同，根据不同的电参数，天线的带宽又可分为阻抗带宽、增益带宽等。

8.3 电流环的辐射

如图 8-4 所示，一个半径为 $a(a \ll \lambda)$，载有电流 $i(t)=I\cos\omega t$ 的细导线圆环，通常称之为电流环或磁偶极子。此时可认为流过电流环的电流大小和相位处处相等。

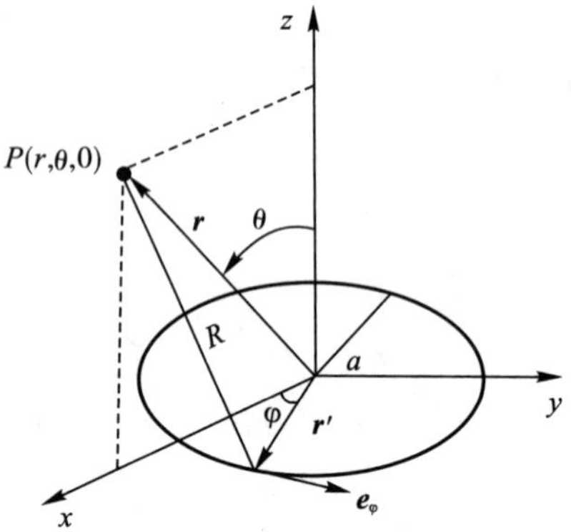

图 8-4 电流环

为了简单起见，把观察点放在 xOz 平面，即 $\varphi=0$ 平面上，不失一般性。电流环的矢量位

$$\boldsymbol{A}=\frac{\mu}{4\pi}\frac{I\mathrm{d}\boldsymbol{l}'}{R}\mathrm{e}^{-\mathrm{j}kR} \tag{8-19}$$

由【例 3-3】知，$\mathrm{d}\boldsymbol{l}'=a\mathrm{d}\varphi'\boldsymbol{e}_\varphi$

$$\mathrm{d}A_\varphi = 2\mathrm{d}A\cos\varphi' = \frac{\mu I a\cos\varphi'}{2\pi R}\mathrm{e}^{-\mathrm{j}kR}\mathrm{d}\varphi' \tag{8-20}$$

$$R = r\left(1-\frac{2a}{r}\sin\theta\cos\varphi'+\frac{a^2}{r^2}\right)^{1/2}$$

因为 $r\gg a$，将式(8-20)展开为泰勒级数，取前两项，得

$$R\approx r-a\sin\theta\cos\varphi'。$$

$$\frac{1}{R}\approx\frac{1}{r}\left(1+\frac{a}{r}\sin\theta\cos\varphi'\right)$$

则 $\mathrm{e}^{-\mathrm{j}kR}\approx\mathrm{e}^{-\mathrm{j}kr}\mathrm{e}^{\mathrm{j}ka\sin\theta\cos\varphi'}$

因为 $ka=2\pi\left(\frac{a}{\lambda}\right)\ll 1$，所以

$$\mathrm{e}^{\mathrm{j}ka\sin\theta\cos\varphi'}\approx 1+\mathrm{j}ka\sin\theta\cos\varphi'$$

则

$$\frac{\mathrm{e}^{-\mathrm{j}kR}}{R}\approx\frac{\mathrm{e}^{-\mathrm{j}kr}}{r}\left(1+\frac{a}{r}\sin\theta\sin\varphi'\right)(1+\mathrm{j}ka\sin\theta\cos\varphi')$$

$$\approx\frac{\mathrm{e}^{-\mathrm{j}kr}}{r}\left(1+\frac{a}{r}\sin\theta\sin\varphi'+\mathrm{j}ka\sin\theta\cos\varphi'\right) \tag{8-21}$$

将式(8-21)代入式(8-20)，并对 φ' 从 $0\sim\pi$ 进行积分，得

$$\boldsymbol{A}=\frac{\mu I\pi a^2}{4\pi r^2}(1+\mathrm{j}kr)\sin\theta\,\mathrm{e}^{-\mathrm{j}kr}\,\boldsymbol{e}_\varphi \tag{8-22}$$

根据 $\boldsymbol{H}=\frac{1}{\mu}\nabla\times\boldsymbol{A}$，求得电流环产生的磁场为

$$H_r=\frac{I\pi a^2k^3}{2\pi}\left[\frac{\mathrm{j}}{(kr)^2}+\frac{1}{(kr)^3}\right]\cos\theta\,\mathrm{e}^{-\mathrm{j}kr} \tag{8-23a}$$

$$H_\theta=\frac{I\pi a^2k^3}{4\pi}\left[-\frac{1}{kr}+\frac{\mathrm{j}}{(kr)^2}+\frac{1}{(kr)^3}\right]\sin\theta\,\mathrm{e}^{-\mathrm{j}kr} \tag{8-23b}$$

$$H_\varphi=0 \tag{8-23c}$$

再根据麦克斯韦方程 $\boldsymbol{E}=\frac{1}{\mathrm{j}\omega\varepsilon}\nabla\times\boldsymbol{H}$，可得电流环产生的电场为

$$E_\varphi=-\mathrm{j}\frac{\omega\mu I\pi a^2k^2}{4\pi}\left[\frac{\mathrm{j}}{kr}+\frac{1}{(kr)^2}\right]\sin\theta\,\mathrm{e}^{-\mathrm{j}kr} \tag{8-24a}$$

$$E_r=E_\theta=0 \tag{8-24b}$$

对于远区场，因 $kr \gg 1$，由式(8-23)和式(8-24)得

$$H_\theta \approx -\frac{I\pi a^2 k^2}{4\pi r}\sin\theta\, e^{-jkr} = -\frac{\omega\mu I\pi a^2 k}{4\pi r\eta}\sin\theta\, e^{-jkr} \tag{8-25a}$$

$$E_\varphi \approx \frac{\omega\mu I\pi a^2 k}{4\pi r}\sin\theta\, e^{-jkr} = -\eta H_\theta \tag{8-25b}$$

令 $\pi a^2 = S$，将 $k=\dfrac{2\pi}{\lambda}$代入式(8-25)得

$$H_\theta = -\frac{\pi IS}{\lambda^2 r}\sin\theta\, e^{-jkr}$$

$$E_\varphi = -\frac{\pi IS}{\lambda^2 r}\eta\sin\theta\, e^{-jkr}$$

上式表明电流环产生的远区电场与磁场相互垂直，且与波的传播方向垂直。

电流环的平均功率密度为

$$\begin{aligned}\boldsymbol{S}_{av} &= \frac{1}{2}\mathrm{Re}[\boldsymbol{E}\times\boldsymbol{H}^*] = \frac{1}{2}\mathrm{Re}[E_\varphi \boldsymbol{e}_\varphi \times H_\theta^* \boldsymbol{e}_\theta] \\ &= \frac{|E_\varphi|^2}{2\eta}\boldsymbol{e}_r = \frac{1}{2\eta}\left(\frac{\omega\mu I\pi a^2 k}{4\pi r}\right)^2 \sin^2\theta\, \boldsymbol{e}_r\end{aligned} \tag{8-26}$$

辐射功率为

$$\begin{aligned}P_r &= \oint_S \boldsymbol{S}_{av}\cdot \mathrm{d}\boldsymbol{S} = \int_0^{2\pi}\int_0^{\pi}\frac{1}{2\eta}\left(\frac{\omega\mu I\pi a^2 k}{4\pi r}\right)^2 \sin^2\theta\, r^2\sin\theta\,\mathrm{d}\theta\,\mathrm{d}\varphi \\ &= \frac{4\eta}{3}\pi^5 I^2\left(\frac{a}{\lambda}\right)^4\end{aligned} \tag{8-27}$$

利用关系式 $P_r=\dfrac{1}{2}I^2 R_r$，可得电流环的辐射电阻为

$$R_r = \frac{8\eta}{3}\pi^5\left(\frac{a}{\lambda}\right)^4 = 320\pi^6\left(\frac{a}{\lambda}\right)^4 \tag{8-28}$$

8.4 对称振子天线

对称振子天线是由两段同样粗细和等长的导线构成，在两段导线中间的两个端点对称馈电，如图 8-5 所示。振子两臂的长为 l，半径为 $a \ll \lambda$。

对称振子天线是一种最基本最常用的线天线，既可以单独使用，也可以作为阵列天线的组成单元。

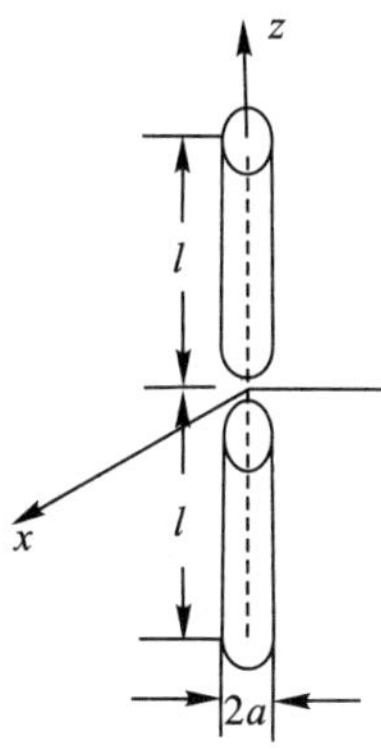

图 8-5　对称振子天线

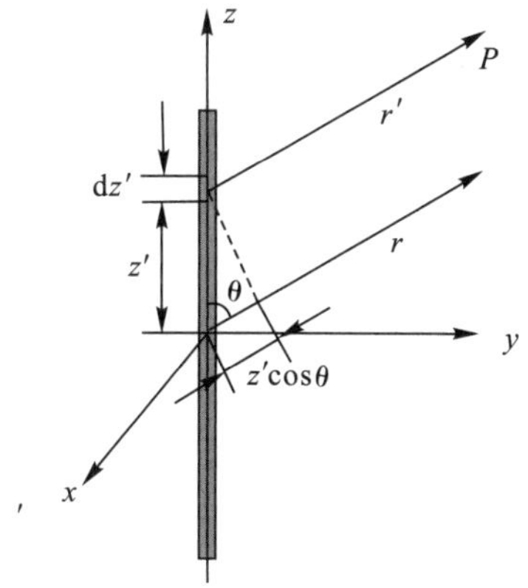

图 8-6　对称振子的辐射场

知道对称振子天线上的电流分布，就可以求出其辐射场。要精确计算对称振子天线上的电流分布，需要采用数值分析方法，计算比较麻烦。实际上，对称振子可以看成是由终端开路的平行双导线张开而成，理论和实验均表明，细对称振子的电流分布可以认为具有正弦驻波分布。设对称振子沿 z 轴放置，馈电中心位于坐标原点，如图 8-6 所示，则对称振子上的电流分布可以表示为

$$I(z) = I_m \sin k(l - |z|) \tag{8-29}$$

式(8-29)中 I_m 为电流波幅，$k=\frac{2\pi}{\lambda}$。

将对称振子看成是由许多电流振幅不同、相位相同的电流元组成。根据叠加原理，对称振子在空间 P 点的辐射场就等于这些电流元在该点的辐射场的叠加。

根据式(8-6)，电流元 $I(z')\mathrm{d}z'$ 产生的远区辐射场为

$$\mathrm{d}E_\theta = \mathrm{j}\,\frac{I_m \sin k(l - |z'|)\mathrm{d}z'}{2\lambda r'}\eta \sin\theta\, \mathrm{e}^{-\mathrm{j}kr'} \tag{8-30}$$

由于 $r \gg l$，可以认为 $r /\!/ r'$，在计算电流元至观察点的距离时，可近似认为 $r' \approx r$，在计算电流元至观察点的相位差时，$r' \approx r - z'\cos\theta$。那么对称振子的远区电场为

$$\begin{aligned} E_\theta &= \int_{-l}^{l} \mathrm{j}\,\frac{I_m \sin k(l-|z'|)\,\mathrm{d}z'}{2\lambda r'}\eta \sin\theta\,\mathrm{e}^{-\mathrm{j}kr'} \\ &= \mathrm{j}\,\frac{60\pi I_m \mathrm{e}^{-\mathrm{j}kr}}{\lambda r}\sin\theta \int_{-l}^{l} \sin k(l-|z'|)\,\mathrm{e}^{\mathrm{j}kz'\cos\theta}\,\mathrm{d}z' \\ &= \mathrm{j}\,\frac{60 I_m}{r}\,\frac{\cos(kl\cos\theta)-\cos(kl)}{\sin\theta}\mathrm{e}^{-\mathrm{j}kr} \end{aligned} \tag{8-31}$$

根据方向图函数的定义，可得对称振子天线的方向图函数为

$$f(\theta,\varphi) = \frac{\cos(kl\cos\theta)-\cos(kl)}{\sin\theta} \tag{8-32}$$

由此可见，沿 z 轴放置的对称振子天线的方向图函数与方位角 φ 无关，仅与方位角 θ 和振子长度 l 有关。

图 8-7 绘出了几种不同长度的对称振子在天线所在平面内的方向图，将这些平面方向图沿 z 轴旋转一周即构成空间方向图。由图可见，无论对称振子的长度如何，天线在 $\theta=0°$ 和 $\theta=180°$ 的轴线方向上都没有辐射，这是因为每个电流元在轴线方向上辐射为零。当天线的长度 $2l\leqslant\lambda$ 时，振子臂上的电流是同相的，在 $\theta=90°$ 上辐射场是同相叠加，合成场强最强，所以 $\theta=90°$ 的方向为主辐射方向。当天线的长度 $2l>\lambda$ 时，振子臂上出现反向电流，方向图出现了副瓣。

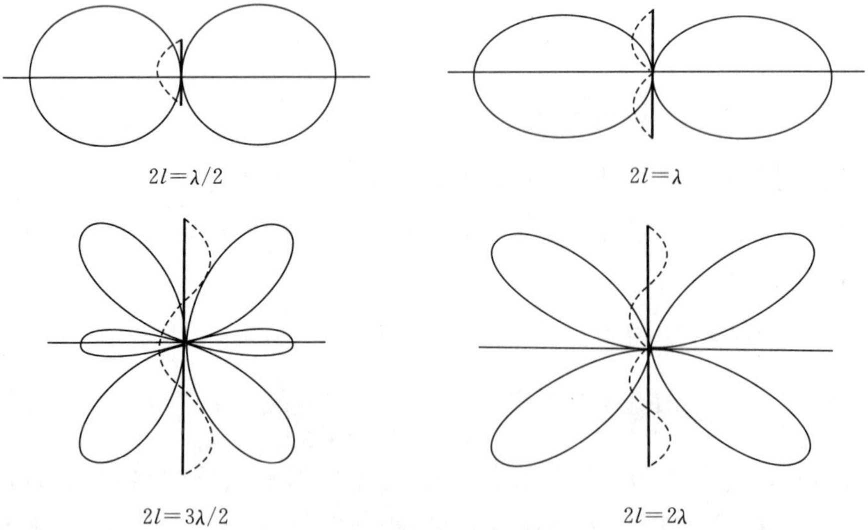

图 8-7　几种对称振子天线的方向图

长度为半个波长的对称振子天线称为半波天线(half-wave antenna)。将 $l=\frac{\lambda}{4}$代入式(8-32),得半波天线的方向图函数为

$$f(\theta,\varphi)=\frac{\cos\left(\frac{\pi}{2}\cos\theta\right)}{\sin\theta} \tag{8-33}$$

由式(8-31)得半波天线的远区电场为

$$E_\theta=\mathrm{j}\,\frac{60I_m}{r}\,\frac{\cos\left(\frac{\pi}{2}\cos\theta\right)}{\sin\theta}\mathrm{e}^{-\mathrm{j}kr} \tag{8-34}$$

因此,半波天线的辐射功率

$$\begin{aligned}P_r&=\oint_S \boldsymbol{S}_{av}\cdot\mathrm{d}\boldsymbol{S}=\oint_S\frac{|E_\theta|^2}{2\eta}\mathrm{d}S\\&=\int_0^{2\pi}\int_0^{\pi}\frac{1}{2\eta}\left[\frac{60I_m}{r}\,\frac{\cos\left(\frac{\pi}{2}\cos\theta\right)}{\sin\theta}\right]^2 r^2\sin\theta\mathrm{d}\theta\mathrm{d}\varphi\\&=30I_m^2\int_0^{\pi}\frac{\cos^2\left(\frac{\pi}{2}\cos\theta\right)}{\sin\theta}\mathrm{d}\theta\end{aligned} \tag{8-35}$$

由此可得半波天线的辐射电阻为

$$R_r=\frac{2P_r}{I_m^2}=60\int_0^{\pi}\frac{\cos^2\left(\frac{\pi}{2}\cos\theta\right)}{\sin\theta}\mathrm{d}\theta \tag{8-36}$$

式(8-36)中的积分用数值方法求得其值约为 1.218,那么半波天线的辐射电阻为 $R_r=73.1\ \Omega$。

由式(8-13)可求得半波天线的方向性系数为

$$\begin{aligned}D&=\frac{4\pi}{\int_0^{2\pi}\int_0^{\pi}F^2(\theta,\varphi)\sin\theta\mathrm{d}\theta\mathrm{d}\varphi}\\&=\frac{4\pi}{\int_0^{2\pi}\int_0^{\pi}\left[\frac{\cos\left(\frac{\pi}{2}\cos\theta\right)}{\sin\theta}\right]^2\sin\theta\mathrm{d}\theta\mathrm{d}\varphi}=1.64\end{aligned} \tag{8-37}$$

用分贝表示,则 $D=10\lg 1.64\ \mathrm{dB}=2.15\ \mathrm{dB}$。

8.5 天线阵

8.5.1 方向图相乘原理

工程上需要天线具有高增益、高方向性，需要各种形状的方向图，有时需要方向图尖锐，有时需要方向图均匀，而前面介绍的单元天线很难满足这些要求，人们自然想起将许多天线放在一起构成一个天线阵。天线阵的方向图与每个天线的类型、馈电电流的大小和相位有关，因此调整天线间的位置、馈电电流的大小和相位，可以得到不同形状的方向图，以适应工程的需要。

下面以二元阵为例，说明天线阵的基本原理和特性。如图 8-8 所示，假设天线 1 与天线 2 为同一类型的天线，在空间的取向相同，天线间的距离为 d，它们至观察点的距离分别为 r_1 和 r_2，对于远区场，可以近似认为 r_1 与 r_2 平行，在计算两天线至观察点的距离时，可近似认为 $r_1 \approx r_2$，在计算两天线至观察点的相位差时，$r_2 \approx r_1 - d\cos\delta$。

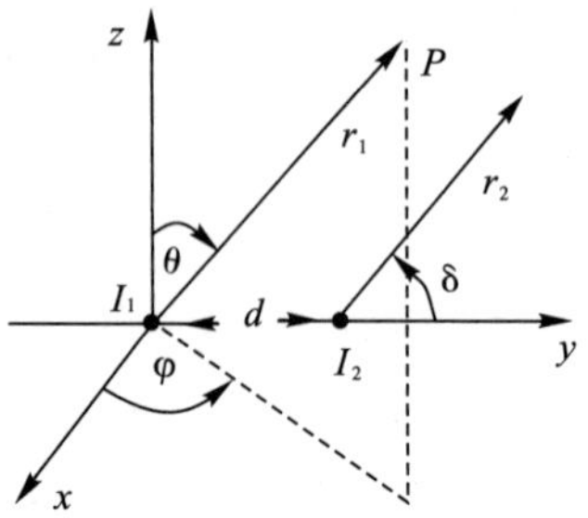

图 8-8 二元阵的辐射

假设天线 2 与天线 1 之间的电流关系为

$$I_2 = mI_1 e^{j\alpha} \tag{8-38}$$

式(8-38)中 m、α 为常数。那么天线 2 的辐射波到达观察点 P 点时比天线 1 的辐射波到达 P 点时超前相位

$$\psi = kd\cos\delta + \alpha$$

第一项是两天线的波程差引起的，第二项是两天线的电流相对相位引起的。上式中的 δ 表示天线阵轴线与平行射线之间的夹角。

若天线 1 在观察点 P 产生的场强大小为 E_1，由于电场强度与电流 I 成正比，所以天线 2 在 P 点产生的场强为 $mE_1 e^{j\psi}$，那么二元阵在观察点 P 产生的合成场强为

$$E = E_1 + E_2 = E_1(1 + me^{j\psi}) \tag{8-39}$$

由此可见，合成场由两部分相乘得到，即第一部分是天线 1 单独在观察点 P 产生的场强，与单元天线的类型和空间取向有关，而与天线阵的排列方式无关。第二部分 $1+me^{j\psi}$ 与单元天线无关，只与天线的相互位

置、馈电电流的大小和相位有关，这一部分称为阵因子(array factor)。因此，式(8-39)表明天线阵的方向图等于单元天线的方向图与阵因子方向图的乘积，称为方向图相乘原理(principle of pattern multiplication)。

8.5.2　均匀直线式天线阵

均匀直线式天线阵是指各单元天线以相同的取向和相等的间距排列成一直线，它们的馈电电流大小相等，相位以相同的比例递增或递减。

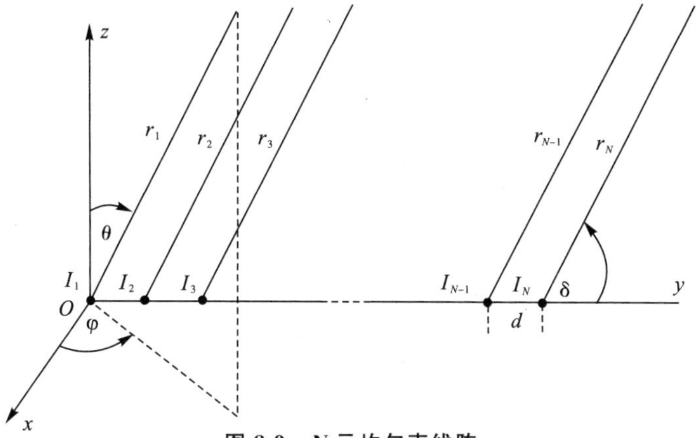

图 8-9　N 元均匀直线阵

图 8-9 所示为一个 N 元均匀直线阵，相邻两单元天线间的距离为 d，电流相位差为 α。类似于二元阵，相邻两单元天线间的相位差为

$$\psi = kd\cos\delta + \alpha \tag{8-40}$$

则在观察点的合成电场强度为

$$E = E_1 + E_2 + E_3 + \cdots E_N = E_1(1 + e^{j\psi} + e^{j2\psi} + \cdots e^{j(N-1)\psi})$$

利用等比级数求和公式，可得

$$|E| = |E_1|\left|\frac{1-e^{jN\psi}}{1-e^{j\psi}}\right| = |E_1|\frac{\sin\dfrac{N\psi}{2}}{\sin\dfrac{\psi}{2}} = |E_1|f(\psi) \tag{8-41}$$

式(8-41)中 $f(\psi)=\dfrac{\sin\dfrac{N\psi}{2}}{\sin\dfrac{\psi}{2}}$为 N 元均匀直线阵的阵因子。

根据$\dfrac{df(\psi)}{d\psi}=0$，可以得到阵因子达到最大值的条件是 $\psi=0$。由式(8-41)知,$\psi=0$ 时各单元天线在观察点的电场同相叠加,得到最大值。由式(8-40)可求出阵因子达到最大值的角度

$$\delta_m = \arccos(-\frac{\alpha}{kd}) \tag{8-42}$$

由此可见,阵因子的最大辐射方向取决于单元天线之间的电流相位差和间距。如果不考虑单元天线的方向性或单元天线的方向性很弱,那么天线阵的方向性主要决定于阵因子。若单元天线的电流相位差 α 是可调的,那么天线阵的最大辐射方向也是可调的,这就是相控阵天线(phased-array antenna)的工作原理。

若均匀直线阵各单元天线同相馈电时,即 $\alpha=0$ 时,由式(8-42)得

$$\delta_m = (2m+1)\frac{\pi}{2}(m=0,1,2,\cdots) \tag{8-43}$$

由此可见,天线阵的最大辐射方向垂直于天线阵的轴线,即天线阵的最大辐射方向在天线阵轴线的两侧,所以称之为侧射式天线阵(broadside array)。图 8-10 为间距 $d=\frac{\lambda}{2}$ 的四元侧射式天线阵的阵因子方向图。

若均匀直线阵各单元天线之间的电流相位差 $\alpha=\pm kd$ 时,由式(8-40)得

$$\delta_m = m\pi(m=0,1,2,\cdots) \tag{8-44}$$

天线阵的最大辐射方向在天线阵的轴线方向,称之为端射式天线阵(endfire array)。图 8-11 为间距 $d=\frac{\lambda}{4}$ 的八元端射式天线阵的阵因子方向图。

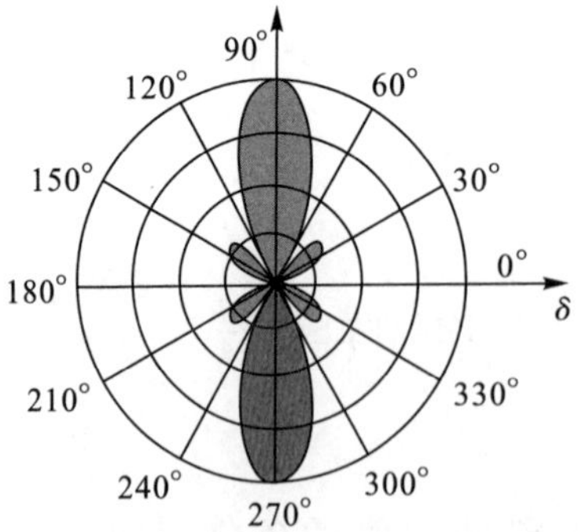

图 8-10 四元侧射式天线阵的阵因子方向图

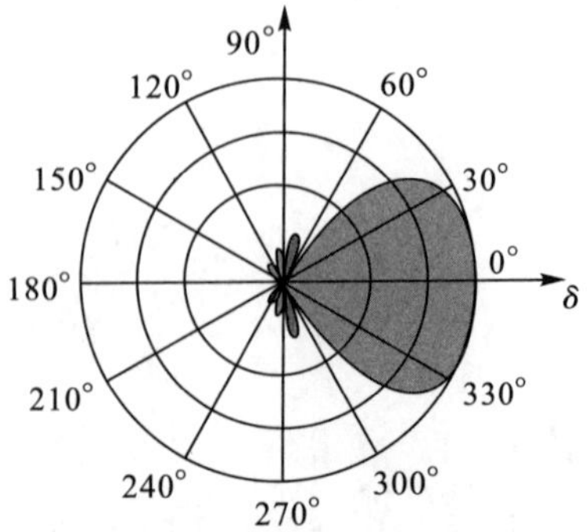

图 8-11 八元端射式天线阵的阵因子方向图

◇◆◇ 本章小结 ◇◆◇

1. 利用滞后位可以计算电流元的辐射场，其表达式为

$$E_\theta = \mathrm{j}\,\frac{Il}{2\lambda r}\eta\sin\theta\,\mathrm{e}^{-\mathrm{j}kr}$$

$$H_\varphi = \mathrm{j}\,\frac{Il}{2\lambda r}\sin\theta\,\mathrm{e}^{-\mathrm{j}kr}$$

由此可绘制出它的方向图，推导出其辐射功率和辐射电阻等。

2. 与计算电流元辐射场类似，可得电流环的辐射场为

$$H_\theta = -\frac{\pi IS}{\lambda^2 r}\sin\theta\,\mathrm{e}^{-\mathrm{j}kr}$$

$$E_\varphi = \frac{\pi IS}{\lambda^2 r}\eta\sin\theta\,\mathrm{e}^{-\mathrm{j}kr}$$

利用对偶原理计算电流环的辐射场更简单。

3. 描述天线性能的主要参数有方向图函数、方向图、方向性系数、辐射效率、增益、输入阻抗、频带带宽等。

4. 对称振子天线是一种常用的线天线，可以看成是由许多振幅不同相位相同的电流元组成。利用叠加原理可以求得对称振子天线的辐射场。

5. 将许多天线放在一起组成天线阵，可以利用叠加原理求出天线阵的方向图。由相同类型和相同取向的单元天线组成的天线阵，方向图由单元天线的方向图与阵因子方向图相乘得到。

◇◆◇ 习　题 ◇◆◇

8-1　已知电流元 $Il\boldsymbol{e}_y$，试求其远区电场强度及磁场强度。

8-2　已知长度为 l 的行波天线电流分布为 $I=I_0\mathrm{e}^{-\mathrm{j}kz}$，$0\leqslant z\leqslant l$。利用电流元的远区场公式，求该行波天线的远区场，并绘出 $l=\frac{\lambda}{2}$ 时的方向图。

8-3 若 z 方向的电流元 $Il\,\boldsymbol{e}_z$ 和 z 方向的磁流元 $I_m l\,\boldsymbol{e}_z$ 均位于坐标原点，试求其远区合成场强。

8-4 半波天线的电流振幅为 1 A，求离开天线 1 km 处的最大电场强度。

8-5 求半波天线的主瓣宽度。

8-6 在二元天线阵中，设 $d=\dfrac{\lambda}{4}$，$\alpha=90°$，求阵因子的方向图。

8-7 两半波天线平行放置，相距 $\dfrac{\lambda}{2}$，它们的电流振幅相等，同相激励。试用方向图相乘原理草绘出三个主平面上的方向图。

8-8 均匀直线式天线阵的单元间距 $d=\dfrac{\lambda}{2}$，如果要求它的最大辐射方向在偏离天线阵轴线 $\pm 60°$ 的方向，问单元之间的相位差应为多少？

8-9 已知非均匀的同相五元直线阵中各单元天线的电流振幅比分别为 1∶2∶2∶2∶1，单元天线之间的间距为半波长，求该天线阵的阵因子。

本章习题答案

附录

附录 A　矢量恒等式

A-1 矢量和与积

$$\boldsymbol{A}+\boldsymbol{B}=\boldsymbol{B}+\boldsymbol{A} \tag{A-1}$$

$$\boldsymbol{A}\cdot\boldsymbol{B}=\boldsymbol{B}\cdot\boldsymbol{A} \tag{A-2}$$

$$\boldsymbol{A}\times\boldsymbol{B}=-\boldsymbol{B}\times\boldsymbol{A} \tag{A-3}$$

$$(\boldsymbol{A}+\boldsymbol{B})\cdot\boldsymbol{C}=\boldsymbol{A}\cdot\boldsymbol{C}+\boldsymbol{B}\cdot\boldsymbol{C} \tag{A-4}$$

$$(\boldsymbol{A}+\boldsymbol{B})\times\boldsymbol{C}=\boldsymbol{A}\times\boldsymbol{C}+\boldsymbol{B}\times\boldsymbol{C} \tag{A-5}$$

$$\boldsymbol{A}\cdot(\boldsymbol{B}\times\boldsymbol{C})=\boldsymbol{B}\cdot(\boldsymbol{C}\times\boldsymbol{A})=\boldsymbol{C}\cdot(\boldsymbol{A}\times\boldsymbol{B}) \tag{A-6}$$

$$\boldsymbol{A}\times(\boldsymbol{B}\times\boldsymbol{C})=(\boldsymbol{A}\cdot\boldsymbol{C})\boldsymbol{B}-(\boldsymbol{A}\cdot\boldsymbol{B})\boldsymbol{C} \tag{A-7}$$

A-2 矢量微分

$$\nabla(u+v)=\nabla u+\nabla v \tag{A-8}$$

$$\nabla(uv)=u\,\nabla v+v\,\nabla u \tag{A-9}$$

$$\nabla\cdot(\boldsymbol{A}+\boldsymbol{B})=\nabla\cdot\boldsymbol{A}+\nabla\cdot\boldsymbol{B} \tag{A-10}$$

$$\nabla\times(\boldsymbol{A}+\boldsymbol{B})=\nabla\times\boldsymbol{A}+\nabla\times\boldsymbol{B} \tag{A-11}$$

$$\nabla\cdot(u\boldsymbol{A})=\boldsymbol{A}\cdot\nabla u+u\,\nabla\cdot\boldsymbol{A} \tag{A-12}$$

$$\nabla\times(u\boldsymbol{A})=\nabla u\times\boldsymbol{A}+u\,\nabla\times\boldsymbol{A} \tag{A-13}$$

$$\nabla(\boldsymbol{A}\cdot\boldsymbol{B})=(\boldsymbol{A}\cdot\nabla)\boldsymbol{B}+(\boldsymbol{B}\cdot\nabla)\boldsymbol{A}+\boldsymbol{A}\times(\nabla\times\boldsymbol{B})+\boldsymbol{B}\times\nabla\times\boldsymbol{A} \tag{A-14}$$

$$\nabla\cdot(\boldsymbol{A}\times\boldsymbol{B})=\boldsymbol{B}\cdot\nabla\times\boldsymbol{A}-\boldsymbol{A}\cdot\nabla\times\boldsymbol{B} \tag{A-15}$$

$$\nabla\times(\boldsymbol{A}\times\boldsymbol{B})=\boldsymbol{A}\,\nabla\cdot\boldsymbol{B}-\boldsymbol{B}\,\nabla\cdot\boldsymbol{A}+(\boldsymbol{B}\cdot\nabla)\boldsymbol{A}-(\boldsymbol{A}\cdot\nabla)\boldsymbol{B} \tag{A-16}$$

$$\nabla\cdot\nabla u=\nabla^2 u \tag{A-17}$$

$$\nabla\times\nabla u=0 \tag{A-18}$$

$$\nabla\cdot(\nabla\times\boldsymbol{A})=0 \tag{A-19}$$

$$\nabla\times\nabla\times\boldsymbol{A}=\nabla(\nabla\cdot\boldsymbol{A})-\nabla^2\boldsymbol{A} \tag{A-20}$$

A-3 矢量积分

$$\oint_S \boldsymbol{A}\cdot \mathrm{d}\boldsymbol{S}=\int_V \nabla\cdot\boldsymbol{A}\mathrm{d}V \tag{A-21}$$

$$\oint_C \boldsymbol{A}\cdot \mathrm{d}\boldsymbol{l}=\int_S \nabla\times\boldsymbol{A}\cdot\mathrm{d}\boldsymbol{S} \tag{A-22}$$

$$\oint_S \boldsymbol{e}_n\times\boldsymbol{A}\mathrm{d}S=\int_V \nabla\times\boldsymbol{A}\mathrm{d}V \tag{A-23}$$

$$\oint_S u\mathrm{d}\boldsymbol{S}=\int_V \nabla u\,\mathrm{d}V \tag{A-24}$$

$$\oint_C u\mathrm{d}\boldsymbol{l}=\int_S \boldsymbol{e}_n\times\nabla u\,\mathrm{d}S \tag{A-25}$$

A-4 梯度、散度、旋度和拉普拉斯运算

(1)广义正交曲线坐标($q_1,q_2,q_3;\boldsymbol{e}_1,\boldsymbol{e}_2,\boldsymbol{e}_3;h_1,h_2,h_3$)

$$\nabla u=\frac{1}{h_1}\frac{\partial u}{\partial q_1}\boldsymbol{e}_1+\frac{1}{h_2}\frac{\partial u}{\partial q_2}\boldsymbol{e}_2+\frac{1}{h_3}\frac{\partial u}{\partial q_3}\boldsymbol{e}_3 \tag{A-26}$$

$$\nabla\cdot\boldsymbol{A}=\frac{1}{h_1h_2h_3}\left[\frac{\partial}{\partial q_1}(h_2h_3A_1)+\frac{\partial}{\partial q_2}(h_1h_3A_2)+\frac{\partial}{\partial q_3}(h_1h_2A_3)\right] \tag{A-27}$$

$$\nabla\times\boldsymbol{A}=\frac{1}{h_1h_2h_3}\begin{vmatrix} h_1\boldsymbol{e}_1 & h_2\boldsymbol{e}_2 & h_3\boldsymbol{e}_3 \\ \dfrac{\partial}{\partial q_1} & \dfrac{\partial}{\partial q_2} & \dfrac{\partial}{\partial q_3} \\ h_1A_1 & h_2A_2 & h_3A_3 \end{vmatrix} \tag{A-28}$$

$$\nabla^2 u=\frac{1}{h_1h_2h_3}\left[\frac{\partial u}{\partial q_1}\left(\frac{h_2h_3}{h_1}\frac{\partial u}{\partial q_1}\right)+\frac{\partial u}{\partial q_2}\left(\frac{h_1h_3}{h_2}\frac{\partial u}{\partial q_2}\right)+\frac{\partial u}{\partial q_3}\left(\frac{h_1h_2}{h_3}\frac{\partial u}{\partial q_3}\right)\right] \tag{A-29}$$

(2)直角坐标($x,y,z;\boldsymbol{e}_x,\boldsymbol{e}_y,\boldsymbol{e}_z;h_1=h_2=h_3=1$)

$$\nabla u=\frac{\partial u}{\partial x}\boldsymbol{e}_x+\frac{\partial u}{\partial y}\boldsymbol{e}_y+\frac{\partial u}{\partial z}\boldsymbol{e}_z \tag{A-30}$$

$$\nabla \cdot \boldsymbol{A}=\frac{\partial A_x}{\partial x}+\frac{\partial A_y}{\partial y}+\frac{\partial A_z}{\partial z} \tag{A-31}$$

$$\nabla \times \boldsymbol{A}=\begin{vmatrix} \boldsymbol{e}_x & \boldsymbol{e}_y & \boldsymbol{e}_z \\ \dfrac{\partial}{\partial x} & \dfrac{\partial}{\partial y} & \dfrac{\partial}{\partial z} \\ A_x & A_y & A_z \end{vmatrix} \tag{A-32}$$

$$\nabla^2 u=\frac{\partial^2 u}{\partial x^2}+\frac{\partial^2 u}{\partial y^2}+\frac{\partial^2 u}{\partial z^2} \tag{A-33}$$

(3)圆柱坐标($\rho,\varphi,z;\boldsymbol{e}_\rho,\boldsymbol{e}_\varphi,\boldsymbol{e}_z;h_1=h_3=1,h_2=\rho$)

$$\nabla u=\frac{\partial u}{\partial \rho}\boldsymbol{e}_\rho+\frac{1}{\rho}\frac{\partial u}{\partial \varphi}\boldsymbol{e}_\varphi+\frac{\partial u}{\partial z}\boldsymbol{e}_z \tag{A-34}$$

$$\nabla \cdot \boldsymbol{A}=\frac{1}{\rho}\frac{\partial}{\partial \rho}(\rho A_\rho)+\frac{1}{\rho}\frac{\partial A_\varphi}{\partial \varphi}+\frac{\partial A_z}{\partial z} \tag{A-35}$$

$$\nabla \times \boldsymbol{A}=\frac{1}{\rho}\begin{vmatrix} \boldsymbol{e}_\rho & \rho\boldsymbol{e}_\varphi & \boldsymbol{e}_z \\ \dfrac{\partial}{\partial \rho} & \dfrac{\partial}{\partial \varphi} & \dfrac{\partial}{\partial z} \\ A_\rho & \rho A_\varphi & A_z \end{vmatrix} \tag{A-36}$$

$$\nabla^2 u=\frac{1}{\rho}\frac{\partial}{\partial \rho}\left(\rho\frac{\partial u}{\partial \rho}\right)+\frac{1}{\rho^2}\frac{\partial^2 u}{\partial \varphi^2}+\frac{\partial^2 u}{\partial z^2} \tag{A-37}$$

(4)球坐标($r,\theta,\varphi;\boldsymbol{e}_r,\boldsymbol{e}_\theta,\boldsymbol{e}_\varphi;h_1=1,h_2=r,h_3=r\sin\theta$)

$$\nabla u=\frac{\partial u}{\partial r}\boldsymbol{e}_r+\frac{1}{r}\frac{\partial u}{\partial \theta}\boldsymbol{e}_\theta+\frac{1}{r\sin\theta}\frac{\partial u}{\partial \varphi}\boldsymbol{e}_\varphi \tag{A-38}$$

$$\nabla \cdot \boldsymbol{A}=\frac{1}{r^2}\frac{\partial}{\partial r}(r^2 A_r)+\frac{1}{r\sin\theta}\frac{\partial}{\partial \theta}(\sin\theta A_\theta)+\frac{1}{r\sin\theta}\frac{\partial A_\varphi}{\partial \varphi} \tag{A-39}$$

$$\nabla \times \boldsymbol{A}=\frac{1}{r^2\sin\theta}\begin{vmatrix} \boldsymbol{e}_r & r\boldsymbol{e}_\theta & r\sin\theta\,\boldsymbol{e}_\varphi \\ \dfrac{\partial}{\partial r} & \dfrac{\partial}{\partial \theta} & \dfrac{\partial}{\partial \varphi} \\ A_r & rA_\theta & r\sin\theta A_\varphi \end{vmatrix} \tag{A-40}$$

$$\nabla^2 u=\frac{1}{r^2}\frac{\partial}{\partial r}\left(r^2\frac{\partial u}{\partial r}\right)+\frac{1}{r^2\sin\theta}\frac{\partial}{\partial \theta}\left(\sin\theta\frac{\partial u}{\partial \theta}\right)+\frac{1}{r^2\sin^2\theta}\frac{\partial^2 u}{\partial \varphi^2} \tag{A-41}$$

附录 B　符号与单位

B-1 国际单位制(SI)的基本单位

量的名称	量的符号	单位名称	单位符号
长度	l	米(meter)	m
质量	m	千克(kiligram)	kg
时间	t	秒(second)	s
电流	I,i	安培(Ampere)	A

B-2 量的符号和单位

量的名称	量的符号	单位名称	单位符号
电荷	Q,q	库仑	C
体电荷密度	ρ	库仑/米^3	C/m^3
面电荷密度	ρ_S	库仑/米^2	C/m^2
线电荷密度	ρ_l	库仑/米	C/m
电场强度	$\boldsymbol{E}$	伏特/米	V/m
电位	ϕ	伏特	V
电容	C	法拉	F
介电常数	ε	法拉/米	F/m
真空介电常数	ε_0	法拉/米	F/m
相对介电常数	ε_r		
电极化率	χ_e		
电极化强度	$\boldsymbol{P}$	库仑/米^2	C/m^2
电位移	$\boldsymbol{D}$	库仑/米^2	C/m^2
体束缚电荷密度	ρ_P	库仑/米^3	C/m^3
面束缚电荷密度	ρ_{PS}	库仑/米^2	C/m^2
体电流密度	$\boldsymbol{J}$	安培/米^2	A/m^2

续表

量的名称	量的符号	单位名称	单位符号
面电流密度	$\boldsymbol{J}_S$	安培/米	A/m
电导率	σ	西门子/米	S/m
电阻	R	欧姆	Ω
电抗	X	欧姆	Ω
阻抗	Z	欧姆	Ω
电导	G	西门子	S
电纳	Y	西门子	S
磁荷	Q_m, q_m	韦伯	Wb
体磁荷密度	ρ_m	韦伯/米^3	Wb/m^3
面磁荷密度	ρ_{mS}	韦伯/米^2	Wb/m^2
线磁荷密度	ρ_{ml}	韦伯/米	Wb/m
磁流	I_m	伏特	V
体磁流密度	$\boldsymbol{J}_m$	伏特/米^2	V/m^2
面磁流密度	$\boldsymbol{J}_{mS}$	伏特/米	V/m
磁感应强度	$\boldsymbol{B}$	特斯拉	T
磁通	Φ	韦伯	Wb
电感	L	亨利	H
互感	M	亨利	H
磁导率	μ	亨利/米	H/m
真空磁导率	μ_0	亨利/米	H/m
相对磁导率	μ_r		
磁化率	χ_m		
磁化强度	$\boldsymbol{M}$	安培/米	A/m
磁场强度	$\boldsymbol{H}$	安培/米	A/m
力	$\boldsymbol{F}$	牛顿	N
能量	W	焦耳	J

续表

量的名称	量的符号	单位名称	单位符号
能量密度	w	焦耳/米^3	J/m^3
功率	P	瓦特	W
频率	f	赫兹	Hz
周期	T	秒	s
波长	λ	米	m
相速度	v_p	米/秒	m/s
群速度	v_g	米/秒	m/s
传播常数	γ	米$^{-1}$	m^{-1}
衰减常数	α	奈培/米	NP/m
相位常数	β	弧度/米	rad/m
能流密度	$\boldsymbol{S}$	瓦特/米^2	W/m^2
本征阻抗	η	欧姆	Ω
方向性系数	D		

附录 C　部分材料的电磁参数

C-1　相对介电常数

材料	相对介电常数 ε_r	材料	相对介电常数 ε_r
空气	1.0	聚乙烯	2.3
胶木	5.0	聚苯乙烯	2.6
玻璃	4～10	瓷	5.7
云母	6.0	橡胶	2.3～4.0
油	2.3	干土	3～4
纸	2～4	聚四氟乙烯	2.1
石蜡	2.2	蒸馏水	80
有机玻璃	3.4	海水	81

C-2　电导率

材料	电导率 σ	材料	电导率 σ
银	6.17×10^{7}	清水	1.0×10^{-3}
铜	5.80×10^{7}	蒸馏水	2.0×10^{-4}
金	4.10×10^{7}	干土	1.0×10^{-5}
铝	3.54×10^{7}	变压器油	1.0×10^{-11}
黄铜	1.57×10^{7}	玻璃	1.0×10^{-12}
青铜	1.0×10^{7}	瓷	2.0×10^{-13}
铁	1.0×10^{7}	橡胶	1.0×10^{-15}
海水	4.0	石英	1.0×10^{-17}

参考文献

[1] 毕德显.电磁场理论[M].北京:电子工业出版社,1985.

[2] 谢处方,饶克谨,杨显清,等.电磁场与电磁波(第5版)[M].北京:高等教育出版社,2019.

[3] 杨儒贵.电磁场与电磁波(第2版)[M].北京:高等教育出版社,2007.

[4] 梅中磊,曹斌照,李月娥,等.电磁场与电磁波(第2版)[M].北京:清华大学出版社,2022.

[5] 孙玉发,尹成友,郭业才,等.电磁场与电磁波(第2版)[M].合肥:合肥工业大学出版社,2014.

[6] 冯林,杨显清,王园.电磁场与电磁波[M].北京:机械工业出版社,2004.

[7] 王园,杨显清,赵家升.电磁场与电磁波基础教程[M].北京:高等教育出版社,2008.

[8] 沙湘月,伍瑞新.电磁场理论与微波技术[M].南京:南京大学出版社,2004.

[9] 毛钧杰,刘荧,朱建清.电磁场与微波工程基础[M].北京:电子工业出版社,2004.

[10] 冯慈璋,马西奎.工程电磁场导论[M].北京:高等教育出版社,2000.

[11] 晁立东,仵杰,王仲奕.工程电磁场基础[M].西安:西北工业大学出版社,2002.

[12] 王增和,王培章,卢春兰. 电磁场与电磁波[M]. 北京:电子工业出版社,2001.

[13] 陈乃云,魏东北,李一玫. 电磁场与电磁波理论基础[M]. 北京:中国铁道出版社,2001.

[14] 孙敏,孙亲锡,叶齐政. 工程电磁场基础[M]. 北京:科学出版社,2001.

[15] 钟顺时,钮茂德. 电磁场理论基础[M]. 西安:西安电子科技大学出版社,1995.

[16] 孟庆鼐. 微波技术[M]. 合肥:合肥工业大学出版社,2005.

[17] 宋铮,张建华,黄冶. 天线与电波传播[M]. 西安:西安电子科技大学出版社,2014.

[18] D. K. Cheng. Field and Wave Electromagnetics[M]. Second Edition, Addison-Wesley Publishing Company, 1989.